普通高等院校"十二五"规划教材

# 通信系统原理

主　编　王　虹
副主编　卢珞先　朱健春

U0305187

国防工业出版社
·北京·

# 内 容 简 介

本书以通信系统为主线,以数字通信为重点,全面讲解了通信系统中的信号分析、调制解调、性能分析等基本原理和基本技术,此外还包括了现代调制技术的内容。从全书到各章节内容安排,都力争以系统的方式呈现,以使读者建立清晰的学习思路。

全书分8章,第1章是绪论,第2章是数学基础,为后面章节的学习提供保障,第3~6章是基本调制技术,第7章是现代调制技术,第8章是纠错编码技术。本书的特点是系统突出,简化了不必要的公式推导,强调公式的物理意义和应用,通俗易懂,可读性强。每一章均给出思考题和习题。

本书可供高等学校通信类、电子工程类、信息类专业的师生使用,也可作为相关科研人员的参考书。

**图书在版编目(CIP)数据**

通信系统原理/王虹主编. —北京:国防工业出版社,2014.8
ISBN 978-7-118-09363-6

Ⅰ.①通… Ⅱ.①王… Ⅲ.①通信系统 Ⅳ.①TN914

中国版本图书馆 CIP 数据核字(2014)第 127324 号

※

**国防工业出版社**出版发行
(北京市海淀区紫竹院南路23号 邮政编码100048)
北京奥鑫印刷厂印刷
新华书店经售
*
开本 787×1092 1/16 印张 19 字数 436 千字
2014 年 8 月第 1 版第 1 次印刷 印数 1—3500 册 定价 39.00 元

**(本书如有印装错误,我社负责调换)**

国防书店:(010)88540777 发行邮购:(010)88540776
发行传真:(010)88540755 发行业务:(010)88540717

# 前　　言

自从有了人类活动,就产生了通信。随着电信号和电磁波的发现,人类通信领域也因此产生了根本性的变革。现代通信技术的发展日新月异,而且正在迅速地向各个领域渗透,可以说各个行业乃至人们的生活都离不开通信技术的应用。因此学习和掌握通信的基本原理和技术,是电子、通信和信息类学生必不可少的重要内容。

本书是根据课程的教学需要,并结合作者多年的教学实践经验而编写。本书的主要特点有:(1)增强了系统性,以帮助读者建立通信系统的概念。如将同步的内容分散到多个章节中,使同步系统和通信系统的结合更加紧密;信道的内容归入了第1章等。(2)结合通信技术的发展,增加了新的内容,以扩大读者的知识面。如在第4章增加了移动通信中的频域均衡等;(3)加大了仿真示例,书中的大多数结果都是利用 Matlab 产生。

全书共分为8章。第1章绪论,包括的内容有通信发展史、通信系统组成、各部分作用、性能指标、无线频谱管理及通信频带划分。第2章是通信原理分析的数学基础,主要是随机信号分析。考虑到读者学习的方便,将确知信号分析的重要结论也纳入,尽管属于进修课程的内容。第3章是模拟通信系统调制、解调以及性能,尽管目前数字通信是主流技术,但模拟通信系统依然有实际应用,并且模拟通信系统的理论分析方法,也是数字系统分析的基础。第4~6章主要介绍基本数字调制技术,其中第4章是数字基带系统,第5章主要是关于模拟信号数字化的问题,第6章是数字频带系统,主要针对 PCM 电话即固定电话的信号处理。第7章是对现代调制技术的介绍,几种调制技术都是在提高通信的有效性或可靠性方面进行了改进。第8章是纠错编码技术,其目的是提高通信的可靠性。为方便读者学习,书的末尾还给出附录,包含了多种常用信号的时域公式、误差函数表和常用术语中英文对照等。

本书第1章和第5章由王虹编写;第6章由卢珞先编写;第4章和第8章由朱健春编写;第7章由艾青松编写;第2章由梁小宇编写。全书由王虹统稿。

限于作者水平,书中难免存在不足或差错,恳请读者提出宝贵意见并给予指正。

编者

2013.12 于武汉

# 目　　录

# 第 1 章　通信系统概述

## 1.1　通信的历史回顾

通信是指人们通过某种媒介进行信息传递。早期进行远距离通信的基本方式都是直接依靠人的视觉与听觉,如古代的烽火狼烟、击鼓鸣号、飞鸽传信、驿马邮递等。19 世纪中叶以后,随着电磁波的发现,电信号作为了新的信息载体,人类通信领域也因此产生了根本性的变革,开始了通信的新时代。

本书主要讨论电通信的理论与应用的相关内容,以下首先简要回顾电通信的发展历程。

1837 年,毕业于耶鲁大学的美国艺术家兼发明家莫尔斯(S. F. B. Morse),因一次在大西洋邮船上被同船乘客电磁原理的讲演所吸引,于是投身电学领域,研究出用"点"、"划"、"线"表示信号的莫尔斯电码,并成功研制出世界上第一台电磁式电报机。1844 年,莫乐斯在国会大厦用莫尔斯电码发出了人类历史上的第一份电报,实现了有线长途电报通信。

1864 年,英国物理学家麦克斯韦(J. C. Maxwel)建立了一套电磁理论,提出了麦克斯韦方程,预言了电磁波的存在,说明了电磁波与光具有相同的性质,两者都是以光速传播。

1876 年,美国发明家贝尔(Alexander Graham Bell)发明了世界上第一台电话机,1878年在相距 300km 的波士顿和纽约之间成功地进行了首次长途电话实验。1925 年成立的以贝尔命名的贝尔实验室,则是晶体管、激光器、发光二极管、数字交换机、通信卫星、电子计算机、蜂窝移动通信设备、电视、有声电影、立体声录音以及通信网等许多重大发明的诞生地,拥有的专利已超过 25000 项。

1887 年,德国物理学家海因里斯. 赫兹(H. R. Hertz)用电波环进行了一系列实验,发现了电磁波的存在,用实验证明了麦克斯韦的电磁理论。频率的国际单位以赫兹的名字命名,以纪念他对电磁学的贡献。他的实验成为近代科学技术史上的一个重要里程碑,也促进了无线电的诞生和电子技术的发展。

1901 年,意大利电气工程师和发明家马可尼(G. M. Marconi)首次实现了在英国与纽芬兰之间(3540km)横跨大西洋的无线电通讯。事实上马可尼在大学期间,就已经利用电磁波进行了约 2km 的无线电通信实验,图 1 - 1 为早期的通信科学家。

1918 年,美国无线电工程师阿姆斯特朗(E. H. Armstrong)发明了超外差式接收机,并于 1933 年发明频率调制技术。

1928 年,美国物理学家奈奎斯特(H. Nyquist)提出了奈奎斯特准则和奈奎斯特抽样定理。同年法恩斯沃思(P. T. Farnsworth)推出第一台电子式电视机。

(a) (b) (c) (d) (e)

图 1 - 1　早期的通信科学家

（a）莫尔斯；（b）麦克斯韦；（c）贝尔；（d）赫兹；（e）马可尼。

1937 年，里弗斯（A. Reeves）发明脉冲编码调制 PCM（Pulse Code Modulation），PCM 在 20 世纪 70 年代末期以后广泛应用于市话中继传输、数字程控交换、用户电话机以及应用于其他音频编码，如 CD、DVD 等。

1943 年，诺斯（D. O. North）提出数字信号最佳接收的匹配滤波器原理。

1946 年，第一台电子数字计算机面世，它由美国宾夕法尼亚大学莫尔电工学院制造，同期冯·诺伊曼（Von. Neumanm）研制了被认为是现代计算机原型的通用电子计算机。

1948 年，贝尔实验室发明了晶体管，1960 年晶体管用于数字交换和数字通信。

1958 年，美国宇航局发射世界上第一颗有源广播试验通信卫星"斯科尔"（SCORE），进行了磁带录音信号的传输。1960 年美国发射的"回声"（ECHO）无源反射卫星，进行了调频电话和电视的转播。1964 年美国发射的"辛康 3 号"（SYNCOM - Ⅲ）同步轨道试验卫星，成功转播了东京奥运会。中国的试验通信卫星（STW satellite）于 1984 年 4 月 8 日发射升空。

1958 年，仙童公司的罗伯特·诺伊斯（Robert Noyce，英特尔创始人之一）与德州仪器公司的基尔比（Jack Kilby）间隔数月分别发明了集成电路（IC：Integrated Circuit），开创了微电子学的历史。

1960 年，贝尔实验室制造出第一台激光器。

1970 年代，大规模集成电路（LSI：Large Scale Integration）、数字程控交换系统、光纤通信系统先后推出。

比较有代表性的大规模集成电路：1971 年 Intel 推出 1kB 动态随机存储器（DRAM），同年推出全球第一个采用 MOS 工艺的微处理器 4004；1974 年 RCA 公司推出第一个 CMOS 微处理器 1802；1976 年 16kB DRAM 和 4kB SRAM 问世；1978 年 64kB 动态随机存储器诞生，不足 $0.5cm^2$ 的硅片上集成了 14 万个晶体管；1979 年 Intel 又推出 5MHz 8088 微处理器；之后，IBM 基于 8088 推出全球第一台 PC。

1970 年法国成功开通了世界上第一个数字程控交换系统，它标志着交换技术从传统的模拟交换进入数字交换时代。

1970 年，美国康宁（Corning）公司研制成功石英光纤，1976 年，美国在亚特兰大进行了世界上第一个实用光纤通信系统的现场试验。

1980 年代，出现了超大规模集成电路（VLSI：Very Large Scale Integration）、互联网（Internet），同时卫星通信系统和光纤通信系统得到广泛应用。

1988 年,16M DRAM 问世,1cm² 大小的硅片上集成有 3500 万个晶体管,标志着进入超大规模集成电路(VLSI)阶段。

1983 年,美国研制成功了用于异构网络的 TCP/IP 协议,从而诞生了真正的 Internet。1986 年,美国国家科学基金会(NSF:National Science Foundation)利用 TCP/IP 协议,在 5 个科研教育服务超级电脑中心的基础上建立了 NSFnet 广域网。如今,NSFnet 已成为 Internet 的重要骨干网之一。

80 年代开始,西方很多公司开始意识到未来个人通信全球化的巨大需求,即 5W:Whoever(任何人)、Wherever(任何地点)、Whenever(任何时间)、Whomever(任何对象)、Whatever(采用任何方式),相继发展了卫星移动通信系统。

1980 年,美国标准化 FT – 3 光纤通信系统投入商业应用;1983 年,日本敷设了纵贯日本南北的光缆长途干线;1988 年,第一条横跨大西洋 TAT – 8 海底光缆通信系统建成;1989 年,第一条横跨太平洋 TPC – 3/HAW – 4 海底光缆通信系统建成。

1991 年,GSM(Global System of Mobile Communication)移动通信系统投入商业运行;1995 年,第一个 CDMA(Code Division Multiple Access)商用系统(被称为 IS – 95A)在美国运行;90 年代以后,Internet 的使用不再限于研究与学术领域,已可以用于商业用途,世界各地无数的企业及个人纷纷涌入 Internet,带来 Internet 发展史上一个新的飞跃。1994 年 4 月,中国率先与美国 NSFnet 直接互联,标志着我国最早的国际互联网络的诞生。

21 世纪的通信发展趋势,将具有宽带化、智能化、个人化和综合化的特征,能向用户提供多种形式、大容量、高速率的通信业务,能满足用户任何时间、任何地点向其他任何人通过声音、数据、图像、视频等方式相互交换信息的要求。这样的网络不可能是单一网络,而是涉及固定和移动、有线和无线等各类通信网的网络。

## 1.2 通信系统的组成

各类通信系统传送的消息内容不相同,例如电话系统主要传输语音,广播系统传输语音和音乐,电视系统传输语音、音乐和图像。消息的表现形式也各不相同,要想定量对通信系统进行分析,需要将具体系统抽象化,建立通信系统的数学模型从而反映通信的本质。

信息论创始人香农(C. E. Shannon)从研究通信系统传输信息的实质出发,提出通信的"形式化假说",即通信的任务只是在接收端把发送端发出的消息从形式上复制出来,而不须对复制出来的语义做任何处理和判断。因此香农把通信系统概括成信源、信道、信宿以及收发设备和噪声几个部分。"形式化假说"使得利用数学工具定量分析通信系统成为可能。同时,他还提出"非决定论",即一切有通信意义的消息都是随机的,消息传递过程中遇到的噪声干扰也是随机的,因此必须应用概率论、随机过程等数学工具寻找消息和噪声的统计规律。"非决定论"观点是对通信活动的总的认识观,从原则上解决了用什么样的数学工具分析通信系统。

最基本的通信系统模型是单路、单向、点对点形式,包括信源、发送设备、信道、接收设备、信宿以及噪声源,如图 1 – 2 所示。当然,通信系统的工作方式不限于此,主要包括(1)单工(Simplex),单向通信,如广播;(2)准双工(Half – duplex),如步话机;(3)全双工

(Duplex),双向通信,如固定电话和移动电话。广播通信是点到多点的形式,电话通信是一个多点到多点的通信网。

图 1-2　通信系统模型

根据通信系统传输的消息类型不同:连续(模拟)消息或离散(数字)消息,通信系统可分为模拟通信系统或数字通信系统。

对于模拟通信系统,发送设备主要包含调制器,接收设备主要包括解调器,对于远距离通信,还包括天线系统等。实际上要使模拟通信系统正常工作,载波同步系统也是必要和重要的部分,因为对于相干(或称相关)解调,接收端需要一个和调制载波同频同相的本地载波。

而对于数字通信系统,发送设备和接收设备中包含信源编解码、信道编解码以及保密编解码,此外为保证系统正常工作,载波同步、码元同步和帧同步也是必不可少的。码元同步用于对接收信号抽样时的准确定时,以正确判决并恢复发送的数字信息。帧同步则用于将特定的信息组正确分离。数字通信系统模型如图 1-3 所示。

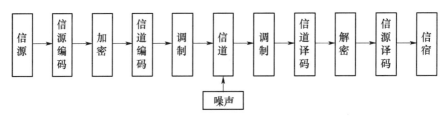

图 1-3　数字通信系统模型

数字通信是当今通信发展的必然趋势。数字通信系统的主要特点如下:

(1)抗干扰能力强,噪声不积累。这是因为数字信号的符号个数有限,对于二进制通信只有"0"和"1"两个符号,对于多进制通信符号个数通常是 2 的幂,如 16、64 等。接收端的目标是正确恢复数字信号,而不是关注接收波形是否失真。当干扰未影响到接收符号的恢复,则在长距离传输中反复转发时,不会积累噪声;

(2)可采用信道纠错编码技术,提高通信可靠性,当然实现纠错编码需要付出一定的比特开销,即增加了传输的比特数;

(3)对于不同形式的通信对象,如语音、图像等,可以形成统一的传输序列(数字序列),便于处理、变换和存储;

(4)易于大规模集成;

(5)易于加密处理,保密性好;

(6)相比模拟通信系统,占用更多的带宽。但随着光纤传输系统的大量应用,带宽已不再是问题;

(7)需要更复杂的同步系统,数字通信系统多路复用时,除了需要载波同步外,还需要码元同步以及帧同步,因此其同步系统远比模拟通信系统复杂。

在图1-3中,对于数字信源,信源编码的目的是减少信源的冗余度,减少信息表达的比特数,提高信息传输的有效性。对于模拟信源,信源编码还应包括模拟信号变换为数字信号的功能。对于一般的信源编码,本书不涉及,有兴趣的读者可以查阅信息理论书籍。模拟信号的数字化在第5章介绍。

信道编码的目的是提高信息传输的可靠性,发现或者纠正通信过程中产生的误码。信道编码通常需要在信息组中附加特定的码元,称为监督码,利用信息码和监督码的某种代数结构,检测或纠正错误。具体内容在第8章介绍。

加密可以防止非授权用户窃取信息,在模型中加密的位置可以和信道编码交换。由于密码学已发展成为专门的学科,有完整的理论体系,加解密也不是本课程的重点,因此本书不涉及相关内容。

不论是模拟还是数字通信系统,调制解调通常是必不可少的部分。信息只有通过调制,才能实现远距离传输,以及实现多路复用。需要注意的是,对于数字通信系统,调制不仅指载波调制,还可以是PCM调制(具体见第5章)。数字基带系统和数字频带系统的术语一般指无载波调制或有载波调制。数字基带系统的内容见第4章,数字频带系统的内容见第6、7章。

数字通信系统的同步包含载波同步、码元同步和帧同步,为了便于读者理解其重要性和应用,本书将这些内容分别安排在第3~6章的末尾。

## 1.3 信　道

### 1.3.1 信道的分类

信道是用于在发送端和接收端之间传输信号的通道。

按照信号的传输媒质,信道可分为:有线信道和无线信道。按照信道的特性,可分为:恒参信道和随参信道。按照信道的模型,又可分为调制信道和编码信道。

固定电话网、有线电视网和光纤网均为有线信道,移动电话、卫星通信和无线电广播等均为无线信道。

若信道仅指传输媒质,称为狭义信道。有时候为了分析方便,将传输媒质和其他通信设备一起看成信道,称为广义信道。对应于模拟和数字通信系统,广义信道又分别称为调制信道和编码信道。调制信道和编码信道以及媒质的关系如图1-4所示。

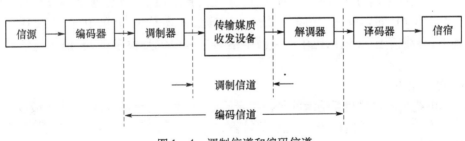

图1-4　调制信道和编码信道

对于模拟通信系统,我们关注的是发送端调制器输出至接收端解调器输入之间,信道对信号的影响,这时将发送设备和接收设备(不含调制解调器)和媒质一起看成信道。

用 $e_i(t)$ 表示信道输入,$e_o(t)$ 表示信道输出,$n(t)$ 表示信道噪声,$k(t)$ 表示信道特性,信道的输出由信道输入、信道特性、信道噪声共同决定。信道噪声是叠加在信号上的,称为加性噪声,而信道特性对信号的影响通常在有输入信号时才存在,因此可以将信道对信号的影响简化表示为相乘的关系,称为乘性噪声。信道输入输出之间的关系可用式(1.3 − 1)表示。

$$e_o(t) = k(t)e_i(t) + n(t) \qquad (1.3 - 1)$$

对于数字通信系统,我们关注的是数字信号传输前后之间的关系,即编码器输出至接收端译码器输入之间,这时将调制解调器也看成信道的一部分。数字信号符号个数有限,例如二进制信号,符号为"0"或"1",这时信道对信号的影响用传输概率体现,可表示为矩阵形式。

$$[P]_{YX} = \begin{bmatrix} P(0/0) & P(1/0) \\ P(0/1) & P(1/1) \end{bmatrix} \qquad (1.3 - 2)$$

此处 $X = [0,1]$,$Y = [0,1]$ 分别表示信道输入和输出信源。$P(0/0)$ 和 $P(1/1)$ 是正确传输概率,$P(0/1)$ 和 $P(1/0)$ 是错误传输概率。信道的转移关系也可以用线图形式表示,如图 1 − 5 所示。

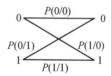

图 1 − 5　二进制编码信道线图

信道特性 $k(t)$ 的性质决定了信道是恒参还是随参。恒参信道指信道的特性可以用恒定(或近似恒定)的传输函数表示,即 $k(t)$ 是确定函数;随参信道则是信道的特性只能用随机过程表示,也就是说其特性随时间会发生改变,即 $k(t)$ 是随机过程。

### 1.3.2　常用信道

对于常用的通信方式:固定电话、电视、广播、微波通信、卫星通信、移动通信,常用信道有对称电缆、同轴电缆、光纤、无线广播信道、微波中继、卫星中继、无线移动信道等。其中,有线信道、无线信道中的微波中继和卫星中继是恒参的,其他无线信道是随参的。

**1. 对称电缆**

对称电缆是由两根相互绝缘的导线绞合而成,因此又称为双绞线,两条导线绞合可以减轻电磁干扰。双绞线损耗较大,但性能较稳定,主要用于近距离传输话音信号和数字信号,即固定电话网中用户接入和局域网。图 1 − 6 是双绞线示意图和实物图。

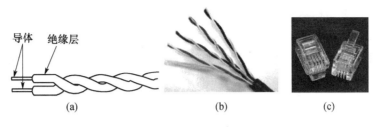

图 1-6 双绞线

（a）示意图；（b）双绞线；（c）电话线接头。

### 2. 同轴电缆

同轴电缆是指有两个同心导体的电缆,内导体以硬铜线为导线,外包一层绝缘材料,外导体是密织的网状导体,网外再覆盖一层保护性材料。网状导体起到屏蔽作用,使内导体传输的信号不受外界电磁干扰。与双绞线相比,同轴电缆带宽更宽,抗干扰能力更强,但是其体积大,价格比双绞线高,且直接传输距离近。同轴电缆主要用于有线电视网络和视频监控。图 1-7 是同轴电缆示意图和实物图。

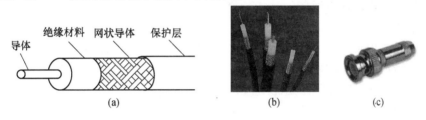

图 1-7 同轴电缆

（a）同轴电缆结构示意图；（b）同轴电缆；（c）同轴电缆接头。

### 3. 光纤

光纤是光导纤维的简称,用于传输光信号。光纤在使用前必须由保护结构包覆,包覆后的缆线被称为光缆。光缆由内芯、包层和包覆层组成。内芯和包层都是高纯度的石英玻璃介质,它们的折射率不同,内芯的折射率大于包层,于是光波会在边界处不断产生反射,从而约束光信号在内芯传输。

光纤通信是利用光导纤维传输光信号来实现通信的,与其他通信方式相比有许多显著的特点:(1)衰耗极低,而且在相当宽频带内各频率的衰耗几乎相同,中继距离长,特别适合长途干线通信;(2)具有极大传输带宽,传输容量极大,一对金属电话线至多只能同时传送一千多路电话,而根据理论计算,一对细如蛛丝的光导纤维可以同时通一百亿路电话。(3)在有电磁干扰的环境下也能实现正常通信;(4)光纤接头不产生放电,可用于矿井、石油化工等易燃易爆环境;(5)熔点高,可在建筑物不慎起火时,保证缆内光纤通信畅通;(6)生产光纤的主要原料硅,来自于取之不尽、用之不竭的石英砂,不含有色金属,节省金属资源。且尺寸小、重量轻、不会锈蚀、化学稳定性相当好。

光线在光纤中有两种传播模式:单模和多模。将光纤的线芯和包层交界面上产生全反射的光线称为光的一个传输模式,当光纤的芯直径较大,光波以多个特定角射入光纤截面并传播,此时光纤中就有多个模式,传输多个模式的光纤称为多模光纤。当光纤芯直径很小时,只允许一种最基本的模式传播,模式单纯,称为单模光纤。单模光纤频带更宽,传输容量更大。光缆结构示意图如图 1-8 所示。

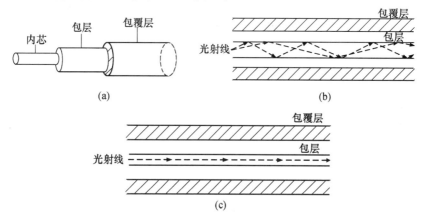

图 1-8　光缆和光纤结构示意图

（a）光缆示意图；（b）多模光纤；（c）单模光纤。

　　最早提出用光纤进行通信的是华裔科学家高锟（Charles Kuen Kao），于 1964 年提出在电话网络中以光代替电流，以玻璃纤维代替导线。1965 年，提出以石英基玻璃纤维作远程信息传递。1966 年，发表了一篇题为"光频率介质纤维表面波导"的论文，开创性地提出光导纤维在通信上应用的基本原理。由于他在光纤领域的特殊贡献，被称为"光纤之父"。2009 年，高锟获得诺贝尔物理学奖。

### 4. 无线电广播信道

　　无线电广播信道处于几百千赫至几百兆赫，无线电广播按波长主要有中波（AM 调幅广播）、短波和超短波（FM 调频广播）。对于 AM 和 FM 广播，发射台通过安装在高塔上的天线辐射，将信号送达广阔的周边地区。对于短波广播，通过电离层反射波实现信号传输，其信道特性受天气和季节影响明显，因此是随参信道。

### 5. 微波中继信道

　　微波中继信道通过中继接力的方式传输电磁波。微波一般指频率为 300MHz ～ 300GHz 的电磁波，微波频率比一般的无线电波频率高，微波具有直线传播的特点，其路径上不能有任何障碍物，因此称为视距通信。一般微波通信的中继距离在 50km 左右，中继距离是两个中继站的间隔。若要实现更远距离通信，需要通过中继接力的方式。微波中继信道性能稳定，因此是恒参信道。微波中继信道如图 1-9 所示。

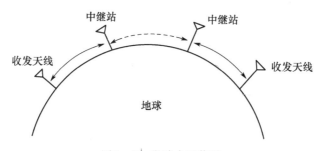

图 1-9　微波中继信道

**6. 卫星中继信道**

卫星中继实际上是微波中继的特殊形式,它以地球的同步通信卫星为中继站。卫星的同步轨道运行方向与地球自转方向一致,卫星在轨道上的绕行速度等于地球自转的角速度,因此相对于地球是静止的。卫星中继信道具有距离远、覆盖地域广、频带宽和稳定可靠的特点,但同时传输时延大。利用三颗同步通信卫星可以覆盖地球上除南北极之外的几乎所有区域。卫星中继信道如图 1 – 10 所示。

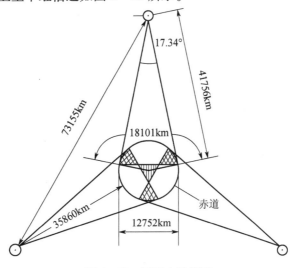

图 1 – 10  卫星中继信道

**7. 无线移动信道**

无线移动信道通常工作在几百兆赫至几吉赫,通过基站实现不同电话用户之间的通信。由于电波路径中存在大量建筑物或其他障碍物,电波传输路径复杂,使得信道特性变化,属于随参信道。

## 1.3.3  恒参信道对信号传输的影响

恒参信道可以看成是一个时不变线性网络,如果其传递函数用 $H(\omega)$ 表示,则

$$H(\omega) = |H(\omega)| e^{j\varphi(\omega)} \qquad (1.3-3)$$

式中:$|H(\omega)|$ 为幅频特性;$\varphi(\omega)$ 为相频特性。

根据信号与系统的概念,信号通过线性系统不失真的条件是:幅频特性为常数,相频特性为频率的线性函数,其物理意义是信号通过信道后不存在非线性失真(波形不失真),只有衰减和信号的固定时延。传输函数可表示为

$$H(\omega) = K e^{-j\omega t_d} \qquad (1.3-4)$$

式中:$K$ 是衰减常数;$t_d$ 是信道时延。

实际信道不可能是完全理想的,或多或少会存在幅频失真或相频失真,甚至存在非线性失真,需要对频率特性进行补偿。对信道特性的补偿也不可能完全满足式(1.3-4)的理想要求,只需要考虑到信号的带宽范围以内,比如固定电话信道,保证幅频特性在300~3400Hz 以内基本平坦。

信道特性的不理想对通信的影响与信息的类型有关,对于语音信息,因为人耳对于相位不敏感,所以相频失真带来的影响不大;对于图像信号,则相位失真带来的影响不能忽略。

对信道的特性进行补偿又称为均衡,对于模拟通信系统,主要关注传输信号的波形是否失真。可以通过增加一个均衡网络以减少或消除线性失真,即信道和均衡网络串联起来满足不失真条件。从原理上说这种均衡是纠正频率特性,因此属于频域均衡技术,具体内容本书不做更多讨论。而对于数字通信系统,关注的重点不再是波形是否失真,而是在抽样时刻能否正确判决。如数字基带通信系统的均衡原理是在时域对信号进行补偿,提高接收数字信号判决的正确率,因此称为时域均衡技术,具体内容将在第4章介绍。

### 1.3.4　随参信道对信号传输的影响

根据电波传播机理,随参信道主要分为电离层反射、电离层散射、对流层散射、流星余迹散射、移动通信信道等,具体原理请参考相关书籍。不管以上哪种方式,影响随参信道的因素都极复杂,与环境、季节、天气等有关。收发之间的传输路径不断变化,信道特性不断变化。

因此,随参信道具有共同的特点:(1)信道幅频特性随时间改变;(2)信道相频特性随时间改变;(3)多径传播。其中多径传播对信号传输的影响最大,这种影响又称为**多径效应**,多径效应会带来信号的衰落现象和频率弥散。**衰落**是指信道对接收信号振幅的影响,有快衰落、慢衰落和频率选择性衰落。

考虑信道输入为单频正弦波 $A\cos\omega_{c}t$,振幅 $A$ 为常数,接收信号 $R(t)$ 是经 $n$ 条路径传输的信号之和。

$$
\begin{aligned}
R(t) &= \sum_{i=1}^{n} \mu_i(t)\cos\omega_{c}\big[\,t - \tau_i(t)\,\big] \\
&= \sum_{i=1}^{n} \mu_i(t)\cos\big[\,\omega_{c}t + \varphi_i(t)\,\big]
\end{aligned}
\tag{1.3-5}
$$

式中:$\mu_i(t)$ 表示第 $i$ 条路径接收信号的振幅;$\tau_i(t)$ 表示第 $i$ 条路径接收信号的时延;$\varphi_i(t)$ 表示第 $i$ 条路径接收信号的相位。这里 $\mu_i(t)$、$\tau_i(t)$、$\varphi_i(t)$ 都是随机过程。随机过程的概念将在第2章具体介绍。

变换上式为

$$
\begin{aligned}
R(t) &= \sum_{i=1}^{n} \mu_i(t)\cos\varphi_i(t)\cos\omega_{c}t - \sum_{i=1}^{n} \mu_i(t)\sin\varphi_i(t)\sin\omega_{c}t \\
&= X_{c}(t)\cos\omega_{c}t - X_{s}(t)\sin\omega_{c}t \\
&= V(t)\cos\big[\,\omega_{c}t + \varphi(t)\,\big]
\end{aligned}
\tag{1.3-6}
$$

式中:$X_{c}(t)$ 和 $X_{s}(t)$ 是随机过程,分别称为正交分量和同相分量;$V(t)$、$\varphi(t)$ 也是随机过程,分别是随机包络和随机相位,由于每个路径的信号是微小量,根据概率论的中心极限定理,当 $n$ 充分大时,$X_{c}(t)$ 和 $X_{s}(t)$ 为高斯随机过程,简称高斯过程将在 2.2.3 节讲述。$R(t)$ 是窄带高斯过程,$V(t)$ 服从瑞利分布,$\varphi(t)$ 服从均匀分布。

根据以上分析,当发送固定振幅的单频信号时,对于随参信道,接收振幅 $V(t)$ 是随机变化的,由于服从瑞利分布,因此称为**瑞利衰落**。衰落的周期常能和数字信号码元周期相比较,因此称为**快衰落**。而**慢衰落**是指由于季节、气候、时间不同,而引起的信号衰落现象,这种衰落的周期通常为若干小时或若干天。

图 1-11 给出了多径效应对输出信号产生的影响。从图中可以看出,由于多径效应,输出信号的幅度由恒定变成了随机,频谱由单一频率产生了弥散现象。

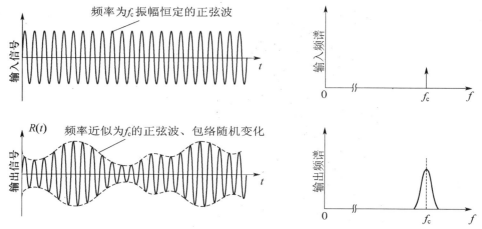

图 1-11 多径效应对输出信号的影响

**频率选择性衰落**是指在特定的频率下存在的衰落现象,可以以两条路径为例解释如下。设两条路径具有相同的振幅衰减 A,但时延不同。两径传输的模型如图 1-12 所示。

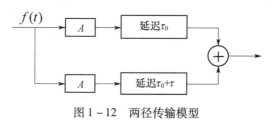

图 1-12 两径传输模型

下面在频域分析两径信道的传输函数:

设 $f(t) <=> F(\omega)$

则 $Af(t-\tau_0) <=> AF(\omega)\mathrm{e}^{-\mathrm{j}\omega\tau_0}$

$Af(t-\tau_0-\tau) <=> AF(\omega)\mathrm{e}^{-\mathrm{j}\omega(\tau_0+\tau)}$

$Af(t-\tau_0)+Af(t-\tau_0-\tau) <=> AF(\omega)\mathrm{e}^{-\mathrm{j}\omega\tau_0}(1+\mathrm{e}^{-\mathrm{j}\omega\tau})$

两径系统传输特性 $H(\omega)$ 为

$$H(\omega) = \frac{AF(\omega)\mathrm{e}^{-\mathrm{j}\omega\tau_0}(1+\mathrm{e}^{-\mathrm{j}\omega\tau})}{F(\omega)} = A\mathrm{e}^{-\mathrm{j}\omega\tau_0}(1+\mathrm{e}^{-\mathrm{j}\omega\tau}) \qquad (1.3-7)$$

式中:A 是常数;$\mathrm{e}^{-\mathrm{j}\omega\tau_0}$ 的模为 1;所以两径系统对接收信号幅度的影响仅需考虑因子 $1+\mathrm{e}^{-\mathrm{j}\omega\tau}$。

$$|1+\mathrm{e}^{-\mathrm{j}\omega\tau}| = 2\left|\cos\frac{\omega\tau}{2}\right|,当 \omega = \frac{n}{\tau}, \frac{3n}{\tau}, \cdots 时,接收信号衰减为 0。$$

$\tau$ 是不同路径的相对时延,对于随参信道是随时间变化的,故传输特性零点和极点也是变化的。

设最大时延为$\tau_m$,定义多径信道的相关带宽$\Delta f = 1/\tau_m$,当信号带宽$B > \Delta f$时,由于选择性衰落,接收信号波形有较严重的畸变。为了不引起明显的频率选择性衰落,应保证信号带宽$B < \Delta f$,这时有可能接收信号时强时弱,多径效应如图$1-13$所示。

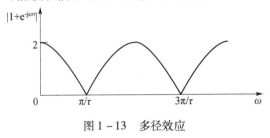

图$1-13$ 多径效应

## 1.4 噪 声

### 1.4.1 噪声来源

通信系统中无处不存在噪声,噪声是指在接收机中出现的任何不需要的电压或电流信号。噪声会引起模拟信号的失真,或数字信号的误码,从而降低通信系统的可靠性。研究噪声的统计特性,可以帮助我们设计出高可靠性的通信系统和通信设备。

噪声既来源于人为活动又来自于自然现象。

在人为活动方面,各类工业或生活电气设备的开关瞬间都会产生火花,如发动机点火系统、汽车点火系统、荧光灯点亮、家电开关等,这些火花所引起的噪声通过大气辐射出去,若频谱正好在某通信设备接收天线的频带范围以内,就会对通信设备造成干扰。当然,邻台的无线电信号频谱泄漏也会对接收带来干扰,也可以看成是一种噪声。

自然噪声既来自宏观世界,也来自微观世界。宏观世界是指自然界中的各种电磁波的辐射现象,如闪电放电、太阳或其他星球产生的宇宙噪声。微观世界是指由于通信设备中电子元器件内部粒子运动而产生的热噪声和散弹噪声等。

### 1.4.2 噪声分类

按照噪声对信号的作用方式,主要分为加性噪声和乘性噪声。加性噪声是叠加在信号上,大多数噪声属于加性噪声。乘性噪声主要来自信道对信号的影响,当信道特性不理想时,需要通过对信道特性的补偿(又称为均衡)去改善。

按照噪声的性质,可分为脉冲噪声、单频噪声和起伏噪声三类。

脉冲噪声在时域上突发,持续时间短促、幅度大、频谱很宽,设备点火、开关和雷电等,都会产生脉冲噪声。脉冲噪声对模拟通信影响较小,对数字通信会产生成串的突发错码,一般可用信道编码技术加以消除或减轻。

单频噪声是指单一频率或者窄带频谱的干扰信号,主要来自相邻电台,其频率和频谱通常已知,影响有限。

起伏噪声是在时域上始终存在,频域上宽频谱的随机噪声,来自于电子器件内部或天体宇宙,其影响无时无处不在,是影响通信系统可靠性的主要因素。

在分析通信系统的抗噪声性能时,主要考虑起伏噪声的影响。

### 1.4.3 高斯白噪声

白噪声是指其功率谱密度为常数的噪声,对白噪声而言,其中各种频率成分占有相同的比重。

起伏噪声通常具有以下特性:

(1)统计特性服从高斯分布,且均值为0,一维高斯分布又称为正态分布;

(2)功率谱密度在很宽的范围内为常数,近似为白噪声。

因此,起伏噪声又称为高斯白噪声,术语既表达了统计特性,又表达了频谱特性。

第2章还将进一步讨论高斯白噪声。

## 1.5 无线频谱管理及通信频带划分

自古以来人类追求的通信梦想是:可以在任何时间、任何地点与任何人自由交流。利用无线电波进行通信,为获得这种自由提供了可能。当前无线电波已承担着越来越多的通信业务,这些业务都离不开无线电频率资源。尽管无线电频率资源是一种看不见、摸不着的物质,但它如同土地、能源等自然资源一样,都是极为重要的国家资源,同样存在着利用开发和管理保护的问题。

无线电频率资源具有以下六种特性。

(1)有限性。无线电波都具有一定的频率和波长,可用频率一般指9kHz~3000GHz范围内。由于无线电波的传播特性,目前人类对于3000GHz以上的频率还无法开发和利用。

(2)排它性。在一定的时间、地区和频域内,一旦被使用,一般来讲其他设备不能再使用。

(3)复用性。虽然具有排它性,但在一定的时间、地区、频域和编码条件下,无线电频率可以复用和共用。

(4)非耗竭性。无线电频率资源不同于土地等资源,可以被人类利用,但不会被消耗掉,不使用是一种浪费,使用不当也是一种浪费,并且可能由于产生干扰而造成危害。

(5)固有的传播特性。无线电波按照一定规律传播,不受行政地域的限制,无国界。

(6)易污染性。无线电频率使用不当,就会形成无线电台站之间的干扰。

为了更科学合理地管理和利用无线电频率资源,国际电信联盟无线电委员会(ITU – R)的《无线电规则》对频谱分配进行了具体规划。国际电信联盟将世界划分为三个区域,其中第一区主要包括欧洲和非洲国家,第二区主要包括美洲国家,第三区主要包括亚洲国家。中国位于第三区。

表1 – 1~表1 – 3所列是"中华人民共和国无线电频率划分规定"中的部分频率划分情况。

表 1-1 部分无线电频率划分表之一

| 频段/kHz | 主要用途 |
|---|---|
| 0～160 | 水上移动,水上无线电导航,无线电导航,标准频率和时间信号 |
| 160～526.5 | 航空无线电导航,水上无线电导航,水上移动 |
| 526.5～1 606.5 | 广播,航空无线电导航 |
| 1 606.5～1 800 | 无线电定位,无线电导航 |
| 1 800～2 190.5 | 业余,无线电导航,无线电定位,水上移动,移动(遇险和呼叫) |
| 2 190.5～2 495 | 水上移动,无线电定位,广播 |
| 2 495～12 230 | 航空移动,广播,业余,水上移动,标准频率和时间信号,陆地移动 |
| 12 230～13 600 | 水上移动,航空移动,射电天文,广播,陆地移动 |
| 13 600～15 010 | 广播,业余,标准频率和时间信号 |
| 15 010～17 900 | 航空移动,广播,水上移动 |
| 17 900～19 680 | 航空移动,业余,广播 |
| 19 680～21 924 | 水上移动,标准频率和时间信号,业余,广播 |
| 21 924～24 990 | 水上移动,航空移动,陆地移动,业余 |
| 24 990～26 100 | 标准频率和时间信号,水上移动,射电天文,广播 |
| 26 100～27 500 | 水上移动,移动 |

表 1-2 部分无线电频率划分表之二

| 频段/MHz | 主要用途 |
|---|---|
| 27.5～37.5 | 气象辅助,业余,空间操作 |
| 37.5～41.015 | 射电天文 |
| 41.015～108 | 广播,业余,无线电定位,航空无线电导航 |
| 108～143.65 | 航空无线电导航,航空移动,卫星 |
| 143.65～150.05 | 空间,无线电定位,业余,卫星 |
| 150.05～160.975 | 无线电定位,水上移动,陆地移动 |
| 160.975～273 | 水上移动,空间,无线电定位,广播,无线电导航 |
| 273～328.6 | 射电天文 |
| 328.6～400.05 | 航空无线电导航,卫星移动 |
| 400.05～420 | 卫星,空间,气象 |
| 420～460 | 航空无线电导航,无线电定位 |
| 460～606 | 卫星,空间,广播 |
| 606～806 | 广播,无线电导航,射电天文 |
| 806～1 215 | 航空无线电导航,卫星无线电导航 |
| 1 215～2 483.5 | 卫星,空间,无线电定位,射电天文,航空无线电导航 |
| 2 483.5～5 470 | 卫星,无线电定位,卫星广播,空间,射电天文,无线电定位,航空无线电导航 |
| 5 470～8 750 | 水上无线电导航,卫星,空间,无线电定位 |
| 8 750～10 000 | 无线电定位,航空无线电导航,水上无线电导航,卫星,空间 |

表 1-3 部分无线电频率划分表之三

| 频段/GHz | 主要用途 |
|---|---|
| 10～12.2 | 无线电定位,卫星,空间,射电天文,卫星广播 |
| 12.2～1000 | 广播,卫星,空间,航空无线电导航,无线电定位,射电天文 |

当前通信的发展已进入移动互联网时代,日益增长的无线数据需求将引起频谱资源危机,有报告称,到 2015 年,我国移动通信频率总需求接近 1000MHz,目前已划分用于IMT 系统(国际移动通信系统)的频率共 547MHz,中国将出现 420MHz 的频谱缺口。据工业和信息化部预计,我国未来公众移动通信系统总的频谱需求将至少为 1400MHz。

在应对频谱危机方面,一方面利用过时技术的空闲频谱资源,如将小灵通使用的1.9GHz 频段用于移动通信系统,另一方面通过新技术提高频谱效率,让每赫兹承载更多的比特。

在众多提升频谱效率的新技术中,最受关注的是认知无线电技术。认知无线电技术的基本出发点是:在已授权频段未用或只有很少的通信业务的情况下,具有认知功能的无线通信设备可以按照某种"伺机"的方式工作在已授权的频段内。认知无线电的核心思想就是使无线通信设备具有发现"频谱空洞"并合理利用的能力,有效提升频谱资源的利用率,缓解频谱资源供求紧张的矛盾。在我国,认知无线电技术还处在发展初级阶段,各项理论和技术处于研究探索中。

## 1.6　通信系统的性能指标

一般而言,衡量一个通信系统的性能通常有以下几个方面:有效性、可靠性、适应性、经济性、保密性、标准性、维修性、工艺性等。其中有效性和可靠性是两个最重要的性能指标,有效性指信息传输的速度,或传输信息所占用的频率资源。可靠性指信息传输的质量,即接收信息的准确程度。有效性和可靠性常常是矛盾的,提高有效性会导致可靠性的下降,对于实际通信系统,需要在两个指标之间寻求平衡。模拟和数字通信系统有效性和可靠性的具体指标也是不同的。

实际通信系统还会有着各自不同的传输质量标准,它们都是以上性能的具体体现。如 GSM 系统性能有:频谱效率、容量、话音质量、开放的接口和安全性等。数字电话系统有响度评定值、灵敏度/频率特性、失真、噪声电平、带外信号的抑制、时延等。

### 1.6.1　模拟通信系统性能

模拟通信系统的有效性用信号所占用的带宽来衡量,单路信号所占的频带越窄,系统频带以内可以传输的信号路数就越多,通信系统的有效性越强。

模拟通信系统的可靠性用解调器输出信噪功率比表示,简称信噪比。信噪比越高,接收信号的质量就越好。一般无线电通信要求信噪比大于 26dB;电视节目信噪比一般在54dB 以上。通常信噪比的单位取分贝(dB),见式(1.6-1)。

$$信噪比 = 10\lg\frac{S_i}{N_i} \qquad (1.6-1)$$

15

### 1.6.2　数字通信系统性能

数字通信系统的有效性用码元速率、信息速率或频带利用率表示。

（1）码元速率 $R_B$：定义为每秒传送的码元数量，单位为波特（Baud，简称 B）。

（2）信息速率 $R_b$：定义为每秒传送的信息量。

香农信息论指出，当数字信源各码元等概出现时，每个码元所携带的信息量 $I$ 如式（1.6－2），单位为比特（bit，简称 b）：

$$I = \log_2 \frac{1}{P} = \log_2 M \qquad (\text{bit}) \qquad (1.6-2)$$

这里 $P$ 是每个码元的概率，$M$ 是码元个数。

数字信源的码元数通常是 2 的幂，例如二进制、四进制、八进制等。例如对于八进制信源，总共有从 0~7 的 8 个码元符号，每个码元携带的信息量就是 $\log_2 8 = 3b$，每个八进制符号用二进制表示也正好是 3 位，因此比特即是信息量的单位，也是二进制位数的单位。

信息速率和码元速率的关系如式（1.6－3）所示。

$$R_b = R_B \log_2 M \qquad (\text{b/s}) \qquad (1.6-3)$$

例如对于八进制，如果码元速率为 2MB，每个码元携带 3b 的信息量，则此时信息速率为 6Mb/s。

（3）频带利用率 $\eta$：

在衡量通信系统的有效性时，仅仅考虑码元速率和信息速率是不够的，还必须考察达到这样的速率所付出的频率资源。

频带利用率又称频谱利用率，定义为单位频带内的码元速率或信息速率，用 $\eta$ 表示，单位为 B/Hz 或 b/sHz。公式如式（1.6－4）和式（1.6－5）所示，式中 $B$ 为信号占用带宽。

$$\eta = \frac{R_B}{B} \qquad (\text{B/Hz}) \qquad (1.6-4)$$

或

$$\eta = \frac{R_b}{B} \qquad (\text{b/s} \cdot \text{Hz}) \qquad (1.6-5)$$

数字通信系统的可靠性用误码率或误信率表示。

（1）误码率 $P_e$。

误码率定义为接收信号中错误码元出现的概率，即

$$P_e = \lim_{n_B \to \infty} \frac{n_{eB}}{n_B} \qquad (1.6-6)$$

式中：$n_B$ 为传输的总码元数；$n_{eB}$ 为错误码元数。

误码率义称为平均误码率，因为信息和噪声都具有随机性，因此平均是指统计平均值。

例如二进制通信，码源为"0"和"1"，错误概率有发送"1"时接收到"0"的概率 $P(0/1)$ 和发送"0"时接收到"1"的概率 $P(1/0)$，平均误码率 $P_e$ 为

$$P_e = P(0)P(1/0) + P(1)P(0/1) \qquad (1.6-7)$$

（2）误信率 $P_b$。

误信率定义为接收信息中错误比特出现的概率，即

$$P_b = \lim_{n_b \to \infty} \frac{n_{eb}}{n_b} \qquad (1.6-8)$$

式中：$n_b$ 为传输的总比特；$n_{eb}$ 为错误信息比特。

对于二进制通信，$P_e = P_b$，这是因为一个码元携带 1b 的信息量。在多进制通信中，$M > 2$，一个码元所含信息量为 $\log_2 M$ 比特，当错一个码元时，$\log_2 M$ 比特的信息量不一定全部错误，因此 $P_b < P_e$。

## 1.7 小 结

1. 通信是指人们通过某种媒介进行信息传递。随着电磁波的发现，电信号成了新的信息载体，人类通信领域也因此产生了根本性的变革，开始了通信的新时代。

2. 21 世纪的通信发展趋势，将具有宽带化、智能化、个人化和综合化的特征，能向用户提供多种形式、大容量、高速率的通信业务，能满足用户任何时间、任何地点向其他任何人通过声音、数据、图像、视频等方式相互交换信息的要求。

3. 基本的通信系统模型是单路、单向、点对点形式，包括信源、发送设备、信道、接收设备、信宿以及噪声源。

4. 通信系统的工作方式主要包括（1）单工（Simplex），单向通信，如广播；（2）准双工（Half-duplex），如步话机；（3）全双工（Duplex），双向通信，如固定电话和移动电话。广播通信是点到多点的形式，电话通信是一个多点到多点的通信网。

5. 根据通信系统传输的消息类型不同：连续（模拟）消息或离散（数字）消息，通信系统可分为模拟通信系统或数字通信系统。

对于模拟通信系统，发送设备主要包含调制器，接收设备主要包括解调器，对于远距离通信，还包括天线系统等。要使模拟通信系统正常工作，载波同步系统也是必要和重要的部分。

对于数字通信系统，发送设备和接收设备中包含信源编解码、信道编解码，以及保密编解码，此外为保证系统正常工作，载波同步、码元同步和帧同步也是必不可少的。

6. 数字通信是当今通信发展的必然趋势。数字通信系统的主要特点：（1）抗干扰能力强，噪声不积累；（2）可采用信道纠错编码技术，提高通信可靠性；（3）对于不同形式的通信对象，可以形成统一的传输序列（数字序列），便于处理、变换和存储；（4）易于大规模集成；（5）易于加密处理，保密性好；（6）相比模拟通信系统，占用更多的带宽。但随着光纤传输系统的大量应用，带宽已不再是问题；（7）需要更复杂的同步系统。

7. 信道是用于在发送端和接收端之间传输信号的通道。按照信号的传输媒质，信道可分为有线信道和无线信道。按照信道的特性，可分为恒参信道和随参信道。按照信道的模型，可分为调制信道和编码信道。

8. 对于常用的通信方式：固定电话、电视、广播、微波通信、卫星通信、移动通信，常用信道有对称电缆、同轴电缆、光纤、无线广播信道、微波中继、卫星中继、无线移动信道等。其中，有线信道、无线信道中的微波中继和卫星中继是恒参，其他无线信道是随参。

9. 恒参信道对信号的影响有可能引起幅频失真或相频失真,甚至存在非线性失真,需要对频率特性进行补偿,这种补偿又称为均衡,具体分为频域均衡技术和时域均衡技术。

10. 随参信道的特点:(1)信道幅频特性随时间改变;(2)信道相频特性随时间改变;(3)多径传播。其中多径传播对信号传输的影响最大,这种影响又称为多径效应,多径效应会带来信号的衰落现象和频率弥散。衰落是指信道对接收信号振幅的影响,有快衰落、慢衰落和频率选择性衰落。

11. 加性噪声是叠加在信号上,大多数噪声属于加性噪声。乘性噪声主要来自信道对信号的影响,噪声对信号的影响可以用相乘的关系表示。

12. 白噪声是指其功率谱密度为常数的噪声。若噪声的统计特性服从高斯分布,则称为高斯白噪声。

13. 无线电频率资源具有的特性:(1)有限性;(2)排它性;(3)复用性;(4)非耗竭性;(5)固有的传播特性;(6)易污染性。

14. 国际电信联盟无线电委员会(ITU-R)的《无线电规则》对频谱分配进行了具体规划,将世界划分为三个区域,其中第一区主要包括欧洲和非洲国家,第二区主要包括美洲国家,第三区主要包括亚洲国家。中国位于第三区。

15. 衡量一个通信系统的性能通常有以下几个方面:有效性、可靠性、适应性、经济性、保密性、标准性、维修性、工艺性等。其中有效性和可靠性是两个最重要的性能指标。

16. 模拟通信系统的有效性用信号所占用的带宽来衡量,可靠性用解调器输出信噪功率比表示,简称信噪比。

17. 数字通信系统的有效性用码元速率、信息速率或频带利用率表示。数字通信系统的可靠性用误码率或误信率表示。

## 思 考 题

1-1 简述最基本的通信系统的组成部分并阐述其工作方式。

1-2 数字通信系统的主要特点是什么?

1-3 数字通信系统的一般模型中各组成部分的主要功能什么?

1-4 何谓信道? 信道的分类有哪些?

1-5 何谓多模光纤? 何谓单模光纤?

1-6 光纤通信相对于其他通信方式有何显著特点?

1-7 根据信号与系统的概念,信号通过线性系统的不失真条件是什么?

1-8 何谓恒参信道? 对信号传输有哪些主要影响?

1-9 简述随参信道的特点,随参信道对信号传输产生哪些影响?

1-10 什么是快衰落? 什么是慢衰落?

1-11 何谓加性干扰? 何谓乘性干扰?

1-12 何谓白噪声? 何谓高斯白噪声? 起伏噪声有何特性?

1-13 衡量一个通信系统的性能通常有哪几个方面?

1-14 衡量模拟通信系统和数字通信系统有效性和可靠性的性能指标分别是什么？

1-15 何谓码元速率和信息速率？它们之间的关系如何？

1-16 何谓误码率和误信率？它们之间的关系如何？

# 习 题

1-1 设英文字母 $X$ 出现的概率为 $0.105$，$Y$ 出现的概率为 $0.002$。试求 $X$ 及 $Y$ 的信息量。

1-2 某数字通信系统用正弦载波的四个相位 $0$、$\frac{\pi}{2}$、$\pi$、$\frac{3\pi}{2}$ 来传输信息，这四个相位是互相独立的，每秒内这四个相位出现的次数都为 250，求此通信系统的码元速率和信息速率。

1-3 对于二电平数字信号，每秒钟传输 300 个码元，问此码元速率 $R_B$ 等于多少？若该数字信号 0 和 1 出现是独立等概的，那么信息速率 $R_b$ 等于多少？

1-4 如果二进独立等概信号，码元宽度为 $0.25\text{ms}$，求 $R_B$ 和 $R_b$；若该信号是八进制信号，码元宽度不变，求码元速率 $R_B$ 和独立等概时的信息速率 $R_b$。

1-5 已知一个数字系统在 125s 内传送了 250 个 16 进制码元。且 2s 内接收端接收到 3 个错误码元。

(1) 求其码元速率 $R_B$ 和信息速率 $R_b$；

(2) 求误码率 $P_e$。

1-6 设某恒参信道可用题图 1-1 所示的线性二端口网络来等效。试求它的传输函数 $H(\omega)$，并说明信号通过该信道时会产生哪些失真。

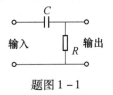

题图 1-1

# 第 2 章   通信信号分析

## 2.1   确知信号分析方法

通信信号有不同的分类方法。从信号在时间和幅度上连续或离散的特点,可以分为模拟信号和数字信号;从信号是否可以用明确的表达式表示,可以分为确知信号(Deterministic Signal)和随机信号(Random Signal)。确知信号又可以分为周期信号和非周期信号;从信号中是否携带有用信息,可以分为有用信号和噪声信号。按照信息理论的观点,有意义的通信信号应具有随机性,但是其中也会存在确知信号,如对于传输数字信号的情形,尽管数字信号序列是随机的,但表示每个数字符号的信号是确知的,另外传输中的有些信号(如导频信号)本身也是确知信号。因此,确知信号和随机信号分析都很必要。

确知信号是指其取值在任何时间都是确定的和可预知的信号,通常可以用数学公式表示。例如振幅、频率和相位都确定的正弦波,它就是一个确知信号。而随机信号则无法用明确的数学式表示其取值。

信号的基本分析方法有时域分析法和频域分析法。时域分析法具有直观体现信号波形的特点,频域分析法则更有利于揭示信号内在的频率特性,从而与通信中信号的频谱、带宽、滤波、调制、频分复用等概念相联系。在频域分析法中,傅里叶变换是重要的理论基础和数学工具。对于随机信号分析,还需要用到概率论和数理统计。本节主要讨论信号的频域分析,包括频谱密度、功率谱密度、能量谱密度以及希尔伯特变换。

### 2.1.1   信号的频谱和频谱密度

**1. 周期信号和非周期信号**

在信号分析中,不同的观察视角产生不同的信号分类方法。为分析方便,这里把信号分为周期信号和非周期信号、能量信号和功率信号。确知信号有周期的,也有非周期的,随机信号通常是非周期的。信号是周期性还是非周期,和信号是能量还是功率信号的关系,将在后面分析。

周期信号是指经过一定时间重复出现的信号;而非周期信号不具有周而复始重复的特性。

周期信号可以表示为

$$f(t) = f(t + kT), k = 0, \pm 1, \pm 2, \cdots \qquad (2.1-1)$$

满足上式的最小正 $T$ 值称为 $f(t)$ 的周期。

信号还可按照能量和功率的特点,分为能量信号和功率信号。

信号 $f(t)$ 的能量 $E$ 和功率 $P$ 分别定义为

$$E = \lim_{T \to \infty} \int_{-T}^{T} f^2(t) \, \mathrm{d}t = \int_{-\infty}^{\infty} f^2(t) \, \mathrm{d}t \qquad (2.1-2)$$

$$P = \lim_{T \to \infty} \frac{1}{2T} \int_{-T}^{T} f^2(t) \, dt \tag{2.1-3}$$

若信号能量有限,即 $0 < E < \infty$,此时 $P = 0$,则称此信号为能量信号;若 $E \to \infty$,但信号功率有限,即 $0 < P < \infty$,则称此信号为功率信号。

确知的周期信号和随机信号是功率信号;确知的非周期信号可能是功率信号,也可能是能量信号。反过来说,功率信号可以是确知的周期、非周期信号或随机信号,能量信号是非周期信号。

确知信号的频率特性由其各个频率分量的分布表示,它是信号的最重要的性质之一。信号的频率特性具体分为:功率信号的频谱、能量信号的频谱密度、功率信号的功率谱密度和能量信号的能量谱密度。

大多数功率信号是周期信号,以下分析功率信号时均假设为周期信号,它的频谱与傅里叶级数的系数有关。

**2. 傅里叶级数**

以高等数学的知识,任何周期为 $T$ 的周期函数 $f(t)$,在满足狄里赫利条件时,可以由三角函数的线性组合来表示。式(2.1-4)即为周期信号的三角傅里叶级数表达式。

$$f(t) = \frac{a_0}{2} + a_1 \cos\Omega t + \cdots + a_n \cos n\Omega t + \cdots + b_1 \sin\Omega t + \cdots + b_n \sin n\Omega t + \cdots$$

$$\tag{2.1-4}$$

式中: $a_0 = \frac{2}{T} \int_{t_1}^{t_1+T} f(t) \, dt$; $a_n = \frac{2}{T} \int_{t_1}^{t_1+T} f(t) \cos(n\Omega t) \, dt$; $b_n = \frac{2}{T} \int_{t_1}^{t_1+T} f(t) \sin(n\Omega t) \, dt$。

式中: $\Omega = \frac{2\pi}{T}$,为基波角频率, $n\Omega$ 为 $n$ 次谐波角频率。将式(2.1-4)中同频率项合并,可写成

$$f(t) = \frac{a_0}{2} + \sum_{n=1}^{\infty} A_n \cos(n\Omega t + \varphi_n) \tag{2.1-5}$$

式中:三角傅里叶系数 $a_n$、$b_n$ 和振幅 $A_n$、相位 $\varphi_n$ 之间的关系为

$$\begin{cases} A_n = \sqrt{a_n^2 + b_n^2} \\ \varphi_n = -arctg\left(\dfrac{b_n}{a_n}\right) \end{cases} \tag{2.1-6}$$

可以看出, $A_n$ 和 $a_n$ 是 $n\Omega$ 的偶函数, $\varphi_n$ 和 $b_n$ 是 $n\Omega$ 的奇函数。

周期信号的傅里叶级数还可以由指数傅里叶级数表示:

$$f(t) = \sum_{n=-\infty}^{\infty} C_n e^{jn\Omega t} \tag{2.1-7}$$

式中: $C_n$ 是指数傅里叶级数的系数,又称为复数振幅:

$$C_n = \frac{1}{2}(A_n \cos\varphi_n + jA_n \sin\varphi_n) = \frac{1}{2}(a_n - jb_n) = \frac{1}{T} \int_{t_1}^{t_1+T} f(t) e^{-jn\Omega t} \, dt$$

$$= |C_n| e^{j\psi_n} \tag{2.1-8}$$

**3. 功率信号的频谱**

三角傅里叶级数和指数傅里叶级数虽然表达形式不同,但都是将一个周期信号表示为直流分量和各次谐波分量之和,利用式(2.1-6)可以求得各分量的振幅和相位;利用式(2.1-8)也可以求出各分量的复数振幅,而将这些关系绘成图就得到周期信号的频谱图。

把描述 $A_n$ 和 $n\Omega$ 间关系的图形称为幅度谱;描述 $\varphi_n$ 和 $n\Omega$ 间关系的图形称为相位谱;描述 $C_n$ 和 $n\Omega$ 间关系的图形称为复数振幅谱。

以脉冲宽度为 $\tau$,周期为 $T$,幅度为 $E$ 的周期性矩形脉冲为例。信号在一个周期内的表达式为

$$f(t) = \begin{cases} E & -\dfrac{\tau}{2} \leqslant t \leqslant \dfrac{\tau}{2} \\ 0 & elset \end{cases} \qquad (2.1-9)$$

用 Matlab 根据式(2.1-6)绘制出频谱如图 2-1 所示,其中取 $T=5$,$\tau=1$。由于频谱只包括角频率的正半轴,因此称为**单边谱**。

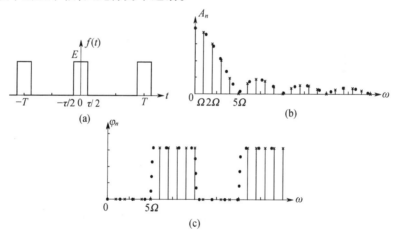

图 2-1 周期信号的单边幅度谱和相位谱

(a) 周期性矩形脉冲信号;(b) 单边幅度谱;(c) 单边相位谱。

用指数傅里叶级数表示时,可以求出:

$$C_n = \frac{E\tau}{T} \cdot \frac{\sin(n\Omega\tau/2)}{n\Omega\tau/2} = \frac{E\tau}{T} Sa(n\Omega\tau/2) \qquad (2.1-10)$$

图 2-2 的频率特性是用复数振幅 $C_n$ 绘制,频率轴包括正负两部分,称为双边谱。幅频特性是偶函数,相频特性是奇函数。单边谱和双边谱只是两种不同的表示方法,对于幅频特性,除了直流($n=0$)外,双边谱的幅度是单边谱幅度的一半。

周期信号的频谱是离散谱,谱线只出现在频率为 $0,\Omega,2\Omega,\cdots$ 等离散角频率上。

由此可见周期信号频谱具有三个特点:离散性、谐波性和收敛性。幅度会随着频率的增加逐渐衰减。

一般周期信号由于谐波振幅具有收敛性,信号能量的主要部分均集中在低频分量中,

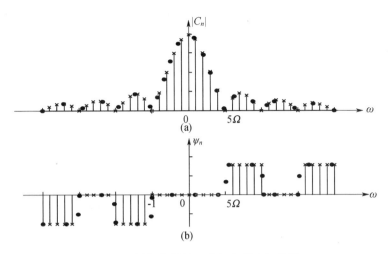

图 2-2 周期信号的双边幅度谱和相位谱

（a）双边幅度谱；（b）双边相位谱。

实际运用中可以忽略谐波次数过高的那些分量。因此，可以将信号的频带宽度定义为：从零频率开始到需保留的最高频率分量之间的频率范围。对于图 2-1 所示的具有抽样函数形式的频谱，即形如 $Sa(t) = \dfrac{\sin t}{t}$，常把从零频率开始到频谱包络线第一个零点之间的频带作为信号的频带宽度。

**4. 能量信号的频谱密度**

能量信号通常是非周期信号，非周期信号不能直接用傅里叶级数表示。但可由傅里叶分析方法导出其傅里叶变换。

仍以周期矩形信号为例，其频谱图如图 2-2 所示，当周期 $T$ 趋近于无穷时，周期信号就转化为非周期信号，这时谱线的间隔 $\Omega = 2\pi/T$ 趋近于无穷小，离散频谱就趋近于连续频谱。尽管各分量的振幅将趋于无穷小，但这些无穷小量之间仍保持一定的比例关系。因此，通过引入一个新的量 $F(j\omega)$ 来表示能量信号的频谱特性。$F(j\omega)$ 称为"频谱密度函数"（简称频谱密度或频谱）。此部分推导过程在信号与系统课程中已有介绍，这里不再详细讨论。$F(j\omega)$ 是 $f(t)$ 的傅里叶正变换，即

$$\begin{cases} F(j\omega) = F[f(t)] = \displaystyle\int_{-\infty}^{\infty} f(t)\,\mathrm{e}^{-j\omega t}\mathrm{d}t \\[2mm] f(t) = F^{-1}[F(j\omega)] = \dfrac{1}{2\pi}\displaystyle\int_{-\infty}^{\infty} F(j\omega)\,\mathrm{e}^{j\omega t}\mathrm{d}\omega \end{cases} \tag{2.1-11}$$

一般，$F(j\omega)$ 是 $\omega$ 的复函数，它可以写为

$$F(j\omega) = |F(j\omega)|\,\mathrm{e}^{j\varphi(\omega)} \tag{2.1-12}$$

$|F(j\omega)|$ 是频谱函数的模，表示非周期信号 $f(t)$ 中各频率分量幅值的相对大小。$\varphi(\omega)$ 是频谱函数 $F(j\omega)$ 的相角，表示 $f(t)$ 中各频率分量的相位关系。与周期信号类似，把 $|F(j\omega)| \sim \omega$ 和 $\varphi(\omega) \sim \omega$ 关系曲线分别称为非周期信号的幅度谱和相位谱。

下面给出常用信号的频谱密度。

**例 2.1** 求单个矩形脉冲信号的频谱。

23

解:矩形脉冲信号的表达式为

$$f(t) = \begin{cases} E & |t| < \dfrac{\tau}{2} \\ 0 & |t| > \dfrac{\tau}{2} \end{cases}$$

其频谱函数为

$$F(j\omega) = \int_{-\infty}^{\infty} f(t) e^{-j\omega t} dt = E \int_{-\frac{\tau}{2}}^{\frac{\tau}{2}} e^{-j\omega t} dt = E\tau \frac{\sin\omega\tau/2}{\omega\tau/2} = E\tau Sa(\omega\tau/2)$$

$$(2.1-13)$$

这里 $F(j\omega)$ 为实函数,用一条曲线可以同时表示幅度频谱和相位频谱。利用 Matlab 绘制出时域波形图和频谱图 $F(j\omega)$,如图 2-3 所示。其中 $\tau = 2$,$E = 1$。

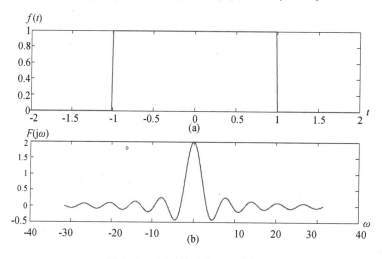

图 2-3 矩形脉冲信号及其频谱

（a）单矩形脉冲时域波形；（b）单矩形脉冲信号频谱密度函数。

通常将 $E = 1$ 时的矩形脉冲信号称为门函数用 $g_\tau(t)$ 表示。

**例 2.2** 求单位冲激信号 $f(t) = \delta(t)$ 的频谱。

解:单位冲激函数 $\delta(t)$ 的傅里叶变换 $F(j\omega)$ 为

$$F(j\omega) = \int_{-\infty}^{\infty} \delta(t) e^{-j\omega t} dt = \int_{-\infty}^{\infty} \delta(t) dt = 1 \qquad (2.1-14)$$

单位冲激函数的频谱在整个频率区间 $-\infty < \omega < \infty$ 是均匀的,这样的频谱常称为"均匀谱"或"白色谱"。

能量信号的频谱密度 $F(j\omega)$ 和周期性功率信号频谱 $C_n$ 的主要区别有:

（1）$F(j\omega)$ 是连续谱,而 $C_n$ 是离散谱;

（2）$F(j\omega)$ 单位是幅度/频率,而 $C_n$ 单位是幅度;(这里都是指其频谱幅度);

（3）能量信号的频谱连续地分布在频率轴上,每个频率点上的信号幅度是无穷小的,只有 $d\omega$ 上才有确定的非 0 振幅,表示了信号各频率分量之间的相对量;周期性功率信号的频谱只有在离散的频率点上有振幅,表示了信号各频率分量的大小。

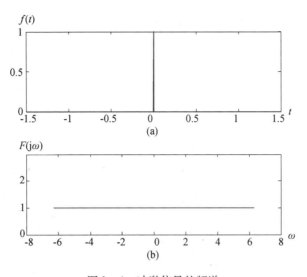

图 2 - 4  冲激信号的频谱

（a）冲激信号时域波形；（b）冲激信号频谱密度函数。

$F(j\omega)$ 又可写作 $F(\omega)$ 或 $F(f)$。

## 2.1.2  信号的功率谱密度和能量谱密度

### 1. 帕斯瓦尔（Parseval）定理

帕斯瓦尔定理属于卷积的性质之一，内容如下：

对于能量信号，在时域中计算的信号总能量，等于在频域中计算的信号总能量。即

$$E = \int_{-\infty}^{\infty} f^2(t)\,\mathrm{d}t = \int_{-\infty}^{\infty} |F(\omega)|^2 \mathrm{d}f = \frac{1}{2\pi} \int_{-\infty}^{\infty} |F(\omega)|^2 \mathrm{d}\omega \qquad (2.1-15)$$

$|F(\omega)|^2$ 称为能量谱，它是沿频率轴的能量分布密度。

对于周期性功率信号有

$$P = \frac{1}{T} \int_{-\frac{T}{2}}^{\frac{T}{2}} f^2(t)\,\mathrm{d}t = \sum_{n=-\infty}^{\infty} |C_n|^2 \qquad (2.1-16)$$

### 2. 能量谱密度和功率谱密度

由帕斯瓦尔定理可知，$|F(\omega)|^2$ 和 $|C_n|^2$ 分别体现了能量信号的能量，以及周期性功率信号的功率，在频率域如果引入"密度函数"的概念：对密度函数积分就是总的能量或功率。

$$\begin{cases} E = \int_{-\infty}^{\infty} G(\omega)\,\mathrm{d}f = \frac{1}{2\pi} \int_{-\infty}^{\infty} G(\omega)\,\mathrm{d}\omega \\ P = \int_{-\infty}^{\infty} P(\omega)\,\mathrm{d}f = \frac{1}{2\pi} \int_{-\infty}^{\infty} P(\omega)\,\mathrm{d}\omega \end{cases} \qquad (2.1-17)$$

对照帕斯瓦尔定理可得：

能量信号的能量谱密度为

$$G(\omega) = |F(\omega)|^2 \qquad (\mathrm{J/Hz}) \qquad (2.1-18)$$

周期性功率信号的功率谱密度为

$$P(\omega) = 2\pi \sum_{n=-\infty}^{\infty} |C_n|^2 \delta(\omega - n\omega_0) \qquad (\text{W/Hz}) \qquad (2.1-19)$$

对于非周期功率信号,可以采用截短函数求极限的方法进行分析,信号的功率可表示为

$$P = \lim_{T\to\infty} \frac{1}{T} \int_{-\infty}^{\infty} f^2(t)\,\mathrm{d}t = \lim_{T\to\infty} \frac{1}{T} \int_{-\frac{T}{2}}^{\frac{T}{2}} f_T^2(t)\,\mathrm{d}t \qquad (2.1-20)$$

式中:$f_T(t)$ 为 $f(t)$ 在区间 $(-T/2, T/2)$ 内的截短信号,截短信号为能量信号,$f_T(t)$ 的频谱密度函数为 $F_T(\omega)$。根据能量信号帕斯瓦尔定理得:

$$\int_{-\infty}^{\infty} f_T^2(t)\,\mathrm{d}t = \frac{1}{2\pi} \int_{-\infty}^{\infty} |F_T(\omega)|^2 \mathrm{d}\omega \qquad (2.1-21)$$

将式(2.1−21)代入式(2.1−20)得

$$P = \lim_{T\to\infty} \frac{1}{T} \int_{-\infty}^{\infty} f_T^2(t)\,\mathrm{d}t = \frac{1}{2\pi} \int_{-\infty}^{\infty} \lim_{T\to\infty} \frac{|F_T(\omega)|^2}{T}\mathrm{d}\omega = \frac{1}{2\pi} \int_{-\infty}^{\infty} P(\omega)\,\mathrm{d}\omega$$

$$(2.1-22)$$

得

$$P(\omega) = \lim_{T\to\infty} \frac{|F_T(\omega)|^2}{T} \qquad (2.1-23)$$

此即非周期功率信号的功率谱密度。

**功率谱密度**,有时也称功率谱,单位是 W/Hz,表现的是单位频带内信号功率与信号频率的关系。

**能量谱密度**,有时也称能量谱,单位是 J/Hz,反映了单位频带内信号能量与信号频率的关系。

$P(\omega)$ 和 $G(\omega)$ 可直接写成 $P(f)$ 和 $G(f)$,区别只是在于横轴标记不同,一个是角频率,一个是频率,并不影响函数值。此外,$P(\omega)$ 和 $G(\omega)$ 既可以表示为单边谱($\omega \geq 0$),又可表示为双边谱($-\infty < \omega < \infty$),双边谱是频率的偶函数,幅度是单边谱的一半。单边谱和双边谱是等价的两种表示方法。

**例 2.3** 求脉宽为 $\tau$ 的单个矩形脉冲信号的能量谱密度。

解:在例 2.1 中我们已经求出单个矩形脉冲的频谱:$E\tau Sa(\omega\tau/2) = E\tau Sa(\pi f\tau)$

由能量信号的能量谱密度定义:

$$G(f) = |F(f)|^2$$

得单个矩形脉冲的能量谱密度为

$$G(f) = |E\tau Sa(\pi f\tau)|^2 = (E\tau)^2 Sa^2(\pi f\tau)$$

**例 2.4** 试求周期为 $T$、脉宽为 $\tau$、幅度为 $E$ 的周期性矩形脉冲的功率谱密度。

解:前面已求出周期性矩形脉冲的频谱为

$$C_n = \frac{E\tau}{T} \frac{\sin(n\Omega\tau/2)}{n\Omega\tau/2}$$

由周期性功率信号的功率谱密度定义,得周期性矩形脉冲的功率谱密度为

$$P(\omega) = 2\pi \sum_{n=-\infty}^{\infty} |C_n|^2 \delta(\omega - n\Omega) = 2\pi \sum_{n=-\infty}^{\infty} \left| \frac{E\tau}{T} \frac{\sin(n\Omega\tau/2)}{n\Omega\tau/2} \right|^2 \delta(\omega - n\Omega)$$

$$= (2\pi E\tau/T)^2 \sum_{n=-\infty}^{\infty} \left| \frac{\sin(n\Omega\tau/2)}{n\Omega\tau/2} \right|^2 \delta(\omega - n\Omega) = \left( \frac{2\pi E\tau}{T} \right)^2 \sum_{n=-\infty}^{\infty} Sa^2(n\Omega\tau/2)\delta(\omega - n\Omega)$$

### 2.1.3 希尔伯特变换(Hilbert Transform)

在信号与系统分析中,研究的信号大多数是因果信号,这是因为不仅时限信号、无时限信号用因果信号来表示,而且在实际中获得的信号大多是因果信号。对因果信号,其傅里叶变换的实部与虚部相互不独立,可通过希尔伯特变换相联系。另外后面将推导出希尔伯特变换是一个理想的 $\pi/2$ 移相器。正弦载波 $\sin(\omega_c t + \theta_c)$ 和余弦载波 $\cos(\omega_c t + \theta_c)$ 可通过希尔伯特变换联系起来。

希尔伯特变换在通信领域有着非常广泛的应用,它是信号分析与处理的重要工具,可以用于信号的调制与解调,用来统一描述各种模拟调制方式(DSB、SSB、AM、FM)的原理,揭示这些方式之间的内在联系,简化理论分析。

**1. 希尔伯特变换的定义**

设实值函数 $f(t)$,其中 $t \in (-\infty, +\infty)$,它的希尔伯特变换定义为

$$\hat{f}(t) = \int_{-\infty}^{+\infty} \frac{f(\tau)}{\pi(t-\tau)} d\tau \tag{2.1-24}$$

常记为

$$\hat{f}(t) = H[f(t)] \tag{2.1-25}$$

由于 $\hat{f}(t)$ 是函数 $f(t)$ 与 $\frac{1}{t\pi}$ 的卷积积分,故可写成

$$\hat{f}(t) = f(t) * \frac{1}{t\pi} \tag{2.1-26}$$

**2. $\pi/2$ 移相**

设 $\hat{F}(f) = F[\hat{f}(t)]$,根据式(2.1-26)和傅里叶变换性质可知,$\hat{F}(f)$ 是 $F(f)$ 和 $F(1/t\pi)$ 的乘积。由

$$F[1/\pi t] = -j\,\mathrm{sgn}(f) = \begin{cases} -j, & -90°, f > 0 \\ j, & 90°, f < 0 \end{cases} \tag{2.1-27}$$

得

$$\hat{F}(f) = -[j\,\mathrm{sgn}(f)]F(f)$$

所以 $\hat{F}(f)$ 是一个 $\pi/2$ 相移系统,产生 $\pm\pi/2$ 的相移,对正频率产生 $-\pi/2$ 的相移,对负频率产生 $\pi/2$ 相移。因此,希尔伯特变换又称为90°移相器。

## 2.2 随机信号分析方法

通信系统中遇到的信号通常总带有某种随机性,即它们的某个或几个参数不能预知

或不可能完全预知。我们把这种具有随机性的信号称为随机信号。通信系统中还必然遇到噪声,例如自然界中的各种电磁波噪声和设备的器件内部产生的热噪声、散粒噪声等,它们更不能预知,噪声也具有随机性。从统计数学的观点看,随机信号和噪声统称为随机过程。

## 2.2.1 随机过程

**1. 随机过程的一般概念**

通信系统中的随机信号和噪声均可归纳为依赖于时间参数 $t$ 的随机过程。**随机过程**可看成是一个由全部可能的实现构成的总体,每个实现都是一个确定的时间函数,而随机性就体现在出现哪一个实现是不确定的。换个角度观察随机过程,它是时间 $t$ 的函数,但在任一时刻观察到的值却是不确定的,是一个随机变量。

例如,设有 $n$ 台性能相同的通信机,它们的工作条件也相同。现用 $n$ 部记录仪同时记录各通信机的输出噪声波形。测试结果将会表明,得到的 $n$ 张记录图形并不因为有相同的条件而输出相同的波形。恰恰相反,即使 $n$ 足够的大,也找不到两个完全相同的波形。

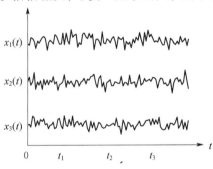

图 2-5 观察 3 次的噪声波形

这就是说,通信机输出的噪声电压随时间的变化是不可预知的,因而它是一个随机过程。这样的一次记录就是一个实现,无数个记录构成的总体就是一个随机过程。

定义:随机过程是样本函数的全体,用 $\xi(t)$ 表示。

$\xi(t) = \{x_1(t), x_2(t), \cdots, x_n(t) \cdots\}$,其中 $x_i(t)$ 是样本函数。

或随机过程是依赖于时间参量 $t$ 变化的随机变量的全体。

$\xi(t) = \{X(t_1), X(t_2), \cdots, X(t_n) \cdots\}$,其中 $X(t_i)$ 是随机变量。

**2. 随机过程的统计特性描述**

随机过程的统计特征是通过它的概率分布或数字特征加以表述的。设 $\xi(t)$ 表示一个随机过程,则在任意一个时刻 $t_1$ 上,$\xi(t_1)$ 是一个随机变量,它的统计特性可以用分布函数或概率密度函数去描述。

(1)随机过程 $\xi(t)$ 的一维概率分布函数

$$F_1(x_1, t_1) = P\{\xi(t_1) \leqslant x_1\} \qquad (2.2-1)$$

(2)随机过程 $\xi(t)$ 的一维概率密度函数

$$f_1(x_1, t_1) = \frac{\partial F_1(x_1, t_1)}{\partial x_1} \qquad (2.2-2)$$

（3）随机过程 $\xi(t)$ 的 $n$ 维概率分布函数

$$F_n(x_1,x_2,\cdots,x_n;t_1,t_2,\cdots,t_n) = P[\xi(t_1) \le x_1,\xi(t_2) \le x_2,\cdots,\xi(t_n) \le x_n]$$

$$(2.2-3)$$

（4）随机过程 $\xi(t)$ 的 $n$ 维概率密度函数

$$f_n(x_1,x_2,\cdots,x_n;t_1,t_2,\cdots,t_n) = \frac{\partial F_n(x_1,x_2,\cdots,x_n)}{\partial x_1 \partial x_2 \cdots \partial x_n} \qquad (2.2-4)$$

显然, $n$ 越大,对 $\xi(t)$ 的统计特性就描述得越充分,当然数学难度也加大。

**3. 随机过程的数字特征**

在许多场合,除关心随机过程的 $n$ 维分布外,还需要关心随机过程的数字特性。

（1）数学期望 $a(t)$ 。

随机过程 $\xi(t)$ 的数学期望被定义为

$$a(t) = E\{\xi(t)\} = \int_{-\infty}^{\infty} x_1 f_1(x_1;t)\mathrm{d}x_1 \qquad (2.2-5)$$

随机过程的数学期望是时间 $t$ 的函数。

数学期望 $a(t)$ 是随机过程的统计平均函数,它是确知函数。一般来讲,不同的时刻对应不同的数学期望值。数学期望的平方 $a^2(t)$ 可以看成随机过程的直流功率。

数学期望又称为均值。

（2）方差 $\sigma^2(t)$ 。

与随机变量的方差相似,随机过程的方差定义为

$$D[\xi(t)] = E\{\xi(t) - E[\xi(t)]\}^2 = E[\xi^2(t)] - a^2(t)$$

$$= \int_{-\infty}^{\infty} x^2 f(x;t)\mathrm{d}x = \sigma^2(t) \qquad (2.2-6)$$

方差可以看作随机过程的交流功率。从上式可以得出

$$E[\xi^2(t)] = a^2(t) + \sigma^2(t) \qquad (2.2-7)$$

$E[\xi^2(t)]$ 是随机过程的平均功率,等于直流功率和交流功率的和。

（3）自协方差函数 $B(t_1,t_2)$ 与自相关函数 $R(t_1,t_2)$ 。

衡量随机过程任意两个时刻对应的随机变量之间的相关特性时,常用协方差函数和相关函数来表示。

自协方差函数定义为

$$B(t_1,t_2) = E\{[\xi(t_1) - a(t_1)][\xi(t_2) - a(t_2)]\}$$

$$= \int_{-\infty}^{\infty}\int_{-\infty}^{\infty}[x_1 - a(t_1)][x_2 - a(t_2)]f_2(x_1,x_2;t_1,t_2)\mathrm{d}x_1\mathrm{d}x_2 \quad (2.2-8)$$

式中: $t_1$ 与 $t_2$ 是任意的两个时刻; $a(t_1)$ 与 $a(t_2)$ 为在 $t_1$ 及 $t_2$ 得到的数学期望。

当 $B(t_1,t_2) = 0$ ,表示 $X(t_1)$ 和 $X(t_2)$ 线性不相关。

将 $B(t_1,t_2)$ 的表达式展开得

$$B(t_1,t_2) = E\{[\xi(t_1) - a(t_1)][\xi(t_2) - a(t_2)]\}$$

$$= E\{\xi(t_1)\xi(t_2)\} - a(t_2)E[\xi(t_1)] - a(t_1)[\xi(t_2)] + a(t_1)a(t_2)$$

$$= E\{\xi(t_1)\xi(t_2)\} - a(t_1)a(t_2) \qquad (2.2-9)$$

从式(2.2-9)可以看出,当$X(t_1)$和$X(t_2)$统计独立时,$B(t_1,t_2)=0$。因此可以得出若随机过程的两个时刻对应的随机变量之间统计独立,则必将线性不相关。

式(2.2-9)的后一项是常数,为了表达方便,在衡量线性相关性时,仅用前一项。定义前一项为自相关函数$R(t_1,t_2)$

$$R(t_1,t_2) = E[\xi(t_1).\xi(t_2)]$$

$$= \int_{-\infty}^{\infty}\int_{-\infty}^{\infty} x_1.x_2 f(x_1,x_2;t_1,t_2)\mathrm{d}x_1\mathrm{d}x_2 \qquad (2.2-10)$$

在分析通信系统噪声时,由于噪声均值为零,所以$B(t_1,t_2)=R(t_1,t_2)$。直接分析$R(t_1,t_2)$就可以判断同一随机过程的两个变量的线性相关程度。

此外,对某些随机过程,即后面将讨论的平稳随机过程,自相关函数还可以用来求解随机过程的功率谱密度。

### 2.2.2 平稳随机过程

**1. 平稳随机过程概念**

随机过程的平稳性分为严格平稳和广义平稳。

严格平稳:所谓随机过程严格平稳,是指它的任何$n$维分布函数或概率密度函数与时间起点无关。即如果对于任意的维数$n$和时间间隔$\tau$,随机过程$\xi(t)$的$n$维概率密度函数满足

$$f_n(x_1,x_2,\cdots,x_n;t_1,t_2,\cdots,t_n) = f_n(x_1,x_2,\cdots,x_n;t_1+\Delta,t_2+\Delta,\cdots,t_n+\Delta)$$

$$(2.2-11)$$

则称随机过程$\xi(t)$严格平稳,又称为严平稳或狭义平稳。

如果随机过程严格平稳,则

对一维有$f_1(x_1;t_1)=f_1(x_1;t_1+\Delta)=f_1(x_1)$,与时间无关。

对二维有$f_2(x_1,x_2;t_1,t_2)=f_2(x_1,x_2;t_1+\Delta,t_2+\Delta)=f_2(x_1,x_2;\tau)$,其中$\tau=t_2-t_1$,仅与时间间隔有关。

根据以上结论,计算严格平稳随机过程的数字特征如下:

数学期望

$$E\{\xi(t)\} = \int_{-\infty}^{\infty} x_1 f_1(x_1)\mathrm{d}x = a,常数$$

方差

$$D[\xi(t)] = \int_{-\infty}^{\infty} x_1^2 f(x_1)\mathrm{d}x_1 = \sigma^2,常数$$

自相关函数$R(t_1,t_2) = E\{\xi(t_1)\xi(t_1+\tau)\} = \int_{-\infty}^{\infty}\int_{-\infty}^{\infty} x_1 x_2 f_2(x_1,x_2;\tau)\mathrm{d}x_1\mathrm{d}x_2 = R(\tau)$,仅是时间间隔$\tau$的函数。

即若随机过程严格平稳,则其数学期望、方差与时间无关,自相关函数仅与时间间隔有关。

广义平稳随机过程根据以上特性定义:若一个随机过程的数学期望及方差与时间无关,相关函数仅与时间间隔 $\tau$ 有关,则称这个随机过程为广义平稳随机过程。

广义平稳随机过程又称宽平稳,将通信系统中的大多数信号及噪声视为广义平稳,可以大大简化数学分析。

**2. 各态历经的平稳随机过程**

按照前面所讲求解平稳随机过程数字特征特性的公式,需要预先确定 $\xi(t)$ 的一族样本函数和一维、二维概率密度函数,这在实际上是不易办到的。

我们希望通过对一个样本函数长时间的观测来得到这个过程的数字特征。事实证明:如果一个平稳随机过程,只要满足一些较宽的条件,则一个样本函数在整个时间轴上的平均值可以用来代替其集平均(统计平均值和自相关函数等),这就是各态历经性。

设 $x_1(t)$ 是 $\xi(t)$ 的一个样本,若式(2.2-12)成立,就称之为具有"各态历经性"的平稳随机过程。

$$
\begin{cases}
\overline{a} = \lim_{T \to \infty} \dfrac{1}{T} \int_{-\frac{T}{2}}^{\frac{T}{2}} x_1(t)\,\mathrm{d}t = E[\xi(t)] = a \\[3mm]
\overline{\sigma^2} = \lim_{T \to \infty} \dfrac{1}{T} \int_{-\frac{T}{2}}^{\frac{T}{2}} [x_1(t) - \overline{a}]^2\,\mathrm{d}t = D[\xi(t)] = \sigma^2 \\[3mm]
\overline{R(\tau)} = \lim_{T \to \infty} \dfrac{1}{T} \int_{-\frac{T}{2}}^{\frac{T}{2}} x_1(t)x_1(t+\tau)\,\mathrm{d}t = R(\tau)
\end{cases}
\qquad (2.2-12)
$$

一般来说,在一个随机过程中,不同样本函数的时间平均值是不一定相同的,而集平均则是一定的。因此,一般的随机过程的时间平均 $\neq$ 集平均,只有平稳随机过程才有可能是具有各态历经性的。即各态历经的随机过程一定是平稳的,而平稳的随机过程则需要满足一定的条件才是各态历经的。

**例2.5** 随机相位正弦波 $\xi(t) = \sin(\omega_c t + \theta)$,其中 $\theta$ 是在 $(0 \sim 2\pi)$ 内均匀分布的随机变量。求:(1) $\xi(t)$ 是否广义平稳? (2) $\xi(t)$ 是否具有各态历经性?

解:(1) 由判定广义平稳条件可知,如果 $a(t)$ 和 $\sigma^2(t)$ 为常数,而 $R(t, t+\tau)$ 仅与 $\tau$ 有关,则 $\xi(t)$ 广义平稳。

$$
a(t) = E[\xi(t)] = E[\sin(\omega_c t + \theta)] = \int_0^{2\pi} \sin(\omega_c t + \theta)\,\frac{1}{2\pi}\mathrm{d}\theta
$$

$$
= \frac{1}{2\pi}\int_0^{2\pi}(\sin\omega_c t\cos\theta + \cos\omega_c t\sin\theta)\,\mathrm{d}\theta
$$

$$
= \frac{1}{2\pi}\left[\sin\omega_c t\int_0^{2\pi}\cos\theta\,\mathrm{d}\theta + \cos\omega_c t\int_0^{2\pi}\sin\theta\,\mathrm{d}\theta\right] = 0
$$

$$
\begin{aligned}
R(t, t+\tau) &= E[\xi(t)\xi(t+\tau)] \\
&= E\{\sin(\omega_c t + \theta)\sin(\omega_c t + \omega_c\tau + \theta)\} \\
&= E\{\sin(\omega_c t + \theta)\sin(\omega_c t + \theta)\cos(\omega_c\tau)\} + E\{\sin(\omega_c t + \theta)\cos(\omega_c t + \theta)\sin(\omega_c\tau)\} \\
&= \cos(\omega_c\tau)E\{\sin^2(\omega_c t + \theta)\} + \sin(\omega_c\tau)E\{\sin2(\omega_c t + \theta)\} \\
&= \frac{1}{2}\cos(\omega_c\tau) \\
&= R(\tau)
\end{aligned}
$$

$$D[\xi(t)] = E\{\xi^2(t)\} - E[\xi(t)]^2 = R(0) - a^2(t) = \frac{1}{2}$$

可见,满足广义平稳条件。

(2) 若集平均 = 统计平均,则 $\xi(t)$ 是各态历经的随机过程。

当 $T$ 趋于无穷时,$\overline{a(t)} = \lim\limits_{T\to\infty} \frac{1}{T}\int_{-\frac{T}{2}}^{\frac{T}{2}} \sin(\omega_c t + \theta)\mathrm{d}t = a(t) = 0$

又

$$\begin{aligned}
\because \overline{R(\tau)} &= \frac{1}{T}\int_{-\frac{T}{2}}^{\frac{T}{2}} \{\sin(\omega_c t + \theta)\sin(\omega_c t + \omega_0\tau + \theta)\}\mathrm{d}t \\
&= \frac{1}{T}\int_{-\frac{T}{2}}^{\frac{T}{2}} \frac{1}{2}\{\cos(2\omega_c t + \omega_0\tau + 2\theta) - \cos(\omega_c\tau)\}\mathrm{d}t \\
&= \frac{1}{2}\cos(\omega_c\tau) \\
&= R(\tau)
\end{aligned}$$

所以,随机相位正弦波是一个各态历经的随机过程。

**3. 平稳随机过程的自相关函数的性质**

平稳随机过程的自相关函数除了可以表示随机过程中两个随机变量之间的线性相关程度,它还能够把随机过程分析的时域和频域巧妙地结合起来,使我们更加方便和全面的了解随机过程。

平稳随机过程的自相关函数和时间 $t$ 无关,而只与时间间隔 $\tau$ 有关,即自相关函数为

$$R(\tau) = E\{\xi(t)\xi(t + \tau)\} \tag{2.2-13}$$

自相关函数具有以下性质:

(1) $R(0) = E\{\xi^2(t)\} = P$。

$R(0)$ 是随机过程 $\xi(t)$ 平均功率,即自相关函数 $R(\tau)$ 在 $\tau = 0$ 的值等于该随机过程的平均功率。

(2) 对偶性 $R(\tau) = R(-\tau)$。

自相关函数是 $\tau$ 的偶函数。由定义可以直接推导出本性质,此处略去。

(3) $R(0) \geqslant |R(\tau)|$。

证明如下:

$$\begin{aligned}
&\because E\{[\xi(t) \pm \xi(t + \tau)]^2\} \geqslant 0 \\
&\therefore E\{\xi^2(t) \pm 2\xi(t)\xi(t + \tau) + \xi^2(t + \tau)\} \\
&= E\{\xi^2(t)\} \pm 2E\{\xi(t)\xi(t + \tau)\} + E\{\xi^2(t + \tau)\} \\
&= 2[R(0) \pm R(\tau)] \geqslant 0 \because R(0) \text{ 非负} \\
&\therefore R(0) \geqslant |R(\tau)|
\end{aligned}$$

(4) $\lim\limits_{\tau\to\infty} R(\tau) = \lim\limits_{\tau\to\infty} E\{\xi(t)\xi(t + \tau)\} = E\{\xi^2(t)\} = a^2$。

在时间间隔很大的时候,可将 $\xi(t)$ 和 $\xi(t + \tau)$ 看成是统计独立的,从而推导出 $R(\infty) = a^2$。

由该性质可推出下面的性质。

（5）$R(0) - R(\infty) = \sigma^2$。

上式中，$R(0)$ 是随机过程的平均功率，$R(\infty)$ 是直流功率，$\sigma^2$ 是交流功率。

**4. 功率谱密度**

非周期功率信号 $f(t)$ 的功率谱公式为

$$P_s(\omega) = \lim_{T \to \infty} \frac{|F_T(\omega)|^2}{T} \tag{2.2-14}$$

对于一个随机过程来说，$\xi(t)$ 由许多样本函数组成，每个样本函数可以认为是非周期功率信号，其功率谱密度可以用式（2.2-14）表示，随机过程的功率谱密度是将所有样本函数的功率谱密度进行统计平均得到。

设 $\xi(t)$ 一次实现的截断函数为 $\xi_T(t)$，它的傅里叶变换为 $F_T(\omega)$，则该样本函数的功率谱为

$$P_{\xi T}(\omega) = \lim_{T \to \infty} \frac{|F_T(\omega)|^2}{T} \tag{2.2-15}$$

这样，整个随机过程的平均功率谱为

$$P_\xi(\omega) = E[P_{\xi T}(\omega)] = E\left[\lim_{T \to \infty} \frac{|F_T(\omega)|^2}{T}\right] = \lim_{T \to \infty} \frac{E[|F_T(\omega)|^2]}{T} \tag{2.2-16}$$

该随机过程的平均功率为

$$P = \frac{1}{2\pi} \int_{-\infty}^{\infty} P_{\xi T}(\omega) \, d\omega = \frac{1}{\pi} \int_{0}^{\infty} P_{\xi T}(\omega) \, d\omega \tag{2.2-17}$$

**5. 维纳—辛钦定理**

维纳—辛钦定理给出平稳随机过程的自相关函数与功率谱密度的关系，它们互为傅里叶变换对，即

$$\begin{cases} F[R(\tau)] = P(\omega) \\ F^{-1}[P(\omega)] = R(\tau) \end{cases} \tag{2.2-18}$$

## 2.2.3 高斯随机过程

**1. 高斯分布**

高斯分布这个概念在通信中是经常出现的。在一般情况下，噪声可以认为是服从高斯分布的。由信息论的观点，对于连续信源，当信号的功率一定，信号幅度的概率密度函数服从高斯分布时，信号中的信息量最大，即有效性最好；另一方面，对于起伏噪声，当噪声功率一定时，幅度呈现高斯分布的噪声对通信系统的影响最为恶劣。因此，在通信系统设计中，常以高斯噪声为着眼点来考虑信噪比、带宽等问题，高斯分布是最常见和最重要的一种分布，概率密度函数如下：

$$f(x) = \frac{1}{\sqrt{2\pi}\sigma} \exp\left[-\frac{(x-a)^2}{2\sigma^2}\right] \tag{2.2-19}$$

高斯分布又称为正态分布，其形状和位置由均值 $a$ 和方差 $\sigma^2$ 决定。一维高斯分布的密度函数曲线如图 2-6 所示。

在通信系统的性能分析中，常需要计算高斯随机变量 $\xi$ 小于或等于某一取值 $x$ 的概

率 $p(\xi \leqslant x)$，它等于概率密度 $f(x)$ 的积分。把高斯概率密度函数的积分定义为分布函数：

$$F(x) = P\{\xi(t) \leqslant x\} = \int_{-\infty}^{x} f(z)\mathrm{d}z = \int_{-\infty}^{x} \frac{1}{\sqrt{2\pi}\sigma} \exp\left[-\frac{(z-a)^2}{2\sigma^2}\right]\mathrm{d}z$$

$$(2.2-20)$$

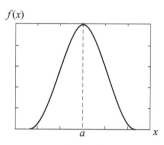

图 2-6　一维高斯分布的密度函数曲线

这个积分的值无法用闭合形式计算，我们一般把这个积分式与一些特殊函数联系起来便于计算其值，例如用误差函数或互补误差函数。引入它们的目的，主要是为了能够借助于数表（误差函数表、概率积分表）来计算高斯分布，使其变得简单，避免用复杂的积分。

在求解数字通信系统误码率时，需经常计算高斯分布函数的值。

误差函数的定义：

$$\mathrm{erf}(x) = \frac{2}{\sqrt{\pi}} \int_{0}^{x} \exp(-z^2)\mathrm{d}z$$

$$(2.2-21)$$

互补误差函数的定义：

$$\mathrm{erfc}(x) = 1 - \mathrm{erf}(x) = \frac{2}{\sqrt{\pi}} \int_{x}^{\infty} \exp(-z^2)\mathrm{d}z$$

$$(2.2-22)$$

**2. 高斯过程**

高斯过程是指任意维分布都服从高斯分布的随机过程。

1）高斯过程的 $n$ 维概率密度函数

$$f_n(x_1, x_2, \cdots, x_n; t_1, t_2, \cdots, t_n)$$

$$= \frac{1}{(2\pi)^{n/2}\sigma_1\sigma_2\cdots\sigma_n |B|^{1/2}} \times \exp\left[-\frac{1}{2|B|}\sum_{j=1}^{n}\sum_{k=1}^{n}|B_{jk}|\left(\frac{x_j-a_j}{\sigma_j}\right)\left(\frac{x_k-a_k}{\sigma_k}\right)\right]$$

$$(2.2-23)$$

式中：$a_k = E[\xi(t_k)]$；$\sigma_k^2 = E[\xi(t_k) - a_k]^2$；$k = 1, 2, \cdots, n$。

$|B|$ 是归一化协方差矩阵的行列式，即

$$|B| = \begin{vmatrix} 1 & b_{12} & \cdots & b_{1n} \\ b_{21} & 1 & \cdots & b_{2n} \\ \vdots & \vdots & \ddots & \vdots \\ b_{n1} & b_{n2} & \cdots & 1 \end{vmatrix}$$

$|B|_{jk}$ 是行列式 $|B|$ 中元素 $b_{jk}$ 的代数余子式。$b_{jk}$ 是归一化协方差函数：

$$b_{jk} = \frac{E\{[\xi(t_j) - a_j][\xi(t_k) - a_k]\}}{\sigma_j \sigma_k}$$

2）若高斯过程广义平稳,必将严格平稳。

若广义平稳,则均值 $a_k$ 和方差 $\sigma_k^2$ 是常数,$b_{jk}$ 只与时间间隔 $\tau$ 有关,即 $n$ 维概率密度函数与时间起点无关,所以严格平稳。

3）如果高斯过程中的各随机变量之间是互不相关,必将统计独立。

若在不同时刻取值不相关,则 $b_{jk} = 0(j \neq k)$ ; $b_{jk} = 1(j = k)$

代入 $f_n$ 表达式

$$f_n(x_1, x_2, \cdots, x_n; t_1, t_2, \cdots, t_n) = f(x_1, t_1)f(x_2, t_2)\cdots f(x_n, t_n)$$

$$= \prod_{j=1}^{n} \frac{1}{\sqrt{2\pi}\sigma_j}\exp\left[-\frac{(x - a_j)^2}{2\sigma_j^2}\right] \tag{2.2 - 24}$$

### 2.2.4　窄带高斯噪声

**1. 窄带随机过程**

窄带随机过程是通信系统中使用非常广泛的概念。

若随机过程的功率谱满足以下条件,则称为窄带随机过程:中心频率为载频 $f_c$,带宽为 $\Delta f$,且 $\Delta f \ll f_c$。若带通滤波器的传输函数满足该条件则称为窄带滤波器,随机过程通过窄带滤波器传输之后变成窄带随机过程。

通信系统的示意图如图 2-7 所示。在通信系统的接收端,为了提高系统的可靠性,即输出信噪比,通常在接收机的输入端接有一个带通滤波器,以滤除信号频带以外的噪声。信道内的宽带噪声经过该带通滤波器之后,变成了窄带随机过程。在分析中讨论窄带随机过程的规律是非常有必要的。

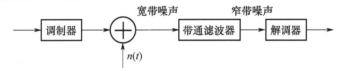

图 2-7　通信系统示意图

带通滤波器的中心频率为载频 $f_c$,这是因为滤波器是为接收信号而设计,$\Delta f$ 是指接收信号的带宽,滤波器的设计会保证信号完全通过,而噪声则从信道的宽带噪声变为窄带噪声。窄带噪声也是一种窄带随机过程,简称窄带过程。

**2. 窄带过程的数学表示**

通常窄带过程的数学表示方法有两种,第一种可以用包络和相位表示。由窄带条件可知,窄带过程是功率谱限制在 $f_c$ 附近很窄范围内的随机过程,由理论上可以推知,也可从示波器上观察到:这个过程中的一个样本函数(一个实现)的波形是一个频率为 $f_c$,幅度和相位均缓慢变化的正弦波。所以可以表示成:

$$\xi(t) = a_\xi(t)\cos[\omega_c t + \varphi_\xi(t)] \tag{2.2 - 25}$$

式中:$a_\xi(t)$ 是窄带随机过程的包络函数;$\varphi_\xi(t)$ 是窄带随机过程的相位函数,二者均为随机过程。包络随时间做缓慢变化,容易直接观察到,相位的变化则不易察觉。

第二种方法用同相分量和正交分量表示,由式(2.2-25)演变而来:

$$\xi(t) = a_\xi(t)\cos\omega_c t\cos\varphi_\xi(t) - a_\xi(t)\sin\omega_c t\sin\varphi_\xi(t)$$
$$= \xi_c(t)\cos\omega_c t - \xi_s(t)\sin\omega_c t \qquad (2.2-26)$$

式中:$\xi_c(t) = a_\xi(t)\cos\varphi_\xi(t)$为同相分量;$\xi_s(t) = a_\xi(t)\sin\varphi_\xi(t)$为正交分量。

**3. 白噪声**

所谓白噪声是指其功率谱密度$P_n(\omega) = n_0/2$的噪声。这里$n_0$为常数,也是白噪声的单边功率谱密度。

实际上完全理想的白噪声是不存在的,但只要噪声功率谱均匀分布的范围远远超出通信系统工作的频率范围,就可以近似认为是白噪声。

白噪声的自相关函数

$$R(\tau) = F^{-1}\{P_n(\omega)\} = \frac{n_0}{2}\delta(\tau) \qquad (2.2-27)$$

表明该随机过程上任何两个随机变量之间都是不相关的,只有当$\tau = 0$时例外。

在实际应用中我们还经常碰到带限白噪声,所谓带限白噪声是指:白噪声被限制在频带$(f_1, f_2)$之内,即在该频率区域以内,功率谱密度$P_n(\omega) = n_0/2$,而在该区间之外$P_n(\omega) = 0$。信道的白噪声经过理想低通滤波器后,就变成了带限白噪声。

常见的带限白噪声有两种:理想低通白噪声和理想带通白噪声。在此讨论第一种。

理想低通白噪声是指白噪声经过理想低通滤波器的输出噪声。

低通滤波器输入的白噪声的功率谱密度为

$$P_{ni}(\omega) = \frac{n_0}{2} \qquad (2.2-28)$$

输出的低通白噪声的功率谱为

$$P_{n0}(\omega) = \begin{cases} \dfrac{n_0}{2} & |f| \leqslant f_0 \\ 0 & |f| > f_0 \end{cases} \qquad (2.2-29)$$

式中:$f_0$是低通滤波器的截止频率。

低通白噪声的自相关函数为

$$R(\tau) = \frac{1}{2\pi}\int_{-\infty}^{\infty} P_{n0}(\omega)\mathrm{d}\omega = \int_{-f_0}^{f_0}\frac{n_0}{2}\exp(\mathrm{j}2\pi f\tau)\mathrm{d}f = f_0 n_0 \frac{\sin\omega_0\tau}{\omega_0\tau} \quad (2.2-30)$$

式中:$\omega_0 = 2\pi f_0$

理想白噪声和带限白噪声的自相关函数与功率谱密度如图2-8所示。

由图2-8可见,若以$\dfrac{1}{2f_0}$的时间间隔对理想低通型白噪声$n(t)$进行抽样,则噪声的样值之间是不相关的。

高斯白噪声是服从高斯分布的白噪声,图2-7中经带通滤波器后输出的噪声变为窄带高斯白噪声。窄带噪声的表示式和窄带过程类似:

$$n(t) = n_c(t)\cos\omega_c t - n_s(t)\sin\omega_c t$$

$$= a_n(t)\cos[\omega_c t + \varphi_n(t)] \qquad (2.2-31)$$

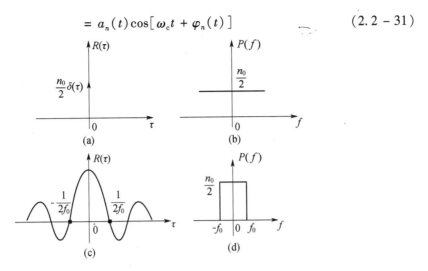

图 2 - 8 理想白噪声和低通白噪声的自相关函数与功率谱密度
(a) 理想白噪声的自相关函数;(b) 理想白噪声的功率谱密度;
(c) 低通白噪声的自相关函数;(d) 低通白噪声的功率谱密度。

这里不加推导直接给出窄带高斯噪声的特性:

(1) 均值为零的窄带高斯噪声 $n(t)$,若它是平稳随机过程,则它的同相分量 $n_c(t)$ 和正交分量 $n_s(t)$ 也是平稳随机过程,也为高斯分布,且均值和方差与 $n(t)$ 相同;

(2) 窄带高斯噪声的随机包络 $a_n(t)$ 服从瑞利分布;

(3) 窄带高斯噪声的随机相位 $\varphi_n(t)$ 服从均匀分布。

### 2.2.5 正弦波加窄带高斯噪声

在通信系统的接收机中,带通滤波器的输出包括有用信号和窄带高斯噪声,噪声的存在会影响信号的正常接收。我们知道,在模拟通信中,任何信号都可以通过傅里叶变换分解为各次谐波形式,而在数字通信中,往往用一个单频信号表示"0"或"1"。因此单频正弦波是最基本的信号形式。本小节分析中所用的单频正弦波,就是表示通信中的有用信号,分析正弦波加窄带高斯噪声,就是讨论窄带高斯噪声对通信的影响。

正弦波加窄带高斯过程的描述同样有两种方式,一种是用同相分量和正交分量描述,另一种用包络和相位描述。先讨论第一种方式。

设信号:

$s(t) = A\cos(\omega_c t + \theta)$,其中 $\theta$ 是信号的随机相位,与噪声统计独立。

窄带高斯噪声:

$$n(t) = n_c(t)\cos\omega_c t - n_s(t)\sin\omega_c t \qquad (2.2-32)$$

均值为 0,方差为 $\sigma^2$。

信号和噪声的混合波形为

$$r(t) = s(t) + n(t) = [A\cos\theta + n_c(t)]\cos\omega_c t - [A\sin\theta + n_s(t)]\sin\omega_c t$$

$$= Z_c(t)\cos\omega_c t - Z_s(t)\sin\omega_c t \qquad (2.2-33)$$

37

其中同相分量：

$$Z_c(t) = A\cos\theta + n_c(t)$$

正交分量：

$$Z_s(t) = A\sin\theta + n_s(t)$$

现在需要求 $Z_c(t)$ 和 $Z_s(t)$ 的统计特性。

对于窄带高斯过程来说，同相分量和正交分量是不相关的和统计独立的，而对于正弦波加窄带高斯过程来说，它仍然属于窄带的范畴，所以其同相分量和正交分量也是相互独立的，而且也是高斯过程。

$$f(Z_c, Z_s) = f(Z_c)f(Z_s)$$

对于同相分量：

$$E[Z_c(t)] = E[A\cos\theta + n_c(t)] = E[A\cos\theta] + E[n_c(t)] = [A\cos\theta]$$

$$D[Z_c(t)] = D[A\cos\theta + n_c(t)] = D[n_c(t)] = \sigma^2$$

由此可得同相分量 $Z_c(t)$ 的概率密度函数：

$$f(Z_c/\theta) = \frac{1}{\sqrt{2\pi}\sigma}\exp\left[-\frac{(Z_c - A\cos\theta)^2}{2\sigma^2}\right] \tag{2.2-34}$$

同理正交分量 $Z_s(t)$ 的概率密度函数：

$$f(Z_s/\theta) = \frac{1}{\sqrt{2\pi}\sigma}\exp\left[-\frac{(Z_s - A\sin\theta)^2}{2\sigma^2}\right] \tag{2.2-35}$$

所以在相位 $\theta$ 给定的情况下，$Z_c$ 与 $Z_s$ 的联合概率密度函数为

$$f(Z_c, Z_s/\theta) = \frac{1}{2\pi\sigma^2}\exp\left[-\frac{(Z_c - A\cos\theta)^2 + (Z_s - A\sin\theta)^2}{2\sigma^2}\right] \tag{2.2-36}$$

此为二维高斯分布。

既然正弦波加窄带高斯过程仍属于窄带范畴，所以仍可以用窄带过程表示方式，即用随机变量的包络和相位的变化来表示。下面再来看用包络和相位描述的方式。

正弦波 + 窄带高斯过程的合成波形用包络与相位表示如下：

$$r(t) = Z(t)\cos[\omega_c t + \Phi(t)] \tag{2.2-37}$$

比较式 $(2.2-33)$ 和式 $(2.2-37)$，可知其中：

$$Z(t) = \sqrt{Z_c^2(t) + Z_s^2(t)} \qquad Z \geqslant 0$$

$$\Phi(t) = \arctan\frac{Z_s(t)}{Z_c(t)} \qquad 0 \leqslant \Phi(t) \leqslant 2\pi \tag{2.2-38}$$

为了描述方便，书写时省略时间 $t$，于是

$$Z_c = Z\cos\Phi$$

$$Z_s = Z\sin\Phi$$

由二维随机变量变换可得

$$f(Z, \Phi/\theta) = |J| f(Z_c, Z_s/\theta)$$

$$|J| = \begin{vmatrix} \dfrac{\partial Z_c}{\partial Z} & \dfrac{\partial Z_s}{\partial Z} \\ \dfrac{\partial Z_c}{\partial \Phi} & \dfrac{\partial Z_s}{\partial \Phi} \end{vmatrix} = \begin{vmatrix} \cos\Phi & \sin\Phi \\ -Z\sin\Phi & Z\cos\Phi \end{vmatrix} = Z$$

所以有

$$f(Z,\Phi/\theta) = \frac{Z}{2\pi\sigma^2}\exp\left[-\frac{Z^2 + A^2 - 2AZ\cos(\theta - \Phi)}{2\sigma^2}\right] \qquad (2.2-39)$$

对于正弦波加窄带高斯过程的包络的概率密度函数 $f(Z)$,利用概率论中的相关结论

$$\begin{aligned}
f(Z/\theta) &= \int_0^{2\pi} \frac{Z}{2\pi\sigma^2}\exp\left[-\frac{Z^2 + A^2 - 2AZ\cos(\theta - \Phi)}{2\sigma^2}\right]\mathrm{d}\Phi \\
&= \frac{Z}{2\pi\sigma^2}\exp\left[-\frac{Z^2 + A^2}{2\sigma^2}\right]\int_0^{2\pi}\exp\left[-\frac{AZ\cos(\theta - \Phi)}{\sigma^2}\right]\mathrm{d}\Phi \\
&= \frac{Z}{\sigma^2}\exp\left[-\frac{Z^2 + A^2}{2\sigma^2}\right] \cdot I_0\left(\frac{AZ}{\sigma^2}\right) \quad Z \geqslant 0
\end{aligned}$$

由此看出该分布与 $\theta$ 无关,因此

$$f(Z) = \frac{Z}{\sigma^2}\exp\left[-\frac{Z^2 + A^2}{2\sigma^2}\right] \cdot I_0\left(\frac{AZ}{\sigma^2}\right) \quad Z \geqslant 0 \qquad (2.2-40)$$

其中引入了 0 阶修正贝塞尔函数:

$$I_0(x) = \frac{1}{2\pi}\int_0^{2\pi}\exp(x\cos\theta)\mathrm{d}\theta \qquad (2.2-41)$$

式(2.2-40)的分布叫做广义瑞利分布或莱斯(Rice)分布。

从表示式(2.2-40)可知:

(1) 如果 $A = 0$,则 Rice 分布就退化成了瑞利分布。

(2) 若 $A > 3\sigma$ 时,Rice 分布近似于高斯分布。

第 6 章的非相干接收 ASK 信号的抗噪声分析会用到 Rice 分布。

对于正弦波加窄带高斯过程的相位的概率密度函数 $f(\theta)$,因为分析复杂,在此仅简单表达为小信噪比时接近于均匀分布,大信噪比时主要集中在信号相位附近。

## 2.3　随机过程通过线性系统

### 2.3.1　信号通过线性系统的不失真条件

为便于理解,将信号与系统中确知信号的有关结论复述如下。

系统的传输特性可表示为

$$H(\omega) = |H(\mathrm{j}\omega)|\mathrm{e}^{\mathrm{j}\varphi(\omega)} \qquad (2.3-1)$$

式中:$|H(\mathrm{j}\omega)|$ 是幅频特性;$\varphi(\omega)$ 是相频特性。

所谓信号的无失真传输是指系统的输出信号与输入信号相比,只是幅度大小发生变化或产生时延,但波形的形状没有变化。如图 2-9 所示。

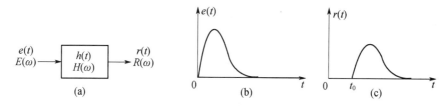

图2-9 系统不失真传输的激励与响应波形

(a) 线性系统；(b) 输入信号；(c) 输出信号。

设输入信号为$e(t)$，输出信号为$r(t)$，无失真传输的时域关系是

$$r(t) = Ke(t - t_0) \qquad (2.3-2)$$

式中：$K$为常数；$t_0$为延时时间。

系统特性应满足

$$H(\omega) = Ke^{-j\omega t_0} \qquad (2.3-3)$$

对比式(2.3-1)和式(2.3-3)，$|H(j\omega)| = K$，$\varphi(\omega) = -\omega t_0$。

此即满足无失真传输条件的系统传输特性，无失真传输系统又称**理想传输系统**。即要使信号在通过线性系统时不产生失真，必须保证在信号的频带内，幅频特性是常数，相频特性是通过原点的直线。如图2-10所示。

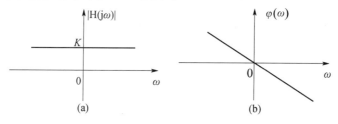

图2-10 理想传输系统的幅频特性和相频特性

(a) 幅频特性；(b) 相频特性。

## 2.3.2 随机过程通过线性系统的特性

对于确知信号，输入$e(t)$经过线性系统$h(t)$后，输出$r(t)$可表示为

$$r(t) = e(t) * h(t) = \int_{-\infty}^{\infty} h(\tau)e(t-\tau)\mathrm{d}\tau \qquad (2.3-4)$$

频谱关系为

$$R(\omega) = E(\omega)H(\omega) \qquad (2.3-5)$$

功率谱密度之间的关系为

$$P_r(\omega) = P_e(\omega)|H(\omega)|^2 \qquad (2.3-6)$$

式中：$P_e(\omega)$为$e(t)$的功率谱密度；$P_r(\omega)$为$r(t)$的功率谱密度。

对于随机过程通过线性系统，每个样本依据上面的结论都会产生一个输出函数，全体样本将得的输出函数称为"一族"输出函数，它们构成一个新的随机过程。设系统的输入随机过程用$\xi_i(t)$表示，输出过程用$\xi_o(t)$表示。$\xi_o(t) = \xi_i(t) * h(t) = \int_{-\infty}^{\infty} h(\tau)\xi_i(t -$

$\tau)\mathrm{d}\tau$,这里只能理解成对随机过程的一个样本函数积分,而不是对随机过程积分。

假设 $\xi_\mathrm{i}(t)$ 平稳,均值为 $a$,自相关函数为 $R_\mathrm{i}(\tau)$,功率谱密度为 $P_\mathrm{i}(\omega)$,系统的冲激响应为 $h(t)$。下面分析输出随机过程的特性。

1)数学期望 $E[\xi_\mathrm{o}(t)]$

$$E[\xi_\mathrm{o}(t)] = E\Big[\int_{-\infty}^{\infty} h(\tau)\xi_\mathrm{i}(t-\tau)\mathrm{d}\tau\Big] = \int_{-\infty}^{\infty} h(\tau)E[\xi_\mathrm{i}(t-\tau)]\mathrm{d}\tau$$

$$= a\int_{-\infty}^{\infty} h(\tau)\mathrm{d}\tau = aH(0) \qquad (2.3-7)$$

可见,线性网络的输出 $\xi_\mathrm{o}(t)$ 的数学期望也是一个与 $t$ 无关的常数。

2)输出自相关函数

由自相关函数的定义:

$$R_\mathrm{o}(t,t+\tau) = E[\xi_\mathrm{o}(t)\xi_\mathrm{o}(t+\tau)]$$

$$= E\Big[\int_{-\infty}^{\infty} h(\alpha)\xi_\mathrm{i}(t-\alpha)\mathrm{d}\alpha \int_{-\infty}^{\infty} h(\beta)\xi_\mathrm{i}(t+\tau-\beta)\mathrm{d}\beta\Big]$$

$$= E\Big[\int_{-\infty}^{\infty}\int_{-\infty}^{\infty} h(\alpha)h(\beta)\xi_\mathrm{i}(t-\alpha)\xi_\mathrm{i}(t+\tau-\beta)\mathrm{d}\alpha\mathrm{d}\beta\Big]$$

$$= \int_{-\infty}^{\infty}\int_{-\infty}^{\infty} h(\alpha)h(\beta)E[\xi_\mathrm{i}(t-\alpha)\xi_\mathrm{i}(t+\tau-\beta)]\mathrm{d}\alpha\mathrm{d}\beta$$

$$= \int_{-\infty}^{\infty}\int_{-\infty}^{\infty} h(\alpha)h(\beta)R_\mathrm{i}(\tau+\alpha-\beta)\mathrm{d}\alpha\mathrm{d}\beta$$

$$= R_\mathrm{o}(\tau) \qquad (2.3-8)$$

可见,输出自相关函数只与时间间隔 $\tau$ 有关,而与 $t$ 无关。根据以上两点结论,可以判定 $\xi_\mathrm{o}(t)$ 至少广义平稳。

还有以下推论:①若输入是各态历经的随机过程,则输出也是各态历经的随机过程。②若输入是高斯过程,则输出也是高斯过程,只是均值和方差发生了变化。

3)功率谱密度

对于确知信号来说,式 $(2.3-6)$ 成立,那么对于随机过程来讲这个结果是否仍然存在?由维纳 - 辛钦定理可知,平稳随机过程的自相关函数和功率谱密度是一对傅里叶变换。推导如下:

$$P_\mathrm{o}(\omega) = \int_{-\infty}^{\infty} R_\mathrm{o}(\tau)\mathrm{e}^{-\mathrm{j}\omega\tau}\mathrm{d}\tau = \int_{-\infty}^{\infty}\Big\{\int_{-\infty}^{\infty}\int_{-\infty}^{\infty} h(\alpha)h(\beta)R_\mathrm{i}(\tau+\alpha-\beta)\mathrm{d}\alpha\mathrm{d}\beta\Big\}\mathrm{e}^{-\mathrm{j}\omega\tau}\mathrm{d}\tau$$

$$= \int_{-\infty}^{\infty}\int_{-\infty}^{\infty} h(\alpha)h(\beta)P_\mathrm{i}(\omega)\mathrm{e}^{-\mathrm{j}\omega(\alpha-\beta)}\mathrm{d}\alpha\mathrm{d}\beta = P_\mathrm{i}(\omega)H(\omega)H^*(\omega)$$

$$= P_\mathrm{i}(\omega)|H(\omega)|^2 \qquad (2.3-9)$$

显然,和确知信号的结论相同。

4)互相关函数

这里的"互",是指涉及到两个随机过程,即系统的输入和输出随机过程。互相关函数推导如下。

$$R_\mathrm{io}(t,t+\tau) = E[\xi_\mathrm{i}(t)\xi_\mathrm{o}(t+\tau)] = E\Big[\xi_\mathrm{i}(t)\int_{-\infty}^{\infty} h(\alpha)\xi_\mathrm{i}(t+\tau-\alpha)\mathrm{d}\alpha\Big]$$

$$= \int_{-\infty}^{\infty} h(\alpha) E[\xi_i(t)\xi_i(t+\tau-\alpha)] d\alpha = \int_{-\infty}^{\infty} h(\alpha) R(\tau-\alpha) d\alpha$$

$$= h(\tau) * R_i(\tau) \qquad (2.3-10)$$

输入输出的互相关函数等于输入过程的自相关函数与系统冲激响应的卷积。

**例 2.6** 输入是功率谱密度为 $n_o/2$ 的高斯白噪声,求其线性网络输入与输出的互相关函数。

解:高斯白噪声的自相关函数

$$\begin{cases} R_i(\tau) = \dfrac{N_o}{2}\delta(\tau) \\ R_{io}(\tau) = R_i(\tau) * h(\tau) = \dfrac{N_o}{2}\delta(\tau) * h(\tau) = \dfrac{N_o}{2}h(\tau) \end{cases} \qquad (2.3-11)$$

可见,得出的结果是该系统的冲激响应。这实际上提供了一种测量冲激响应的一种方法,如图 2-11 所示。输入是一个高斯白噪声,用相关仪可以测出输入输出的互相关函数,即可得到系统的冲激响应。

图 2-11　冲激响应测试方法

高斯白噪声可以人工模拟,通常用伪随机序列基本可以满足要求,相关内容将在 7.5 介绍。

**例 2.7** 随机过程的功率谱密度如图 2-12 所示,求:(1) $\xi(t)$ 的自相关函数 $R(\tau)$;(2) $\xi(t)$ 中包含的直流功率等于多少?(3) $\xi(t)$ 中包含的交流功率等于多少?

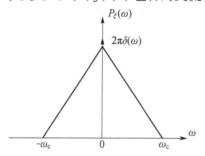

图 2-12　随机过程的功率谱密度

解:(1) $R(\tau) = \dfrac{1}{2\pi}\int_{-\infty}^{\infty} P_\xi(\omega) e^{j\omega\tau} d\omega = 1 + \dfrac{1}{2\pi}\omega_c Sa^2\left(\dfrac{\omega_c\tau}{2}\right) = 1 + f_c Sa^2\left(\dfrac{\omega_c\tau}{2}\right)$

(2) 直流功率 $P_直 = R(\infty) = \int_{-\infty}^{\infty} 2\pi\delta(\omega) d\omega = 1$

(3) 平均功率 $P_{平均} = R(0) = 1 + f_c$

交流功率 $P_交 = R(0) - R(\infty) = (1 + f_c) - 1 = f_c$

**例 2.8** 一个均值为 $a$,自相关函数为 $R_x(\tau)$ 的平稳随机过程 $\xi(t)$ 通过一个线性系统后的输出过程为 $\xi_o(t) = \xi(t) + \xi(t-T)$,$T$ 为延迟时间。

(1)试画出该线性系统的框图;(2)试求 $\xi_{\mathrm{o}}(t)$ 的自相关函数和功率谱密度。

解:(1)线性系统框图如图 2 – 13 所示。

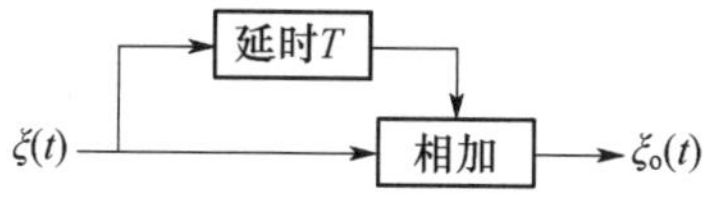

图 2 – 13　系统框图

$$(2)\ R_{\xi_{\mathrm{o}}}(t_1,t_2) = E[\xi_{\mathrm{o}}(t_1)\xi_{\mathrm{o}}(t_2)]$$
$$= E\{[\xi(t_1)+\xi(t_1-T)][\xi(t_2)-\xi(t_2-T)]\}$$
$$= E[\xi(t_1)\xi(t_2)+\xi(t_1)\xi(t_2-T)+\xi(t_1-T)\xi(t_2)+\xi(t_1-T)\xi(t_2-T)]$$
$$= 2R_{\xi}(\tau)+R_{\xi}(\tau-T)+R_{\xi}(\tau+T)$$

令 $t_2-t_1=\tau$

根据 $P_{\mathrm{o}}(\omega)\Leftrightarrow R_{\mathrm{o}}(\tau)$, $R_{\xi}(\tau)\Leftrightarrow P(\omega)$

$$P_{\mathrm{o}}(\omega) = 2P(\omega)+P(\omega)\mathrm{e}^{\mathrm{j}\omega\tau}+P(\omega)\mathrm{e}^{-\mathrm{j}\omega\tau} = P(\omega)(2+\mathrm{e}^{\mathrm{j}\omega\tau}+\mathrm{e}^{-\mathrm{j}\omega\tau}) = 2P(\omega)(1+\cos\omega T)$$

## 2.4　小　结

1. 确知信号是取值在任何时间都确定的和可预知的信号,通常可以用数学公式表示;随机信号是指信号的某个或几个参数不能预知或不可能完全预知,具有随机性。

2. 信号 $f(t)$ 的能量 $E$ 和功率 $P$ 分别定义为

$$E = \lim_{T\to\infty}\int_{-T}^{T}f^2(t)\,\mathrm{d}t = \int_{-\infty}^{\infty}f^2(t)\,\mathrm{d}t$$

$$P = \lim_{T\to\infty}\frac{1}{2T}\int_{-T}^{T}f^2(t)\,\mathrm{d}t$$

若信号能量有限,即 $0<E<\infty$ ,此时 $P=0$ ,称为能量信号;若 $E\to\infty$ ,但信号功率有限,即 $0<P<\infty$ ,称为功率信号。

3. 帕斯瓦尔定理:对于能量信号,在时域中计算的信号总能量,等于在频域中计算的信号总能量。即

$$E = \int_{-\infty}^{\infty}f^2(t)\,\mathrm{d}t = \int_{-\infty}^{\infty}|F(\omega)|^2\mathrm{d}f = \frac{1}{2\pi}\int_{-\infty}^{\infty}|F(\omega)|^2\mathrm{d}\omega$$

对于周期性功率信号有

$$P = \frac{1}{T}\int_{-\frac{T}{2}}^{\frac{T}{2}}f^2(t)\,\mathrm{d}t = \sum_{n=-\infty}^{\infty}|C_n|^2$$

4. 功率谱密度,有时也称功率谱,单位是 W/Hz,表现的是单位频带内信号功率与信号频率的关系。周期性功率信号的功率谱密度公式为

$$P(\omega) = 2\pi\sum_{n=-\infty}^{\infty}|C_n|^2\delta(\omega-n\omega_0)$$

式中: $C_n$ 是信号傅里叶级数的系数,又称复数振幅。

5. 能量谱密度,有时也称能量谱,单位是 J/Hz,反映了单位频带内信号能量与信号频

43

率的关系。能量信号通常是非周期信号,其傅里叶变换为$F(j\omega)$,能量谱密度公式为

$$G(\omega) = |F(\omega)|^2$$

6. 把从零频率开始到频谱包络线第一个零点之间的频带近似作为信号的频带宽度。

7. 希尔伯特变换:设实值函数$f(t)$,其中$t \in (-\infty, +\infty)$,它的希尔伯特变换定义为

$$\hat{f}(t) = \int_{-\infty}^{+\infty} \frac{f(\tau)}{\pi(t - \tau)} d\tau$$

也可写成

$$\hat{f}(t) = f(t) * \frac{1}{t\pi}$$

希尔伯特变换又称为90°移相器。

8. 随机过程是样本函数的全体,用$\xi(t)$表示。$\xi(t) = \{x_1(t), x_2(t), \cdots, x_n(t) \cdots\}$,其中$x_i(t)$是样本函数。或随机过程定义为依赖于时间参量$t$变化的随机变量的全体。$\xi(t) = \{X(t_1), X(t_2), \cdots, X(t_n) \cdots\}$,其中$X(t_i)$是随机变量。

9. 随机过程的数字特征包括数学期望$a(t)$(又称均值)、方差$\sigma^2(t)$、自协方差函数$B(t_1, t_2)$与自相关函数$R(t_1, t_2)$。

10. 严格平稳随机过程的任意$n$维分布函数或概率密度函数与时间起点无关。广义平稳随机过程是指随机过程的数学期望及方差与时间无关,相关函数仅与时间间隔$\tau$有关。

11. 如果用平稳随机过程的一个样本函数在整个时间轴上的平均值,可以代替其集平均(统计平均值和自相关函数等),称为各态历经性。

12. 维纳—辛钦定理:平稳随机过程的自相关函数与功率谱密度互为傅里叶变换对,即

$$\begin{cases} F[R(\tau)] = P(\omega) \\ F^{-1}[P(\omega)] = R(\tau) \end{cases}$$

13. 高斯过程:指任意维分布都服从高斯分布的随机过程。

14. 窄带随机过程:随机过程的功率谱满足——中心频率为载频$f_c$,带宽为$\Delta f$,且$\Delta f \ll f_c$。

15. 窄带高斯噪声的表达式为

$$n(t) = n_c(t)\cos\omega_c t - n_s(t)\sin\omega_c t \quad 或 \quad a_n(t)\cos[\omega_c t + \varphi_n(t)]$$

若$n(t)$均值为零且平稳,则同相分量$n_c(t)$和正交分量$n_s(t)$也是高斯平稳随机过程,且均值和方差与$n(t)$相同;$a_n(t)$服从瑞利分布,$\varphi_n(t)$服从均匀分布。

16. 平稳随机过程通过线性系统后,输出过程的与时间$t$无关;自相关函数只与时间间隔$\tau$有关;功率谱密度$P_0(\omega) = P_i(\omega)|H(\omega)|^2$。

## 思 考 题

2 - 1　什么是确知信号?什么是随机信号?

2-2 什么是能量信号? 什么是功率信号?

2-3 周期信号频谱有什么特点?

2-4 什么是信号的频带宽度?

2-5 什么是白色谱?

2-6 简述能量信号的频谱密度 $F(\mathrm{j}\omega)$ 和功率信号的频谱 $\dot{F}_n$ 主要区别。

2-7 为什么说希尔伯特变换又称为 90° 移相器?

2-8 什么是随机过程?

2-9 什么是严格平稳随机过程?

2-10 什么是广义平稳随机过程?

2-11 什么是各态历经性?

2-12 若随机过程严格平稳,则其数学期望、方差以及自相关函数有什么特点?

2-13 什么是高斯过程? 什么是窄带随机过程?

2-14 什么是带限白噪声?

2-15 窄带高斯噪声具有什么特性?

## 习 题

2-1 下列信号哪些是能量信号,能量各为多少? 哪些是功率信号,平均功率各为多少?

2-2 试求题图 2.1 所示周期信号的三角形傅里叶级数展开式,并画出频谱图。

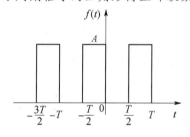

题图 2.1

2-3 设 $X$ 是 $a=0,\sigma=1$ 的高斯随机变量,试确定随机变量 $Y=cX+d$ 的概率密度函数 $f(y)$,其中 $c,d$ 均为常数。

2-4 设随机过程 $\xi(t)$ 可表示成 $\xi(t)=2\cos(2\pi t+\theta)$,式中 $\theta$ 是一个离散随机变量,且 $P(\theta=0)=\frac{1}{2},P\left(\theta=\frac{\pi}{2}\right)=\frac{1}{2}$,试求 $E_\varepsilon(1)$ 和 $R_\varepsilon(0,1)$。

2-5 设 $z(t)=x_1\cos\omega_0 t-x_2\sin\omega_0 t$ 是一随机过程,若 $x_1$ 和 $x_2$ 是彼此独立且具有均值为 0,方差为 $\sigma^2$ 的正态随机变量,试求:

(1) $E[z(t)],E[z^2(t)]$;

(2) $z(t)$ 的一维分布密度函数 $f(z)$;

(3) $B(t_1,t_2)$ 和 $R(t_1,t_2)$

2-6 已知 $x(t)$ 与 $y(t)$ 是统计独立的平稳随机过程,且它们的均值分别为 $a_1$ 和 $a_2$,

自相关函数分别为 $R_x(\tau)$ 和 $R_y(\tau)$。

（1）求乘积 $z(t) = x(t)y(t)$ 的自相关函数。

（2）求之和 $z(t) = x(t) + y(t)$ 的自相关函数。

2-7 已知噪声 $n(t)$ 的自相关函数 $R_n(\tau) = \dfrac{a}{2}\mathrm{e}^{-\alpha|\tau|}$，$a$ 为常数；

（1）求噪声的功率谱 $P_n(\omega)$ 及平均功率 $S$；

（2）绘出 $R_n(\tau)$ 及 $P_n(\omega)$ 的图形。

2-8 将一个均值为零，功率谱密度为 $\dfrac{n_0}{2}$ 的高斯白噪声加到一个中心频率为 $\omega_c$，带宽为 $B$ 的理想带通滤波器上，如题图 2.3 所示。

（1）求滤波器输出噪声的自相关函数；

（2）滤波器输出噪声的平均功率；

（3）写出输出噪声的一维概率密度函数。

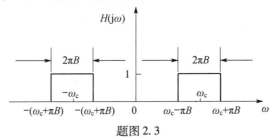

题图 2.3

2-9 RC 低通滤波器如题图 2.4 所示。当输入均值为零、功率谱密度为 $\dfrac{n_0}{2}$ 的高斯白噪声时，

（1）求输出过程的功率谱密度和自相关函数；

（2）求输出过程的一维概率密度函数。

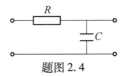

题图 2.4

2-10 将均值为零，功率谱密度为 $\dfrac{n_0}{2}$ 的高斯白噪声加到题图 2.5 所示的低通滤波器的输入端。

（1）试求此过程的自相关函数；

（2）求输出过程的方差。

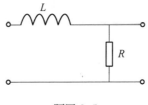

题图 2.5

# 第3章 模拟调制系统

## 3.1 引 言

模拟通信系统是一种采用模拟的连续信号来传递信息的通信系统,最基本的模拟通信系统框图如图3-1所示,它是一个单路、单向系统,多路复用未包括在图中。本章重点研究内容是模拟通信系统中的调制和解调以及抗噪声性能。

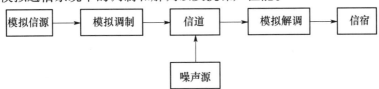

图3-1 模拟通信系统基本组成框图

信息源通过传感器转换得到原始低频信号,信号之所以是低频,是因为需要通信的信息通常是声音、图像或视频,但人类能够感知的部分最高频率很有限。考虑到低频率信号的无线传输,理论上所需要的天线尺寸超大,实际上也不可能实现,实际的模拟通信系统采取选用载体、搭载运输的方法加以解决。调制器将低频率的原始信号装载到高频率电波信号上,连同高频率电波信号一起传输,从而实现低频率信号的远距离传输。

系统中信息源提供的低频率原始消息信号称为**调制信号或基带信号**;充当载体的周期性高频率振荡电信号称为**载频信号或载波**;低频信号的装载过程称为**调制**;经调制后的高频载波则称为已调信号、**已调波或频带信号**。

调制是一种装载,也是一种控制。装载是指采用调制信号去控制被搭载的高频载波,使载波的某一个或某几个参数按照调制信号的规律而变化,从而携带原始信息。控制是指调制从频域上看是一种变换,即它把原始调制信号变换成适合在信道中传输的形式。调制的主要作用还有:

(1)将基带信号的低频频谱搬移到高频载波频率上,形成带通型信号频谱,使得所发送的频带信号的频谱匹配于信道的带通特性;

(2)通过调制技术将各消息的低通频谱分别搬移到互不重叠的频带上以实现信道的多路复用。把多个基带信号分别搬移到不同的载频处,以实现信道的多路复用的技术称为频分复用,多路复用可以提高信道利用率,实现多路信号的同时传输。

(3)通过采用不同的调制方式可以兼顾通信的有效性及可靠性,例如调频信号通过扩展信号带宽以提高系统抗干扰、抗衰落能力。

调制方式有很多。根据调制信号是模拟信号还是数字信号,载波是连续波(通常是正弦波)还是脉冲序列,相应的调制方式有模拟连续波调制(简称模拟调制)、数字连续波调制(简称数字调制)、模拟脉冲调制和数字脉冲调制等。

系统的接收端解调器从已调信号中提取出调制信号的全部特征的过程称为**解调**(也称检波),它是调制的逆过程。

本章讨论幅度调制和角度调制信号的调制原理、频谱分析、解调原理及其在信道的加性白高斯噪声干扰下的解调性能,并分析比较各种调制系统的特点,此外本章还介绍了多路信号的频分复用和频分复用系统。

## 3.2　幅度调制原理

幅度调制是由调制信号去控制高频载波的幅度,使之随调制信号作线性变化的一种调制方式。幅度调制按实现方式和频谱特点,又可具体分为调幅(**AM**:Amplitude Modulation)、双边带(**DSB**:Double Side – Band),单边带(**SSB**:single Side – Band)和残余边带(**VSB**:Vestigital Side – Band)四种调制类型。

无论采用以上哪种幅度调制方式,它们都呈现出两个特点:(1)已调信号波形的幅度随基带信号的规律而呈正比例变化;(2)已调信号的频谱是基带信号频谱在频域内的线性搬移,所谓线性搬移,是指调制前后频谱的形状并未发生变化。从这个意义上,幅度调制又称为线性调制。

### 3.2.1　AM 调制

AM 调制,也是目前民用调幅广播采用的调制方式。

**1. AM 信号的时域表达式**

为了分析方便,用单频正弦波表示调制信号,实际的调制信号则包含多种频率成分。

调制信号为

$$m(t) = A_m\cos\omega_m t \qquad\qquad (3.2-1)$$

式中:$A_m$ 为调制信号的幅度;$\omega_m$ 为调制信号角频率。

载波信号为

$$c(t) = A\cos(\omega_c t + \varphi_0) \qquad\qquad (3.2-2)$$

式中:$A$ 为载波的幅度;$\omega_c$ 为载波角频率,$\varphi_0$ 为载波初始相位,为了简化原理分析,也常假设 $\varphi_0$ 为 0。

已调制 AM 信号的表达式如下:

$$s_{AM}(t) = \left[A_0 + m(t)\right]\cos\omega_c t = A_0\cos\omega_c t + m(t)\cos\omega_c t \qquad (3.2-3)$$

根据式(3.2 – 3),AM 信号的实现可简单由加法器和乘法器两部分完成,将调制信号叠加一个直流偏量 $A_0$ 后与载波相乘,即可形成 AM 已调制信号,如图 3 – 2 所示。

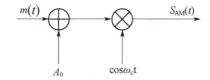

图 3 – 2　AM 调制原理模型

## 2. AM 调制波形图

AM 调制是一种典型的幅度调制,其波形如图 3 – 3 所示。在 $A_0$ 大于等于载波信号的最大幅度时,即满足条件:

$$A_0 \geqslant |m(t)|_{\max} \tag{3.2 – 4}$$

已调波 $s_{AM}(t)$ 的包络与调制信号 $m(t)$ 的形状完全一样,包络是指已调波的外轮廓。这样,可以用包络检波的方法直接恢复出原始调制信号;反之若条件不满足,则会出现"过调制"现象,即已调波 $s_{AM}(t)$ 的包络相对于调制信号 $m(t)$ 发生波形的失真现象。此时只有采用其他的解调方法(同步检波)恢复原始信号。

## 3. AM 调制信号频谱

AM 调制的频谱图如图 3 – 4 所示,由频谱可以看出,AM 信号的频谱由载频分量 $\omega_c$、上边带 $\omega_c + \omega_H$ 和下边带 $\omega_c - \omega_H$ 三部分组成。上、下两边带频谱结构与原调制信号的频谱结构相同,但以 $\omega_c$ 互为镜像。AM 调制的频谱为原调制信号频谱的线性搬移,是一种携带有载波的双边带幅度调制方式。

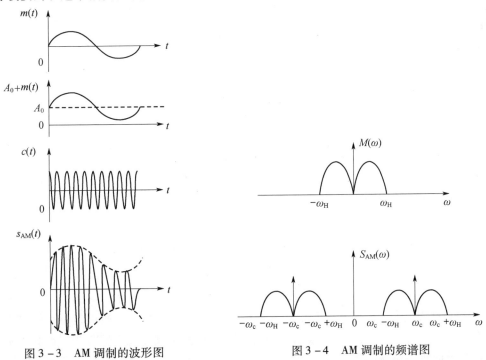

图 3 – 3　AM 调制的波形图　　　　图 3 – 4　AM 调制的频谱图

## 4. AM 信号带宽

已调信号的频带带宽为基带信号带宽 $f_H$ 的 2 倍,即

$$B_{AM} = 2f_H \tag{3.2 – 5}$$

## 5. AM 信号功率

$s_{AM}(t)$ 的功率等于其平方的时间平均,即

$$P_{AM} = \overline{s_{AM}^2(t)} = \overline{[A_0 + m(t)]^2 \cos^2 \omega_c t}$$

$$= \overline{A_0^2 \cos^2 \omega_c t} + \overline{m^2(t) \cos^2 \omega_c t} + \overline{2A_0 m(t) \cos^2 \omega_c t}$$

这里设调制信号的平均值为 0,即 $\overline{m(t)} = 0$,可以推出

$$P_{\mathrm{AM}} = \frac{A_0^2}{2} + \frac{\overline{m^2(t)}}{2} = P_{\mathrm{c}} + P_{\mathrm{s}} \qquad (3.2-6)$$

式中:$P_{\mathrm{c}} = A_0^2/2$ 为载波功率;$P_{\mathrm{s}} = \overline{m^2(t)}/2$ 为两个边带的功率和。

由此可见,AM 信号的总功率包括载波功率和边带功率两部分。其中边带功率来自调制信号,携带有信息,而载波分量并不携带信息。

**6. AM 调制效率**

我们把调制信号的功率与已调波信号的总功率之比称为调制效率,记为 $\eta_{\mathrm{AM}}$。

$$\eta_{\mathrm{AM}} = \frac{P_{\mathrm{s}}}{P_{\mathrm{AM}}} = \frac{\overline{m^2(t)}/2}{[A_0^2 + \overline{m^2(t)}]/2} = \frac{\overline{m^2(t)}}{A_0^2 + \overline{m^2(t)}} \qquad (3.2-7)$$

当 $|m(t)|_{\max} = A_0$,称为临界调制或 100% 调制,这时 $\overline{m^2(t)} = A_0^2/2$,调制效率达到最大,$\eta_{\mathrm{AM}} = 1/3$。可见 AM 信号的功率利用率比较低,占功率 2/3 的载波信号并不携带信息,降低了 AM 的调制效率。

但 AM 的优点也很明显,由于可以采用包络检波,接收端不需要进行同步载波的提取,使系统结构简单、价格低廉,因而成了无线电广播系统构建初期的首选,并沿用至今。

**7. AM 信号的包络检波**

包络检波法适用于已调信号的包络与调制信号的波形相同的场合。在幅度调制中,只有 AM 调制信号可以采用包络检波法。DSB、SSB 和 VSB 均是抑制载波的已调信号,不能直接采用简单的包络检波法解调,若解调前插入载波,将已调信号变换成或近似变换成 AM 信号,也可利用包络检波器恢复调制信号,这种方法称为插入载波包络检波法。

包络检波器的输入为 AM 调制信号:

$$s_{\mathrm{AM}}(t) = [A_0 + m(t)] \cos \omega_c t \qquad (3.2-8)$$

包络检波器的输出为 AM 信号的包络:

$$s_{\mathrm{d}}(t) = A_0 + m(t) \qquad (3.2-9)$$

需要说明这里未考虑传输过程中的衰减以及检波器的灵敏度。通过包络检波器的解调,滤除直流信号 $A_0$ 后就可以得到原始调制信号 $m(t)$,检波中无需额外提供或提取载波,电路简单而且解调输出大,因而包络检波法仍是中、小型幅度调制系统的首选解调方法。

### 3.2.2 DSB 调制

双边带调制(DSB)是一种具有较高调制效率的幅度调制方式。其调制原理模型如图 3-5 所示。

图 3-5 DSB 调制原理模型

对比 AM 调制原理模型可知,在 DSB 模型中去掉了直流成份 $A_0$ 后直接调制。

**1. DSB 信号的时域表达式**

$$s_{\text{DSB}}(t) = m(t)\cos\omega_c t \tag{3.2-10}$$

其中依然假设基带信号的平均值为零,$\overline{m(t)} = 0$。

**2. DSB 调制波形**

DSB 信号的波形如图 3-6 所示,其波形的主要特点是:已调信号的包络与调制信号 $m(t)$ 已不再相同,因而解调时不能采用包络检波方式,而需采用相干解调来恢复搭载的调制信号。

**3. DSB 调制频谱**

DSB 已调信号的频谱表达式为

$$S_{\text{DSB}}(\omega) = \frac{1}{2}[M(\omega + \omega_c) + M(\omega - \omega_c)] \tag{3.2-11}$$

频谱图示如图 3-7 所示,由图可见,频谱依然是原调制信号频谱的线性搬移。上、下两边带频谱结构与原调制信号的频谱结构相同,与 AM 信号相比,去掉了载波成份 $\omega_c$。因此 DSB 又称为抑制载波双边带幅度调制。

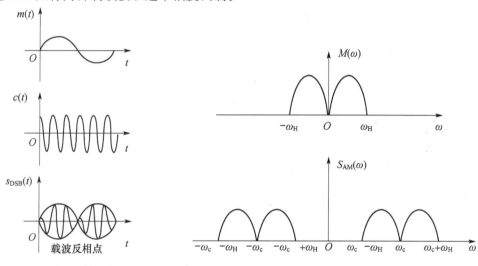

图 3-6  DSB 调制的波形图          图 3-7  DSB 调制的频谱图

**4. DSB 信号带宽**

DSB 已调信号的频带宽度依然为基带信号带宽 $f_H$ 的 2 倍,即

$$B_{\text{DSB}} = 2f_H \tag{3.2-12}$$

DSB 信号节省了载波功率,其调制效率可达 100%,但其所需的传输带宽仍是调制信号带宽的两倍。注意到根据频谱特性,DSB 信号两个边带中的任意一个都包含了调制信号 $m(t)$ 的所有频谱成分,因此通信过程中可采用仅传输一个边带的方式进行。这样既节省了发送功率,也提升了传输系统的频带利用率。

**5. DSB 信号的解调**

解调和调制是一对相反的变换过程,从频域上看,其实质是一样的,均是实现频谱搬移。调制是把基带信号的频谱搬到了载频附近,解调则是调制的反过程,即把在载频附近的已调信号频谱搬回原基带位置。因此与调制器一样,解调器同样用相乘器与载波相乘,最后通过低通滤波器 LPF(Low Pass Filter)恢复原调制信号。**相干解调器**是一种基于载波的解调方式,也叫同步检测。其一般模型如图 3–8 所示。

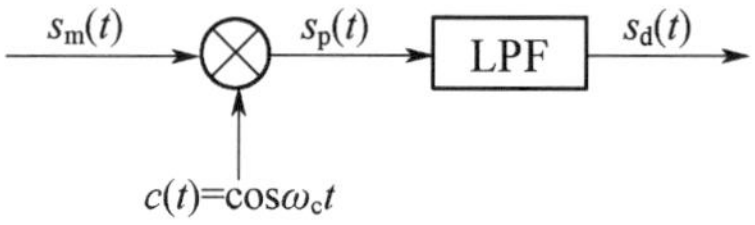

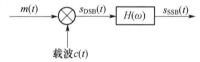

图 3–8　相干解调器的模型

DSB 的解调过程推导如下:

$$s_\mathrm{m}(t) = m(t)\cos\omega_\mathrm{c}t \tag{3.2 – 13}$$

$$s_\mathrm{p}(t) = m(t)\cos\omega_\mathrm{c}t\cos\omega_\mathrm{c}t = \frac{1}{2}m(t)(1 + \cos2\omega_\mathrm{c}t) \tag{3.2 – 14}$$

经低通滤波器后

$$s_\mathrm{d}(t) = \frac{1}{2}m(t) \tag{3.2 – 15}$$

### 3.2.3　SSB 调制

为了提升信道的频带利用率,将 DSB 信号两个边带中的任意一个边带滤掉而形成 SSB 信号,如图 3–9 所示。

图 3–9　滤波法 SSB 信号调制器

**1. SSB 信号的时域表达式**

依然设 $m(t)$ 为单频正弦波,$m(t) = A_\mathrm{m}\cos\omega_\mathrm{m}t$,展开 DSB 信号时域表达式得

$$s_\mathrm{DSB}(t) = m(t)\cos\omega_\mathrm{c}t = A_\mathrm{m}\cos\omega_\mathrm{m}t\cos\omega_\mathrm{c}t$$

$$= \frac{1}{2}A_\mathrm{m}\cos(\omega_\mathrm{c} + \omega_\mathrm{m})t + \frac{1}{2}A_\mathrm{m}\cos(\omega_\mathrm{c} - \omega_\mathrm{m})t \tag{3.2 – 16}$$

其中第一项为上边带,第二项为下边带。依据保留的边带不同,SSB 信号分为上边带(USB:Upper Side – Band)和下边带(LSB:Lower Side – Band)两种调制类型。

上边带调制 USB:保留上边带,滤除下边带。

$$s_\mathrm{USB}(t) = \frac{1}{2}A_\mathrm{m}\cos(\omega_\mathrm{c} + \omega_\mathrm{m})t = \frac{1}{2}A_\mathrm{m}\cos\omega_\mathrm{m}t\cos\omega_\mathrm{c}t - \frac{1}{2}A_\mathrm{m}\sin\omega_\mathrm{m}t\sin\omega_\mathrm{c}t$$

$$\tag{3.2 – 17}$$

下边带调制 LSB:保留下边带,滤除上边带。

$$s_\mathrm{LSB}(t) = \frac{1}{2}A_\mathrm{m}\cos(\omega_\mathrm{c} - \omega_\mathrm{m})t = \frac{1}{2}A_\mathrm{m}\cos\omega_\mathrm{m}t\cos\omega_\mathrm{c}t + \frac{1}{2}A_\mathrm{m}\sin\omega_\mathrm{m}t\sin\omega_\mathrm{c}t$$

$$\tag{3.2 – 18}$$

SSB 上、下边带调制的时域表达式可合并表达为

$$s_{SSB}(t) = \frac{1}{2}A_m\cos\omega_m t\cos\omega_c t \mp \frac{1}{2}A_m\sin\omega_m t\sin\omega_c t \qquad (3.2-19)$$

其中加号对应 LSB,减号对应 USB。

**2. SSB 调制频谱**

SSB 信号的频谱是滤除 DSB 信号中的一个边带后的结果,具体表达为

$$S_{SSB}(\omega) = S_{DSB}(\omega) \cdot H(\omega) \qquad (3.2-20)$$

式中:$H(\omega)$ 为单边带滤波器的传输函数,用于实现对边带信号的滤除,又称为**边带滤波器**。

若 $H(\omega)$ 为理想高通特性:

$$H(\omega) = H_{USB}(\omega) = \begin{cases} 1 & |\omega| > \omega_c \\ 0 & |\omega| \leq \omega_c \end{cases} \qquad (3.2-21)$$

则可滤除下边带,保留上边带。其频谱如图 3-10 所示。

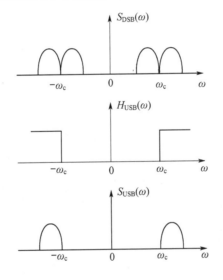

图 3-10 滤波法形成上边带信号的频谱图

可见采用频域滤波器可以直接得到所需的 SSB 信号。

同理,若 $H(\omega)$ 为理想低通特性,即

$$H(\omega) = H_{LSB}(\omega) = \begin{cases} 1 & |\omega| < \omega_c \\ 0 & |\omega| \geq \omega_c \end{cases} \qquad (3.2-22)$$

则可滤除 DSB 的上边带,得到 LSB 下边带调制信号。

**3. SSB 信号带宽**

由于滤除了一个边带,SSB 信号的频带带宽与基带信号带宽 $f_H$ 相同,即

$$B_{SSB} = f_H \qquad (3.2-23)$$

可见 SSB 调制无论在频带利用率还是在节约发射功率方面均优于双边带调制。

**4. SSB 调制的相移法实现**

从原理上讲,采用以上的滤波法实现 SSB 是一种最直接的方法,然而在实际应用中,却有着先天的不足。如图 3 - 10 所示,理论分析中采用的滤波器具有理想滤波特性,即在载频 $f_c$(或表示为 $\omega_c$)处有极陡峭的截止特性,但实际上任何一个滤波器的截止频率特性都存在着一个过渡带,而且随着载频 $f_c$ 的升高,其过渡带就会越宽。因而理想的边带滤波器 $H(\omega)$ 很难实现,SSB 的滤波器法也很难实际应用。

相移法则是一个得到实际应用的 SSB 调制方法,其原理框图如图 3 - 11 所示。

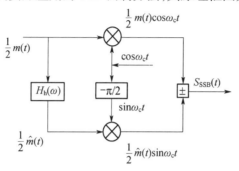

图 3 - 11　相移法 SSB 信号调制原理

根据图 3 - 11,可写出 SSB 信号的表达式

$$s_{SSB}(t) = \frac{1}{2}m(t)\cos\omega_c t \mp \frac{1}{2}\hat{m}(t)\sin\omega_c t \qquad (3.2 - 24)$$

相移法中引入了移相单元 $H_h(\omega)$,对调制信号 $m(t)$ 中所有频率成分产生 $-\pi/2$ 的相移得到 $\hat{m}(t)$,若 $m(t)$ 是单频信号 $A_m\cos\omega_m t$,则得到式(3.2 - 19)的结果。

移相单元 $H_h(\omega)$ 实际上就是第 2 章讨论过的希尔伯特变换,符号记为上标 $\wedge$。希尔伯特变换的频率特性在式(2.1 - 27)已给出,将其中的变量换成 $\omega$,有关系:

$$H_h(\omega) = \hat{M}(\omega)/M(\omega) = -j\mathrm{sgn}(\omega) \qquad (3.2 - 25)$$

以及

$$\hat{M}(\omega) = M(\omega) \cdot [-j\mathrm{sgn}\omega] \qquad (3.2 - 26)$$

式中:$M(\omega)$ 是 $m(t)$ 的傅里叶变换;$\hat{M}(\omega)$ 是 $\hat{m}(t)$ 的傅里叶变换。

**希尔伯特滤波器** $H_h(\omega)$ 实质上是一个宽带相移网络,因为它对 $m(t)$ 中的所有频率分量都产生了移相作用。

相移法借助于希尔伯特滤波器完成了调制信号的相移变换,并依此在后期的合成过程中得以将上、下边带中的一个边带抵消,从而实现了 SSB 调制。

应该注意的是,相移法虽然避免了 SSB 滤波法对截止频率陡峭的要求,但也带来了宽带相移网络 $H_h(\omega)$ 难以实现的难题。相移法在实际应用中改进为维弗法(Weaver),关于维弗法本书不进行具体讨论。

单边带 SSB 调制具有 AM、DSB 所没有的功率小和带宽窄等优点,但同时结构复杂,因为必须采用相干解调,且不易提取本地相干载波。

**5. SSB 信号的解调**

SSB 信号解调器结构如图 3 – 8 所示,和 DSB 信号的解调过程相同。

SSB 的解调过程推导如下:

$$s_m(t) = \frac{1}{2}m(t)\cos\omega_c t \mp \frac{1}{2}\hat{m}(t)\sin\omega_c t \qquad (3.2-27)$$

$$\begin{aligned} s_p(t) &= \left[\frac{1}{2}m(t)\cos\omega_c t \mp \frac{1}{2}\hat{m}(t)\sin\omega_c t\right]\cos\omega_c t \\ &= \frac{1}{2}m(t)\cos^2\omega_c t \mp \frac{1}{2}\hat{m}(t)\sin\omega_c t\cos\omega_c t \\ &= \frac{1}{4}m(t) + \frac{1}{4}m(t)\cos2\omega_c t \mp \frac{1}{4}\hat{m}(t)\sin2\omega_c t \qquad (3.2-28) \end{aligned}$$

经低通滤波器后

$$s_d(t) = \frac{1}{4}m(t) \qquad (3.2-29)$$

## 3.2.4 VSB 调制

**1. VSB 调制频谱**

VSB 调制是介于 SSB 与 DSB 之间的一种折衷方案,频谱图如图 3 – 12 所示。VSB 的传输带宽接近 SSB,比 DSB 信号占用频的带宽节省许多,但是比 SSB 信号更易实现。与 SSB 中完全抑制一个边带的做法不同,VSB 保留一个边带的大部分,残留另一个边带的小部分。从不失真恢复原始基带信号来看是完全有可能的,因为带通信号的频谱以 $\omega_c$ 为分界镜像对称,一个边带的残留频谱可以补足另一边带损失的频谱。在解调方面,因为残余边带中还保留有部分载频信号,所以可以很好地解决相干解调的同步问题。

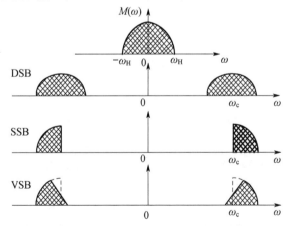

图 3 – 12　VSB 与 DSB、SSB 频谱对照图

**2. VSB 调制滤波器特性**

采用滤波法实现残留边带调制的原理框图如图 3 – 13 所示。由于残留边带调制不再要求十分陡峭的截止特性,因而它比单边带滤波器容易制作,更具实现的可行性。

假设 $H(\omega)$ 是 VSB 滤波器的传输特性,由滤波法可知,VSB 信号的频谱为

55

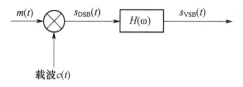

图 3 - 13　滤波法 VSB 信号调制器

$$S_{\text{VSB}}(\omega) = S_{\text{DSB}}(\omega) \cdot H(\omega) = \frac{1}{2}\big[M(\omega + \omega_c) + M(\omega - \omega_c)\big]H(\omega)$$

$$(3.2 - 30)$$

VSB 信号必须采用相干解调,如图 3 - 14 所示。这里为分析方便,载波幅度设为 2。

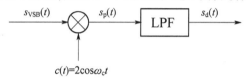

图 3 - 14　VSB 信号的相干解调

下面推导 VSB 滤波器的特性。

时域关系:

$$s_p(t) = 2s_{\text{VSB}}(t)\cos\omega_c t \qquad (3.2 - 31)$$

频域关系:

$$S_p(\omega) = \frac{1}{2}\big[M(\omega + 2\omega_c) + M(\omega)\big]H(\omega + \omega_c)$$

$$+ \frac{1}{2}\big[M(\omega) + M(\omega - 2\omega_c)\big]H(\omega - \omega_c) \qquad (3.2 - 32)$$

经过低通滤波器后,输出频谱为

$$S_d(\omega) = \frac{1}{2}M(\omega)\big[H(\omega + \omega_c) + H(\omega - \omega_c)\big] \qquad (3.2 - 33)$$

显然,为了保证相干解调的输出无失真地恢复调制信号 $m(t)$,必须保证在调制信号的频率范围内满足

$$H(\omega + \omega_c) + H(\omega - \omega_c) = 常数 \qquad |\omega| \leqslant \omega_H \qquad (3.2 - 34)$$

即保证残留边带滤波器传输特性 $H(\omega)$ 关于 $\omega_c$ 互补对称(奇对称),这样相干解调时才能无失真地从残留边带信号中恢复所需的调制信号。

残留边带滤波器特性 $H(\omega)$ 有两类,如图 3 - 15 所示。图 3 - 15(a)是保留大部分的下边带,残留部分上边带的滤波器特性;图 3 - 15(b)则是保留大部分的上边带,残留部分下边带的滤波器特性。要注意 $H(\omega)$ 滚降部分的特性曲线并非唯一,满足(3.2 - 34)的特性均可使用。

**3. VSB 信号的带宽**

VSB 信号的带宽介于 DSB 和 SSB 之间,$B_{\text{SSB}} < B_{\text{VSB}} < B_{\text{DSB}}$,一般认为 $B_{\text{VSB}} = 1.25B_{\text{SSB}}$,在分析时为了方便,也可认为 $B_{\text{VSB}} \approx B_{\text{SSB}}$。

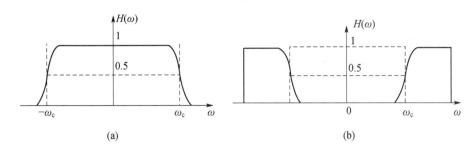

图 3-15 残留边带的滤波器特性

（a）残留部分上边带的滤波器特性；（b）残留部分下边带的滤波器特性。

## 3.3 线性调制系统的抗噪声性能

### 3.3.1 分析模型

在 3.2 节中分析了 AM、DSB、SSB 和 VSB 等线性调制和解调原理，围绕着线性调制的实际应用，本节将重点研究在加性高斯白噪声信道条件下，各种线性调制系统的抗噪声性能，以期对各种调制系统有进一步的认识，也达到对系统的正确选择与应用的目的。

通信系统中噪声是无处不在的，根据信息理论，对通信系统最不利的噪声是高斯噪声，且它的功率谱平坦，综合其统计特性和频谱特性，称为高斯白噪声。因此在后面的抗噪声性能分析中，均考虑高斯白噪声的影响。

通信系统抗噪声分析模型如图 3-16 所示。

图 3-16 解调器抗噪声性能分析模型

图中，$s_m(t)$ 为已调信号，$n(t)$ 为信道的加性高斯白噪声，带通滤波器的作用是滤除已调信号频带以外的噪声，当带通滤波器的带宽远小于其中心频率时（实际情况的确如此），可视为窄带滤波器。信号经过带通滤波器后可认为依然是 $s_m(t)$，而输出噪声 $n_i(t)$ 变为窄带高斯白噪声。最后经解调器后，输出的有用信号为 $m_0(t)$，噪声为 $n_0(t)$。

### 3.3.2 性能分析指标

信道的加性高斯白噪声经带通滤波器后，成为解调器的输入噪声 $n_i(t)$，$n_i(t)$ 直接影响到已调信号的接收和解调，因而通信系统的抗噪声性能也常用解调器的抗噪声性能来衡量。评价一个模拟通信系统的性能的优劣，最终是要看接收机解调器输出信号 $m_0(t)$ 的平均功率 $S_0$ 和输出噪声 $n_0(t)$ 平均功率 $N_0$ 之比。$S_0/N_0$ 越大，则表明抗噪声能力越强。

事实上 $S_0/N_0$ 不仅和解调器输入端的信噪功率比 $S_i/N_i$ 有关（这里 $S_i$ 是 $s_m(t)$ 的平均功率，$N_i$ 是 $n_i(t)$ 的平均功率），而且还和调制方式有关，同样的输入信噪功率比，对于不同的调制方式,具有不同的输出信噪功率比。为了比较各种调制系统的性能,常用输出信噪比和输入信噪比的比值这个相对量指标,这个比值用 $G$ 表示,称为调制制度增益或简称制度增益。$G$ 越大,说明调制制度的抗噪声性能越好。

$$G = \frac{S_0/N_0}{S_\text{i}/N_\text{i}} \qquad (3.3-1)$$

### 3.3.3 抗噪声性能分析

**1. DSB 相干解调抗噪声性能分析**

DSB 相干解调器分析模型如图 3 - 17 所示。系统中带通滤波器 BPF 的带宽为 $2f_\text{H}$,低通滤波器的截止频率为基带信号的带宽 $f_\text{H}$。$n(t)$ 表示接收机外部和内部噪声之和,通常是加性高斯白噪声,它的均值为零,双边功率谱密度为 $n_0/2$。带通滤波器是高度为 1、带宽为 $2f_\text{H}$ 的理想矩形函数。

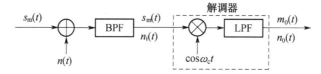

图 3 - 17 相干解调性能分析模型

实际上图 3 - 17 是相干解调器的通用模型,对于 SSB 和 VSB,和 DSB 的区别仅在于带通滤波器 BPF 的带宽不同,如对于 SSB,BPF 的带宽为 $f_\text{H}$。

解调器的输入端:

DSB 信号

$$s_\text{m}(t) = m(t)\cos\omega_\text{c}t \qquad (3.3-2)$$

则

$$S_\text{i} = \overline{s_\text{m}^2(t)} = \overline{m^2(t)\cos^2\omega_\text{c}t} = \frac{1}{2}\overline{m^2(t)} + \frac{1}{2}\overline{m^2(t)\cos 2\omega_\text{c}t} = \frac{1}{2}\overline{m^2(t)}$$

$$(3.3-3)$$

$n_\text{i}(t)$ 是窄带高斯噪声,其平均功率

$$N_\text{i} = \frac{n_0}{2}2B = n_0B \qquad (3.3-4)$$

因此解调器输入信噪比

$$S_\text{i}/N_\text{i} = \frac{1}{2} \cdot \frac{\overline{m^2(t)}}{n_0B} \qquad (3.3-5)$$

相干解调器输出端:

信号经乘法器输出

$$m(t)\cos\omega_\text{c}t\cos\omega_\text{c}t = \frac{1}{2}m(t) + \frac{1}{2}m(t)\cos 2\omega_\text{c}t$$

低通滤波器输出

$$m_0(t) = \frac{1}{2}m(t) \qquad\qquad (3.3-6)$$

所以输出信号功率

$$S_0 = \overline{m_0^2(t)} = \frac{1}{4}\overline{m^2(t)} \qquad\qquad (3.3-7)$$

高斯白噪声 $n_i(t)$ 同样也经过乘法器和低通滤波器。解调 DSB 信号时,接收机中的带通滤波器的中心频率为载频 $f_c$,或表达为中心角频率为 $\omega_c$,因此 $n_i(t)$ 可表示为

$$n_i(t) = n_c(t)\cos\omega_c t - n_s(t)\sin\omega_c t \qquad\qquad (3.3-8)$$

噪声经乘法器输出

$$n_i(t)\cos\omega_c t = [n_c(t)\cos\omega_c t - n_s(t)\sin\omega_c t]\cos\omega_c t$$
$$= \frac{1}{2}n_c(t) + \frac{1}{2}n_c(t)\cos 2\omega_c t - \frac{1}{2}n_s(t)\sin 2\omega_c t$$

再经低通滤波器,输出噪声:

$$n_0(t) = \frac{1}{2}n_c(t) \qquad\qquad (3.3-9)$$

所以输出噪声功率

$$N_0 = \overline{n_0^2(t)} = \frac{1}{4}\overline{n_c^2(t)} = \frac{1}{4}\overline{n_i^2(t)} = \frac{1}{4}N_i = \frac{1}{4}n_0 B \qquad\qquad (3.3-10)$$

解调器的输出信噪比

$$S_0/N_0 = \frac{\overline{m^2(t)}}{n_0 B} \qquad\qquad (3.3-11)$$

DSB 的调制制度增益

$$G = \frac{S_0/N_0}{S_i/N_i} = 2 \qquad\qquad (3.3-12)$$

由此可见,DSB 调制系统的制度增益为 2。就是说,DSB 信号的解调器使信噪比改善一倍。这是因为采用相干解调,使输入噪声中的一个正交分量 $n_s(t)$ 被消除的缘故。

**2. SSB 相干解调抗噪声性能分析**

SSB 信号的解调方法同样采用图 3-17 的分析模型,其区别仅在于 SSB 系统的带通滤波器的频带是 DSB 滤波器频带的一半,为上边频或下边频,所以中心频率也与 DSB 不同。

解调器输入端:

SSB 信号功率

$$S_i = \overline{s_m^2(t)} = \frac{1}{4}\overline{[m(t)\cos\omega_c t \mp \hat{m}(t)\sin\omega_c t]^2}$$
$$= \frac{1}{4}\overline{m^2(t)\cos^2\omega_c t \mp 2m(t)\hat{m}(t)\sin\omega_c t\cos\omega_c t + \hat{m}^2(t)\sin^2\omega_c t}$$
$$= \frac{1}{4}\overline{m^2(t)\cos^2\omega_c t} + \frac{1}{4}\overline{\hat{m}^2(t)\sin^2\omega_c t} = \frac{1}{4}\left[\frac{1}{2}\overline{m^2(t)} + \frac{1}{2}\overline{\hat{m}^2(t)}\right]$$

$$= \frac{1}{4} \overline{m^2(t)} \qquad\qquad (3.3-13)$$

$$N_i = n_0 B \qquad\qquad (3.3-14)$$

式中:$B$ 是 SSB 信号的带宽。所以

$$S_i/N_i = \frac{\overline{m^2(t)}}{4n_0 B} \qquad\qquad (3.3-15)$$

解调器输出端:

信号经乘法器输出

$$s_m(t)\cos\omega_c t = \left[\frac{1}{2}m(t)\cos\omega_c t \mp \frac{1}{2}\overline{m}(t)\sin\omega_c t\right]\cos\omega_c t$$

$$= \frac{1}{4}m(t) + \frac{1}{4}m(t)\cos2\omega_c t \mp \frac{1}{4}\hat{m}(t)\sin2\omega_c t$$

再经低通滤波器

$$m_0(t) = \frac{1}{4}m(t) \qquad\qquad (3.3-16)$$

所以输出信号功率:

$$S_0 = \overline{m_0^2(t)} = \frac{1}{16}\overline{m^2(t)} \qquad\qquad (3.3-17)$$

输出噪声表达式同 DSB,见式(3.3-9)。则输出噪声功率:

$$N_0 = \frac{1}{4}\overline{n_c^2(t)} = \frac{1}{4}\overline{n_i^2(t)} = \frac{1}{4}N_i = \frac{1}{4}n_0 B \qquad\qquad (3.3-18)$$

注意这里 $B$ 是指 SSB 信号的带宽。

解调器输出信噪比

$$S_0/N_0 = \frac{\overline{m^2(t)}}{4n_0 B} \qquad\qquad (3.3-19)$$

调制制度增益

$$G = \frac{S_0/N_0}{S_i/N_i} = 1 \qquad\qquad (3.3-20)$$

下面对 DSB 和 SSB 的抗噪声性能做一个比较。

对比 DSB 和 SSB 的调制制度增益,$G_{SSB}=1$,$G_{DSB}=2$,是否说明 DSB 在抗噪声性能方面优于 SSB? 经过深入分析,结论是否定的。假定两种调制方式的分析前提:(1)输入信号功率 $S_i$ 相同;(2)噪声功率谱密度 $n_0$ 相同;(3)基带信号带宽 $f_H$ 相同。

输出信噪比 $S_0/N_0$ 是最后真正获得的抗噪声性能。

因 $B_{DSB}=2B_{SSB}$,故 $N_{iDSB}=n_0 B_{DSB}=2N_{iSSB}$,也就是说 DSB 的带宽大,它的噪声功率也大。

$$\frac{S_i}{N_{iDSB}} = \frac{1}{2} \cdot \frac{S_i}{N_{iSSB}}$$

所以

$$\left(\frac{S_0}{N_0}\right)_{\text{DSB}} = \left(\frac{S_0}{N_0}\right)_{\text{SSB}} \tag{3.3-21}$$

说明在以上的分析前提下,两者抗噪性能相同。

VSB 调制系统由于采用的残留边带滤波器的频率特性不唯一,所以很难具体分析其抗噪声性能。在边带的残留部分不是太大的时候,可以近似认为 VSB 的抗噪声性能与 SSB 系统相同。

**3. AM 包络检波器性能分析**

AM 信号的解调有相干解调和包络检波两种不同的解调方法,其中 AM 信号相干解调系统的性能分析模型和方法与 DSB 相同,由于实际应用中主要采用包络检波,所以以下重点讨论包络检波的性能。AM 信号包络检波的性能分析采用如图 3 – 18 所示的分析模型进行。

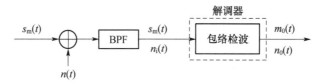

图 3 – 18　AM 包络检波的抗噪声性能分析模型

解调器输入端:

AM 信号

$$s_{\text{m}}(t) = \left[A_0 + m(t)\right]\cos\omega_c t \tag{3.3-22}$$

这里仍假设调制信号 $\overline{m(t)} = 0$,且 $\left|m(t)\right|_{\max} \leqslant A_0$。

AM 信号的平均功率

$$S_i = \overline{s_{\text{m}}^2(t)} = \frac{A_0^2}{2} + \frac{\overline{m^2(t)}}{2} \tag{3.3-23}$$

实际上这个结论在式(3.2 –6)已给出。

$n_i(t)$ 是窄带高斯白噪声

$$n_i(t) = n_c(t)\cos\omega_c t - n_s(t)\sin\omega_c t \tag{3.3-24}$$

$n_i(t)$ 的平均功率

$$N_i = \overline{n_i^2(t)} = n_0 B \tag{3.3-25}$$

综上,解调器的输入信噪比为

$$\frac{S_i}{N_i} = \frac{A_0^2 + \overline{m^2(t)}}{2n_0 B} \tag{3.3-26}$$

解调器输入是信号叠加噪声的结果,即

$$s_{\text{m}}(t) + n_i(t) = \left[A_0 + m(t) + n_c(t)\right]\cos\omega_c t - n_s(t)\sin\omega_c t \tag{3.3-27}$$

解调器输出端:

包络检波器的输出为 $s_{\text{m}}(t) + n_i(t)$ 的包络 $E(t)$,即

$$E(t) = \sqrt{[A_0 + m(t) + n_c(t)]^2 + n_s^2(t)} \qquad (3.3-28)$$

由于包络与基带信号 $m(t)$ 和噪声呈非线性关系,所以进行一般分析比较困难,下面考虑两种极端情况。

1) 大信噪比输入

$$A_0 + m(t) \gg \sqrt{n_c^2(t) + n_s^2(t)}$$

即 $A_0 + m(t) \gg n_c(t)$ 和 $A_0 + m(t) \gg n_s(t)$。简化包络 $E(t)$ 的表达式如下。

$$
\begin{aligned}
E(t) &= \sqrt{[A_0 + m(t) + n_c(t)]^2 + n_s^2(t)} \\
&= \sqrt{[A_0 + m(t)]^2 + 2n_c(t)[A_0 + m(t)] + n_c^2(t) + n_s^2(t)} \\
&\approx \sqrt{[A_0 + m(t)]^2 + 2n_c(t)[A_0 + m(t)]} \\
&= [A_0 + m(t)]\left[1 + \frac{2n_c(t)}{A_0 + m(t)}\right]^{\frac{1}{2}}
\end{aligned}
\qquad (3.3-29)
$$

注意到式(2.4-206)中,$\dfrac{2n_c(t)}{A_0 + m(t)} < < 1$,利用数学关系:当 $|x| \ll 1$ 时,$(1+x)^k \approx 1 + kx$,其中 $k$ 为任意实数。

$$[A_0 + m(t)]\left[1 + \frac{2n_c(t)}{A_0 + m(t)}\right]^{\frac{1}{2}} \approx [A_0 + m(t)]\left[1 + \frac{n_c(t)}{A_0 + m(t)}\right] = A_0 + m(t) + n_c(t)$$

即

$$E(t) \approx A_0 + m(t) + n_c(t) \qquad (3.3-30)$$

式中:直流成份 $A_0$ 可以滤除,输出的有用信号为 $m_0(t) = m(t)$,输出噪声为 $n_c(t)$,信号和噪声是相加的关系。

输出信号功率为

$$S_0 = \overline{m_0^2(t)} = \overline{m^2(t)} \qquad (3.3-31)$$

输出噪声功率为

$$N_0 = \overline{n_c^2(t)} = \overline{n_i^2(t)} = n_0 B \qquad (3.3-32)$$

这里 $B$ 是 AM 信号的带宽。

$$\frac{S_0}{N_0} = \frac{\overline{m^2(t)}}{n_0 B} \qquad (3.3-33)$$

则

$$G_{AM} = \frac{S_0/N_0}{S_i/N_i} = \frac{2\overline{m^2(t)}}{A_0^2 + \overline{m^2(t)}} \qquad (3.3-34)$$

对于包络检波器来说,为了不发生过调制现象,应有 $|m(t)|_{\max} \le A_0$,所以 $G_{AM}$ 总是小于 $l$,这说明包络检波器对输入信噪比没有改善,而是降低了抗噪声性能。

对于单频 100% 调制(即 $A_0 = |m(t)|_{\max}$,$m(t)$ 是单频正弦信号),可计算出 AM 的调制制度增益为

62

$$G_{AM} = \frac{2}{3} \qquad (3.3-35)$$

这也是 AM 系统的最大制度增益。

可以证明,采用同步检测法解调 AM 信号时,调制制度增益 $G_{AM}$ 的表达式同(3.3 – 34),因此在大信噪比输入时,包络检波器与相干解调器的抗噪声性能几乎一样。

2) 小信噪比输入

此时,输入信号幅度远小于噪声幅度:

$$[A_0 + m(t)] \ll \sqrt{n_c^2(t) + n_s^2(t)}$$

即 $A_0 + m(t) \ll n_c(t)$ 和 $A_0 + m(t) \ll n_s(t)$

于是

$$\begin{aligned}
E(t) &= \sqrt{[A_0 + m(t) + n_c(t)]^2 + n_s^2(t)} \\
&\approx \sqrt{n_c^2(t) + 2n_c(t)[A_0 + m(t)] + n_s^2(t)} \\
&= \sqrt{[n_c^2(t) + n_s^2(t)] \left\{ 1 + \frac{2n_c(t)[A_0 + m(t)]}{n_c^2(t) + n_s^2(t)} \right\}} \qquad (3.3-36)
\end{aligned}$$

噪声的同相分量 $n_c(t)$ 和正交分量 $n_s(t)$ 是正交关系,将噪声表示成模 $R(t)$ 和相角 $\theta(t)$ 的形式,这里 $R(t)$ 和 $\theta(t)$ 都是随机过程,利用图3 – 19 可以很直观的理解式(3.3 – 37)。

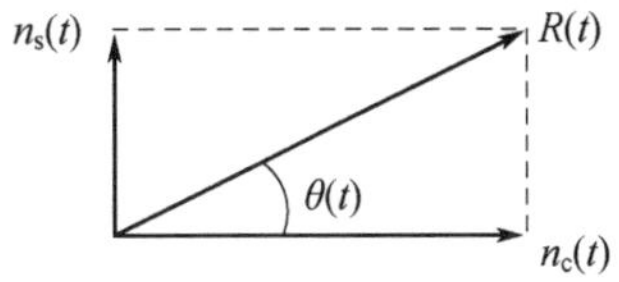

$$\begin{cases} R^2(t) = n_c^2(t) + n_s^2(t) \\ \cos\theta(t) = \dfrac{n_c(t)}{R(t)} \end{cases} \qquad (3.3-37)$$

图 3 – 19　窄带高斯白噪声的模与相角

于是

$$\begin{aligned}
E(t) &\approx \sqrt{\left[ R^2(t) \left\{ 1 + \frac{2n_c(t)[A_0 + m(t)]}{R^2(t)} \right\} \right]} \\
&= R(t) \left\{ 1 + \frac{2\cos\theta(t)[A_0 + m(t)]}{R(t)} \right\}^{\frac{1}{2}} \qquad (3.3-38)
\end{aligned}$$

再次利用数学关系式 $(1+x)^k \approx 1 + kx$,继续化简上式。

$$\begin{aligned}
E(t) &\approx R(t) \left\{ 1 + \frac{\cos\theta(t)[A_0 + m(t)]}{R(t)} \right\} \\
&= R(t) + A_0\cos\theta(t) + m(t)\cos\theta(t) \qquad (3.3-39)
\end{aligned}$$

由式(3.3 – 39)可知,$E(t)$ 中无单独的信号项,信号 $m(t)$ 已被乘性干扰 $\cos\theta(t)$ 所污染为 $m(t)\cos\theta(t)$,也成为了噪声,所以检波器输出信噪比急剧下降,无法恢复原始低频调制信号 $m(t)$。

随着输入信噪比的下降,输出信噪比会逐渐下降。在输入信噪比较大时,输出信噪比依据式(3.3 – 34)按比例下降,当输入信噪比下降到一定程度时,输出信噪比会急剧恶化。通常把这种现象称为解调器的**门限效应**,开始出现门限效应的输入信噪比称为**门限**

值。这种门限效应是由包络检波器的非线性解调作用所引起的,门限大小没有严格的定义,一般认为 10dB(10 倍)左右。

线性调制信号的相干解调方法不存在门限效应。原因是信号与噪声可分别进行解调,解调器输出端总是单独存在有用信号项。例如 AM 的相干解调,可以推出其调制制度增益同式(3.3-34)或式(3.3-35),输出信噪比和输入信噪比始终呈线性关系。

## 3.4    角度调制原理

在正弦载波的三个参量幅度、频率和相位中,各个参量都可以用来携带调制信号。用调制信号去控制载波的幅度称为幅度调制;用调制信号去控制载波频率,称为频率调制或调频(**FM**:Frequency Modulation);用调制信号去控制载波相位,称为相位调制或调相(**PM**:Phase Modulation)。由于 FM 和 PM 在调制过程中,频率和相位的变化最终都体现为载波瞬时相位的变化,故也把 FM 和 PM 统称为角度调制或调角。

相对于调制信号(基带信号)而言,FM 和 PM 的已调信号的频谱,不仅存在频谱的搬移,从基带变为了频带,而且频谱的结构也会发生变化,频带信号的频谱不再是基带频谱的简单搬移。因此角度调制又称为非线性调制。

FM 广泛应用于小型电台、高保真音乐广播、电视伴音、蜂窝电话、卫星通信等。PM 除可以直接用于频带传输外,也常用于间接法 FM 调制系统。

### 3.4.1    角度调制的基本概念

#### 1. FM 和 PM 信号的通用时域表达式

角度调制信号的一般表达式为

$$s_m(t) = A\cos[\omega_c t + \varphi(t)] \qquad (3.4-1)$$

式中:$A$ 为载波的振幅,是常数;$[\omega_c t + \varphi(t)]$ 为瞬时相位;$\varphi(t)$ 为相对于载波相位 $\omega_c t$ 的瞬时相位偏移;$d[\omega_c t + \varphi(t)]/dt$ 是瞬时角频率;$d\varphi(t)/dt$ 称为相对于载频 $\omega_c$ 的瞬时角频偏。

所谓 PM 调制,是指已调信号的瞬时相位偏移正比于调制信号,即

$$\varphi(t) = K_p m(t) \qquad (3.4-2)$$

式中:$K_p$ 是调相灵敏度,为常数,$\varphi(t)$ 随 $m(t)$ 呈线性变化。结合式(3.4-1)和式(3.4-2),可以得到 PM 信号的表达式为

$$s_{PM}(t) = A\cos[\omega_c t + K_p m(t)] \qquad (3.4-3)$$

FM 调制,是指已调信号的瞬时角频偏正比于调制信号,即

$$\frac{d\varphi(t)}{dt} = K_f m(t) \qquad (3.4-4)$$

$$\varphi(t) = K_f \int_0^t m(\tau)d\tau \qquad (3.4-5)$$

式中:$K_f$ 是调频灵敏度,为常数,$d\varphi(t)/dt$ 随 $m(t)$ 呈线性变化。结合式(3.4-1)和式(3.4-5),可以得到 FM 信号的表达式为

$$s_{FM}(t) = A\cos\left[\omega_c t + K_f \int_0^t m(\tau)\mathrm{d}\tau\right] \tag{3.4-6}$$

因为对相位进行微分可得角频率,对角频率进行积分可得相位,所以 FM 和 PM 信号之间可以相互转换。

对比式(3.4-3)和式(3.4-6)可知,将基带信号先积分再调相,等同为调频;将基带信号先微分再调频,等同为调相。

**2. 单音调制时 FM 与 PM 的波形**

当调制信号为单音(单一频率)的正弦波,即

$$m(t) = A_m\cos\omega_m t = A_m\cos2\pi f_m t \tag{3.4-7}$$

分别代入式(3.4-3)和式(3.4-6),得到

调相信号为

$$s_{PM}(t) = A\cos(\omega_c t + K_p A_m\cos\omega_m t) = A\cos(\omega_c t + m_p\cos\omega_m t) \tag{3.4-8}$$

式中:$m_p = K_p A_m$ 称为调相指数,它也是最大的相位偏移量。

调频信号为

$$s_{FM}(t) = A\cos\left(\omega_c t + K_f A_m\int_0^t \cos\omega_m \tau \mathrm{d}\tau\right) = A\cos(\omega_c t + m_f\sin\omega_m t) \tag{3.4-9}$$

式中:$m_f = \dfrac{K_f A_m}{\omega_m}$ 称为调频指数,它也是最大的相位偏移量。其中 $K_f A_m$ 是最大的角频率偏移量,表示为用 $\Delta\omega$。则 $m_f$ 与最大频偏 $\Delta f$ 的关系为

$$m_f = \frac{K_f A_m}{\omega_m} = \frac{\Delta\omega}{\omega_m} = \frac{\Delta f}{f_m} \tag{3.4-10}$$

由式(3.4-8)和式(3.4-9)画出单音 PM 信号和 FM 信号波形如图3-20所示。

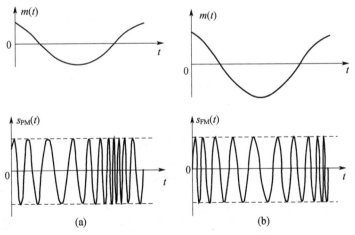

图3-20 单音 PM 信号和 FM 信号波形
(a) PM 信号波形;(b) FM 信号波形。

PM 与 FM 信号的表现形式相同,都是已调信号频率的稀疏变化,区别在于 PM 是相位偏移随调制信号 $m(t)$ 线性变化,FM 是频率偏移随 $m(t)$ 线性变化。如果预先不知道调制信号 $m(t)$ 的具体形式,则无法判断已调信号是 PM 信号还是 FM 信号。

鉴于 PM 与 FM 信号的密切关系,而且实际中 FM 用的比较多,因此下面重点讨论 FM 信号。

**3. FM 信号的频谱**

将 FM 的表达式展开,则

$$s_{FM}(t) = A\cos\left[\omega_c t + K_f \int m(\tau)d\tau\right]$$

$$= A\cos\omega_c t\cos\left[K_f \int m(\tau)d\tau\right] - A\sin\omega_c t\sin\left[K_f \int m(\tau)d\tau\right] \quad (3.4-11)$$

相对于幅度调制,角度调制的频谱分析较复杂,需要在一定的假定条件下(如单音调制)分析。并且根据瞬时相位偏移的大小不同,从两个方面进行分析,以期得到较明确的频谱表达式来反映频谱特性。

1) 窄带调频

当 FM 信号的瞬时相位偏移满足如下条件时

$$\left|K_f \int m(\tau)d\tau\right| \ll \frac{\pi}{6}(或 0.5) \quad (3.4-12)$$

因 FM 信号的频谱宽度比较窄,常被称为窄带调频(NBFM:Narrow Band FM)。反之,FM 信号的频谱宽度比较宽,称为宽带调频(WBFM:Wide Band FM)。

对于 NBFM,有

$$\cos\left[K_f \int m(\tau)d\tau\right] \approx 1$$

$$\sin\left[K_f \int m(\tau)d\tau\right] \approx K_f \int m(\tau)d\tau$$

带入式(3.4-11)得到化简后的 NBFM 信号:

$$s_{NBFM}(t) \approx A\cos\omega_c t - \left[AK_f \int m(\tau)d\tau\right]\sin\omega_c t \quad (3.4-13)$$

通过傅里叶变换,可得 NBFM 信号的频谱:

$$S_{NBFM}(\omega) = \pi A\left[\delta(\omega + \omega_c) + \delta(\omega - \omega_c)\right] + \frac{AK_f}{2}\left[\frac{M(\omega - \omega_c)}{\omega - \omega_c} - \frac{M(\omega + \omega_c)}{\omega + \omega_c}\right]$$

$$(3.4-14)$$

引入单音调制信号作例证分析,即调制信号 $m(t) = A_m\cos\omega_m t$ 时,有

$$s_{NBFM}(t) \approx A\cos\omega_c t - AA_m K_f \frac{1}{\omega_m}\sin\omega_m t\sin\omega_c t$$

$$= A\cos\omega_c t + \frac{AA_m K_f}{2\omega_m}\left[\cos(\omega_c + \omega_m)t - \cos(\omega_c - \omega_m)t\right] \quad (3.4-15)$$

单音 NBFM 信号的频谱图如图 3-21 所示。

由频谱图可知:

NBFM 的频谱由载频和位于 $\omega_c \pm \omega_m$ 的两个边频组成,所以 NBFM 带宽是调制信号最高频率的两倍,这一点和 AM 信号相同。NBFM 的带宽为

$$B_{NBFM} \approx 2f_m \quad (3.4-16)$$

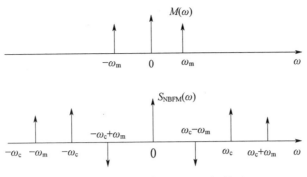

图 3 – 21　单音调制的 NBFM 频谱图

不同的是 NBFM 的两个边频分别乘了因式 $1/(\omega - \omega_c)$ 和 $1/(\omega + \omega_c)$，从而引起调制信号频谱的变化，因此说频率调制是非线性调制。

2）宽带调频

宽带调频 WBFM 是指不满足式(3.4 – 12)的调频信号，因为在后面的分析中并没有对 FM 表达式进行简化，所以实际上分析结果是一般的 FM。为了分析方便，还是假设单音调制信号，然后把结论推广到一般调制信号的情况。

设单音调制信号 $m(t) = A_m\cos\omega_m t = A_m\cos 2\pi f_m t$，FM 信号的表达式见式(3.4 – 9)，即

$$s_{FM}(t) = A\cos(\omega_c t + m_f\sin\omega_m t)$$
$$= A\cos\omega_c t \cdot \cos(m_f\sin\omega_m t) - A\sin\omega_c t \cdot \sin(m_f\sin\omega_m t) \quad (3.4 – 17)$$

将式(3.4 – 17)中的两个因式分别展开傅里叶级数：

$$\cos(m_f\sin\omega_m t) = J_0(m_f) + \sum_{n=1}^{\infty} 2J_{2n}(m_f)\cos 2n\omega_m t \quad (3.4 – 18)$$

$$\sin(m_f\sin\omega_m t) = 2\sum_{n=1}^{\infty} J_{2n-1}(m_f)\sin(2n-1)\omega_m t \quad (3.4 – 19)$$

式中：$J_n(m_f)$ 为第一类 $n$ 阶贝塞尔(Bessel)函数，它是调频指数 $m_f$ 的函数。利用三角公式

$$\begin{cases} \cos A\cos B = \dfrac{1}{2}\cos(A - B) + \dfrac{1}{2}\cos(A + B) \\ \sin A\sin B = \dfrac{1}{2}\cos(A - B) - \dfrac{1}{2}\cos(A + B) \end{cases}$$

以及贝塞尔函数的性质：

当 $n$ 为奇数时，$J_{-n}(m_f) = -J_n(m_f)$；当 $n$ 为偶数时，$J_{-n}(m_f) = J_n(m_f)$。

得到 FM 信号的级数展开式：

$$s_{FM}(t) = AJ_0(m_f)\cos\omega_c t - AJ_1(m_f)[\cos(\omega_c - \omega_m)t - \cos(\omega_c + \omega_m)t]$$
$$+ AJ_2(m_f)[\cos(\omega_c - 2\omega_m)t + \cos(\omega_c + 2\omega_m)t]$$
$$- AJ_3(m_f)[\cos(\omega_c - 3\omega_m)t - \cos(\omega_c + 3\omega_m)t] + \cdots$$
$$= A\sum_{n=-\infty}^{\infty} J_n(m_f)\cos(\omega_c + n\omega_m)t \quad (3.4 – 20)$$

对式(3.4-20)进行傅里叶变换,即得 FM 信号的频谱:

$$S_{FM}(\omega) = \pi A \sum_{-\infty}^{\infty} J_n(m_f) [\delta(\omega - \omega_c - n\omega_m) + \delta(\omega + \omega_c + n\omega_m)] \quad (3.4-21)$$

单音 FM 的频谱示意图如图 3-22 所示。

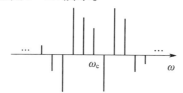

图 3-22　单音 WBFM 频谱示意图

由调频频谱特性可知,调频信号的频谱由载波分量 $\omega_c$ 和无数边频 $\omega_c \pm n\omega_m$ 组成。当 $n=0$ 时就是载波分量 $\omega_c$,其幅度为 $AJ_0(m_f)$;当 $n \neq 0$ 时就是对称分布在载频两侧的边频分量,其幅度为 $AJ_n(m_f)$,相邻边频之间的角频率间隔为 $\omega_m$。当 $n$ 为奇数时,上下边频极性相反;当 $n$ 为偶数时极性相同。从图 3-22 还可看出,即使对于单音调制,FM 信号的频谱已包含无穷多个频谱分量,理论上 FM 信号的带宽无限宽。考虑到边频幅度 $AJ_n(m_f)$ 会随着 $n$ 的增大而逐渐减小,尽管它不是单调递减。因此,只要取适当的 $n$ 值使边频分量小到可以忽略的程度,则调频信号可近似认为具有有限频谱。边频分量保留原则:

$$J_n(m_f) \geqslant 0.1 \quad (3.4-22)$$

因为当 $n > m_f + 1$ 时,$J_n(m_f) < 0.1$,所以取 $n = m_f + 1$,相邻边频之间的频率间隔为 $f_m$,调频信号的带宽见式(3.4-23),这个公式又称为卡森(Carson)公式。

$$B_{FM} = 2(m_f + 1)f_m = 2(\Delta f + f_m) \quad (3.4-23)$$

当 $m_f \ll 1$ 时,式(3.4-23)可近似为式(3.4-24),此即 NBFM 的带宽,与式(3.4-16)一致。NBFM 信号的带宽主要由调制信号的带宽 $f_m$ 决定。

$$B_{FM} \approx 2f_m \quad (3.4-24)$$

当 $m_f \gg 1$ 时,式(3.4-23)可近似为式(3.4-25),此即 WBFM 的带宽。WBFM 信号的带宽主要由最大频偏 $\Delta f$ 决定,而与调制信号的带宽无关。

$$B_{FM} \approx 2\Delta f \quad (3.4-25)$$

以上讨论的是单音调频的频谱和带宽。当调制信号不是单音时,由于调频是一种非线性过程,其频谱分析极其复杂,所以对于多音或任意带限信号调制,带宽直接由式(3.4-23)进行估算。

利用帕斯瓦尔定理和贝塞尔函数的性质,FM 信号的平均功率为

$$P_{FM} = \overline{s_{FM}^2(t)} = \frac{A^2}{2} \sum_{n=-\infty}^{\infty} J_n^2(m_f) = \frac{A^2}{2} \quad (3.4-26)$$

式中:$A$ 是载波的振幅,所以调制后信号的功率等于未调载波的功率。

$$P_{FM} = \frac{A^2}{2} = P_c \quad (3.4-27)$$

调制前后的功率不变,说明调制的作用实际上只是将原来的载波功率在不同的边频

上进行了重新分配,而分配的情况与调频指数 $m_f$ 有关。

## 3.4.2 调频信号的产生和解调

### 1. FM 与 PM 之间的关系

在 3.4.1 中已经讨论过 FM 信号和 PM 信号之间的关系,由于频率和相位之间存在微分或积分的关系,所以 FM 与 PM 之间是可以相互转换的,将其用图 3 – 23 表示,从图中也得知 FM 和 PM 信号的两种产生方法。以下重点讨论 FM 信号的产生与解调。

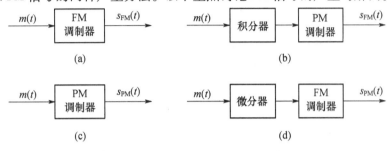

图 3 – 23　FM 与 PM 之间的关系

(a) 直接 FM;(b) 间接 FM;(c) 直接 PM;(d) 间接 PM。

### 2. 调频信号的产生

所谓调频或称频率调制,就是用调制信号去控制载波的频率变化,其调制特性是线性的 $V - F$ 转换,频率调制的实现方法有两种:**直接调频和间接调频**,如图 3 – 23(a)和(b)所示。

直接调频法就是用调制信号直接去控制载波振荡器的频率,使其按调制信号的规律线性变化。间接调频法则是先将调制信号积分,然后对载波进行调相而得到调频信号的方法。

1)直接调频法

直接调频法可以用一个压控振荡器(Voltage Controlled Oscillator,VCO)实现,VCO 是一种由外部电压控制振荡频率的振荡器。其输出振荡频率正比于输入控制电压,如图3 – 24所示。

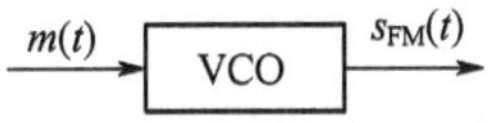

$$m(t) \rightarrow \boxed{\text{VCO}} \rightarrow s_{FM}(t)$$

图 3 – 24　直接调频 FM 调制器

输出频率和输入控制电压的关系见式(3.4 – 28)。

$$\omega_i(t) = \omega_0 + K_f m(t) \tag{3.4 – 28}$$

VCO 一般为 LC 或 RC 振荡器,其长期频率稳定性较差,故用此方法产生的 FM 信号的载波频率稳定度较差。

在直接调频调制器中引入自动频率控制技术,可以稳定 FM 信号的载波频率,达到较高的频率稳定度,此即锁相环 PLL(Phase Locked Loop)频率调制器,原理框图如图 3 – 25 所示。图中,频率源可来自晶振或原子钟等高稳定度时钟源,环路处于载波跟踪状态,用此方法得到的已调信号的载频频率稳定度与时钟源相同,而且可以方便地改变载波频率。

具体实现原理可参考锁相技术的书籍。

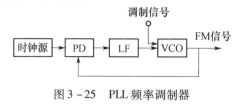

图 3 - 25　PLL 频率调制器

2）间接调频法

根据图 3 - 23（b）的原理，间接调频法先将调制信号 $m(t)$ 积分，然后对载波进行调相，即可产生一个 NBFM 信号，再经 $n$ 次倍频器得到 WBFM 信号。

由式（3.4 - 13）可知，NBFM 信号可看成由正交分量与同相分量合成：

$$s_{\text{NBFM}}(t) \approx A\cos\omega_{\text{c}}t - \left(AK_{\text{f}}\int m(\tau)\mathrm{d}\tau\right)\sin\omega_{\text{c}}t \qquad (3.4 - 29)$$

因此，间接调频法的原理框图如图 3 - 26 所示。

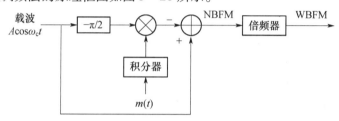

图 3 - 26　间接法产生 WBFM

下面具体分析倍频器的作用。倍频器可以用非线性器件实现，以理想平方律器件为例进行二倍频分析。其输出/输入特性为

$$s_0(t) = as_i^2(t) = = a\{A\cos[\omega_{\text{c}}t + \varphi(t)]\}^2$$
$$= \frac{1}{2}aA^2\{1 + \cos[2\omega_{\text{c}}t + 2\varphi(t)]\} \qquad (3.4 - 30)$$

从式（3.4 - 30）可以看到，二倍频在使载频增加一倍的同时，也使最大相移增加到两倍，因此调频指数也增加到两倍。同理，经 $n$ 次倍频后可以使调频信号的载频和调频指数增为 $n$ 倍，实现了 WBFM。

但是实际中这种直接倍频法可能无法同时满足对载频和调制指数的要求，以典型的调频广播的发射机为例。

倍频前为 NBFM，载频 $f_1 = 200\text{kHz}$，调制信号的最高频率 $f_{\text{m}} = 15\text{kHz}$，频偏 $\Delta f_1 = 25\text{Hz}$。为满足对频偏的最终要求：$\Delta f = 75\text{kHz}$，倍数 $n = \Delta f/\Delta f_1 = 75\text{kHz}/25\text{Hz} = 3000$ 倍，直接倍频后，载频变为 $nf_1 = 600\text{MHz}$，不符合广播中对载波的要求 $f_{\text{c}} = 88\text{MHz} \sim 108\text{MHz}$。

解决的方法是应用混频器，将倍频分成两部分，混频只改变载频，不影响频偏。该方法是由阿姆斯特朗于 1930 年提出，原理框图如图 3 - 27 所示。

从图 3 - 27 中可得出关系：

$$\begin{cases} f_{\text{c}} = n_2(n_1f_1 - f_2) \\ \Delta f = n_1n_2\Delta f \end{cases} \qquad (3.4 - 31)$$

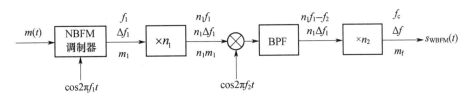

图 3 - 27　阿姆斯特朗法实现 WBFM

可根据 WBFM 信号的要求,选择适当的 $f_1$、$f_2$ 和 $n_1$、$n_2$。该方法的优点是频率稳定性好,缺点是需要多次倍频和混频,因此电路较复杂。

**3. 调频信号的解调**

调频信号的解调有相干解调和非相干解调两种,相干解调仅适用于 NBFM 信号,而非相干解调对 NBFM 信号和 WBFM 信号均适用。NBFM 通常使用 5kHz 带宽,在保真度上有所取舍,主要用于政府、消防、警察等小型电台,应用范围受限。而对于高质量调频立体声广播、电视伴音等,采用 16kHz 的 WBFM。

1) 相干解调

对于 NBFM,相干解调方案如图 3 - 28 所示。

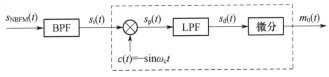

图 3 - 28　NBFM 信号的相干解调

下面推导 NBFM 信号的解调过程。

NBFM 信号:

$$s_{\text{NBFM}}(t) = A\cos\omega_c t - A\Big[K_f \int m(\tau)\mathrm{d}\tau\Big] \cdot \sin\omega_c t \qquad (3.4-32)$$

相干载波:

$$c(t) = -\sin\omega_c t \qquad (3.4-33)$$

则相乘器的输出为

$$s_p(t) = -\frac{A}{2}\sin2\omega_c t + \frac{A}{2}\Big[K_f \int m(\tau)\mathrm{d}\tau\Big] \cdot (1 - \cos2\omega_c t) \qquad (3.4-34)$$

经低通滤波器输出为

$$s_d(t) = \frac{A}{2}K_f \int m(\tau)\mathrm{d}\tau \qquad (3.4-35)$$

再经微分器,得解调输出为

$$m_0(t) = \frac{AK_f}{2}m(t) \qquad (3.4-36)$$

最后得到正比于调制信号的输出信号,原始信号得以恢复。

2) 非相干解调

非相干解调又称为鉴频,顾名思义,输出信号鉴别出了输入的频率变化。

FM 信号表达式为

$$s_{FM}(t) = A\cos\left[\omega_c t + K_f \int m(\tau)\mathrm{d}\tau\right] \tag{3.4-37}$$

FM 信号的瞬时角频偏为 $K_f m(t)$。

解调器输出

$$m_0(t) \propto K_f m(t) \tag{3.4-38}$$

或

$$m_0(t) = K_d K_f m(t) \tag{3.4-39}$$

式中：$K_d$ 为鉴频灵敏度，单位是 V/(rad/s)。

理想鉴频特性如图 3-29 所示。

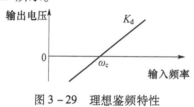

图 3-29　理想鉴频特性

图 3-30 描述了一种用振幅鉴频器进行非相干解调的原理框图。

图 3-30　振幅鉴频器特性与原理框图

图中，限幅器的作用是消除由于传输干扰所引起的调频波的幅度变化，微分器的作用是把幅度恒定的调频波 $s_{FM}(t)$ 变成幅度和频率都随调制信号 $m(t)$ 变化的调幅调频波 $s_d(t)$。

$$s_d(t) = -A[\omega_c + K_f m(t)]\sin\left[\omega_c t + K_f \int m(\tau)\mathrm{d}\tau\right] \tag{3.4-40}$$

再经包络检波和 LPF，完成鉴频，输出表达式同式(3.4-39)。

鉴频器的种类很多，除了上述的振幅鉴频器之外，还有相位鉴频器、比例鉴频器、正交鉴频器、斜率鉴频器、频率负反馈解调器、锁相环鉴频器等。相关内容可查阅高频电子线路的书籍。

## 3.5　调频系统的抗噪声性能

### 3.5.1　分析模型

以下主要讨论 FM 非相干解调时的抗噪声性能。

分析模型如图 3-31 所示。图中，$n(t)$ 是均值为零、单边功率谱密度为 $n_0$ 的高斯白噪声；BPF 的作用是抑制调频信号带宽以外的噪声；限幅器的作用是消除信道中噪声和其他原因引起的幅度起伏。

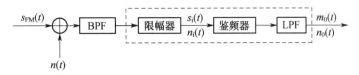

图 3 - 31  FM 非相干解调抗噪声性能分析模型

与线性调制的抗噪声性能分析一样,不仅关注系统最后输出的信噪比,也通过输出信噪比和输入信噪比的比值,即调制制度增益反映系统的抗噪声性能。

### 3.5.2  输入信噪比

根据 3.4.1 的分析,FM 的输入信号功率为

$$S_i = \frac{A^2}{2} \tag{3.5-1}$$

输入噪声功率为

$$N_i = n_0 B_{FM} \tag{3.5-2}$$

故输入信噪比为

$$\frac{S_i}{N_i} = \frac{A^2}{2n_0 B_{FM}} \tag{3.5-3}$$

鉴频器不需要相干载波,属非相干解调,由于鉴频器的非线性作用,也会存在门限效应,因此,和 AM 信号的包络检波一样,分析时考虑两种极端情况:大信噪比和小信噪比。

### 3.5.3  大信噪比时的系统抗噪声性能

首先分析输出信号:

根据鉴频原理,解调器输出 $m_0(t) = K_d K_f m(t)$。输出信号平均功率为

$$S_o = \overline{m_0^2(t)} = (K_d K_f)^2 \overline{m^2(t)} \tag{3.5-4}$$

式中:$K_f$ 是调频灵敏度;$K_d$ 是鉴频灵敏度。

分析噪声时,在假定调制信号 $m(t) = 0$ 的条件下计算输出噪声平均功率 $N_0$。

解调器输出信号为 FM 信号和窄带高斯白噪声的和:

$$A\cos\left[\omega_c t + K_f \int m(\tau)\mathrm{d}\tau\right] + n_i(t)$$

$$= A\cos\left[\omega_c t + K_f \int m(\tau)\mathrm{d}\tau\right] + \left[n_c(t)\cos\omega_c t - n_s(t)\sin\omega_c t\right] \tag{3.5-5}$$

因为 $m(t) = 0$,所以上式化为

$$A\cos\omega_c t + n_c(t)\cos\omega_c t - n_s(t)\sin\omega_c t$$

$$= \left[A + n_c(t)\right]\cos\omega_c t - n_s(t)\sin\omega_c t$$

$$= A(t)\cos\left[\omega_c t + \psi(t)\right] \tag{3.5-6}$$

其中

$$\begin{cases} \psi(t) = \arctan \dfrac{n_{\text{s}}(t)}{A + n_{\text{c}}(t)} \\ A(t) = \sqrt{[A + n_{\text{c}}(t)]^2 + n_{\text{s}}^2(t)} \end{cases} \tag{3.5-7}$$

由于频率仅和相位有关，所以下面重点关注 $\psi(t)$。显然直接分析相位偏移 $\psi(t)$ 以及角频率 $\mathrm{d}\psi(t)/\mathrm{d}t$ 比较困难，下面在大输入信噪比的假设下分析。

在大信噪比输入时，$A \gg n_{\text{c}}(t)$ 以及 $A \gg n_{\text{s}}(t)$。

相位偏移 $\psi(t)$ 可近似为

$$\psi(t) \approx \arctan \frac{n_{\text{s}}(t)}{A} \approx \frac{n_{\text{s}}(t)}{A} \tag{3.5-8}$$

鉴频器输出为

$$n_{\text{d}}(t) = K_{\text{d}} \frac{\mathrm{d}\psi(t)}{\mathrm{d}t} \approx \frac{K_{\text{d}}}{A} \frac{\mathrm{d}n_{\text{s}}(t)}{\mathrm{d}t} \tag{3.5-9}$$

注意到 $n_{\text{s}}(t)$ 和 $n_{\text{i}}(t)$ 的平均功率相等，不同的是 $n_{\text{i}}(t)$ 为带通型噪声，而 $n_{\text{s}}(t)$ 为低通型噪声，其功率谱密度在 $|f| \leqslant B_{\text{FM}}/2$ 范围内均匀分布。它们的功率谱密度如图 3-32 所示。

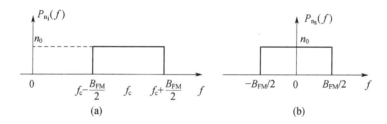

图 3-32  $n_{\text{i}}(t)$ 和 $n_{\text{s}}(t)$ 的功率谱密度
(a) $n_{\text{i}}(t)$ 的功率谱密度；(b) $n_{\text{s}}(t)$ 的功率谱密度。

由于鉴频器的输出噪声 $n_{\text{d}}(t)$ 是对 $n_{\text{s}}(t)$ 进行理想微分，故它的功率谱密度应等于 $n_{\text{s}}(t)$ 的功率谱密度乘以理想微分电路的传输函数。

理想微分电路的功率传输函数为

$$|H(f)|^2 = |\text{j}2\pi f|^2 = (2\pi)^2 f^2 \tag{3.5-10}$$

则鉴频器输出噪声 $n_{\text{d}}(t)$ 的功率谱密度为

$$P_{\text{d}}(f) = \left(\frac{K_{\text{d}}}{A}\right)^2 |H(f)|^2 P_{n_{\text{s}}}(f) = \left(\frac{K_{\text{d}}}{A}\right)(2\pi)^2 f^2 n_0 \qquad |f| \leqslant B_{\text{FM}}/2 \tag{3.5-11}$$

由式(3.5-11)可见

$$P_{\text{d}}(f) \propto f^2 \tag{3.5-12}$$

鉴频器前 $n_{\text{s}}(t)$ 的功率谱密度如图 5-32(b)所示，鉴频后 $n_{\text{d}}(t)$ 的功率谱密度如图3-33所示。

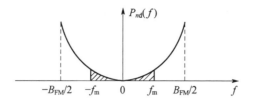

图 3 – 33  鉴频后 $n_d(t)$ 的噪声功率谱密度

噪声 $n_d(t)$ 再经过低通滤波器 LPF,LPF 的通带范围根据调制信号设计,所以是滤除调制信号带宽 $f_m$ 以外的成份。故最终解调器输出的噪声功率是图 3 – 33 阴影部分,为

$$N_0 = \int_{-f_m}^{f_m} P_d(f) \mathrm{d}f = \frac{8\pi^2 K_d^2 n_0 f_m^3}{3A^2} \tag{3.5 – 13}$$

于是,FM 非相干解调器输出端信噪比

$$\frac{S_0}{N_0} = \frac{3A^2 K_f^2 \overline{m^2(t)}}{8\pi^2 n_0 f_m^3} \tag{3.5 – 14}$$

考虑单音调制情况,设 $m(t) = \cos\omega_m t$,参照式(3.4 – 17),此时

$$s_{FM}(t) = A\cos[\omega_c t + m_f \sin\omega_m t] \tag{3.5 – 15}$$

将 $K_f = 2\pi\Delta f, \overline{m^2(t)} = \frac{1}{2}, m_f = \frac{\Delta f}{f_m}$ 代入式(3.5 – 14),得

$$\frac{S_0}{N_0} = \frac{3A^2 \Delta f^2}{4 n_0 f_m^3} = \left(\frac{\frac{1}{2}A^2}{n_0 B_{FM}}\right) \cdot \frac{3}{2} \cdot \frac{B_{FM}}{f_m} \cdot \left(\frac{\Delta f}{f_m}\right)^2 = \frac{3}{2} \cdot \frac{S_i}{N_i} \cdot 2(m_f + 1) \cdot m_f^2$$

$$= 3m_f^2 (m_f + 1) \frac{S_i}{N_i} \tag{3.5 – 16}$$

所以调制制度增益

$$G_{FM} = 3m_f^2 (m_f + 1) \tag{3.5 – 17}$$

当 $m_f \gg 1$ 时,有近似式

$$G_{FM} \approx 3m_f^3 \tag{3.5 – 18}$$

式(3.5 – 17)和式(3.5 – 18)表明,在大信噪比情况下,宽带调频系统的制度增益是很高的,即抗噪声性能好。例如,调频广播中常取 $m_f = 5$,则制度增益 $G_{FM} = 450$,可见,WBFM 系统的抗噪声性能改善明显,当然是以增加传输带宽为代价的。也就是用有效性换取可靠性,体现了有效性和可靠性的矛盾统一。但是,FM 系统以带宽换取输出信噪比改善并不是无止境的,随着传输带宽的增加,输入噪声功率也会随之增大,会引起输入信噪比会下降,从而限制输出信噪比的增加。

### 3.5.4  小信噪比时的门限效应

鉴频器也是属于非相干解调器,由于非线性解调作用,同包络检波器一样,当输入信噪比下降到一定程度时,输出信噪比会急剧恶化,也就是存在门限效应,把开始出现门限效应的输入信噪比称为门限值。图 3 – 34 画出了单音调制时在不同的调制指数 $m_f$ 下,调频解调器的输出信噪比与输入信噪比的关系曲线。

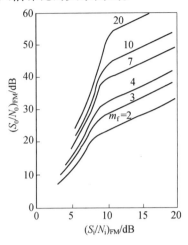

图 3 – 34　在不同的 $m_f$ 条件下 $S_0/N_0$ 与 $S_i/N_i$ 的关系曲线

　　从图 3 – 34 可以看出,门限值在 8dB ~ 11dB 的范围内变化,一般认为门限值为 10dB 左右。门限效应是 FM 系统存在的一个实际问题,实际应用中采取多种方法降低门限点。

　　另外,还可以采用预加重(Peemphasis)/ 去加重(Peemphasis)技术)改善解调器的输出信噪比,特别是信号高频端的信噪比。我们知道鉴频器输出端噪声的功率谱密度随着频率的提高而增加,如图 3 – 33 所示。去加重网络加在 FM 解调器之后,作用是抑制高频噪声,从而减小输出噪声的平均功率。注意到去加重网络在减小噪声功率的同时,还会引起信号的非线性失真,于是再增加一个预加重网络补偿。加重网络加在 FM 调制器之前,作用是提升信号的高频分量,以抵消去加重网络引起的信号失真。去加重和预加重网络特性如图 3 – 35 所示。

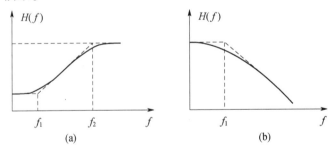

图 3 – 35　去加重和预加重网络特性
（a）预加重网络；（b）去加重网络。

## 3.6　信道的频分复用

### 3.6.1　信道复用

　　所谓信道的复用是指当物理信道的传输能力高于单路信号的需求时,将物理信道按照不同的属性参量(如时间、频率等)划分成若干个子频带(或称子信道),供多路信号同时使用。其目的是为了充分利用信道的频带或时间资源,提高信道的利用率。

信号多路复用有不同的方法,主要有:频分复用(Frequency Division Multiplexing, FDM)、时分复用(Time Division Multiplexing, TDM)和码分复用(Code Division Multiplexing, CDM)等。

FDM 是将传输信道的总带宽划分成若干个子频带,每一个子频带传输 1 路信号。为了保证各子频带中所传输的信号互不干扰,应在各子频带之间设立隔离带。FDM 主要用于模拟信号的多路传输,本章主要讨论 FDM。频分复用技术除传统意义上的 FDM 外,还有一种是正交频分复用(Orthogonal frequency division multiplexing, OFDM),关于 OFDM 将在第 7 章介绍。

TDM 是以时间作为信号分割的参量,使各路信号在时间上互不重叠。TDM 适用于数字信号的多路传输,将信道按时间分成若干片段轮换地给多个信号使用,每一时间片由复用的一路信号单独占用,从而实现在一条物理信道上同时传输多个数字信号。TDM 的内容将在第 5 章介绍。

CDM 是用一组互相正交的码组携带多路信号,每路信号可在同一时间使用同样的频带进行通信,靠不同的编码来区分各路原始信号,这种编码有时也称为地址码。CDM 技术主要用于无线通信系统,特别是移动通信系统。移动通信是在电波覆盖区内,建立用户之间的无线多址接入,因此用于在移动通信中的复用技术又称多址技术。码分多址(Code Division Multiple Access, CDMA)就是 CDM 的一种方式,同理还有频分多址(FD-MA)和时分多址(TDMA)等技术。关于 CDM 技术第 7 章有涉及。

### 3.6.2 频分复用

频分复用是一种按频率来划分信道的复用方式。多路信号在传输过程中,通过 FDM 技术,每路信号通过不同频率的调制载波,将信号调制到指定的子通道内传输,可以避免信号的混叠。在接收端,采用不同的带通滤波器将子通道的信号独自提取和解调,从而恢复出所需要的信号。频分复用主要用于模拟多路载波电话、调频立体声广播、电视广播、微波通信等。

图 3 - 36 给出了一个三路带限信号频分复用系统的例子。

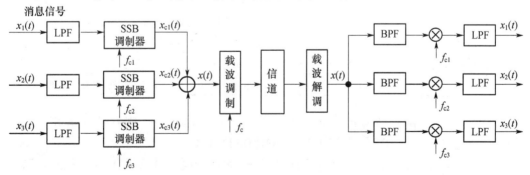

图 3 - 36　二次调制频分复用系统

在发送端,LPF 的作用是避免邻路干扰,其带宽根据各路基带信号的带宽而定。频分复用分两级进行,称为一次调制和二次调制。一次调制时为了节约复用信号的带宽,首先

对三路基带信号 $x_1(t)$、$x_2(t)$、$x_3(t)$ 分别采用 SSB 调制,其中 $f_{c_1}$、$f_{c_2}$、$f_{c_3}$ 称为副载波,副载波的选择应保证各路的频谱之间留有一定的防护带,确保频谱不混叠,将三路 SSB 信号 $x_{c_1}(t)$、$x_{c_2}(t)$、$x_{c_3}(t)$ 叠加起来就形成了一次调制 FDM 信号 $x(t)$,这个信号可以直接用于信道传输。若需要更高频率的已调信号,则可以将一次调制 FDM 信号再对某个载波 $f_c$ 调制后传输,称为二次调制。为了提高抗干扰能力,二次调制常采用 FM 调制。

在接收端,解调器首先将接收信号解调得到 FDM 信号 $x(t)$,再分路解调恢复各路基带信号 $x_1(t)$、$x_2(t)$、$x_3(t)$。

FDM 最典型的一个例子是在一条物理线路上传输多路话音信号的模拟多路载波电话系统。尽管载波电话已不再用于民用固定电话,但是在工业领域还有应用。如图3-37给出了 12 路载波电话系统的基群频谱结构示意图,每路电话信号带宽均为 4kHz(话音频谱主要集中在 3.4kHz 以内,0.6kHz 作为保护带),通过 LSB(下边带)调制构成复用信号,信道占用的频率范围为 60kHz ~ 108kHz。可以计算出各载波频率为

$$f_{cn} = 64 + 4(12 - n)(\text{kHz}) \qquad n = 1 \sim 12 \qquad (3.6-1)$$

式中:$f_{cn}$ 为第 $n$ 路信号的载波频率。

图 3-37  12 路电话基群频谱结构示意图

## 3.7 各类模拟调制系统性能比较

表3-1 列出了各类模拟调制系统的性能比较。主要包括了 AM、DSB、SSB、VSB 和 FM 的传输带宽、调制制度增益以及主要应用。

表 3-1  各类模拟调制系统性能比较

| 调制方式 | 传输带宽 | 调制制度增益 | 主要应用 |
|---|---|---|---|
| AM | $2f_m$ | 小于1,近似为2/3 | 中波和短波调幅广播 |
| DSB | $2f_m$ | 2 | 调频立体声广播、彩色电视系统(色差信号) |
| SSB | $f_m$ | 1 | 短波无线电广播、载波通信 |
| VSB | 略大于 $f_m$ | 约等于1 | 电视广播(图像信号) |
| FM | $2(m_f+1)f_m$ | $3m_f^2(m_f+1)$ | 小型电台、调频立体声广播、电视广播(伴音)、卫星通信 |

模拟通信系统的有效性用已调信号的带宽衡量,带宽越小,则有效性越好。对照表3-1,有效性从优到劣排序为 SSB、VSB、AM(DSB)、FM。

模拟通信系统的可靠性用输出信噪比来衡量,输出信噪比越高,则可靠性越好。调制制度增益有时也可以说明系统的可靠性,不过最终还是要看系统输出结果。例如 SSB 和 DSB,尽管二者的制度增益相差一倍,SSB 为 1,DSB 为 2,但并不意味着 DSB 可靠性优于 SSB,由于 DSB 的带宽是 SSB 的一倍,则前者的输入噪声功率也是后者的一倍,DSB 的输入信噪比降低了一半。所以到达输出端的信噪比,SSB 和 DSB 相同,可靠性也相同。可

靠性从优到劣排序为 WBFM、SSB（DSB、VSB）、AM。NBFM 的抗噪声性能远不如 WBFM，由于其制度增益的具体值和调频指数 $m_f$ 有关，在此不与其他调制方式作对比。

# 3.8  模拟调制系统载波同步原理

## 3.8.1  载波同步

同步（Synchronization）是通信系统中必不可少的部分，是关系到通信系统能否正常工作的重要环节。在模拟通信系统的相干解调器中，需要用载波同步器来提取本地相干载波用于已调信号的解调，相干载波应与调制载波同频同相。数字调制系统同样也需要进行载波信号的提取，不管是模拟调制系统还是数字调制系统，**载波**同步分为**直接法**和**插入导频法**两类方法。

直接法是指直接从接收信号中提取载波信号。若接收信号中包含离散的载频分量，或者对接收信号进行非线性变换后可以得到与载波有一定关系的离散分量（第 6 章的 2PSK 信号载波提取），则可以用直接法提取载波。这样分离出的本地相干载波频率必然和调制载波频率完全相同。为了使相位也相同，则可能需要对分离出的载波相位进行适当调整。若上述条件不满足，则必须在已调信号中加入额外的载频分量，即导频信号，以提供给相干解调器，这种方法称为插入导频法。

AM 信号中含有载波离散谱成份，可以用一个窄带滤波器直接提取；DSB 信号中无载波分量，但可以通过非线性变换后直接提取，也可以用插入导频的方法实现载波同步；VSB 信号中虽含有载波，但不易提取，可以用插入导频法；SSB 信号中既没有载波又不能用直接法提取，只能用插入导频法提取载波。

以下主要讨论直接法提取载波信号的方法。

若已调信号里面包含离散的载波分量（如 AM 信号），则可以用窄带滤波器直接获取同步载波。锁相环是一种中心频率能自动跟踪输入信号载波变化的带通滤波器，特别是当输入信号暂时消失时，锁相环的环路滤波器（Loop Filter，LF）输出的控制电压不会立刻消失，VCO 能在一段时间内维持振荡频率不变，因而锁相环广泛应用于载波同步系统。基本锁相环的组成如图 3 – 38 所示。

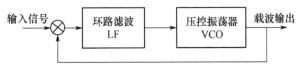

图 3 – 38  基本锁相环的组成

根据 3.2.2 的分析，DSB 信号中是没有载波的离散成份的，现对其进行非线性变换——平方变换，得

$$s_{DSB}^2(t) = m^2(t)\cos^2\omega_c t = \frac{1}{2}m^2(t)[1 + \cos2\omega_c t] \qquad (3.8-1)$$

若 $m^2(t)$ 的平均值为常数（第 6 章的 2PSK 信号），则可以用中心频率为 $2f_c$ 的窄带滤波器或锁相环，得到 $\cos2\omega_c t$ 信号，再二分频得到相干载波。但是实际的基带信号，如语

音信号或图像信号，$m^2(t)$ 的平均值随时间变化，则不能用此方法获得相干载波。

DSB 信号的载波同步需要用插入导频法。调频立体声广播和彩色电视系统，都有 DSB 调制方式。在立体声广播的基带信号中，在频域插入导频信号；彩色电视信号的色差信号，在时域插入了导频信号。在频域插入导频，要求 DSB 频谱在导频信号的频率点上无信号频谱，并且在导频附近，已调信号的频谱成份比较弱。

由于对 SSB 和 VSB 信号进行非线性处理并不能得到与载波频率有关的离散谱，因此只能用插入导频法实现载波同步，工程上使用的 SSB 和 VSB 系统，一般插入强载波，接收机用包络检波。因此不再讨论它们的载波同步问题。

### 3.8.2 载波同步器性能指标

载波同步器的性能常用同步建立时间、同步保持时间和相位误差来衡量。

1）同步建立时间

从开始接收到信号（或从系统失步状态）至提取出稳定的载频所需要的时间称为同步建立时间，显然同步建立时间越短越好。同步建立时间取决于锁相环的捕捉时间，根据锁相技术的知识，环路自然谐振频率越大，则同步建立时间越短。

2）同步保持时间

从开始失去输入信号到失去载频同步的时间称为同步保持时间，显然希望此时间越长越好。同步保持时间长，则在输入信号短暂丢失时，保持连续提供本地载频，不需要重新建立同步。同步保持时间取决于 VCO 控制电压减小的速度，环路滤波器的时间常数越大，则同步保持时间越长。根据锁相环的知识，要使环路滤波器的时间常数大，则锁相环的自然谐振频率就小。

同步建立和同步保持对环路自然谐振频率的要求是矛盾的，在设计同步系统时需要做好权衡、折中处理。

3）相位误差

用锁相环提取的相干载波不可能是理想的，它与环路输入信号的载波之间存在一定的相位误差。相位误差有两种，一种是由电路常数引起的恒定误差，另一种是由噪声引起的随机误差。下面分析相位误差对相干解调的影响。

对于 DSB 信号：

$$s_{\text{DSB}}(t) = m(t)\cos\omega_c t \qquad (3.8-2)$$

假设提取的载波存在相位误差 $\theta_e$。

$$c(t) = \cos(\omega_c t + \theta_e) \qquad (3.8-3)$$

解调器的输出信号为

$$m_0(t) = \frac{1}{2}m(t)\cos\theta_e \qquad (3.8-4)$$

信号功率为

$$S_0 = \frac{1}{4}\overline{m^2(t)}\cos^2\theta_e \qquad (3.8-5)$$

输出噪声为

$$n_0(t) = \frac{1}{2}n_c(t)\cos\theta_e + \frac{1}{2}n_s(t)\sin\theta_e \qquad (3.8-6)$$

噪声功率为

$$N_0 = \overline{n_0^2(t)} = \frac{1}{4}\overline{n_c^2(t)\cos^2\theta_e} + \frac{1}{4}\overline{n_s^2(t)\sin^2\theta_e} + \frac{1}{4}\overline{n_s(t)n_c(t)\sin2\theta_e}$$

考虑到 $n_c(t)$ 和 $n_s(t)$ 均值为 0,功率相等,且统计独立,于是上式的第三项为 0。
则

$$N_0 = \frac{1}{4}\overline{n_c^2(t)}(\cos^2\theta_e + \sin^2\theta_e) = \frac{1}{4}\overline{n_c^2(t)} \tag{3.8-7}$$

可见相位误差 $\theta_e$ 降低了输出信号功率,但对噪声功率没有影响,结果是 $\theta_e$ 会引起 DSB 信号解调输出信噪比的下降。实际上对于 AM、SSB 和 DSB 信号的相干解调,相位误差都会引起输出信噪比的下降。

## 3.9 小 结

1. 模拟通信系统是一种采用模拟的连续信号来传递信息的通信系统,低频的原始信号称为调制信号或基带信号,要想实现远距离通信,需要通过调制器将低频率信号装载到高频率电波信号上,连同高频率电波信号一起传输,充当载体的周期性高频率振荡电信号称为载频信号或载波;低频信号的装载过程称之为调制;经调制后的高频载波则称为已调信号、已调波或频带信号。

2. 调制的主要作用还有:(1)将基带信号的低频频谱搬移到高频载波频率上,形成带通型信号频谱,使得所发送的频带信号的频谱匹配于信道的带通特性;(2)通过调制技术将各消息的低通频谱分别搬移到互不重叠的频带上以实现信道的多路复用。(3)通过采用不同的调制方式可以兼顾通信的有效性及可靠性,例如调频信号通过扩展信号带宽以提高系统抗干扰、抗衰落能力。

3. 幅度调制是由调制信号去控制高频载波的幅度,使之随调制信号作线性变化的一种调制方式。幅度调制按实现方式和频谱特点,又可具体分为调幅 AM、双边带 DSB、单边带 SSB 和残余边带 VSB 四种调制类型。

4. AM 信号的时域表达式为 $s_{AM}(t) = [A_0 + m(t)]\cos\omega_c t$,要求满足条件 $A_0 \geqslant |m(t)|_{max}$,否则出现过调制现象。AM 信号的频谱由载频分量 $\omega_c$ 以及上下边带三部分组成。带宽为基带信号带宽 $f_H$ 的 2 倍,即 $B_{AM} = 2f_H$。AM 的解调有相干解调和非相干解调(包络检波)两种方法。

5. DSB 信号的时域表达式为 $s_{DSB}(t) = m(t)\cos\omega_c t$,其中基带信号 $m(t)$ 的平均值为零,$\overline{m(t)} = 0$。频谱上、下两边带构成,与 AM 信号相比,去掉了载波成份 $\omega_c$,因此又称为抑制载波双边带幅度调制。DSB 已调信号的频带宽度依然为基带信号带宽 $f_H$ 的 2 倍,即 $B_{DSB} = 2f_H$。DSB 解调用相干解调方法。

6. SSB 信号是将 DSB 信号的两个边带中的任意一个滤掉而形成,表达式为 $s_{SSB}(t) = \frac{1}{2}A_m\cos\omega_m t\cos\omega_c t \mp \frac{1}{2}A_m\sin\omega_m t\sin\omega_c t$,其中加号对应下边带 LSB,减号对应上边带 USB。由于滤除了一个边带,SSB 信号的频带带宽与基带信号带宽 $f_H$ 相同,即 $B_{SSB} = f_H$。SSB 调制无论在频带利用率还是在节约发射功率方面均优于双边带调制。

7. VSB 调制是介于 SSB 与 DSB 之间的一种折中方案,传输带宽接近 SSB,比 DSB 信号占用频的带宽节省许多,但是比 SSB 信号更易实现。为了保证相干解调的输出无失真地恢复调制信号 $m(t)$,必须保证在调制信号的频率范围内满足残留边带滤波器 $H(\omega + \omega_c) + H(\omega - \omega_c) = $ 常数,因此 $H(\omega)$ 的特性曲线并非唯一。VSB 信号的带宽介于 DSB 和 SSB 之间,$B_{SSB} < B_{VSB} < B_{DSB}$,一般认为 $B_{VSB} = 1.25 B_{SSB}$。

8. 模拟调制系统的抗噪声性能用输出信噪比 $S_0/N_0$ 表示,$S_0/N_0$ 越大,则表明抗噪声能力越强。为了比较各种调制系统的性能,还常用调制制度增益或简称制度增益 $G = (S_0/N_0)/(S_i/N_i)$ 作为抗噪声性能指标。$G_{DSB} = 2$,$G_{SSB} = 1$,对于大输入信噪比单频 100% 调制系统,包络检波时,$G_{AM} = 2/3$;对于小输入信噪比,无法解调。

9. AM 信号随着输入信噪比的下降,输出信噪比会逐渐下降。当输入信噪比下降到一定程度时,输出信噪比会急剧恶化。通常把这种现象称为解调器的门限效应,开始出现门限效应的输入信噪比称为门限值。门限大小没有严格的定义,一般认为 10dB(10 倍)左右。

10. 用调制信号去控制载波的幅度称为幅度调制;用调制信号去控制载波频率,称为频率调制或调频 FM;用调制信号去控制载波相位,称为相位调制或调相 PM。角度调制信号的一般表达式为 $s_m(t) = A\cos[\omega_c t + \varphi(t)]$。

11. PM 信号的表达式为 $s_{PM}(t) = A\cos[\omega_c t + K_p m(t)]$,其中 $K_p$ 是调相灵敏度。FM 信号的表达式为 $s_{FM}(t) = A\cos\left[\omega_c t + K_f \int_0^t m(\tau)d\tau\right]$,其中 $K_f$ 是调频灵敏度。FM 和 PM 信号之间可以相互转换。

12. 当 FM 信号的瞬时相位偏移 $\left|K_f \int m(\tau)d\tau\right| \ll \dfrac{\pi}{6}$(或 0.5)时,称为窄带调频 NBFM,反之称为宽带调频 WBFM。NBFM 的带宽为 $B_{NBFM} \approx 2f_m$。

13. 卡森(Carson)公式:$B_{FM} = 2(m_f + 1)f_m = 2(\Delta f + f_m)$。

14. FM 信号可以采用鉴频器解调,鉴频器属非相干解调,也会存在门限效应。调制制度增益 $G_{FM} = 3m_f^2(m_f + 1)$。

15. 可以采用预加重(Peemphasis)/ 去加重(Peemphasis)技术)改善 FM 解调器的输出信噪比,特别是信号高频端的信噪比。

16. 信道的复用是指当物理信道的传输能力高于单路信号的需求时,将物理信道按照不同的属性量划分成若干个子频带,供多路信号同时使用。其目的是为了充分利用信道的频带或时间资源,提高信道的利用率。信号多路复用有不同的方法,主要有:频分复用 FDM,时分复用 TDM 和码分复用等。

17. 同步是通信系统中必不可少的部分,是关系到通信系统能否正常工作的重要环节。在模拟通信系统的相干解调器中,需要用载波同步器来提取本地相干载波用于已调信号的解调,相干载波应与调制载波同频同相。载波同步分为直接法和插入导频法两类方法。

## 思 考 题

3-1 什么是调制? 为什么要进行调制?

3-2 幅度调制有什么共同特点？什么是线性调制？哪些调制属于线性调制？

3-3 为什么 AM 调制效率很低？

3-4 DSB 为什么要抑制载波？

3-5 SSB 有哪些实现方法？各有何技术难点？

3-6 VSB 调制有什么优点？

3-7 要实现 VSB 调制，VSB 滤波器需要满足什么条件？

3-8 为什么 DSB 信号的解调器使信噪比改善一倍？

3-9 什么是调制制度增益？分析它有什么作用？

3-10 $G_{DSB} = 2G_{SSB}$，能否说明 DSB 系统的抗噪声性能比 SSB 系统好？

3-11 什么是门限效应？AM 信号采用包络检波法解调时为什么会产生门限效应？

3-12 FM 系统产生门限效应的主要原因是什么？

3-13 FM 系统采用预加重和去加重的目的是什么？

3-14 什么是频分复用 FDM？

3-15 模拟调制系统中为什么需要载波同步？实现载波同步有哪些方法？载波同步器的性能如何衡量？

3-16 试从有效性和可靠性两方面比较模拟调制系统(AM、DSB、SSB、VSB、FM)的性能。

# 习　题

3-1 已知线性调制信号表示式如下：

(1) $\cos\Omega t\cos\omega_c t$

(2) $(1 + 0.5\sin\Omega t)\cos\omega_c t$

式中：$\omega_c = 6\Omega$。试分别画出它们的波形图和频谱图。

3-2 已知调制信号 $m(t) = \cos(2000\pi t) + \cos(4000\pi t)$，载波为 $\cos 10000\pi t$，进行单边带调制，试确定该单边带信号的表示式，并画出频谱图。

3-3 对单频调制的常规调幅信号进行包络检波。设每个边带的功率为 10mW，载波功率为 100mW，接收机带通滤波器的带宽为 10kHz，信道噪声单边功率谱密度为 $5 \times 10^{-9}$ W/Hz。

(1) 求解调输出信噪比；

(2) 如果改为 DSB，其性能优于常规调幅多少分贝？

3-4 已知有题图 3-1 幅度调制系统，其中 $f(t) = 10(1 + \cos 20\pi t)$，BPF 带宽为 10Hz，中心频率 $f_o = 200$Hz。分别画出 $a$、$b$ 点信号的频谱。

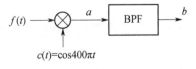

$$f(t) \longrightarrow \otimes \xrightarrow{\ a\ } \boxed{\text{BPF}} \xrightarrow{\ b\ }$$

$$c(t) = \cos 400\pi t$$

题图 3-1

3-5 分别对双边带信号和单边带信号进行相干解调，接收信号功率为 2mW，噪声

双边功率谱密度为 $2 \times 10^{-3} \mu\mathrm{W/Hz}$，调制信号是最高频率为 4kHz 的低通信号。

（1）比较解调器输入信噪比；

（2）比较解调器输出信噪比。

3-6 设某信道具有均匀的双边噪声功率谱密度 $P_n(f) = 0.5 \times 10^{-3} \mathrm{W/Hz}$，在该信道中传输抑制载波的双边带信号，并设调制信号 $m(t)$ 的频带限制在 5kHz，而载波为 100kHz，已调信号的功率为 10kW。若接收机的输入信号在加至解调器之前，先经过一个理想带通滤波器滤波，试问：

（1）该理想带通滤波器应具有怎样的传输特性 $H(\omega)$；

（2）解调器输入端的信噪功率比为多少？

（3）解调器输出端的信噪功率比为多少？

（4）求解调器输出端的噪声功率谱密度，并用图形表示出来。

3-7 设某信道具有均匀的双边噪声功率谱密度 $P_n(f) = 0.5 \times 10^{-3} \mathrm{W/Hz}$，在该信道中传输抑制载波的单边带（上边带）信号，并设调制信号 $m(t)$ 的频带限制在 5kHz，而载频是 100kHz，已调信号功率是 10kW。若接收机的输入信号在加至解调器之前，先经过带宽为 5kHz 的理想带通滤波器滤波，试问：

（1）该理想带通滤波器应具有怎样的传输特性？

（2）解调器输入端的信噪功率比为多少？

（3）解调器输出端的信噪功率比为多少？

3-8 设某信道具有均匀的双边噪声功率谱密度 $P_n(f) = 0.5 \times 10^{-3} \mathrm{W/Hz}$，在该信道中传输调幅信号，并设调制信号 $m(t)$ 的频带限制在 5kHz，而载波为 100kHz，边带功率为 10kW，载波功率为 40kW。若接收机的输入信号先经过一个合适的理想带通滤波器，然后加至包络检波器进行解调。试求：

（1）解调器输入端的信噪功率比；

（2）解调器输出端的信噪功率比；

（3）调制度增益 $G$。

3-9 假设音频信号 $x(t)$ 经过调制后在高斯噪声信道进行传输，要求接收机输出信噪比 $S_0/N_0 = 50\mathrm{dB}$。已知信道中信号功率损失为 50dB，高斯白噪声的双边功率谱密度为 $10^{-12} \mathrm{W/Hz}$，音频信号 $x(t)$ 的最高频率 $f_x = 15\mathrm{kHz}$，并有：$E[x(t)] = 0, E[x^2(t)] = 1/2$，$|x(t)|_{\max} = 1$，求

（1）DSB 调制时，已调信号的传输带宽和平均发送功率。

（2）SSB 调制时，已调信号的传输带宽和平均发送功率。

（3）100% AM 调制时，已调信号的传输带宽和平均发送功率。（采用包络解调，且单音调制）

（4）FM 调制时，调频指数 $m_f = 5$，已调信号的传输带宽和平均发送功率。（采用鉴频解调，且单音调制）

3-10 某调制方框图如下图题图 3-2(a)所示。已知 $m(t)$ 的频谱如题图 3-2(b)所示，载频 $\omega_1 \ll \omega_2, \omega_1 > \omega_H$，且理想低通滤波器的截止频率为 $\omega_1$，试求输出信号 $s(t)$，并说明 $s(t)$ 为何种已调信号。

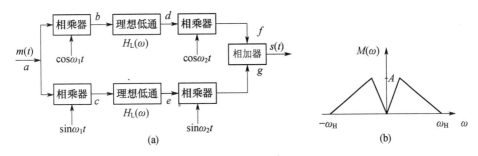

题图 3-2

3-11 设信道带宽为 10MHz,信号带宽为 1.5MHz。对信号分别进行 DSB 和 SSB 调制,若采用 FDM 进行多路传输,试问该信道分别最多可传输几路信号?

3-12 设有一个频分多路复用系统,副载波用 SSB 调制,主载波用 FM 调制。如果有 60 路等幅的音频输入通路,则每路频带限制在 3.3 kHz 以下,防护频带为 0.7 kHz。

(1) 如果最大频偏为 800kHz,试求传输信号的带宽;

(2) 试分析与第 1 路相比,第 60 路输出信噪比降低的程度(假定鉴频器输入的噪声是白噪声,且解调器中无去加重电路)。

3-13 已知角度调制信号 $s(t) = 100\cos(\omega_c t + 25\cos\omega_m t)$,其中 $f_m = 1\mathrm{kHz}$。

(1) 若为调频波,问 $\omega_m$ 增加到 5 倍时的调频指数及宽带;

(2) 若为调相波,问 $\omega_m$ 减小至原角频率的 1/5 时的调相指数。

3-14 在题图 3-3 所示宽带调频方案中,设调制信号是 $f_m = 15\mathrm{kHz}$ 的单频余弦信号,NBFM 信号的载频 $f_1 = 200\mathrm{kHz}$,最大频偏 $\Delta f = 25\mathrm{Hz}$;混频器参考频率 $f_2 = 10.9\mathrm{MHz}$,选择倍频次数 $n_1 = 64$,$n_2 = 48$。

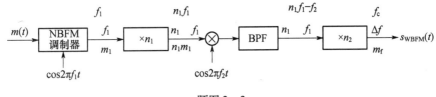

题图 3-3

(1) 求 NBFM 信号的调频指数;

(2) 求调频发射信号(即 WBFM 信号)的载频、最大频偏和调频指数。

3-15 60 路模拟话音信号采用频分复用方式传输。已知每路话音信号频率范围为 0~4kHz(已含防护频带),副载波采用 SSB 调制,主载波采用 FM 调制,调制指数 $m_f = 2$。(1)试计算副载波调制后合成信号带宽;(2)试求信道传输信号带宽。

3-16 有 12 路话音信号 $m_1(t)$、$m_2(t)$、$\cdots$、$m_{12}(t)$,它们的带宽都限制在 $(0,4000)$ Hz 范围内。将这 12 路信号以 SSB/FDM 方式复用为 $m(t)$,再将 $m(t)$ 通过 FM 方式传输,如题图 3-4(a)所示。其中 SSB/FDM 频谱安排如题图 3-4(b)所示,已知调频器的载频为 $f_c$,最大频偏为 480kHz。

(1) 求 FM 信号的带宽;

(2) 画出解调框图;

(3)假设 FM 信号在信道传输中受到加性白噪声干扰,求鉴频器输出的第 1 路噪声平均功率与第12路噪声平均功率之比。

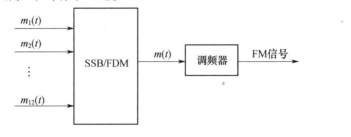

(a)

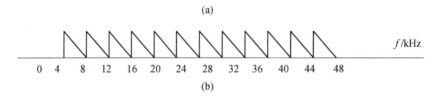

(b)

题图 3 – 4

# 第 4 章　数字信号的基带传输

数字终端设备产生的原始信号,一般具有较丰富的低频成分,其最低频率通常会接近于 0,而且最高频率和最低频率之比远大于 1,这样的信号称为数字基带信号。在数字终端设备中,使用一些数字组合来表示基带信号,这些数字组合被称为"消息码",或者码元。

在数字传输系统中,数字基带信号的传输有两种方式,一种是不经过调制,直接在信道中传输,这种方式称为数字基带传输,通常用于短距离传输,也可以利用中继方式实现长距离传输。另一种是把基带信号调制到高频载波上,然后再送至信道中传输,这种方式称为数字频带传输。数字频带方式的传输距离远,常用于无线信道和光信道中。有关内容将在第 6 章介绍。

如果把调制解调部分看作是广义信道的一部分,则任何数字传输系统均可等效为数字基带传输系统。所以在本章中讨论的基带信号传输的基本原理也可以推广到数字频带传输。

本章主要讨论基带信号的波形、码型;基带传输过程中产生的码间干扰及其消除的方法;数字基带传输系统的抗噪声性能、数字基带系统的改善措施以及位同步信号(定时信号)的提取。

## 4.1　数字基带信号波形与频谱

### 4.1.1　基本的数字基带信号波形

现以矩形脉冲信号为例,介绍几种基本的数字基带信号波形。

**1. 单极性信号波形**

单极性信号波形如图 4 - 1(a),它用 0 电平表示二进制码元"0", + $A$ 电平表示二进制码元"1"。单极性信号含有较大的直流分量,因此只能用于近距离传输,例如在印制板内或机箱内。

**2. 双极性信号波形**

双极性信号波形如图 4 - 1(c),它是用 + $A$、- $A$ 电平分别表示二进制码元"1"和"0"。双极性波形和单极性波形相比有如下特点:①双极性波形能充分利用放大器的输出功率。当码元为"0"时,单极性波形电平也为 0,放大器的输出功率没有被利用,而双极性波形在任何时候信号电平都不为 0;②双极性波形更有利于设定最佳判决门限。在"0"和"1"码等概的情况下,双极性波形的最佳判决电平始终为 0,与接收信号电平波动无关。而对于单极性波形,最佳判决电平与 $A$ 有关,而接收信号电平 $A$ 是不稳定的,所以难以确定最佳的判决电平,接收端判决的差错率会因此增大;③当码元"0"和"1"等概时,双极性

87

信号的平均直流电平为 0,便于长距离传输;但是码元序列中如果含有长串的连续"0"或"1"时,双极性信号也会出现直流漂移。

在 ITU – T 的 V 系列接口标准和 RS – 232C 接口标准中均采用双极性信号。

**3. 差分信号波形**

差分波形如图 4 – 1(e),它不再是用信号电平的高低来表示二进制码元"0"或"1",而是用相邻码元电平的相对变化来表示。例如,以相邻码元的电平改变表示码元"1",而以电平不变表示码元"0"。当然,上述规定也可以反过来。

这种波形在形式上与单极性码或双极性码相同,但它代表的码元与波形的电平或极性无关,而仅与相邻码元信号波形的电平变化有关。差分波形也称相对码波形,而把前面所述的单极性或双极性波形称为绝对码波形。

**4. 多电平信号波形**

二进制码元"0"和"1",只需要用两种电平的波形表示。若是多进制码元(进制数通常为 2 的幂),一个码元可以用多位二进制数字表示,如四进制码"0"、"1"、"2"、"3",可以用二进制数字 00、01、10、11 表示。一个 $M$ 进制码元的信号波形,含有 $M$ 种信号电平,相比于二进制,传输效率更高,适用于高速传输系统。图 4 – 1(f)示出了一个四电平信号波形,其信号电平的可能取值为 $-3$、$-1$、$+1$、$+3$,分别表示 00、01、10、11。

基带信号波形按信号的脉冲宽度不同,又可分为归零(Return To Zero,RZ)波形和不归零(Non Return To Zero,NRZ)波形两种。所谓归零波形就是信号脉冲宽度 $\tau$ 小于码元宽度 $T_B$,每个码元的电平都要回到零电平,即相邻脉冲之间必定有零电平的间隔。例如归零波形的脉冲宽度为码元宽度的一半时,占空比为 1/2,称为半占空码,如图 4 – 1(b)、(d)所示。图 4 – 1(a)、(c)是不归零信号,它们的脉冲宽度就等于码元宽度,脉冲之间是没有间隔的。

当码元序列中含有长串的连续"0"或"1"时,不归零信号的电平不会出现跳变,因而不易提取定时信号。而归零信号的每个码元都会发生电平的跳变,有利于定时信号的提取。

实际上,组成基带信号的码元波形并非一定是矩形的,还可有多种多样的波形形式,例如升余弦脉冲、高斯形脉冲、半余弦脉冲等。通信中常用的基带信号有一个共同特点,即不同码元对应的波形是相似的,则基带信号的一般表达式为

$$s(t) = \sum_{n=-\infty}^{\infty} a_n g(t - nT_B) \tag{4.1 – 1}$$

式中:$g(t)$ 为基本信号波形;$T_B$ 为码元宽度;$a_n$ 为第 $n$ 个码元信号的幅度,

$$a_n = \begin{cases} a_1 & \text{概率 } P_1 \\ a_2 & \text{概率 } P_2 \\ \quad\vdots \\ a_M & \text{概率 } P_M \end{cases} \tag{4.1 – 2}$$

对于二进制基带信号,可以表示为

$$s(t) = \sum_{n=-\infty}^{\infty} s_n(t) \tag{4.1 – 3}$$

88

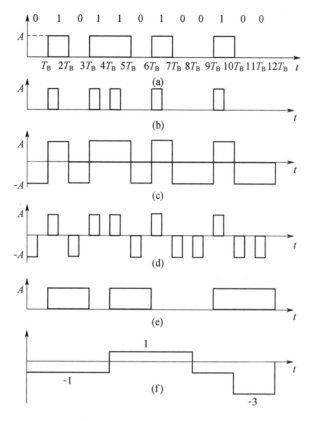

图 4-1　几种常见的基带信号波形(图中的 $T_B$ 为码元宽度)

(a)单极性不归零波形；(b)单极性归零波形；(c)双极性不归零波形；

(d)双极性归零波形；(e)差分波形；(f)四电平波形。

式中

$$s_n(t) = \begin{cases} g_1(t - nT_B) & \text{概率 } P \\ g_0(t - nT_B) & \text{概率 } 1-P \end{cases} \qquad (4.1-4)$$

在后面的分析中,假设 $g_1(t)$ 表示"1"码, $g_0(t)$ 表示"0"码。

## 4.1.2　基带信号的频谱

基带信号的频谱中,可以反映出基带信号的主瓣宽度、直流分量、位定时分量等信息,掌握这些频谱特点,可以指导我们选择适合传输信道的信号码型和波形。由于基带信号是随机脉冲序列,没有确定的频谱函数,只能用功率谱来描述它的频谱特性。本书略去数字基带信号功率谱密度的推导过程,直接给出功率谱密度的结论。

二进制数字基带信号 $s(t)$ 的双边功率谱密度为

$$P_s(f) = R_B P(1-P) \mid G_1(f) - G_0(f) \mid^2$$
$$+ \sum_{m=-\infty}^{\infty} \mid R_B[PG_1(mR_B) + (1-P)G_0(mR_B)] \mid^2 \delta(f - mR_B) \quad (4.1-5)$$

如果写成单边功率谱密度为

89

$$P_s(f) = 2R_B P(1-P) |G_1(f) - G_0(f)|^2 + R_B^2 |[PG_1(0) - (1-P)G_0(0)]|^2$$

$$+ 2\sum_{m=1}^{\infty} |R_B[PG_1(mR_B) + (1-P)G_0(mR_B)]|^2 \delta(f - mR_B) \quad f \geq 0 \quad (4.1-6)$$

式中:$R_B = 1/T_B$ 是码元速率,表示每秒传送的码元数,在数量上和基带信号的脉冲频率 $f_b$ 相等,但两者强调的物理意义有区别,一个是单位时间内的码元数,另一个是信号波形的频率。后面的分析中有时会混用 $R_B$ 和 $f_b$,$f_b$ 也是数字传输系统接收端需要提取的定时脉冲;$P$ 是"1"码信号 $g_1(t)$ 出现的概率;$G_1(f)$ 和 $G_0(f)$ 分别为 $g_1(t)$ 和 $g_0(t)$ 的频谱。

观察式(4.1-6),第一项为连续频谱,对于实际信号,$P \neq 0$,$P \neq 1$,$g_1(t) \neq g_0(t)$,$G_1(f) \neq G_0(f)$,所以该项一定存在。连续谱反映信号能量集中的频率范围,可用来确定信号的带宽。第二项为直流成分,这一项不一定存在,如双极性码,$g_1(t) = -g_2(t)$——> $G_1(0) = -G_0(0)$,当 $P = 0.5$ 时,该项为 0。第三项为离散频谱,同样不一定存在,这一项可用于确定有无位同步信号 $f_b = R_B = 1/T_B$。

对于单极性信号,有 $g_0(t) = 0$,设 $g_1(t) = g(t)$,其双边功率谱密度为

$$P_s(f) = R_B P(1-P) |G(f)|^2 + \sum_{m=-\infty}^{\infty} |R_B PG(mR_B)]|^2 \delta(f - mR_B) \quad (4.1-7)$$

对于双极性信号,设 $g_1(t) = -g_0(t) = g(t)$,则双边功率谱密度

$$P_s(f) = 4R_B P(1-P) |G(f)|^2 + \sum_{m=-\infty}^{\infty} |R_B(2P-1)G(mR_B)]|^2 \delta(f - mR_B)$$

$$(4.1-8)$$

设基带信号为矩形脉冲,表达式如下:

$$g(t) = \begin{cases} A & |t| \leq \tau/2 \\ 0 & |t| > \tau/2 \end{cases} \quad (4.1-9)$$

式中:$\tau$ 是脉冲宽度。

其频谱密度函数为

$$G(f) = A\tau \left[ \frac{\sin\pi f\tau}{\pi f\tau} \right] = A\tau Sa(\pi f\tau) \quad (4.1-10)$$

图 4-2(a)、(b)分别画出了矩形基带脉冲的时域波形和频谱图。图中 $f = 1/\tau$ 称为第一零点带宽,又称为主瓣带宽,信号的大部分能量都集中在第一零点之内,一般在分析时可以认为信号的带宽 $B \approx 1/\tau$。显然,第一零点的位置和 $\tau$ 成反比。脉冲信号越窄,即 $\tau$ 越小,则第一零点频率就越高。

设消息码"1"和"0"等概出现,即 $P = 0.5$。

对于单极性不归零信号,$\tau = T_B = 1/R_B$,其功率谱为

$$P_s(f) = \frac{1}{4} A^2 R_B \tau^2 \left( \frac{\sin\pi f\tau}{\pi f\tau} \right)^2 + \frac{(AR_B\tau)^2}{4} \sum_{m=-\infty}^{\infty} \left( \frac{\sin\pi m R_B\tau}{\pi m R_B\tau} \right)^2 \delta(f - mR_B)$$

$$= \frac{A^2 T_B}{4} \left( \frac{\sin\pi T_B f}{\pi T_B f} \right)^2 + \frac{A^2}{4}\delta(f) \quad (4.1-11)$$

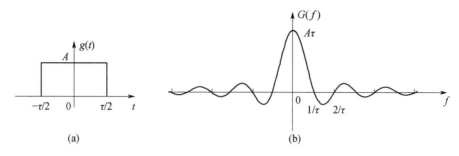

图 4-2　矩形脉冲的波形和频谱

（a）波形；（b）频谱。

功率谱如图 4-3（a）所示,功率谱中含有型如 $Sa(x)$ 的连续谱,连续谱在 $nR_B$ 处出现周期性零点（$n = \pm 1, \pm 2, \cdots$）,功率谱还含有直流分量。

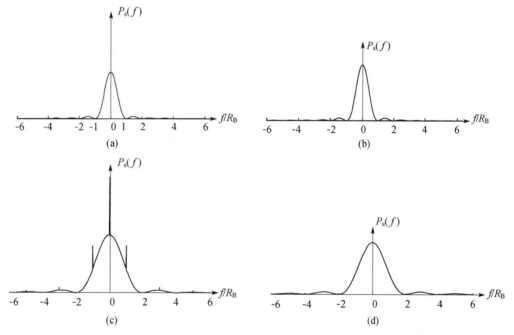

图 4-3　矩形脉冲基带信号功率谱

（a）单极性不归零信号功率谱；（b）双极性不归零信号信号功率谱；

（c）单极性归零信号功率谱；（d）双极性归零信号功率谱。

对于单极性归零信号,设 $\tau = T_B/2 = 1/(2R_B)$,其功率谱为

$$P_s(f) = \frac{A^2 T_B}{64}\left(\frac{\sin\frac{\pi T_B}{2}f}{\pi T_B f}\right)^2 + \frac{A^2}{64}\sum_{m=-\infty}^{\infty}\left(\frac{\sin m\frac{\pi}{2}}{\pi m}\right)^2 \delta(f - mR_B) \qquad (4.1-12)$$

功率谱如图 4-3（c）所示。功率谱中含有型如 $Sa(x)$ 的连续谱,因为是半占空脉冲,连续谱在 $2nR_B$ 处出现周期性零点（$n = \pm 1, \pm 2, \cdots$）,功率谱还含有直流分量,以及在 $(2n+1)R_B$ 含有离散分量。

对于双极性不归零信号,$\tau = T_B = 1/R_B$,则功率谱为

$$P_s(f) = A^2 T_B \left( \frac{\sin \pi T_B f}{\pi T_B f} \right)^2 \tag{4.1-13}$$

功率谱如图 4-3(b)所示。只含有连续谱,无离散谱成份。连续谱在 $nR_B$ 处出现周期性零点($n = \pm 1, \pm 2, \cdots$)。

对于双极性归零信号,$\tau = T_B/2 = 1/(2R_B)$,功率谱为

$$P_s(f) = \frac{A^2 T_B}{16} \left( \frac{\sin \dfrac{\pi T_B}{2} f}{\dfrac{\pi T_B}{2} f} \right)^2 \tag{4.1-14}$$

功率谱如图 4-3(d)所示。只含有连续谱,无离散谱成份。连续谱在 $2nR_B$ 处出现周期性零点($n = \pm 1, \pm 2, \cdots$)。

由以上分析可得到如下结论:

(1)基带信号的功率谱密度可能包括两个部分:连续谱及离散谱。对于连续谱而言,因为代表数字信息的 $g_1(t)$ 及 $g_0(t)$ 不可能完全相同,故 $G_1(f) \neq G_0(f)$,因而总是存在;对于离散谱来说,在一般情况下,它也总是存在的。但对于双极性的信号,当"1"和"0"等概时($P = 0.5$),不含离散谱(频谱图中没有线谱成分)。可以证明,只要 $g_1(t)$ 的概率 $P$ 满足(4.1-15),基带信号中就不存在离散谱。

$$P = \frac{1}{1 - \dfrac{g_1(t)}{g_0(t)}} = k \tag{4.1-15}$$

式中:$k$ 为 $0 \sim 1$ 的常数。

(2)基带信号第一零点带宽和脉冲宽度成反比。如在码元周期相等的情况下,由于半占空归零信号脉冲宽度只有不归零信号的一半,所以归零信号的第一零点带宽要比不归零信号的大一倍。

(3)信号的能量主要集中在第一零点之内。但矩形脉冲信号在第一零点以外,还有相当一部分能量。如果传输系统利用矩形基带信号,把频带范围限制在 0 到第一零点之间,则在传输过程中信号会产生较大失真。因此,在传输矩形脉冲时,通常把传输系统频带范围限制在 0 到第二或第三零点之间。

另一种常用基带脉冲是升余弦脉冲,即

$$g(t) = \frac{\sin \pi t/T_s}{\pi t/T_s} \cdot \frac{\cos \pi t/T_s}{1 - 4t^2/T_s^2} \tag{4.1-16}$$

它的连续功率谱如图 4-4 所示,升余弦脉冲的第一零点带宽是矩形信号的 2 倍,能量比矩形脉冲更集中在第一零点之内。即使传输系统把频带范围限制在 0 到第 1 零点之间,信号也不会产生太大失真。

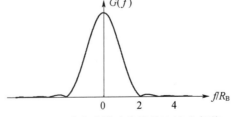

图 4-4 升余弦脉冲信号的连续功率谱

## 4.2　基带传输的常用码型

当数字信号进行长距离传输时,由于信道中往往还串联着电容和耦合变压器等电抗器件,它们不能传输直流分量,对低频分量也有较大衰减。所以信号的低频成分在信道中是受限的。

为了适应信道的传输,传输码型必须具备以下基本特性:①无直流分量并且只有很少的低频分量;②含有丰富的码元定时信息;③主瓣宽度窄,以节省频带资源;④适用于各种信源的统计特性;⑤最好具有内在的检错能力;⑥有利于减少误码扩散,避免传输过程中的单个错码而导致译码输出多个错码。

下面介绍几种常用的传输码型。

### 4.2.1　二元码

二元码即二电平码,信号电平的取值只有两种,一般采用双极性信号波形。

**1. 双相(BiPhase)码**

双相码又称曼彻斯特(Manchester)码,是用具有不同相位的两组二进制编码去表示二进制消息码。编码规则如表4-1所列。

表4-1　双相码编码及波形

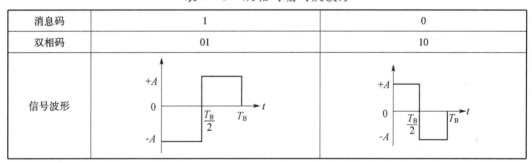

| 消息码 | 1 | 0 |
|---|---|---|
| 双相码 | 01 | 10 |
| 信号波形 | | |

当然,上述规定也可以反过来。

这种码在每个码元的中间都存在电平的跳变,因此能提供足够的定时分量,而且在每个码元中,正负电平各占一半,所以没有直流分量;编码过程也比较简单,可以用单极性不归零码和系统定时信号(图4-5(b))的模2加来产生,如图4-5(c)所示,但这种码的带宽较宽。如用消息码的差分波形(图4-5(d))代替双极性波形进行双相码编码,这种码称之为差分双相码,记作 DBC 码(Differential Biphase Code),如图4-5(e)所示。该码常用于短距离的数据传输和本地局域网中。

**2. 传号反转码(CMI码)**

CMI 码对消息码中"1"(又称传号码)交替用"11"和"00"表示;"0"(又称空号)用"01"表示,波形如图4-5(f)所示。这种码和双相码类似,也是一种两电平的不归零码。它没有直流分量,却有较多的电平跃变,因此含有丰富的定时信息。

它也具有一定的检错能力,因为在正常情况下,这种码中不可能出现"10"的组合,也不会出现连续的"11"或"00"。一旦出现上述两种情况,即可判断有错码。

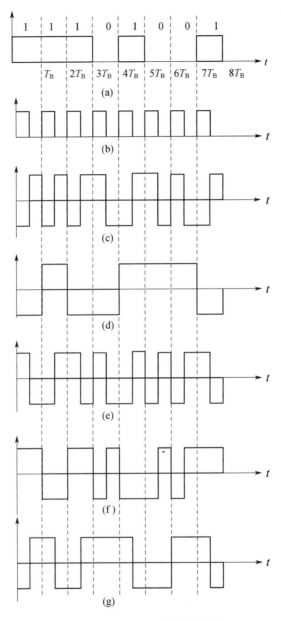

图 4 – 5　二元码基带信号波形

（a）双相码；（b）定时信号；（c）双相码；（d）差分码；（e）差分双相码；（f）CMI 码；（g）密勒码。

该码已被 CCITT 推荐为 PCM 四次群的接口码型（PCM 将在第 5 章讨论）。在低于 8448kb/s 的光纤传输系统中有时也用作线路传输码型。

### 3. 密勒码（Miller 码）

Miller 码又称为延迟调制码，它是双相码的一种变形。编码规则：“1”码用码元持续时间中心点出现跃变来表示，即交替地用“10”和“01”表示，且在码元交界处电平不出现跃变。“0”码分两种情况处理：对于单个“0”时，在码元持续时间内不出现电平跃变，且与相邻前一码元的边界处也不跃变；对于连“0”时，在两个“0”码的边界处出现电平跃变，即

94

"00"与"11"交替。如图 4 - 5(g)。Miller 码中出现的脉冲最大宽度不会超过两个码元周期($2T_B$)。这一性质可用来进行误码检测。

比较图 4 - 5 中的(c)和(g)两个波形可以看出,双相码的上升沿正好对应于 Miller 码的跃变沿。因此,用双相码的上升沿去触发双稳态电路,即可输出 Miller 码。Miller 码多用于低速的基带数据传输。

上述的三种编码都使用两位二进制码元表示一位二进制的消息码,因此这类码又称为 1B2B 码,即将一位二进制变为两位二进制。

几种二元基带信号的功率谱如图 4 - 6 所示,双相码的第一零点带宽是不归零码的 2 倍。而 Miller 码的信号能量主要集中在 $R_B/2$ 以下的频率范围,直流分量很小,所以频带可限制为双相码的一半。

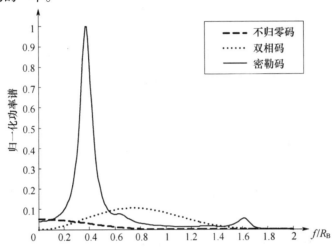

图 4 - 6　不归零码、双相码、密勒码三种码型的功率谱

#### 4. nBmB 码

nBmB 码是将 n 位二进制消息码作为一组,变换为 m 位二进制编码,且 m > n,通常选择 m = n + 1。新的码组有 $2^m$ 种可能组合,从中选择一部分有利的码组作为许用码组,其余为禁用码组,这样编码就具有一定的检错能力。nBmB 码主要用于光纤数字传输系统中,虽然它增加了码速,却换取了便于提取定时、低频分量小、可实时监测、迅速同步等优点。

## 4.2.2　三元码

三元码信号的幅度取值有三个:+1、0、-1,通常采用归零信号波形,多被作为脉冲编码调制(PCM)的传输码型。

### 1. 传号交替反转码(AMI 码)

其编码规则为:消息码中的"0"仍变换为传输码的 0,而把消息码中的"1"交替地变换为传输码的 +1 和 -1,例如:

| 消息码 | 0 | 1 | 0 | 1 | 1 | 0 | 0 | 0 |
|---|---|---|---|---|---|---|---|---|
| AMI 码 | 0 | +1 | 0 | -1 | +1 | 0 | 0 | -1 |

这个编码除了交替的正负脉冲,还有0电平,因此没有直流成分,且只有很小的低频成分。AMI码是一种基本的线路码,编译码电路简单,可以根据传号极性交替变换的规律,观察误码。

AMI码的主要缺点是它可能出现长的连0串,因而会造成定时信号提取困难。通常PCM传输线路中不允许连"0"码超过15个,否则位定时就会失去,基带信号不能正常再生。

**2. 三阶高密度双极性码(HDB₃码)**

HDB₃码是AMI码的改进码。其编码方法为:先把消息代码变换成AMI码,然后去检查AMI码的连0串情况,当连0串少于4个时,则这时的AMI码就是HDB₃码;当出现4个或4个以上连0串时,则将每个4连0串的第4个0变换成与其前一非0符号(+1或-1)同极性的符号。显然,这样做破坏了"极性交替反转"的规律。所以这个符号就称为破坏符号,用V表示(+1记为+V,-1记为-V)。

为使附加了破坏符号V后的序列不破坏无直流的特性,相邻V符号也要保持极性交替。有时这种"V符号极性交替"的要求和上面规定的"V与前一个非0符号同极性"不能同时满足,这时需要将4连0串的一个0改变为非0的B符号。具体做法是:当相邻4连0段之间有奇数个非0符号时,后一个4连0用取代节"000V"代替;当有偶数个非0符号时,后一个4连0用取代节"B00V"代替;B符号的极性与前一非0符号的相反。例如:

| 消息码: | 1000 | 0 | 1000 | 0 | 1 1 | 000 | 0 | 1 | 1 |
|---|---|---|---|---|---|---|---|---|---|
| AMI码: | -1000 | 0 | +1000 | 0 | -1 +1 | 000 | 0 | -1 | +1 |
| HDB3码: | -1000 | -V | +1000 | +V | -1 +1 | -B00 | -V | +1 | -1 |

虽然HDB₃码的编码规则比较复杂,但译码却比较简单。从上述原理看出,每一个破坏符号V总是与前一非0符号同极性(包括B在内)。这就是说,从收到的符号序列中可以容易地找到破坏点V,于是也断定V符号及其前面的3个符号必是连0符号。从而恢复4个连0码,再将所有-1变成+1后便得到原消息代码。

HDB₃码除了保持AMI码的优点外,还使连0串减少到至多3个,这对于定时信号的恢复是十分有利的。但由于编码中利用了前后码元之间的关系,它可能会产生误码扩散,这取决于译码方案。HDB₃码是CCITT推荐使用的码型之一。

以上两种码都是把一个二进制代码变换成一个三进制符号,称为1B/1T码型。又称为伪三进码。

**3. 4B/3T码型**

4B/3T码型是1B/1T码型的改进型,它把4个二进制符号变换成3个三进制符号。显然,在相同的消息符号速率下,4B/3T码的传输速率要比1B/1T的低;因而可提高频带利用率。它的性能比AMI码好,适用于较高速率的数据传输系统。

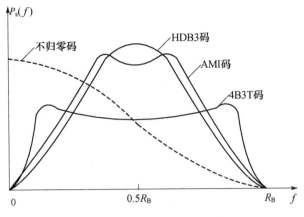

图 4 – 7　三元码信号功率谱

## 4.3　无码间干扰的基带传输

### 4.3.1　无码间干扰基带系统的时域和频域条件

图 4 – 8 是基带传输系统的基本结构。其中 $d(t)$ 是输入信号序列；$G_T(f)$ 是发送滤波器，其功能是进行信号的码型变换和波形变换，产生适合于信道传输的基带信号；$C(f)$ 表示信道的传输特性；$G_R(f)$ 是接收滤波器，用来产生有利于抽样判决的接收信号和滤除信道噪声；同步提取电路用来提取定时脉冲 $f_b$（或 $R_B$）；抽样判决器则是在噪声背景下，由定时脉冲 $f_b$ 控制，判决并且再生基带信号；$d'(t)$ 是基带系统再生的输出信号，若传输无差错，则 $d(t) = d'(t)$。

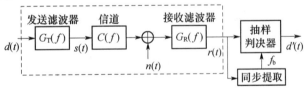

图 4 – 8　基带传输系统模型

数字基带系统总的传输特性

$$H(f) = G_T(f)C(f)G_R(f) \qquad (4.3 – 1)$$

输入信号序列 $d(t)$ 在发送滤波器中变换成适合于信道传输的基带信号，一般是变换为比较平滑的波形，如图 4 – 9(b) 所示。信号通过信道传输，同时受到乘性干扰和加性噪声的影响，其中乘性干扰会引起码元波形的延迟和失真，如图 4 – 9(c) 所示，造成码元间的互相重叠，从而影响正确判决，这就是码间干扰，又称码间串扰。加性噪声叠加在接收信号上，在接收端通过接收滤波器，尽量地抑制信号频带以外的噪声。乘性干扰和加性噪声影响下的输出信号如图 4 – 9(d) 所示。为了对接收信号进行判决，在抽样判决器设置一个判决门限，将信号的抽样值与判决门限比较，若抽样值大于门限值，则判为高电平，对应"1"码，否则就判为低电平，对应于"0"码。这样就可生成一个新的基带波形 $d'$

$(t)$——再生的基带信号,如图 4 – 9(f)所示。当信号畸变与噪声影响较大时,就可能造成差错,如图 4 – 9(f)中的第 4 码元出现了错误。

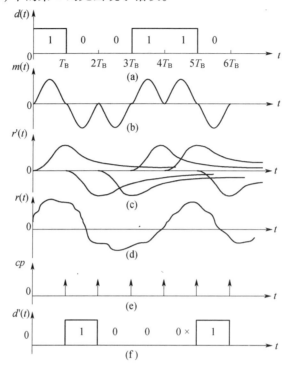

图 4 – 9　基带传输系统的各点信号波形

(a) 输入基带信号;(b) 基带传输信号;(c) 乘性干扰下的输出信号;
(d) 乘性干扰和加性噪声影响下的输出信号;(e) 定时脉冲 $f_b$;(f) 再生的基带信号。

基带信号的脉宽通常很窄,为分析方便,可近似为一组幅度为 $\{a_n\}$ 的冲激脉冲序列。

$$d(t) = \sum_{n=-\infty}^{\infty} a_n \delta(t - nT_B) \tag{4.3 – 2}$$

式中:$a_n = 0, +1, -1$。

基带传输系统的冲激响应

$$h(t) = F^{-1}[H(f)] \tag{4.3 – 3}$$

则接收滤波器输出的信号为

$$r(t) = d(t) * h(t) + n_R(t) = \sum_{n=-\infty}^{\infty} a_n h(t - nT_B) + n_R(t) \tag{4.3 – 4}$$

式中:$T_B$ 是基带信号的发送周期;$n_R(t)$ 为信道噪声经过接收滤波器后的输出噪声。

设抽样判决电路在 $kT_B + t_0$ 对 $r(t)$ 进行抽样判决,根据判决确定第 $k$ 个码元是"0"或"1"。

抽样值为

$$r(kT_B + t_0) = \sum_n a_n h(kT_B + t_0 - nT_B) + n_R(kT_B + t_0)$$

$$= a_k h(t_0) + \sum_{n \neq k} a_n h[(k-n)T_B + t_0] + n_R(kT_B + t_0) \qquad (4.3-5)$$

式中:第一项 $a_k h(t_0)$ 是第 $k$ 个码元信号在接收端的响应,它应是确定 $d'(t)$ 的依据;第二项 $\sum_{n \neq k} a_n h[(k-n)T_B + t_0]$ 是接收信号中除第 $k$ 个码元以外的其他码元信号,对第 $k$ 个码元的码间干扰;第三项 $n_R(kT_B + t_0)$ 为加性噪声。

由于码间干扰和加性噪声的存在,故当判决电路对 $r(kT_B + t_0)$ 判决时,有可能判决错误。为使接收端的判决的误码率足够小,必须最大限度地减小码间干扰和噪声的影响。

下面先不考虑噪声的影响(令 $n_R(kT_B + t_0) = 0$),只讨论如何消除码间干扰的影响。要使码间干扰为零,就必须使式(4.3-5)中的第二项为零。为分析方便起见,令 $t_0 = 0$,则

$$h[(k-n)T_B] = \begin{cases} A & n = k \\ 0 & n \neq k \end{cases} \qquad (4.3-6)$$

这就是无码间干扰的时域条件,式中 $A$ 为常数,为分析方便,可设为1。对上式进行傅里叶变换,可以得到无码间干扰的频域条件:

$$\sum_i H\left(f + \frac{i}{T_B}\right) = T_B (\text{或常数}) \qquad |f| \leq \frac{1}{2T_B} \qquad (4.3-7)$$

这是无码间干扰的频域条件,也是**奈奎斯特第一准则**。奈奎斯特第一准则告诉我们,为了得到无码间串扰传输特性,基带系统的传输函数不必为矩形,而可以是具有缓慢下降边沿的任何形状,只要满足以 $f = f_N$ 奇对称即可,$f_N$ 是基带特性下降边沿的中心频率点。

奈奎斯特第一准则可以用图4-10形象化表示,用作图的方法可以验证该数字基带系统满足式(4.3-7)。

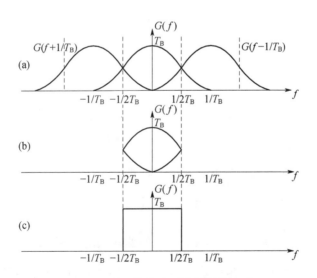

图4-10 奈奎斯特准则的图形化表示

(a)升余弦基带系统及其平移($i = -1, +1$);(b)保留($-1/2T_B, 1/2T_B$)内的部分;(c)叠加结果为理想低通。

### 4.3.2 理想低通系统的无码间干扰传输

一个理想低通系统的传输特性如图 4 -11 所示,表达式如式(4.3-8)所示。

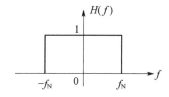

图 4 - 11  理想低通系统的传输特性

$$H(f) = \begin{cases} 1 & |f| \leqslant f_N \\ 0 & |f| > f_N \end{cases} \tag{4.3 - 8}$$

式中:$f_N$ 为系统的截止频率。

系统的冲激响应如式(4.3-9),波形图如图 4 -12(a)中的实线部分所示。

$$h(t) = \frac{\sin 2\pi f_N t}{2\pi f_N t} = Sa(2\pi f_N t) \tag{4.3 - 9}$$

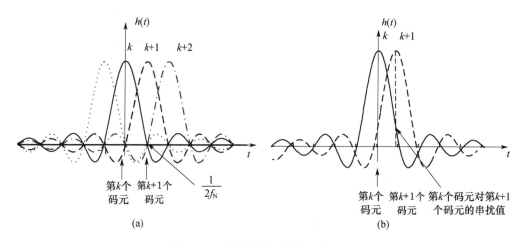

图 4 - 12  理想低通系统的冲激响应

(a) 无码间干扰;(b) 有码间干扰。

下面分析理想低通系统是否可以满足无码间干扰传输。

由式(4.3-9)可以看出,当 $t = \frac{m}{2f_N}$ 时(这里 $m = 1,2,\cdots$),波形有零点。若选码元周期 $T_B = \frac{m}{2f_N}$ 或者 $R_B = \frac{2f_N}{m}$,那么在第 $k+1$ 码元的抽样判决时刻,第 $k$ 个码元的波形正好出现零点,不会对第 $k+1$ 码元产生串扰,对比式(4.3-6),理想低通系统在时域满足无码间干扰条件。

当然无码间串扰分析也可以在频域进行。取 $T_B = \frac{1}{2f_N}$,这是无码间干扰的最小码元周期,相应的无码间干扰的最大码元速率 $R_B = 2f_N$。这里有 $f_N = \dfrac{1}{2T_B}$,观察图 4 - 12(a),理想低通系统在频域满足无码间干扰条件(式(4.3 - 7))。

图 4 - 12(b)是有串扰情况,显然第 $k$ 个码元波形对第 $k+1$ 码元产生了串扰。

由上面分析可见,具有理想低通特性的基带系统可以达到极限条件:

一个带宽为 $f_N$ 的理想低通系统,它的最高无码间干扰码元速率为 $2f_N$,称为**奈奎斯特速率**;反之,若要实现速率为 $R_B$ 的无码间干扰传输,需要的理想低通系统的最小带宽为 $R_B/2$,称为奈奎斯特带宽。这时系统的频带利用率为 2Bd/Hz,这也是一个极限的频带利用率。其他无串扰基带系统的带宽不可能小于理想低通系统,因此其频带利用率也不会超越理想低通系统。

除了理想低通系统,其他形式的基带系统也可以实现无码间干扰传输,只要基带系统第一零点内的传输特性能等效成截止频率为 $f_N$ 的理想低通特性,即满足式(4.3 - 7),那么系统就能以 $2f_N$ 的码元速率,实现无码间干扰传输。

### 4.3.3 滚降低通系统的无码间干扰传输

实际上,理想低通系统一方面是很难实现的,另一方面由于其传输特性过于陡峭,它的冲激响应的在第一零点之后的衰减振荡幅度较大,因此,当抽样时刻出现偏差时,码间干扰就会比较大。

将理想低通的特性 $H(f)$ 进行"圆滑",通常称为"滚降",就能减小冲激响应的衰减振荡幅度,如图 4 - 13 所示。以下介绍的滚降系统都是以 $f_N$ 为奇对称的基带系统。

图 4 - 13(a)显示了按余弦滚降画出的三种滚降特性,图中的 $\alpha = f_a/f_N$ 称为滚降系数,其中 $f_N$ 是无滚降时的截止频率,$f_a$ 为滚降系统的截止频率超出 $f_N$ 的那部分,滚降系统的总带宽为 $f_N + f_a$。滚降系数 $\alpha$ 越大,衰减振荡幅度越小。$\alpha = 0$ 就是理想低通系统,$\alpha = 1$ 称为升余弦系统。

从实际滤波器的实现和对定时要求两方面考虑,$H(f)$ 常采用 $\alpha = 1$ 的升余弦特性,可用式(4.3 - 10)表示。

$$H(f) = \begin{cases} \dfrac{T_B}{2}\left(1 + \cos\dfrac{2\pi f T_B}{2}\right) & |f| \leq \dfrac{1}{T_B} \\ 0 & |f| > \dfrac{1}{T_B} \end{cases} \qquad (4.3 - 10)$$

而 $h(t)$ 可表示为

$$h(t) = \frac{\sin \pi t/T_B}{\pi t/T_B} \frac{\cos \pi t/T_B}{1 - 4t^2/T_B^2} \qquad (4.3 - 11)$$

冲激响应 $h(t)$ 如图 4 - 13(b)所示,抽样点除 $t = 0$ 时不为零外,其余所有抽样点 $kT_B$ 上均为零值。而且相对于理想低通系统,它的衰减振荡的幅度较小,它在两抽样点之间还有一个零点,这对于减小码间干扰及对定时分量提取都有利。但由于升余弦系统的频谱第一零点宽度比 $\alpha = 0$ 时加宽了一倍,因此频带利用率为 1Bd/Hz。

当 $\alpha$ 取一般值时,$0 < \alpha < 1$,余弦滚降系统的传输函数 $H(f)$ 为

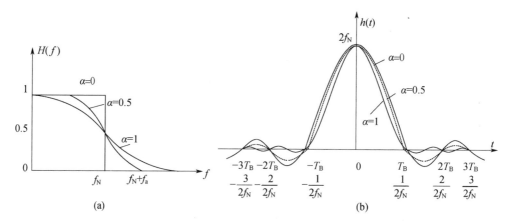

图 4 - 13　滚降系统传输特性和冲激响应

(a) 传输特性;(b) 冲激响应。

$$H(f) = \begin{cases} T_{\rm B} & 0 \leqslant |f| < \dfrac{(1 - \alpha)}{2T_{\rm B}} \\[2mm] \dfrac{T_{\rm B}}{2}\Big[1 + \sin\dfrac{T_{\rm B}}{2\alpha}\Big(\dfrac{\pi}{T_{\rm B}} - 2\pi f\Big)\Big] & \dfrac{(1 - \alpha)}{2T_{\rm B}} \leqslant |f| < \dfrac{(1 + \alpha)}{2T_{\rm B}} \\[2mm] 0 & |f| \geqslant \dfrac{(1 + \alpha)}{2T_{\rm B}} \end{cases} \quad (4.3-12)$$

相应的 $h(t)$ 为

$$h(t) = \frac{\sin\pi t/T_{\rm B}}{\pi t/T_{\rm B}} \frac{\cos\alpha\pi t/T_{\rm B}}{1 - 4\alpha^2 t^2/T_{\rm B}^2} \qquad (4.3-13)$$

## 4.4　无码间干扰基带系统的噪声性能

图 4 - 14 分别示出了无噪声及有噪声时抽样判决器的输入的双极性信号波形。其中,图 4 - 14(a)是既无码间干扰又无噪声影响时的接收信号波形,对应于"1"码,抽样值为 $A$,"0"码则为 $-A$。判决门限设为 0 电平,若抽样值大于 0 电平,判为"1";抽样值小于 0 电平,则判为"0"。对于图 4 - 14(a)的波形能够毫无差错地恢复基带信号。

图 4 - 14(b)是基带信号受到噪声影响后的接收信号波形。可以看出,对图(b)的波形有可能出现判决错误。如第 2 个和第 6 个码元产生了错误判决。

判决电路输入端的随机噪声 $n_{\rm R}(t)$ 是信道加性噪声通过接收滤波器后的输出噪声,所以也是平稳高斯噪声。考虑均值 0、方差 $\sigma_n^2$ 的高斯噪声,这个噪声瞬时值 $V$ 的一维概率密度为

$$f(V) = \frac{1}{\sqrt{2\pi}\sigma_n}\exp\Big[-\frac{V^2}{2\sigma_n^2}\Big] \qquad (4.4-1)$$

在噪声影响下发生误码有两种情况:①发送的是"1"码,却被判为"0"码;②发送的是"0"码,却被判为"1"码。下面我们来求这两种情况下码元错判的概率。

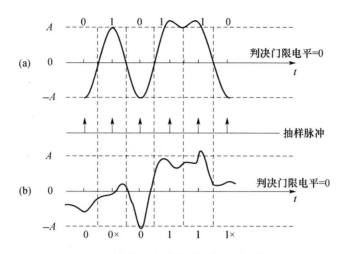

图 4 - 14  无噪声及有噪声时判决电路的输入波形

(a) 无噪声时判决电路的输入波形；(b) 有噪声时判决电路的输入波形。

对于双极性基带信号，在一个码元持续时间内，抽样判决器输入端得到的波形可表示为

$$x(t) = \begin{cases} A + n_R(t) & \text{"1"} \\ -A + n_R(t) & \text{"0"} \end{cases} \tag{4.4-2}$$

式中：$A$ 和 $-A$ 是由基带信号本身产生的输出；$x(t)$ 则是叠加了噪声之后的输出。

由于 $n_R(t)$ 是高斯过程，故当发送"1"时，$x(t)$ 的一维概率密度为

$$f_1(x) = \frac{1}{\sqrt{2\pi}\sigma_n} \exp\left[ -\frac{(x-A)^2}{2\sigma_n^2} \right] \tag{4.4-3}$$

而当发送"0"时，$x(t)$ 的一维概率密度为

$$f_0(x) = \frac{1}{\sqrt{2\pi}\sigma_n} \exp\left[ -\frac{(x+A)^2}{2\sigma_n^2} \right] \tag{4.4-4}$$

若令判决门限为 $V_d$，则将"1"错判为"0"的概率 $P_{e1}$，以及将"0"错判为"1"的概率 $P_{e0}$ 的表达式如下：

$$P_{e1} = P(x < V_d) = \int_{-\infty}^{V_d} f_1(x) \mathrm{d}x$$

$$= \int_{-\infty}^{V_d} \frac{1}{\sqrt{2\pi}\sigma_n} \exp\left[ -\frac{(x-A)^2}{2\sigma_n^2} \right] \mathrm{d}x = \frac{1}{2} + \frac{1}{2}\mathrm{erf}\left( \frac{V_d - A}{\sqrt{2}\sigma_n} \right) \tag{4.4-5}$$

$$P_{e0} = p(x > V_d) = \int_{V_d}^{\infty} f_0(x) \mathrm{d}x$$

$$= \int_{V_d}^{\infty} \frac{1}{\sqrt{2\pi}\sigma_n} \exp\left[ -\frac{(x+A)^2}{2\sigma_n^2} \right] \mathrm{d}x = \frac{1}{2} - \frac{1}{2}\mathrm{erf}\left( \frac{V_d + A}{\sqrt{2}\sigma_n} \right) \tag{4.4-6}$$

两个概率分别如图 4 - 15(a)、(b) 中的阴影部分所示。

若发送"1"码的概率为 $P(1)$，发送"0"码的概率为 $P(0)$，则基带传输系统总的误码率可表示为

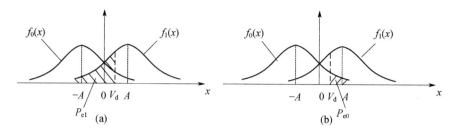

图 4 – 15　$x(t)$ 的概率密度曲线

(a) 计算 $P_{e1}$ 示意图；(b) 计算 $P_{e0}$ 示意图。

$$P_e = P(1)P_{e1} + P(0)P_{e0} \qquad (4.4-7)$$

由式(4.4 – 5) ~ 式(4.4 – 7)可以看出，基带传输系统的总误码与判决门限电平 $V_d$ 有关。通常把使总误码率最小的判决门限电平称为最佳门限电平，记为 $V_d^*$ 。

令

$$\frac{\mathrm{d}P_{e1}}{\mathrm{d}V_d} = 0 \qquad (4.4-8)$$

可求得最佳门限电平为

$$V_d^* = \frac{\sigma_n^2}{2A}\ln\frac{P(0)}{P(1)} \qquad (4.4-9)$$

若 $P(1) = P(0) = 0.5$，则最佳判决门限电平为 $V_d^* = 0$。

这时，基带传输系统的总误码率为

$$P_e = \frac{1}{2}P_{e1} + \frac{1}{2}P_{e0} = \frac{1}{2}\Big[1 - \mathrm{erf}\Big(\frac{A}{\sqrt{2}\,\sigma_n}\Big)\Big] = \frac{1}{2}\mathrm{erfc}\Big(\frac{A}{\sqrt{2}\,\sigma_n}\Big) \qquad (4.4-10)$$

式中：$\mathrm{erf}(x)$ 和 $\mathrm{erfc}(x)$ 分别称为误差函数和互补误差函数，且 $\mathrm{erf}(x) = 1 - \mathrm{erfc}(x)$。有性质 $\mathrm{erf}(-x) = -\mathrm{erf}(x)$，$\mathrm{erf}(0) = 0$，$\mathrm{erf}(\infty) = 1$。$x$ 越大，则 $\mathrm{erf}(x)$ 越大。

由式(4.4 – 10)可见，系统总误码率取决于信号峰值 $A$ 与噪声均方根值 $\sigma_n$ 之比，而与信号的形式无关。比值 $A/\sigma_n$ 越大，则 $P_e$ 就越小。

如果采用单极性信号波形，当 $P(1) = P(0) = 0.5$ 时，有

$$V_d^* = \frac{A}{2} + \frac{\sigma_n^2}{A}\ln\frac{P(0)}{P(1)} = \frac{A}{2} \qquad (4.4-11)$$

$$P_e = \frac{1}{2}\Big[1 - \mathrm{erf}\Big(\frac{A}{2\sqrt{2}\,\sigma_n}\Big)\Big] = \frac{1}{2}\mathrm{erfc}\Big(\frac{A}{2\sqrt{2}\,\sigma_n}\Big) \qquad (4.4-12)$$

式中：$A$ 是单极性信号波形的峰值。

由式(4.4 – 10)与式(4.4 – 12)比较可见，在信号波形的峰值 $A$、噪声均方根值 $\sigma_n$ 都相等时，单极性基带系统的抗噪声性能不如双极性基带系统。而且由式(4.4 – 11)可知，单极性信号的最佳判决门限将随信号幅度而变化。

对于 AMI 码，在抽样时刻的可能取值为 $+A$、0 或 $-A$。判决器的判决电平为 $-\dfrac{A}{2}$ 和 $\dfrac{A}{2}$。当 $x(kT_B) > \dfrac{A}{2}$ 或 $x(kT_B) < -\dfrac{A}{2}$ 时，判决器输出"1"；当 $-\dfrac{A}{2} < x(kT_B) < \dfrac{A}{2}$ 时，判决器

输出"0"。

$$P_{e1} = \int_{-\infty}^{-\frac{A}{2}} f_1(x)\,\mathrm{d}x + \int_{\frac{A}{2}}^{\infty} f_1(x)\,\mathrm{d}x$$

$$= \frac{1}{2}\mathrm{erfc}\left(\frac{A}{2\sqrt{2}\,\sigma_n}\right) - \frac{1}{2}\mathrm{erfc}\left(\frac{3A}{2\sqrt{2}\,\sigma_n}\right) \tag{4.4-13}$$

$$P_{e0} = \int_{-\frac{A}{2}}^{\frac{A}{2}} f_0(x)\,\mathrm{d}x = \mathrm{erfc}\left(\frac{A}{2\sqrt{2}\,\sigma_n}\right) \tag{4.4-14}$$

若"1"码与"0"码等概发送,系统总误码率为

$$P_e = \frac{3}{4}\mathrm{erfc}\left(\frac{A}{2\sqrt{2}\,\sigma_n}\right) - \frac{1}{4}\mathrm{erfc}\left(\frac{3A}{2\sqrt{2}\,\sigma_n}\right) \tag{4.4-15}$$

## 4.5 眼 图

对于一个实际的传输系统,码间干扰不可能完全避免。由式(4.3-1)、式(4.3-3)和式(4.3-5),码间干扰与发送滤波器特性 $G_T(f)$、信道特性 $C(f)$、接收滤波器特性 $G_R(f)$ 等因素有关,而计算这些因素所引起的误码率非常困难。在码间干扰和噪声同时存在的情况下,系统性能的定量分析更是复杂,甚至无法实现定量分析。

实际应用中常采用示波器来测试和调整数字基带系统的性能。具体做法是:用示波器测试接收滤波器的输出信号,使示波器水平扫描周期等于接收码元的周期。这时示波器显示的图形很像人的眼睛,所以称为**眼图**。眼图上面的一根水平线由连"1"码的持续正电平形成,下面的一根水平线由连"0"码的持续负电平形成,中间部分则是由"1"、"0"交替码形成的。通过眼图可以观察出码间干扰和噪声的影响。如图 4-16 所示,图(a)是双极性余弦滚降信号波形;图(b)是无噪声、无码间干扰条件下二元信号的眼图,图(d)是无噪声、有码间干扰条件下二元信号的眼图,图(f)是有噪声、有码间干扰条件下二元信号的眼图,图(h)是无噪声、无码间干扰条件下 AMI 码的眼图,因为 AMI 码有 +1、0、-1 三种电平,因此眼图正中间有条水平线。

无噪声、无码间干扰时,前后各个码元波形在荧光屏上重叠显示,线迹细而且清晰,像一只完全张开的眼睛。当存在码间干扰时,信号波形发生畸变,各个码元波形不尽相同,在荧光屏上不完全重合,形成的线迹较粗而且不端正。在同时存在噪声和码间干扰条件下,眼图的线迹变得模糊,"眼睛"张开就更小。

把眼图简化为如图 4-17 所示的模型,从模型中图中可以看出:

(1)最佳抽样时刻应是"眼睛"张开最大的时刻;

(2)定时误差的灵敏度为眼图的斜边之斜率。斜率的绝对值越大,允许的最大定时误差就越小,对定时误差就越敏感;

(3)图的阴影区的垂直高度表示信号幅度畸变范围;

(4)图中央的横轴位置为判决门限电平;

(5)在抽样时刻,上下两阴影区间距的一半为噪声容限(或称噪声边际),即若噪声瞬时值超过这个容限,就可能发生错误判决。

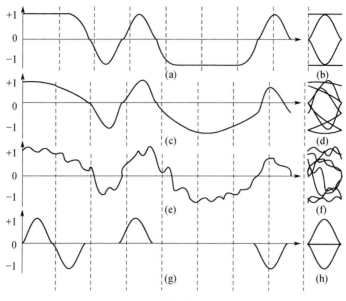

图 4 - 16　基带信号波形及眼图

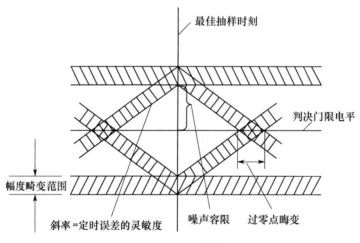

图 4 - 17　眼图模型

## 4.6　部分响应系统

在 4.3 中主要介绍了两类无码间干扰的基带系统,将理想低通和升余弦的特点归纳于表 4 - 2 中。

表 4 - 2　无码间干扰的基带系统特性比较

| 基带系统 | 码间干扰 | 冲激响应的衰减振荡 | 对定时的要求 | 频带利用率 | 能否实现 |
|---|---|---|---|---|---|
| 理想低通 | 无 | 较大 | 很严格 | 2Bd/Hz | 不能 |
| 升余弦 | 无 | 较小 | 要求较低 | 1Bd/Hz | 能 |

106

由表 4-2 可以看出,两种无码间干扰的基带系统都不够理想。理想低通系统的频带利用率高,体现了好的有效性;但对定时要求严格,在有定时误差时有可能误码,表现出可靠性欠缺。此外,理想低通系统物理不可实现。升余弦系统对定时要求较低,体现了较好的可靠性,但是频带利用率低,表现出有效性不理想,由此可见,有效性和可靠性是相互矛盾的。奈奎斯特第二准则对兼顾两者要求提出了一条思路。

**奈奎斯特第二准则**:有控制地在某些码元的抽样时刻引入码间干扰,而在其余码元的抽样时刻无码间干扰,就能使频带利用率达到理论上的最大值,同时又可降低对定时精度的要求。通常把满足奈奎斯特第二准则的波形称为部分响应波形。利用部分响应波形进行传送的基带传输系统称为部分响应系统。

### 4.6.1 第Ⅰ类部分响应波形

理想低通系统的冲激响应是 $\sin(2\pi f_N t)/(2\pi f_N t)$ 的形式,要加快它的衰减速度,就要使它的分母随时间 $t$ 增大得更快。如果把两个时间上间隔一个码元宽度 $T_B$ 的 $\sin(2\pi f_N t)/(2\pi f_N t)$ 波形相加,

$$g(t) = \frac{\sin 2\pi f_N t}{2\pi f_N t} + \frac{\sin 2\pi f_N (t - T_B)}{2\pi f_N (t - T_B)} \tag{4.6-1}$$

这样合成波的表达式分母中有 $t^2$ 项,从而加快了冲激响应的衰减速度。同时,由于 $g(t)$ 是两个形如 $\sin(2\pi f_N t)/(2\pi f_N t)$ 波形的线性叠加,所以带宽与 $\sin(2\pi f_N t)/(2\pi f_N t)$ 相同,频带利用率可达 2Bd/Hz。$g(t)$ 就是第一类部分响应波形。

图 4-18(a) 中是两个相隔 $T_B$ 的理想低通特性,两个波形叠加形成第一类部分响应波形 $g(t)$。图 4-18(b) 中实线是 $g(t)$,虚线是 $g(t-T_B)$。可以看出,前一个码元的接收信号 $g(t)$ 在 $t=0$ 时刻抽样,在下一个码元 $g(t-T_B)$ 的抽样时刻 $t=T_B$,$g(t)$ 对后面码元有码间干扰,且干扰值与前一个时刻的信号值相同。在 $t=2T_B$ 以后,$g(t)$ 具有了相隔 $T_B$ 的零点,不再对之后码元引起码间干扰。也就是说,部分响应系统存在码间干扰,但这个码间干扰是确定的和已知的,所以是能够被消除的。

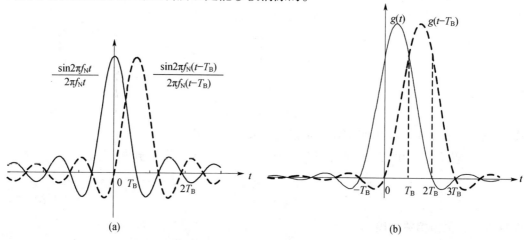

图 4-18 第一类部分响应系统的冲激响应
(a) 相距 $T_B$ 的低通系统冲激响应;(b) 相距 $T_B$ 的部分响应波形。

107

对式(4.6-1)进行傅里叶变换,即可得到第一类部分响应系统的传输函数

$$G(f) = \begin{cases} 2\cos\pi T_{\mathrm{B}}f & |f| \leqslant \dfrac{1}{2T_{\mathrm{B}}} \\ 0 & |f| > \dfrac{1}{2T_{\mathrm{B}}} \end{cases} \qquad (4.6-2)$$

它具有余弦特性,如图4-19所示。

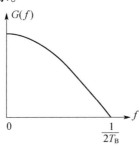

图4-19　第一类部分响应系统的传输函数

设输入的二进制码元序列为$\{a_n\}$,$a_n$的取值为$+1$或$-1$。由图4-18(b)可知,当发送码元$a_n$时,接收波形$g(t)$在相应时刻的抽样值$c_n$可由下式确定。

$$c_n = a_n + a_{n-1} \qquad (4.6-3)$$

那么

$$a_n = c_n - a_{n-1} \qquad (4.6-4)$$

式中:$a_{n-1}$表示第$n-1$个码元在第$n$个码元上叠加的串扰值,也就是$a_{n-1}$对$a_n$的码间干扰。$c_n$的可能取值为$0$、$+2$和$-2$。如果前一码元$a_{n-1}$已经判定,则接收端根据抽样值$c_n$,由式(4.6-4)便可得到$a_n$的取值。

但是上述判决方法有一个致命的缺点,就是只要有一个码元发生错误,就会影响后面的一系列码元,这称为**误码扩散**。如果在接收到$c_n$后,判决时不依赖$a_{n-1}$的值,就能避免出现这种误码扩散现象。预编码和相关编码可以解决误码扩散问题。

首先,在发送端将$a_n \rightarrow b_n$,称为**预编码**,其规则是

$$a_n = b_n \oplus b_{n-1} \qquad (4.6-5)$$

或

$$b_n = a_n \oplus b_{n-1} \qquad (4.6-6)$$

式中:$\oplus$表示模2和。预编码实际上是把**绝对码**变换为了**相对码**。

然后,把$\{b_n\}$作为发送滤波器的输入码元序列,在接收端得到相应的$c_n$,由(4.6-3)得

$$c_n = b_n + b_{n-1} \qquad (4.6-7)$$

式(4.6-7)称为**相关编码**。

最后,对式(4.6-7)做模2处理,则有

$$[c_n]_{\mathrm{mod}2} = [b_n + b_{n-1}]_{\mathrm{mod}2} = b_n \oplus b_{n-1} = a_n \qquad (4.6-8)$$

这样就不需要预先知道 $a_{n-1}$，只需对 $c_n$ 做模 2 处理后便可得到 $a_n$，也不存误码扩散的现象。整个上述处理过程可概括为"预编码—相关编码—模 2 判决"过程。其组成框图如图 4-20 所示。

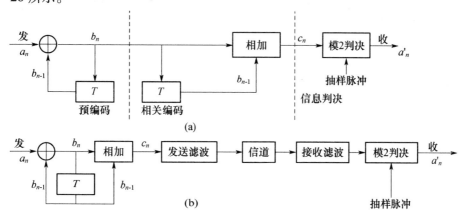

图 4-20  第一类部分响应系统框图
（a）原理方框图；（b）实际系统组成方框图。

例如，设 $a_n$ 为 10110011，则有

| | |
|---|---|
| $a_n$ | 1 0 1 1 0 0 1 1 |
| $b_{n-1}$ | 0 1 1 0 1 1 1 0 |
| $b_n$ | 1 1 0 1 1 1 0 1 |
| $c_n$ | 1 2 1 1 2 2 1 1 |
| $[c_n]_{\mathrm{mod2}}$ | 1 0 1 1 0 0 1 1 |

## 4.6.2  部分响应系统的一般形式

一般的部分响应系统的冲激响应是式（4.6-1）的推广，即

$$g(t) = \sum_{i=1}^{N} R_i \frac{\sin 2\pi f_N [t - (i-1)T_B]}{2\pi f_N [t - (i-1)T_B]} \tag{4.6-9}$$

这是 $N$ 个相继间隔 $T_B$ 的形如 $\sin x/x$ 波形之和，其中 $R_i$ 为加权系数，取值为正、负整数（包括 0）。这里，预编码的运算为

$$a_k = R_1 b_k + R_2 b_{k-1} + \cdots + R_N b_{k-(N-1)} （模 "L" 加） \tag{4.6-10}$$

在信道中完成的相关编码为

$$C_k = R_1 b_k + R_2 b_{k-1} + \cdots + R_N b_{k-(N-1)} （算术加） \tag{4.6-11}$$

在接收端对 $C_k$ 作模 L 处理，则有

$$[C_k]_{\mathrm{mod}L} = [R_1 b_k + R_2 b_{k-1} + \cdots + R_N b_{k-(N-1)}]_{\mathrm{mod}L} = a_k \tag{4.6-12}$$

部分响应波形衰减振荡的幅度小、收敛快，不仅能实现 2Bd/Hz 的频带利用率，而且还使基带频谱结构发生变化。常见的部分响应系统有五类，其定义、冲激响应和频谱特性

见表 4-3 所列。为便于比较,将理想低通系统作为 0 类也列入表内。从表中看出,各类部分响应波形的频谱在 $1/2T_B$ 处为零。其中第 I 类和第 IV 类部分响应系统的频谱分别为余弦和正弦特性,且预编码电路只有两项相加,结构简单;输出电平数均为 3 个,抗噪声性能较好,在实际中应用广泛。

表 4-3　部分响应波形的比较

| 类别 | $R_1$ | $R_2$ | $R_3$ | $R_4$ | $R_5$ | $g(t)$ | $|G(f)|$, $|f| \leqslant 1/2T_B$ | 二进制输入时 $c_n$ 的电平数 |
|------|-------|-------|-------|-------|-------|--------|----------------------------------|----------------------------|
| 0 | 1 | | | | | 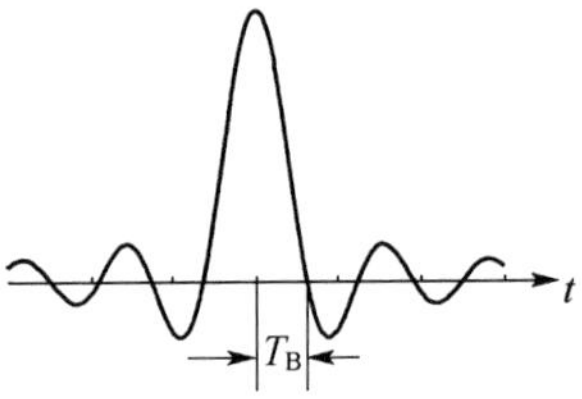 | 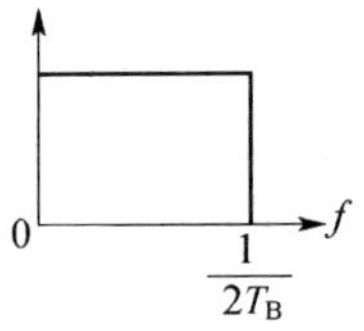 | 2 |
| I | 1 | 1 | | | |  | 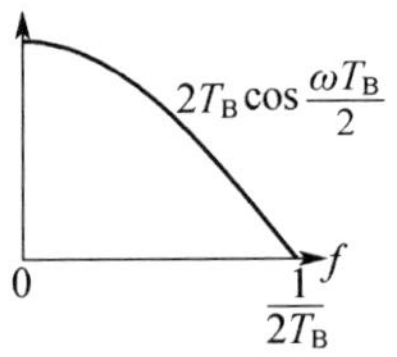 $2T_B\cos\dfrac{\omega T_B}{2}$ | 3 |
| II | 1 | 2 | 1 | | | 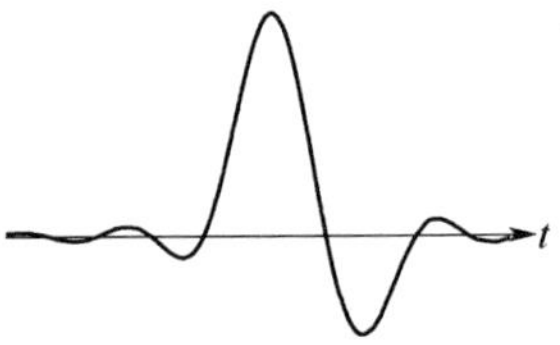 | 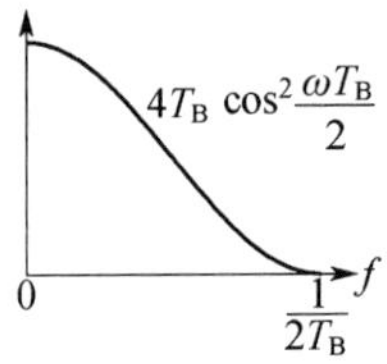 $4T_B\cos^2\dfrac{\omega T_B}{2}$ | 5 |
| III | 2 | 1 | -1 | | | 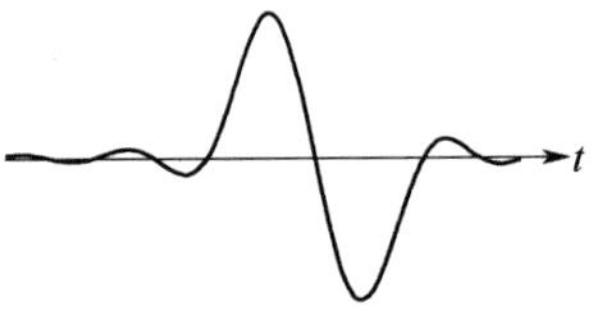 | 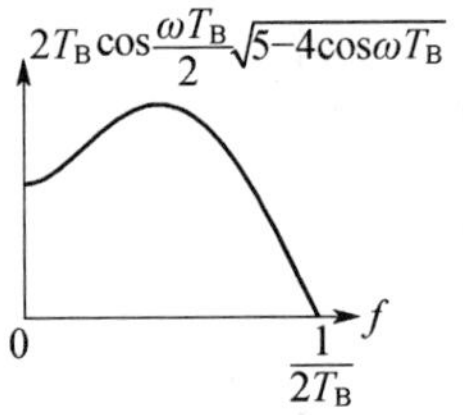 $2T_B\cos\dfrac{\omega T_B}{2}\sqrt{5-4\cos\omega T_B}$ | 5 |
| IV | 1 | 0 | -1 | | | 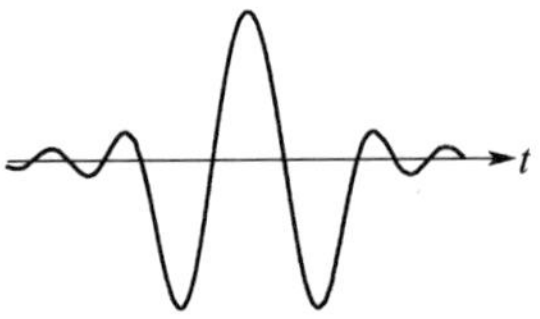 | 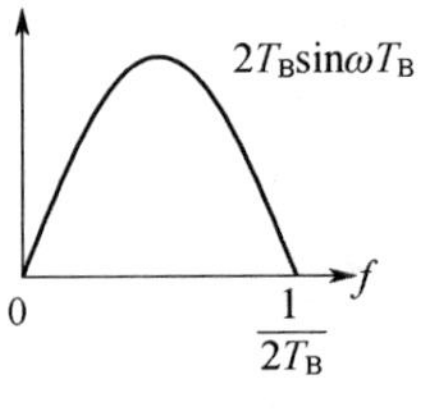 $2T_B\sin\omega T_B$ | 3 |
| V | -1 | 0 | 2 | 0 | -1 | 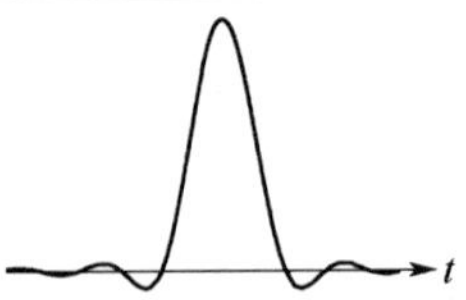 | 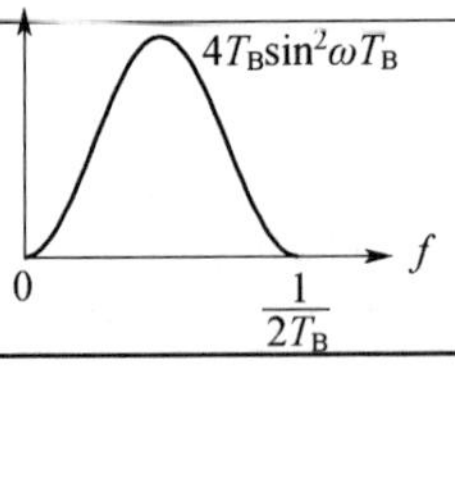 $4T_B\sin^2\omega T_B$ | 5 |

110

当输入数据为 $L$ 进制时,部分响应波形的相关编码电平数要超过 $L$ 个,如第 I 类和第 IV 类部分响应的相关编码电平数为 $2L-1$ 个,而第 II、III、V 类 部分响应的相关编码电平数为 $2L+1$ 个。因此部分响应系统的抗噪声性能将比理想低通系统的要差。这也是为获得部分响应系统的优点所付出的代价。

# 4.7 位 同 步

为保证正确检测和判决所接收的码元,必须确定接收码元起始时刻,因此接收系统需要一个码元同步脉冲序列,又称为位同步信号、码元定时脉冲或码元同步信号。提取位同步信号的系统称为位同步系统。

位同步方法可以分为两大类。第一类称为外同步法,它是一种利用辅助信息同步的方法,即需要在传输的信号中另外加入包含码元定时信息的导频信号。第二类称为自同步法,它不需要辅助同步信息,而是直接从接收的信号序列中提取出码元定时信息。显然,这种方法要求接收信号中含有码元定时信息。下面将分别介绍这两类同步技术。

## 4.7.1 外同步法

常用的外同步法在发送信号中插入频率为码元速率 $f_b$(或 $R_B$)或码元速率的整数倍的同步信号。在接收端利用一个窄带滤波器将其分离出来,得到码元同步信号。这种方法的优点是设备较简单,缺点是需要占用一定的频带宽带和发送功率。在宽带传输系统中,例如多路电话系统,由于传输同步信息所占用的频带和功率为各路信号所分担,对于每路信号的负担并不大,所以这种方法还是得到了实际应用。

在发送端插入码元同步信号的方法有多种。从时域考虑,可以连续插入,并随信息码元同时传输;也可以在每组信息码元之前增加一个"同步头",由它在接收端建立码元同步,并用锁相环使同步状态在相邻两个"同步头"之间得以保持。从频域考虑,可以在信息码元频谱之外占用一段频谱专用于传输同步信息;也可以在信息码元频谱中的"空隙"处,插入同步信息。

## 4.7.2 自同步法

自同步法分为两种,即开环同步法和闭环同步法。对于等概的二进制不归零码元序列,其中没有离散的码元速率频谱分量,不能直接从接收信号中得到码元同步信号。如果对接收信号进行某种非线性变换,就能够使频谱中产生离散的码元速率分量,从而提取出码元定时信息。在开环法中就是采用这种方法提取出码元同步信息。而在闭环同步中,则通过比较本地时钟周期和输入信号码元周期,将本地时钟锁定在输入信号上。闭环法更为准确,但是也更为复杂。下面将对这两种方法分别作介绍。

**1. 开环位同步法**

开环同步也称为非线性变换同步。它是将基带系统的接收码元先通过某种非线性变换,再送入一个窄带滤波电路,从而滤出码元速率的离散分量。在图 4-21 中给出了两个具体方案。图 4.21(a)是延迟相乘法的原理方框图。延迟相乘的方法就是做非线性变换。选择延迟时间为码元宽度的一半,相乘器输入和输出的波形如图 4-22 所示。由

图 4 - 22 可见,延迟相乘后码元波形的后一半永远是正值,而前一半则当输入状态有改变时为负值。变换后的码元序列的频谱中就产生了码元速率的分量。

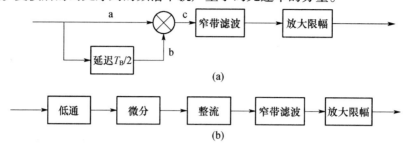

(a)

(b)

图 4 - 21　开环码元同步的两种方案

(a) 延迟相乘法;(b) 微分整流法。

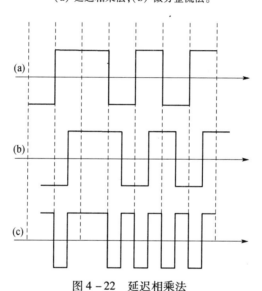

图 4 - 22　延迟相乘法

图 4 - 21(b) 中给出了第二种方案,它采用的非线性电路是一个微分电路,用微分电路去检测矩形码元脉冲的边沿。微分电路的输出是正负窄脉冲,经过整流后得到正脉冲序列,此序列的频谱中就包含有码元速率的分量。由于微分电路对于宽带噪声很敏感,所以在输入端加一个低通滤波器。但是,低通滤波器的加入会使码元波形的边沿变缓,使微分后的波形上升或下降变慢,所以应该合理选取低通滤波器的截止频率。

**2. 闭环位同步法**

闭环码元同步的方法是将接收信号和本地产生的码元定时信号相比较,使本地产生的定时信号和接收码元波形的转变点保持同步。这种方法原理与载频同步中的锁相环法相似。

广泛应用的一种闭环码元同步器称为超前/滞后门同步器,如图 4 - 23 所示。图中有两个支路,每个支路都有一个与输入基带信号 $m(t)$ 相乘的门信号,分别称为超前门和滞后门。设输入基带信号 $m(t)$ 为双极性不归零波形,两路相乘后的信号分别进行积分。通过超前门的信号积分时间是从码元周期开始时间 $0 \sim (T-d)$。通过滞后门信号的积分时间从 $d$ 至码元周期的末尾 $T$。这两个积分器输出电压的绝对值之差 $e$ 就代表接收端码元同步误差,该误差通过环路滤波器反馈到压控振荡器去校正环路的定时误差。

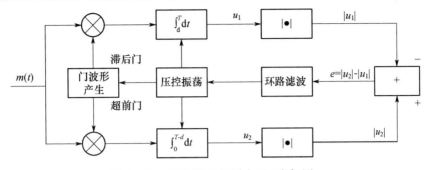

图 4 – 23　超前/滞后门同步原理方框图

在完全同步状态下,这两个门的积分期间均在码元持续时间内,如图 4 – 24(a)所示。所以,两个积分器对信号 $m(t)$ 的积分结果相等,绝对值相减后得到的误差信号 $e$ 为零。这样,同步器就稳定在此状态。若压控振荡器的输出超前于输入信号码元 $\Delta$,如图 4 – 24 (b)所示,则滞后门仍然在其全部积分期间($T - d$)内积分,而超前门的前 $\Delta$ 时间落在前一码元内,这将使码元波形突跳前后的 $2\Delta$ 时间内信号的积分值为零。因此,误差电压 $e = -2\Delta$,它使压控振荡器得到一个负的控制电压,使压控振荡器的振荡频率减小,并使超前/滞后门受到延迟。同理可见,若压控振荡器的输出滞后于输入码元,则误差电压 $e$ 为正值,使压控振荡器的振荡频率升高,从而使其输出提前。图 4 – 24 中画出的两个门的积分区间大约等于码元持续时间的 3/4。实际上,若此区间设计在等于码元持续时间的一半将能够给出最大的误差电压,即压控振荡器能得到最大的频率受控范围。

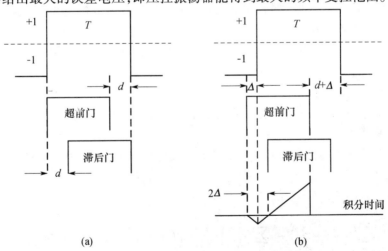

图 4 – 24　超前/滞后门同步器波形图

(a) 同步状态;(b) 超前状态。

在上面讨论中已经假定接收信号中的码元波形有跳边沿。若它没有跳边沿,则无论有无同步时间误差,超前门和滞后门的积分结果总是相等,这样就没有误差信号去控制压控振荡器,故不能使用此法取得同步。这个问题在所有自同步法的码元同步器中都存在,在设计时必须加以考虑。此外,由于两个支路积分器的性能也不可能做得完全一样。这样将使本来应该等于零的误差值产生偏差;如果接收码元序列中较长时间没有突跳边沿时,此误差值偏差持续地加在压控振荡器上,使振荡频率持续偏移,从而会使系统失去同步。

# 4.8　均衡技术

由于信道特性的不理想等因素的影响,实际数字基带系统的输出在抽样时刻上,或多或少会存在一定的码间干扰。理论和实践均表明,在数字基带系统输出端加入一种可调(或不可调)的滤波器,可以减小码间干扰的影响。这种起补偿作用的滤波器统称为均衡器,均衡器可分为时域均衡器和频域均衡器两大类。

**时域均衡器**(Time－Domain Equalizer,TDE)是直接从时间响应角度分析并设计的均衡器,使包括均衡器在内的整个数字基带传输系统满足或接近无码间干扰条件,即奈奎斯特第一准则,以使在抽样时刻最大限度地消除码间干扰。时域均衡器可以分两大类:线性均衡器和非线性均衡器。如果将接收信号的判决结果通过反馈用于均衡器的参数调整,称为非线性均衡器;反之,则为线性均衡器。在线性均衡器中,最常用的均衡器结构是线性横向均衡器。非线性均衡器的种类较多,包括判决反馈均衡器(DFE)和最大似然序列估计(MLSD)等。

**频域均衡器**(Frequency－Domain Equalizer,FDE)是利用幅频特性或相频特性对信道特性进行补偿,使数字基带系统的总特性满足奈奎斯特第一准则的要求。传统的FDE是一种固定的补偿技术,当信道特性发生变化时,尤其是在带宽受限的信道上进行高速传输时,频域均衡就不能有效地减弱码间干扰的影响。但是在高数据速率的情况下,时延扩展达几百个符号,直接使用时域均衡复杂度太高。而通过使用FFT/IFFT,可以使频域均衡的补偿性能得以提高,且由于频域均衡的复杂度较低,因此重新得到人们的重视。

## 4.8.1　线性均衡

线性均衡器的结构简单,它是时域均衡器的基础。实现方式主要是横向滤波器,也可以用格型滤波器。

设原基带系统传输特性为 $G(f)$,在插入时域均衡器 $T(f)$ 后,系统总的传输特性为

$$G'(f) = T(f)G(f) \tag{4.8-1}$$

使其满足奈奎斯特第一准则,即

$$\sum_i G'\left(f + \frac{i}{T_B}\right) = \sum_i G\left(f + \frac{i}{T_B}\right)T\left(f + \frac{i}{T_B}\right) = T_B \qquad |f| \leqslant \frac{1}{2T_B} \tag{4.8-2}$$

此时,这个包括 $T(f)$ 在内的总特性 $G'(f)$ 将可消除码间干扰。

取 $T(f)$ 为 以 $1/T_B$ 为周期的周期函数,则 $T\left(f + \frac{i}{T_B}\right) = T(f)$,且有

$$T(f) = \frac{T_B}{\sum_i G\left(f + \frac{i}{T_B}\right)} \qquad |f| \leqslant \frac{1}{2T_B} \tag{4.8-3}$$

既然 $T(f)$ 是周期函数,则 $T(f)$ 可用傅里叶级数来表示,即

$$T(f) = \sum_{n=-\infty}^{\infty} C_n \mathrm{e}^{-\mathrm{j}2n\pi T_{\mathrm{B}}f} \qquad |f| \leqslant \frac{1}{2T_{\mathrm{B}}} \qquad (4.8-4)$$

式中

$$C_n = T_{\mathrm{B}} \int_{-\frac{1}{2T_{\mathrm{B}}}}^{\frac{1}{2T_{\mathrm{B}}}} T(f) \mathrm{e}^{\mathrm{j}2n\pi T_{\mathrm{B}}f} \mathrm{d}f = T_{\mathrm{B}} \int_{-\frac{1}{2T_{\mathrm{B}}}}^{\frac{1}{2T_{\mathrm{B}}}} \frac{T_{\mathrm{B}}}{\sum\limits_{i} G\left(f+\dfrac{i}{T_{\mathrm{B}}}\right)} \mathrm{e}^{\mathrm{j}2n\pi T_{\mathrm{B}}f} \mathrm{d}f \qquad (4.8-5)$$

由式(4.8-5)看出,傅里叶系数 $C_n$ 由 $G(f)$ 决定,那么时域均衡器 $T(f)$ 也可由基带系统 $G(f)$ 唯一地确定。

再求式(4.8-4)的傅里叶反变换,即可得其单位冲激响应 $g_{\mathrm{T}}(t)$ 为

$$g_{\mathrm{T}}(t) = F^{-1}[T(f)] = \sum_{n=-\infty}^{\infty} C_n \delta(t-nT_{\mathrm{B}}) \qquad (4.8-6)$$

式(4.8-6)是线性均衡器的基本形式,可以用图4-25的网络表示。该均衡器由无限多个按横向排列的迟延单元及抽头系数组成,所以称为**横向滤波器**。横向滤波器的特性主要取决于各抽头系数 $C_n$,($n=0,\pm1,\pm2,\cdots$)。各抽头系数是可调整的,以适应不同的传输条件。无限多个码元的响应波形之和,构成了横向滤波器的输出波形,横向滤波器将接收到的有码间干扰信号变换成在抽样时刻上无码间干扰的响应波形。

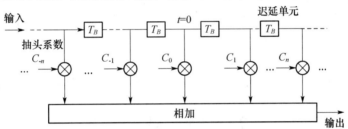

图4-25　无限长横向滤波器

以上分析表明,需要用一个无限长的横向滤波器来彻底消除码间干扰的影响。然而,使用无限抽头数的横向滤波器是不现实的,也是不必要的,如果 $C_n$ 的调整准确度得不到保证,则增加长度也无益。理论和实际都证明,有限长横向滤波器也能有效减少码间干扰的影响。

设**有限长横向滤波器**由 $2N$ 个迟延单元、$2N+1$ 个抽头系数及 1 个加法器组成,如图4-26所示。

有限长横向滤波器的单位冲激响应

$$g_e(t) = \sum_{i=-N}^{N} C_i \delta(t-iT_{\mathrm{B}}) \qquad (4.8-7)$$

横向滤波器的输出信号 $y(t)$ 是输入信号 $x(t)$ 和 $g_e(t)$ 的卷积:

$$y(t) = x(t) * g_e(t) = \sum_{i=-N}^{N} C_i x(t-iT_{\mathrm{B}}) \qquad (4.8-8)$$

在抽样时刻 $kT_{\mathrm{B}}+t_0$($t_0$ 是如图4-26(b)所示的 $x_0$ 出现的时刻),$y(t)$ 的幅值为

$$y(t_0+kT_{\mathrm{B}}) = \sum_{i=-N}^{N} C_i x(t_0+kT_{\mathrm{B}}-iT_{\mathrm{B}}) = \sum_{i=-N}^{N} C_i x[t_0+(k-i)T_{\mathrm{B}}] \qquad (4.8-9)$$

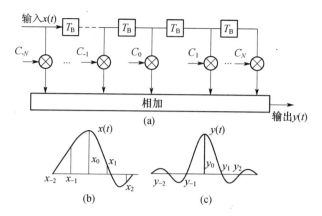

图 4 - 26  有限长的横向滤波器

或者简写为

$$y_k = \sum_{i=-N}^{N} C_i x_{k-i} \qquad (4.8-10)$$

式中：$y_k$ 均衡器输出在第 $k$ 个抽样时刻上的响应，其中 $y_0$ 是需要得到的信号响应，而 $y_k$ （$k \neq 0$）都是对其他时刻信号的码间干扰，我们希望通过调整 $C_i$ 使其等于或接近零。

横向滤波器抽头系数的调整有两种常用方法，一是以最小峰值畸变为准则的**迫零算法**；另一是以最小均方误差为准则的**均方误差算法**。

**1. 迫零算法**

迫零算法是由 Lucky 于 1965 年提出的，该算法不考虑加性噪声的影响，适用于有线信道的线性均衡。

根据前面的分析可知，迫零算法调整抽头系数的依据为

$$y_k = \sum_{i=-N}^{N} C_i x_{k-i} = \begin{cases} 1 & k = 0 \\ 0 & k = \pm 1, \pm 2, \cdots, \pm N \end{cases} \qquad (4.8-11)$$

当 $|k| > N$ 时，$y_k$ 也可能为非零值，构成均衡器输出端的残留码间干扰。这说明，有限长横向滤波器不可能完全消除码间干扰，只能消除对前后 $N$ 个抽样时刻上的码间干扰。

迫零滤波器的均衡效果可用峰值畸变准则来衡量。峰值畸变定义为

$$D = \frac{1}{y_0} \sum_{\substack{k=-\infty \\ k \neq 0}}^{\infty} |y_k| \qquad (4.8-12)$$

$D$ 表示在所有抽样时刻得到的码间干扰之和与 $k=0$ 时刻上的抽样样值之比，理想情况下，$D=0$。适当选择横向滤波器各抽头系数，可迫使 $D \rightarrow 0$，所以称为迫零算法。构成的横向滤波器又称为迫零均衡器。

**例 4.1**  某数字基带传输系统冲激响应在各抽样时刻的抽样值分别为 $x_{-2} = -0.1$，$x_{-1} = 0.2, x_0 = 1.0, x_1 = -0.3, x_2 = 0.1$，当 $|k| > 2$ 时，$x_k = 0$。若将该系统与三抽头迫零均衡器相级联，求出此横向滤波器的抽头系数，并计算出均衡前后的峰值畸变值。

解：（1）求抽头系数：根据式（4.8-11）有

$$y_k = \sum_{i=-1}^{1} C_i x_{k-i} = \begin{cases} 1 & k = 0 \\ 0 & k = \pm 1 \end{cases}$$

$$\begin{bmatrix} x_0 & x_{-1} & x_{-2} \\ x_1 & x_0 & x_{-1} \\ x_2 & x_1 & x_0 \end{bmatrix} \cdot \begin{bmatrix} C_{-1} \\ C_0 \\ C_1 \end{bmatrix} = \begin{bmatrix} y_{-1} \\ y_0 \\ y_1 \end{bmatrix}$$

$$\begin{bmatrix} 1 & 0.2 & -0.1 \\ -0.3 & 1 & 0.2 \\ 0.1 & -0.3 & 1 \end{bmatrix} \cdot \begin{bmatrix} C_{-1} \\ C_0 \\ C_1 \end{bmatrix} = \begin{bmatrix} 0 \\ 1 \\ 0 \end{bmatrix}$$

解联立方程,求得

$$C_{-1} = -0.16, C_0 = 0.898, C_1 = 0.284$$

（2）求均衡后在各抽样时刻的抽样值:

方法 1:

$$\begin{bmatrix} x_{-2} & x_{-3} & x_{-4} \\ x_{-1} & x_{-2} & x_{-3} \\ x_0 & x_{-1} & x_{-2} \\ x_1 & x_0 & x_{-1} \\ x_2 & x_1 & x_0 \\ x_3 & x_2 & x_1 \\ x_4 & x_3 & x_2 \end{bmatrix} \cdot \begin{bmatrix} C_{-1} \\ C_0 \\ C_1 \end{bmatrix} = \begin{bmatrix} y_{-3} \\ y_{-2} \\ y_{-1} \\ y_0 \\ y_1 \\ y_2 \\ y_3 \end{bmatrix}$$

$$\begin{bmatrix} -0.1 & 0 & 0 \\ 0.2 & -0.1 & 0 \\ 1 & 0.2 & -0.1 \\ -0.3 & 1 & 0.2 \\ 0.1 & -0.3 & 1 \\ 0 & 0.1 & -0.3 \\ 0 & 0 & 0.1 \end{bmatrix} \times \begin{bmatrix} -0.16 \\ 0.898 \\ 0.284 \end{bmatrix} = \begin{bmatrix} 0.016 \\ 0.122 \\ 0 \\ 1 \\ 0 \\ 00.005 \\ 0.028 \end{bmatrix}$$

方法 2:

| | | $x_{-2}$ | $x_{-1}$ | $x_0$ | $x_1$ | $x_2$ | |
|---|---|---|---|---|---|---|---|
| | | | $C_{-1}$ | $C_0$ | $C_1$ | | |
| $C_{-1}x_{-2}$ | | $C_{-1}x_{-1}$ | $C_{-1}x_0$ | $C_{-1}x_1$ | $C_{-1}x_2$ | | |
| $C_0x_{-2}$ | | $C_0x_{-1}$ | $C_0x_0$ | $C_0x_1$ | $C_0x_2$ | | |
| | | $C_1x_{-2}$ | $C_1x_{-1}$ | $C_1x_0$ | $C_1x_{-1}$ | $C_1x_{-2}$ | |
| $y_{-3}$ | $y_{-2}$ | $y_{-1}$ | $y_0$ | $y_1$ | $y_2$ | $y_3$ | |

把相应的数值代入上式,可得

$$y_{-3} = 0.016, y_{-2} = 0.122, y_{-1} = 0, y_0 = 1, y_1 = 0, y_2 = 0.005, y_3 = 0.028$$

均衡前的峰值畸变

$$D_i = \frac{1}{x_0} \sum_{\substack{k=-1 \\ k\neq 0}}^{1} |x_k| = 0.1 + 0.2 + 0.3 + 0.1 = 0.7$$

均衡后的峰值畸变

$$D_0 = \frac{1}{y_0} \sum_{\substack{k=-\infty \\ k\neq 0}}^{\infty} |y_k| = 0.016 + 0.122 + 0.005 + 0.028 = 0.171$$

由例题4.1可看出,横向滤波器确实能够减小峰值畸变,但仍存有残余的码间干扰。一般来说,有$2N+1$个抽头的横向滤波器只能完全消除前后$N$个抽样时刻的码间干扰。

由于均衡器的频率特性是和原基带系统特性是相逆的,当系统幅频特性出现零点(有很大衰减)时,迫零滤波器在此就有很大的幅度增益。在信道存在加性噪声时,迫零滤波器就会有很大的输出噪声,导致输出信噪比下降。

**2. 均方误差算法**

该算法是在综合考虑均衡器输出端既存在残留码间干扰,又有加性噪声的情况下,以最小均方误差准则来计算横向滤波器的抽头系数。

若发送的二进制序列为$\{a_n\}$,通过非理想特性的信道传输,并受到加性噪声的干扰,在接收端均衡器的输入序列为$\{x(kT_B)\}$,均衡器输出序列为$\{y(kT_B)\}$,设$x_k = x(kT_B)$,$y_k = y(kT_B)$,以$a_k$表示在第$k$个符号间隔内所发送的二进制符号,它与实际均衡输出$y_k$之误差为

$$e_k = a_k - y_k \tag{4.8-13}$$

求均方误差对抽头系数$C_n$的偏导

$$\frac{\partial E(e_k^2)}{\partial C_n} = 2E\left(e_k \frac{\partial e_k}{\partial C_n}\right) = -2E\left(e_k \frac{\partial y_k}{\partial C_n}\right) = -2E(e_k x_{k-n}) \tag{4.8-14}$$

令

$$\frac{\partial E(e_k^2)}{\partial C_n} = -2E(e_k x_{k-n}) = 0 \tag{4.8-15}$$

这时,$E(e_k^2)$有最小值,可求出最佳抽头系数。

将式(4.8-15)展开,得到

$$E[(a_k - y_k)x_{k-n}] = E\left[\left(a_k - \sum_{m=-N}^{N} C_m x_{k-m}\right)x_{k-n}\right] = 0 \tag{4.8-16}$$

由式(4.8-16)可得

$$E(a_k x_{k-n}) = E\left[\left(\sum_{m=-N}^{N} C_m x_{k-m}\right)x_{k-n}\right] = \sum_{m=-N}^{N} C_m E(x_{k-m}x_{k-n}) \tag{4.8-17}$$

$$R_{ax}(n) = \sum_{m=-N}^{N} C_m R_x(m-n) \qquad n = 0, \pm 1, \cdots, \pm N \tag{4.8-18}$$

式中:$R_{ax}(n) = E(a_k x_{k-n})$是$a_k$和$x_k$的互相关函数;$R_x(n-m) = E(x_{k-m}x_{k-n})$是$x_k$的自相关函数。

利用式(4.8-18)给出的$2N+1$个线性方程,可求出横向滤波器的抽头系数$C_m$。

在信道频率特性比较平坦的情况下,采用线性均衡有较好性能。在衰落信道中,由于

信道频率特性有零点,线性均衡器的输出信噪比会明显减小,这时采用非线性均衡,其性能优于线性均衡。

## 4.8.2 非线性均衡

非线性均衡有两类:最大似然序列判决(Maximum Likelihood Sequence Detection, MLSD)和判决反馈均衡器(Detection Feedback Equalizer, DFE)。若消息的个数为 $M$,码间干扰的符号长度为 $L$,则 MLSD 的复杂度正比于 $ML+1$,因此它仅适用于码间干扰长度很小的情况。GSM 系统中一般 $L=4$,所以 MLSD 均衡器被广泛应用于 GSM。而 DFE 的复杂度正比于 $L$,所以 DFE 的实现比 MLSD 更简单,其性能下降也并不明显。以下主要讨论 DFE。

判决反馈均衡器的原理框图如图 4-27 所示。

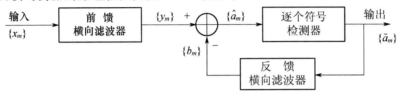

图 4-27 判决反馈均衡器的结构

该均衡器是由两个滤波器组成,一是前馈滤波器,另一是反馈滤波器。反馈滤波器将前面已判决的符号作为输入,用过去已判决符号来估计当前正检测符号的码间干扰,然后将它与前馈滤波器输出相减,从而减小了当前输出符号的码间干扰。

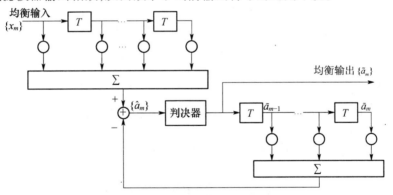

图 4-28 用横向滤波器实现判决反馈均衡

判决反馈均衡器可用横向滤波器实现,具体框图如图 4-28 所示。此判决反馈均衡器的各抽头系数可以按迫零算法或均方误差算法计算,但均方误差算法应用更普遍。

## 4.8.3 均衡器的调整

均衡器抽头系数的调整有两种方法。

### 1. 预置式调整

采用迫零算法时,在正式传送信息以前,发端要以很低的频率重复地发送单脉冲,其间隔应大于码间干扰的持续时间,通常应大于实际传输码元宽度的 $2N+1$ 倍,以避免两个脉冲之间的码间干扰重叠。收端根据各取样点码间干扰情况,自动调整抽头系数,调好以后保持不变,然后才开始传输数据。

一种迫零调整预置式均衡器如图4-29所示。把均衡器的输出送到比较器。比较器的比较电平在0时刻为+1,在其余时刻为0。比较器输出的极性送到误差极性移存器,该移存器每隔$T_B$左移一位,共有$(2N+1)$级。在完成$(2N+1)$次测试后把门打开,根据误差极性调整抽头系数,加一个增量$\Delta$或减一个增量$\Delta$。经多次反复调整,使码间干扰趋近于零。

$\Delta$愈小,调整精度越高。但调整的时间越长。解决这一矛盾的方法就是采用变步长调整法,开始把$\Delta$取得大些,以减小调整时间,待调整过程基本结束时,再把$\Delta$减小,以提高均衡精度。

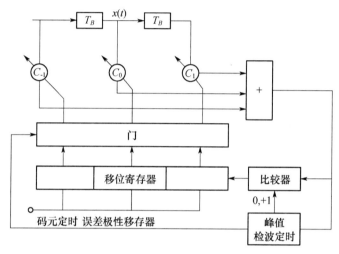

图4-29 迫零调整预置式均衡器

对于采用均方误差算法的均衡器来说,通常在传输信号以前,发送端要发送一已知的训练序列$\{a_m\}$,以便在收端估计出自相关$\hat{R}_x(n)$及互相关$\hat{R}_{ax}(n)$的值。

$$\hat{R}_x(n) = \frac{1}{k}\sum_{m=1}^{k} x(m-n)x(m) \qquad (4.8-19)$$

$$\hat{R}_{ax}(n) = \frac{1}{k}\sum_{m=1}^{k} x(m-n)a(m) \qquad (4.8-20)$$

利用上述两个算术平均的估计值来代替统计平均,然后根据式(4.8-18),即可求出线性均衡器的抽头系数。

**2. 自适应调整**

自适应调整不需要专门的测试脉冲,而是从接收的信号中提取调整抽头系数的信息,抽头系数的调整可以紧紧跟随信道变化的特性,所以叫"自适应"。它有以下优点:

(1)从接收信号本身提取调整抽头系数的信息,不影响正常的数字通信。

(2)均衡效果好,并能按信道变化而及时调整,在随参信道中必须用自适应均衡器。

(3)在多电平或多相位传输系统中,信道存在非线性或判决电路有误差时,能调节到较好的工作状态。

120

（4）调整速度快，这对用模拟话路信道传送高速数据时特别重要。

图 4-30 是一个采用最小均方差算法的自适应均衡器。图中模拟相关器的输出就是式(4.8-17)中的 $E(e_k x_{k-n})$。根据 $E(e_k x_{k-n})$ 的极性，来调整抽头系数，若 $E(e_k x_{k-n}) > 0$，则抽头系数减小一个增量，反之，抽头系数则增加一个增量。

实际上预置式均衡器和自适应均衡器常常是混合使用的。通常在传输信号以前，要在发送端发送一已知的训练序列 $\{a_m\}$，在收端根据计算调整均衡器抽头系数，使它接近于最佳值，然后再发送信息。在发送信息的过程中，均衡器的抽头系数采取自适应调整。为了有效地减小码间干扰，还要周期性地对均衡器进行训练。在 TDMA 系统中，每时隙中都要传送训练序列，训练序列可置于每时隙的开始，或是在每时隙的中间。

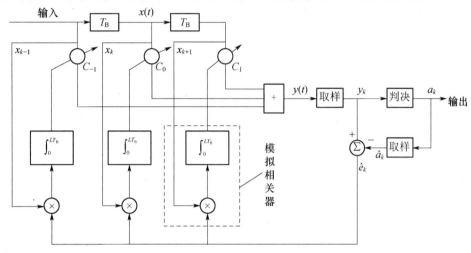

图 4-30　自适应均衡器

## 4.8.4　频域均衡

当前移动通信的数据速率往往可达 100M/s 以上，如采用时域均衡，则抽头数目 $M$ 可达到几百个，算法复杂度为 $O(M^2)$，并且收敛性和稳定性很差。为了提高系统性能，可以采用两种方案：OFDM(Orthogonal Frequency Division Multiplexing)与 SC-FDE(Single Carrier Frequency Domain Equalization)，这两种方案都采用了 FFT/IFFT 变换，算法复杂度降低为 $O(M\lg M)$。OFDM 采用频域发送数据方式，将高速数据流转换为多路低速数据流，由正交子载波承载，在接收端分别对每个子信道进行估计与补偿，OFDM 将在第 7 章介绍。

SC-FDE 采用时域发送数据方式，其系统结构如图 4-31 所示。

OFDM 与 SC-FDE 的技术共同点可以总结如下。

（1）两种系统都采用了 FFT/IFFT 变换单元，只不过位置不同。OFDM 系统中 IFFT 位于发端，FFT 位于收端；而 SC-FDE 系统中 FFT/IFFT 都位于收端。其信道补偿都是在频域进行的。

（2）为了消除数据块间干扰(InterBlock Interference, IBI)，两种系统都引入了循环前缀(CP)，将数据块与信道的线性卷积截断为循环卷积，从而便于独立处理每个数据块，简化了均衡算法结构。

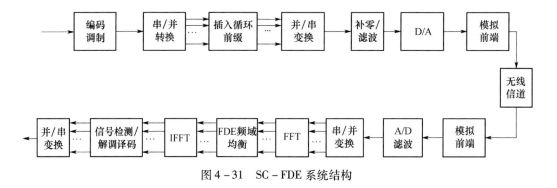

图 4 - 31　SC - FDE 系统结构

与 OFDM 相比,SC - FDE 具有如下技术优势。

(1) OFDM 信号由多个独立调制的正弦波叠加生成,当 FFT 点数很多时,其峰平比 (PAPR)非常高,信号动态范围很大,从而对模拟前端尤其是功放的线性度要求苛刻,而单载波系统的 PAPR 较小,只随调制星座的信号点动态范围变化。因此单载波系统对于功放线性度要求较低,非常适合于硬件成本受限的移动终端采用。LTE 系统上行链路采用了 SC - FDMA 多址接人方式,首要因素就是基于峰平比考虑。

(2) OFDM 系统对收/发频率偏差和多普勒效应造成的信道间干扰(InterChannel Interference,ICI)非常敏感,因此频偏补偿和同步算法是 OFDM 系统的关键模块。而单载波系统对于频偏不敏感,能够容忍较大频偏,更适合于高速运动场合,其频率同步算法也较简单。

(3) OFDM 系统检测在频域进行,每个子载波单独信道补偿后再解调数据,因此低信噪比的子载波限制了未编码 OFDM 的系统性能。而 SOFDE 系统检测在时域进行,信号经过频域均衡,变换为时域再解调。这样即使有一些子载波 SNR 很低,但 IFFT 变换对恶劣信道进行了平均,减弱了深衰落的影响,相当于获得了频率分集增益,从而提高了系统性能。

为了提高系统性能,OFDM 系统必须采用信道编码,即 COFDM。理论上,频域补偿与信道编码组合,OFDM 性能可以达到最优。而 SC - FDE 系统只进行频域均衡,即使与信道编码组合,也只是次优方案。因此有编码条件下,SC - FDE 性能往往要差于 COFDM,为了提高单载波性能,需要采用更复杂的均衡算法,如 FDE 均衡器。

目前,SC - FDE 得到了学术界越来越多的关注,主要研究热点包括:SC - FDE 与 MIMO 技术结合,探求空间与频率联合分集;非线性频域均衡技术,如 DFE 或 THP 与 FDE 的组合优化。这些技术将在 4G 移动通信系统中获得更广泛的应用。

# 4.9　小　结

1. 基本基本的数字基带信号波形有:(1)单极性信号波形;(2)双极性信号波形;(3)差分信号波形;(4)多电平信号波形。

2. 基带信号的一般表达式为

$$s(t) = \sum_{n=-\infty}^{\infty} a_n g(t - nT_B)$$

式中:$g(t)$是基本信号波形;$T_B$为码元宽度;$a_n$为第 $n$ 个码元信号的幅度。

3. 二进制数字基带信号 $s(t)$ 的双边功率谱密度为

$$P_s(f) = R_B P(1 - P) | G_1(f) - G_0(f) |^2 + \sum_{m = -\infty}^{\infty}$$
$$| R_B [ P G_1(m R_B) + (1 - P) G_0(m R_B) ] |^2 \delta(f - m R_B)$$

第一项为连续频谱,该项一定存在。连续谱反映信号能量集中的频率范围,可用来确定信号的带宽。第二项为直流成分,这一项不一定存在。第三项为离散频谱,同样不一定存在,这一项可用于确定有无位同步信号 $f_b = R_B = 1/T_B$。

4. 信道传输码型必须具备以下基本特性:(1)无直流分量并且只有很少的低频分量;(2)含有丰富的码元定时信息;(3)主瓣宽度窄,以节省频带资源;(4)适用于各种信源的统计特性;(5)最好具有内在的检错能力;(6)有利于减少误码扩散,避免传输过程中的单个错码而导致译码输出多个错码。

5. 基带传输的常用码型有双相码(曼彻斯特码)、CMI 码、Miller 码、$nBmB$ 码、AMI 码、HDB$_3$ 码、4B/3T 码等。

6. 信号通过信道传输,同时受到乘性干扰和加性噪声的影响,其中乘性干扰会引起码元波形的延迟和失真,可能造成码元间的互相重叠,从而影响正确判决,这就是码间干扰,又称码间串扰。

7. 无码间干扰的时域条件为

$$h[ (k - n) T_B ] = \begin{cases} A & n = k \\ 0 & n \neq k \end{cases}$$

式中:$A$ 为常数。

无码间干扰的频域条件为

$$\sum_i H \left( f + \frac{i}{T_B} \right) = T_B (或常数), \qquad |f| \leqslant \frac{1}{2 T_B}$$

也是奈奎斯特第一准则。

8. 对于截止频率为 $f_N$ 的理想低通系统,$T_B = \dfrac{1}{2 f_N}$ 是无码间干扰的最小码元周期,相应的无码间干扰的最大码元速率 $R_B = 2 f_N$,称为奈奎斯特速率。反之,若要实现速率为 $R_B$ 的无码间干扰传输,需要的理想低通系统的最小带宽为 $R_B/2$,称为奈奎斯特带宽。这时系统的频带利用率为 $2Bd/Hz$,这也是一个极限的频带利用率。

9. 二进制数字基带系统,对于双极性基带信号,最佳门限电平为

$$V_d^* = \frac{\sigma_n^2}{2A} \ln \frac{P(0)}{P(1)}, P(1) = P(0) = 0.5$$

则最佳判决门限电平为

$$V_d^* = 0$$

此时基带传输系统的总误码率为

$$P_e = \frac{1}{2} \text{erfc} \left( \frac{A}{\sqrt{2} \sigma_n} \right)$$

对于单极性信号波形,当 $P(1) = P(0) = 0.5$ 时,有

$$V_d^* = \frac{A}{2} + \frac{\sigma_n^2}{A}\ln\frac{P(0)}{P(1)} = \frac{A}{2}, P_e = \frac{1}{2}\text{erfc}\left(\frac{A}{2\sqrt{2}\sigma_n}\right)$$

10. 眼图是采用示波器来测试和调整数字基带系统的性能得到的图形。具体做法是:用示波器测试接收滤波器的输出信号,使示波器水平扫描周期等于接收码元的周期。这时示波器显示的图形很像人的眼睛,所以称之为眼图。

11. 奈奎斯特第二准则:有控制地在某些码元的抽样时刻引入码间干扰,而在其余码元的抽样时刻无码间干扰,就能使频带利用率达到理论上的最大值,同时又可降低对定时精度的要求。通常把满足奈奎斯特第二准则的波形称为部分响应波形。利用部分响应波形进行传送的基带传输系统称为部分响应系统。

12. 第 I 类部分响应波形为

$$g(t) = \frac{\sin 2\pi f_N t}{2\pi f_N t} + \frac{\sin 2\pi f_N(t - T_B)}{2\pi f_N(t - T_B)}$$

一般的部分响应系统的冲激响应

$$g(t) = \sum_{i=1}^{N} R_i \frac{\sin 2\pi f_N[t - (i-1)T_B]}{2\pi f_N[t - (i-1)T_B]}$$

13. 为保证正确检测和判决所接收的码元,必须确定接收码元起始时刻,因此接收系统需要一个码元同步脉冲序列,又称为位同步信号、码元定时脉冲或码元同步信号。提取位同步信号的系统称为位同步系统。位同步方法可以分为两大类。第一类称为外同步法,第二类称为自同步法。

14. 在数字基带系统输出端加入一种可调(或不可调)的滤波器,可以减小码间干扰的影响。这种起补偿作用的滤波器统称为均衡器,均衡器可分为时域均衡器和频域均衡器两大类。时域均衡器可以分两大类:线性均衡器和非线性均衡器。频域均衡器是利用幅频特性或相频特性对信道特性进行补偿,使数字基带系统的总特性满足奈奎斯特第一准则的要求。

# 思 考 题

4-1 什么是数字基带信号?

4-2 数字基带信号的功率谱密度有什么特点?各部分频谱有什么物理意义?

4-3 在传输矩形脉冲时,对传输系统频带有什么要求?为什么?

4-4 选择传输码型必须具备哪些基本特性:

4-5 什么叫码间串扰?码间串扰会产生什么影响?系统满足无码间串扰的条件是什么?

4-6 什么是奈奎斯特速率?什么是奈奎斯特带宽?此时频带利用率的最大值是多少?

4-7 设信号功率、进制数以及信道的噪声功率谱密度不变,当传输信息速率增大时

误码率如何变化? 为什么?

4-8 设理想低通滤波器的截止频率为 $f_N$,试讨论码元通过该理想低通滤波器,满足无码间串扰的速率。

4-9 若要实现速率为 $R_B$ 的无码间干扰传输,所需的理想低通系统的最小带宽为多少?

4-10 什么是眼图? 由眼图模型可以说明基带传输系统的哪些性能?

4-11 简述用示波器观察眼图的两个步骤。

4-12 为什么要采用部分响应技术,部分响应技术有何优点,需要付出什么代价?

4-13 什么是时域均衡? 什么是频域均衡? 横向滤波器为什么能实现时域均衡?

# 习 题

4-1 已知信息代码为 1010000011000011,求相应的 AMI 码及 HDB$_3$ 码,并分别画出它们的波形图。

4-2 已知信息代码为 100000000011,求相应的 AMI 码、HDB3 码及双相码。

4-3 设二进制符号序列为 110010001110,试以矩形脉冲为例,分别画出相应的单极性码波形、双极性码波形、单极性归零码波形、双极性归零码波形、二进制差分码波形及八电平码波形。

4-4 设某二进制数字基带信号的基本脉冲为三角形脉冲,如题图 4-1 所示。图中 $T_B$ 为码元间隔,数字信息"1"、"0"分别用 $g(t)$ 的有无表示,且"1"和"0"出现的概率相等。

(1)求该数字基带信号的功率谱密度;

(2)能否用滤波法从该数字基带信号中提取码元同步所需的频率 $f_B = 1/T_B$ 的分量? 若能,试计算该分量的功率。

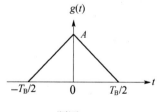

题图 4-1

4-5 设随机二进制脉冲序列码元间隔为 $T_B$,经过理想抽样以后,送入如题图 4-2 中的几种滤波器,指出哪种会引起码间串扰,哪种不会引起码间串扰,说明理由。

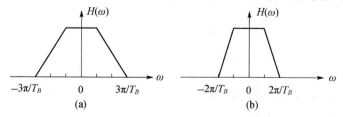

题图 4-2

4-6 某数字基带系统的频率特性是截止频率为 1MHz、幅度为 1 的理想低通滤波器

(1) 试根据系统无码间串扰的时域条件，求此数字基带系统无码间串扰的码元速率；

(2) 设此系统传输信息速率为 3Mb/s，能否实现无码间串扰。

4-7 设数字基带系统的频率特性如题图 4-3 所示。

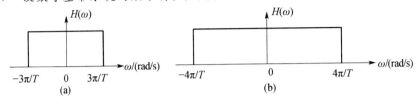

题图 4-3

(1) 若以 2/T(Baud) 速率传输信号，讨论二进制情况下各系统是否可以实现无码间串扰传输；

(2) 若以 8/Tb/s 速率传输信息，讨论多进制情况下各系统是否可以实现无码间串扰传输。

4-8 设数字基带传输系统具有题图 4-4 所示的三角形传输函数：

(1) 当 $R_B = \omega_0/\pi$ 时，用奈奎斯特准则验证该系统能否实现无码间串扰传输？

(2) 求该系统接收滤波器输出基本脉冲的时间表达式，并用此来说明(1)中的结论。

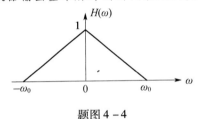

题图 4-4

4-9 设数字基带系统的传输特性 $H(\omega)$ 如题图 4-5 所示，其中 $\alpha$ 是常数（$0 \leqslant \alpha \leqslant 1$）。

(1) 试检验该系统能否实现无码间干扰传输？

(2) 该系统的最大码元传输速率为多少？这时的系统频带利用率为多少？

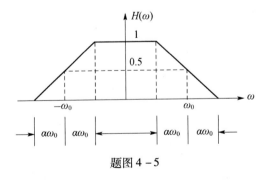

题图 4-5

4-10 为了传输码元速率 $R_B = 10^3$(Baud) 的数字基带信号，试问系统采用如题图 4-6 中哪种传输特性较好，并说明其理由。

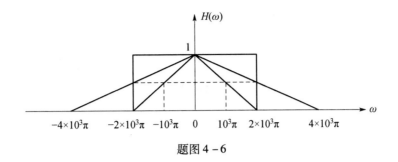

題图 4 - 6

4 - 11 设一相关编码系统如题图 4 - 7 所示,理想低通滤波器的截至频率为 $1/2T_B$,通带增益为 $T_B$。试求该系统的单位冲激响应和频率特性。

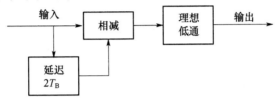

題图 4 - 7

4 - 12 设有一个三抽头的迫零均衡器,输入信号 $X(t)$ 在各个抽样点的值依次为 $X_{-2} = 0, X_{-1} = 0.2, X_0 = 1, X_1 = -0.3, X_2 = 0.1$,其余 $X_k = 0$。求三抽头的最佳增益。

4 - 13 设有一个三抽头的时域均衡器,如题图 4 - 8 所示 $x(t)$ 在抽样点的值依次为 $x_{-2} = \dfrac{1}{8}$、$x_{-1} = \dfrac{1}{3}$、$x_0 = 1$、$x_1 = \dfrac{1}{4}$、$x_2 = \dfrac{1}{16}$,在其他抽样点均为 0,试求输入波形 $x(t)$ 峰值的畸变值及均衡器输出波形 $y(t)$ 峰值的畸变值。

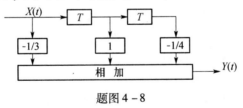

題图 4 - 8

# 第5章 模拟信号数字化

## 5.1 概 述

由于数字通信系统具有模拟通信系统无可比拟的优越性,已成为主要的通信方式。而通信信息源,无论是日常的语音、图像和视频信号,还是其他通过采集得到的各种信号,通常都是模拟信号,这些模拟信号若要通过数字通信系统传输,需要将其转换为数字信号,即 A/D 转换。在接收端,再还原为模拟信号,即 D/A 转换,从而实现模拟信号的数字传输。本章重点放在模拟信号和数字信号之间的转换问题,主要针对的是 PCM 电话通信系统,即脉冲编码调制。本章具体分析 PCM 电话通信中,语音信源的抽样、量化、编码,电话信号的编译码,PCM 系统的抗噪声性能,PCM 时分复用以及 PCM 数字复接等问题。此外,对于差分脉冲编码调制增量调制也做简要介绍。

## 5.2 脉冲编码调制 PCM

### 5.2.1 PCM 系统模型

**脉冲编码调制**(Pulse Code Modulation,PCM),是一种将时间连续、取值连续的模拟信号变换成时间离散、抽样值离散的数字信号的过程。PCM 系统包括编码器和译码器两部分,系统模型如图 5-1 所示。PCM 编码器完成对模拟信号的数字化,从原理上讲需要经过抽样、量化、编码三个步骤,最终将每个模拟信号的抽样值表示为一组二进制编码。PCM 译码器则将二进制码再还原为模拟信号。

PCM 于 1937 年被提出,60 年代开始应用于市内电话网;到 70 年代末期以后,应用于记录媒体的 CD、DVD;80 年代初开始,用于市话中继传输、大容量干线传输以及数字程控交换机,并在用户电话机中采用。

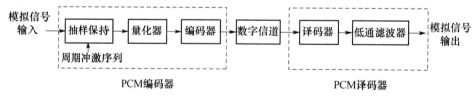

图 5-1 PCM 系统模型

**抽样**是把模拟信号由时间上连续的信号变成时间上离散的信号,抽样必须遵循抽样定理,抽样后的信号应当包含原信号的全部信息,以便接收端能无失真地恢复原模拟信号。本章所讨论的模拟信号主要针对电话通信中的语音信号,其频带范围是 300 ~ 3400Hz,抽样频率选择 8kHz。

**量化**是将抽样得到的幅度瞬时值离散化的过程,即将连续的瞬时抽样值近似为离散的电平值,以便对量化后的信号进行编码。

**编码**是用二进制码组去表示每一个量化电平。若编码后二进制码组的位数用 $N$ 表示,则可以表示的量化电平数为 $2^N$ 个。

通常量化和编码可以同时完成。

### 5.2.2 PCM 术语说明

在讨论术语 PCM 的含义之前,先回顾一下第 3 章模拟调制系统,如 DSB、SSB、VSB 和 FM 等,它们都是以余弦或正弦波作为载波信号,统称为余弦载波。实际上还有一类应用非常广泛的**脉冲载波信号**,它是周期性的矩形脉冲序列,调制信号对脉冲载波的幅度、宽度或相位进行调制。若对脉冲幅度进行调制,称为 **PAM**(Pulse Amplitude Modulation),PAM 已调信号的脉冲振幅正比于调制信号。若对脉冲宽度进行调制,称为 **PDM**(Pulse Duration Modulation)或 **PWM**(Pulse Width Modulation),PDM 已调信号的脉冲宽度正比于调制信号。若对脉冲相位(即脉冲的位置)进行调制,称为 **PPM**(Pulse Position Modulation),PPM 已调信号的脉冲相位正比于调制信号。由于这三种已调信号虽然时间离散,但是取值还是连续的,因此都属模拟调制。

脉冲调制的波形图如图 5 – 2 所示。

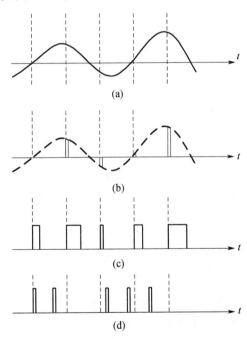

图 5 – 2　模拟脉冲调制波形图
(a) 模拟基带信号;(b) PAM 信号;(c) PDC 信号;(d) PPM 信号。

PAM 是模拟语音信号进行数字化的必经之路;PDM 主要应用于电力电子技术,如电机调速、直流供电等领域;PPM 主要应用在光调制和光信号处理技术中。

在实际应用中,常利用"抽样保持电路"产生平顶的 PAM 信号。如图 5 – 3 所示。

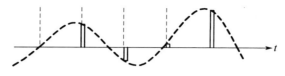

图 5 - 3　平顶 PAM 信号波形图

PCM 是在 PAM 的基础上,再对抽样值进行量化和编码,完成模拟抽样值的数字化。因此术语 PCM 既包括了"脉冲调制",也包括了最后的"编码",因此将这种模拟信号数字化的过程称为脉冲编码调制。

### 5.2.3　PCM 系统的奈奎斯特带宽

对一路模拟信号而言,在抽样周期内完成抽样、量化和编码,但是前后两个抽样周期之间还留有大片的时间间隙,这些时间间隙是可以用来处理其他通道的模拟信号。这种以时间作为分割参量,使对各路信号的处理与传输在时间轴上互不重叠的方式称为时分复用。时分复用的示意图如图 5 - 4 所示。更多的关于时分复用的内容见 5.9 节。

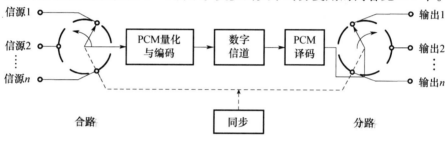

图 5 - 4　时分复用示意图

模拟信号经过 PCM 脉冲编码调制后,就变成数字信号,因此在分析 PCM 系统的奈奎斯特带宽时,可以利用数字基带系统的有关知识。

设模拟信号的抽样频率为 $f_s$,每个样值编码位数为 $N$,则 PCM 信号的码元速率为 $R_B = Nf_s$,再考虑到 $k$ 路复用,PCM 系统的码元速率为 $kNf_s$。根据奈奎斯特准则,在无码间串扰的情况下,奈奎斯特带宽是指理想低通传输系统所需的最小带宽,为 $kNf_s/2$,当采用升余弦系统传输时,所需带宽为 $kNf_s$。

## 5.3　模拟信号的抽样

抽样是将时间连续信号转换为时间离散信号的过程,对已抽样信号的要求为:一方面能完整地保留原信号的信息,以便能还原原始信号;另一方面抽样速率要尽量低,以便于实现且占用频带资源少。抽样定理是模拟信号数字化的理论基础。

### 5.3.1　抽样定理

**1. 抽样器模型**

对模拟信号进行抽样,抽样器的模型可以简单地表示为图 5 - 5 的形式,抽样周期一般为常数,也称均匀抽样。其中 $m(t)$ 为模拟信号,$\delta_T(t)$ 为抽样信号,$m_s(t)$ 为已抽样信号。

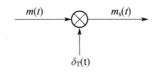

图 5-5　抽样器模型

在以上模型中,当抽样信号为周期性冲激序列时,称为理想抽样;当抽样信号为周期性矩形脉冲序列时,称为**自然抽样**。

在抽样定理中,将被抽样模拟信号分为低通和带通两种。设模拟信号频率范围为 $f_L \sim f_H$,则带宽为 $B = f_H - f_L$。低通信号是指 $B > f_L$ 的信号,带通信号则是 $B \leqslant f_L$ 的信号。语音信号的 $f_L = 300\,\text{Hz}, f_H = 3400\,\text{Hz}$,属低通信号。实际应用当中存在 $B \leqslant f_L$ 的情况,如频分复用 FDM 信号,因此后面将分别讨论低通和带通信号抽样定理。

**2. 低通信号抽样定理**

(1) 低通信号抽样定理

对于频带限制在 $0 \sim f_H$ 的低通信号 $m(t)$,若以频率 $f_s \geqslant 2f_H$ 抽取瞬时样值,则可无失真恢复原模拟信号。

抽取瞬时样值,意味着抽样信号的脉冲宽度无限窄,可表示为周期性冲激序列 $\delta_T(t)$,这里 $\delta_T(t) = \sum\limits_{n=-\infty}^{\infty} \delta(t - nT_s)$。这样的抽样又称为理想抽样,理想抽样主要用于理论分析,实际的抽样信号是矩形窄脉冲序列。

(2) 时域关系

根据抽样器模型以及抽样信号表达式,已抽样信号 $m_s(t)$

$$m_s(t) = m(t)\delta_T(t) = \sum\limits_{n=-\infty}^{\infty} m(nT_s)\delta(t - nT_s) \qquad (5.3-1)$$

(3) 频域关系

$$M_s(\omega) = \frac{1}{2\pi}[M(\omega) * \delta_T(\omega)] = \frac{1}{T_s}[M(\omega) * \sum\limits_{n=-\infty}^{\infty} \delta(\omega - n\omega_s)]$$

$$= \frac{1}{T_s}[\sum\limits_{n=-\infty}^{\infty} M(\omega - n\omega_s)] \qquad (5.3-2)$$

式中:$\omega_s = 2\pi f_s = 2\pi/T_s$;$T_s$ 为抽样周期。式(5.3-2)表明,已抽样信号的频谱是模拟基带信号频谱的周期性延拓,重复周期为 $\omega_s$。只要保证 $\omega_s \geqslant 2\omega_H$,即 $f_s \geqslant 2f_H$,就不会出现频谱混叠,在接收端可以利用低通滤波器无失真还原基带信号的频谱。无失真恢复的最低抽样频率 $f_s = 2f_H$ 称为**奈奎斯特速率**,而对应的抽样周期 $T_s = 1/(2f_H)$ 称为奈奎斯特间隔。

图 5-6 是理想抽样的时域和频域图,为分析和表达方便,横轴用频率 $f$ 表示。

**3. 模拟基带信号的恢复**

将已抽样信号恢复为原模拟基带信号,需要一个截止频率为 $f_H$ 的低通滤波器,该滤波器的频域特性 $H(f)$ 是一个宽度为 $2f_H$(从 $-f_H$ 到 $+f_H$)的门函数。这里的"恢复",是指输出信号 $m_0(t)$ 与模拟基带信号 $m(t)$ 呈线性关系。

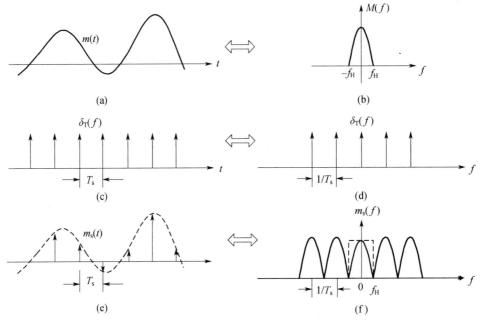

图 5-6 理想抽样的时域和频域图

（a）基带抽样信号；（b）基带信号频谱；（c）抽样信号波形；

（d）抽样信号频谱；（e）已抽样信号波形；（f）已抽样信号频谱。

$$H(f) = \begin{cases} 1 & |f| \leqslant f_{\mathrm{H}} \\ 0 & |f| > f_{\mathrm{H}} \end{cases} \qquad (5.3-3)$$

$$h(t) = F^{-1}[H(\omega)] = \frac{\omega_{\mathrm{H}}}{\pi} Sa(\omega_{\mathrm{H}} t) \qquad (5.3-4)$$

已抽样信号 $m_{\mathrm{s}}(t)$ 通过低通滤波器 $H(f)$ 后，输出信号 $m_0(t)$ 为

$$m_0(t) = m_{\mathrm{s}}(t) * h(t) = \frac{\omega_{\mathrm{H}}}{\pi} \sum_{n=-\infty}^{\infty} m(nT)\delta(t-nT_{\mathrm{s}}) * Sa(\omega_{\mathrm{H}} t)$$

$$= \frac{\omega_{\mathrm{H}}}{\pi} \sum_{n=-\infty}^{\infty} m(nT_{\mathrm{s}}) Sa[\omega_{\mathrm{H}}(t-nT_{\mathrm{s}})] \qquad (5.5-5)$$

式(5.5-5)表明,恢复 $m(t)$ 的过程就是由一系列幅值为信号抽样值 $m(nT_{\mathrm{s}})$ 的函数叠加而成,这个叠加过程称为**内插**,信号的恢复如图 5-7 所示。

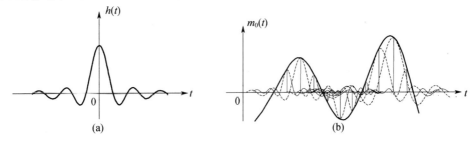

图 5-7 模拟基带信号的恢复示意图

（a）低通滤波器的冲激响应；（b）恢复的模拟基带信号。

#### 4. 带通信号抽样定理

对于频谱范围限制于$f_L \sim f_H$,且信号带宽$B \leqslant f_L$的带通信号,若按照低通信号抽样定理进行抽样,即$f_s \geqslant 2f_H$,完全可以实现原信号的无失真恢复。但是这样的抽样频率通常不是下限值,一方面不必要,另一方面高抽样频率会导致转换后的数字信号速率高,不利于信号的处理与传输。

**带通信号抽样定理**指出,一个频谱范围为$f_L \sim f_H$的带通信号$m(t)$,若以速率

$$f_s = 2f_H/n = 2B(1 + k/n) \qquad (5.3-6)$$

进行抽样,则可以通过抽样后的信号无失真恢复原信号。式中:$B = f_H - f_L$为信号带宽;$n$为$f_H/B$取整部分;$k$为$f_H/B$的小数部分,$0 \leqslant k < 1$。

以下举例对带通信号抽样定理加以说明。

当$f_H = B$,则$n = 1, k = 0, f_s = 2f_H$,此即低通信号抽样定理,是带通信号抽样定理的特例。

当$B < f_H < 2B$,则$n = 1, f_s = 2B(1+k)$。$k = 0 \to 1, f_s = 2B \to 4B$。

当$f_H = 2B$,则$n = 2, k = 0, f_s$从$4B \downarrow 2B$。

当$2B < f_H < 3B$,则$n = 2, f_s = 2B(1+k/2)$。$k = 0 \to 1, f_s = 2B \to 3B$。

当$f_H = 3B$,则$n = 3, k = 0, f_s$从$3B \downarrow 2B$。

$\vdots$

不论是低通还是带通抽样定理,其实质是保证抽样后频谱不混叠,以便无失真恢复原始信号。从图5-8的带通信号抽样示例,可以更直观地理解上面的分析。

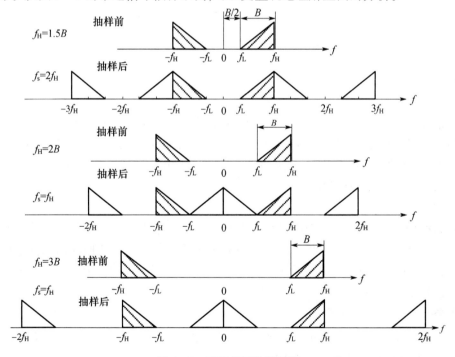

图5-8 带通信号抽样示例

当$n \gg 1$时,$f_s \to 2B$。在实际通信工程中,一般可以满足$n \gg 1$的条件,这时抽样频率

$f_s = 2B$，即抽样频率等于信号带宽的两倍即可，这个抽样频率远远小于上限频率 $f_H$ 的两倍。

需要说明的是，对于带通信号而言，并不一定抽样频率 $f_s \geq 2f_H/n$ 就不发生频谱混叠，满足无失真恢复信号的抽样频率还要视信号的具体频带而定。

### 5.3.2 实际抽样

**1. 自然抽样**

在图 5-5 的抽样器模型中，将抽样信号改为周期性矩形脉冲序列即为**自然抽样**，已抽样信号还是模拟基带信号 $m(t)$ 乘以抽样信号的结果。在抽样周期内，脉冲幅度随 $m(t)$ 的值而波动。自然抽样的结果实际上就是前面讨论过的 PAM 信号，其波形图如图 5-2(b)所示。

时域关系，设抽样信号用 $s(t)$ 表示，$s(t)$ 为脉冲宽度为 $\tau$、幅度为 1、周期为 $T_s = 1/f_s$ 的矩形脉冲序列。根据傅里叶变换的知识，其频谱密度函数为

$$S(\omega) = \frac{2\pi\tau}{T_s} \sum_{k=-\infty}^{\infty} Sa\left(\frac{k\omega_s\tau}{2}\right) \delta(\omega - k\omega_s) \qquad (5.3-7)$$

已抽样信号

$$m_s(t) = m(t)s(t) \qquad (5.3-8)$$

已抽样信号频谱

$$M_s(\omega) = F[m_s(t)] = F[m(t) \cdot s(t)] = \frac{1}{2\pi} M(\omega) * S(\omega)$$

$$= \frac{1}{2\pi}\left[ M(\omega) * \frac{2\pi\tau}{T_s} \sum_k Sa\left(\frac{k\omega_s\tau}{2}\right) \delta(\omega - k\omega_s) \right]$$

$$= \frac{\tau}{T_s} \sum_{k=-\infty}^{\infty} Sa\left(\frac{k\omega_s\tau}{2}\right) M(\omega - k\omega_s) \qquad (5.3-9)$$

频谱关系如图 5-9 所示，可以看出，已抽样信号频谱是基带频谱按 $f_s$ 进行周期重复，与理想抽样不同的是，各重复周期的幅度特性不再相同，而是由 $Sa(k\omega_s\tau/2)$ 决定，在每个重复周期内，频谱的形状相同，但幅度不同。仍然可以用一个截止频率为 $f_H$ 的理想低通滤波器无失真地恢复原始信号。

**2. 平顶抽样**

**平顶抽样**的波形如图 5-10 所示，"平顶"的术语非常直观，在抽样期间，脉冲的顶部是平坦的，幅值恒定不变。平顶抽样的实现是在抽样脉冲的起始处抽取模拟基带信号的瞬时值，然后在抽样周期内保持不变。其数学模型可以表示为理想抽样后，再通过一个保持电路，如图 5-11 所示。

时域关系

$$m_s(t) = \{m(t)\delta_T(t)\} * h(t) \qquad (5.3-10)$$

式中：$h(t)$ 是宽度为 $\tau$，高度为 1 的矩形脉冲。

$$h(t) = \begin{cases} 1 & 0 \leq t \leq \tau \\ 0 & t > \tau, t < 0 \end{cases} \qquad (5.3-11)$$

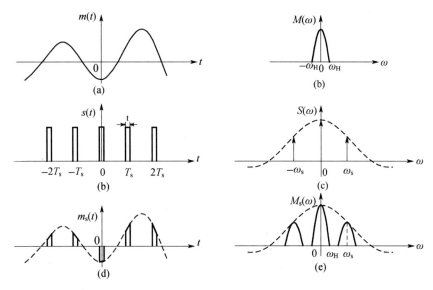

图 5 - 9  自然抽样频谱图

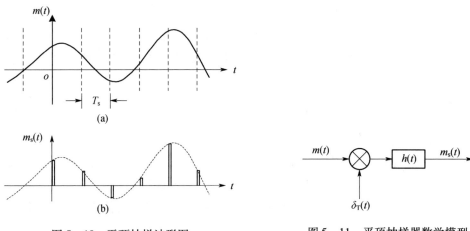

图 5 - 10  平顶抽样波形图　　　　　　图 5 - 11  平顶抽样器数学模型
（a）模拟基带信号；（b）平顶抽样信号。

为便于分析,忽略时延。

$$h(t) = \begin{cases} 1 & -\tau/2 \leqslant t \leqslant \tau/2 \\ 0 & |t| > \tau/2 \end{cases} \qquad (5.3 - 12)$$

则

$$H(\omega) = \tau Sa\left(\frac{\omega\tau}{2}\right) \qquad (5.3 - 13)$$

频域关系

$$M_s(\omega) = \left[\frac{1}{T_s}\sum_{n=-\infty}^{\infty} M(\omega - n\omega_s)\right]H(\omega) \qquad (5.3 - 14)$$

　　与自然抽样不同的是,在模拟基带频谱的每一个重复周期内,由于 $H(\omega)$ 是频率的函

135

数,与 $M(\omega - n\omega_s)$ 相乘后改变了模拟基带信号的频谱形状,这种影响称为孔径失真。若直接用截止频率为 $f_H$ 的理想低通滤波器,并不能无失真恢复原始基带信号。为消除孔径失真,可以在低通滤波之前先加入均衡网络 $1/H(\omega)$ 加以修正,或者通过二次采样来消除孔径失真,具体内容参阅文献[2]。

# 5.4 抽样信号的量化

## 5.4.1 基本概念

抽样是将模拟基带信号进行时间离散化的过程,但抽样后信号的幅值在其值域内仍然是连续信号,无法用有限的数字编码去表示抽样值。要想实现抽样值的数字化,需要对连续的抽样值进行离散化处理,这个过程称为量化。量化值与抽样值之间存在的差别称为量化误差或量化噪声,量化误差一旦形成,在接收端无法去除。量化误差与量化等级数有关,量化等级数越多,量化误差就越小。对于电话通信,增加量化等级数有可能把噪声降低到无法察觉的程度。量化又分为标量量化和矢量量化。标量量化是指对每个抽样值进行独立量化并编码,每个抽样值最终对应一个码字,PCM 数字电话就是采用这种方式。矢量量化是指对一组抽样值联合量化,由于它利用各抽样值之间的相关性,因此可以更有效地减小量化输出,从而减少编码位数。矢量量化主要用于数字图像和数字语音编码,本书不做进一步讨论。

## 5.4.2 均匀量化及其量化性能

连续的模拟信号经抽样量化为离散信号的过程,如图 5-12 所示。将模拟信号的取值范围分为若干量化区间,也称为量化间隔,若各量化区间相等则称为均匀量化,否则是非均匀量化。图中 $m(t)$ 为模拟基带信号,为了简明起见抽样周期用 $T$ 表示,$m_k = m(kT)$ 为抽样值,$m_q = m_q(kT)$ 为 $m(kT)$ 的量化输出值。量化区间的端点值为 $m_i$,量化值用 $q_i$ 表示。

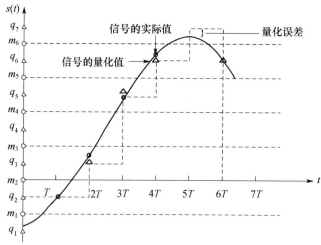

图 5-12 抽样信号的量化

136

设模拟抽样信号的值域为 $-a \sim a$, 量化区间数为 $M$, 相应的量化电平数也为 $M$, 因为量化后还要进行编码, 设二进制编码位数为 $N$, 为保证各量化值赋予不同的码字, 应保证 $2^N \geqslant M$, 通常取 $M = 2^N$。量化间隔用 $\Delta v$ 表示, 显然在均匀量化中 $\Delta v = 2a/M$。

量化区间端点 $m_i$ 可表示为

$$m_i = -a + i\Delta v, i = 0, 1, 2, \cdots, M \qquad (5.4-1)$$

量化值 $q_i$ 一般取量化区间的中间值, 且当 $m_{i-1} \leqslant m_k < m_i$ 时, $m_q = q_i$。

$$q_i = \frac{m_i + m_{i-1}}{2} = -a + i\Delta v - \frac{\Delta v}{2}, i = 1, 2, \cdots, M \qquad (5.4-2)$$

下面分析量化性能, 首先分析**量化噪声功率**。

对于第 $k$ 个抽样值, 量化误差为 $m_k - m_q$。

假设输入到量化器的抽样信号 $m_k$ 是平稳随机信号, 其概率密度函数用 $f(m_k)$ 表示, 则量化噪声的平均功率为

$$N_q = E[(m_k - m_q)^2] = \int_{-a}^{+a} (m_k - m_q)^2 f(m_k)\,\mathrm{d}m_k = \sum_{i=1}^{M} \int_{m_{i-1}}^{m_i} (m_k - m_q)^2 f(m_k)\,\mathrm{d}m_k$$

$$(5.4-3)$$

为了分析方便, 在假设输入信号的概率密度函数服从均匀分布的条件下, 得出噪声功率、信号功率以及量化信噪比的结论。对于实际电话通信, 输入信号并非服从均匀分布, 而是小输入信号的概率密度较高, 而大输入信号的概率密度较低, 需要采用非均匀量化, 具体内容将在 5.4.3 介绍。

设量化器输入信号服从均匀分布, 即

$$f(m_k) = 1/2a \qquad (5.4-4)$$

代入 (5.4-3) 得

$$N_q = \sum_{i=1}^{M} \int_{m_{i-1}}^{m_i} (m_k - q_i)^2 \left(\frac{1}{2a}\right) \mathrm{d}m_k$$

$$= \sum_{i=1}^{M} \int_{-a+(i-1)\Delta v}^{-a+i\Delta v} \frac{(m_k + a - i\Delta v + \frac{\Delta v}{2})^2}{2a}) \mathrm{d}m_k = \frac{(\Delta v)^2}{12} \qquad (5.4-5)$$

信号 $m_k$ 的平均功率

$$S_0 = E(m_k^2) = \int_{-a}^{a} m_k^2 f(m_k)\,\mathrm{d}m_k = \int_{-a}^{a} m_k^2 \left(\frac{1}{2a}\right)\mathrm{d}m_k = \frac{M^2}{12} \cdot (\Delta v)^2 \quad (5.4-6)$$

量化信噪比

$$\frac{S_0}{N_q} = M^2 = 2^{2N} \qquad (5.4-7)$$

下面给出量化信噪比的另一种表达式。

对于频带限制在 $f_H$ 的低通信号, 按照抽样定理, 抽样速率 $f_s \geqslant 2f_H$, 考虑到 PCM 系统每个抽样值编为 $N$ 位码, 因此系统的码元速率 $\geqslant 2Nf_H$(Baud), 故要求系统带宽 $B \geqslant Nf_H$ (Hz), 奈奎斯特带宽为 $B = Nf_H \Rightarrow N = B/f_H$。所以, 量化信噪比还可表示为

$$\frac{S_0}{N_q} = 2^{2N} = 2^{2\left(\frac{B}{H}\right)} \tag{5.4-8}$$

由式(5.4-8)可以看出,对于低通信号,量化信噪比随系统带宽按指数规律增长。

关于均匀量化有以下主要结论:

(1) 量化信噪比与量化等级数或编码位数有关,量化等级 $M$ 越多,量化信噪比就越大,信号质量越好;

(2) 量化噪声功率只与量化间隔有关,一旦量化器确定下来,噪声平均功率就为固定值;

(3) 由于量化噪声的平均功率与输入信号无关,因此对于大输入信号,瞬时量化信噪比较大,量化后得到的信号质量好;而对于小输入信号,瞬时量化信噪比较小,量化后的信号质量差;

(4) 实际电话通信中,小信号的情况占多数,若采用均匀量化,很可能因信噪比较低而使接收方听不清楚。因此均匀量化并不适合处理实际电话语音信号。

### 5.4.3 非均匀量化

与均匀量化不同,非均匀量化采用可变的量化间隔,让小信号的量化间隔小一些,大信号时量化间隔大一些,在编码位数和量化等级不变的情况下,可以提高小信号的信噪比,尽管此时大信号的信噪比有所下降,但是总的收听效果会改善。

非均匀量化可以通过对输入信号进行非线性处理后再均匀量化实现,这里非线性处理的作用是,对小信号的放大倍数大,对大信号的放大倍数小。这种在发送端的非线性处理又称为压缩。

非线性放大显然会带来信号的失真,因此在接收端需要增加非线性放大器加以消除,其作用和压缩器相反:对小信号的放大倍数小,对大信号的放大倍数大,又称为扩张。扩张是压缩的逆变换过程,因此后面主要分析压缩特性。考虑双极性输入信号,压缩特性包含第一、三象限两部分,且相互奇对称,以下的分析只针对第一象限特性。

**1. 理想压缩特性**

**压缩特性**的"理想"是指量化间隔正比于输入信号,在分析时通常将压缩器的输入和输出信号做归一化处理,即 $x$、$y$ 的取值范围均在 $0 \sim 1$。图5-13是压缩特性第一象限的示意图。

信号 $x$ 经压缩器后输出 $y$,然后对 $y$ 进行 $M$ 级均匀量化,则 $y$ 轴的量化间隔为常数 $\Delta y = 1/M$,与 $\Delta y$ 对应的 $x$ 轴的量化间隔用 $\Delta x$ 表示。根据理想压缩的含义:$\Delta x \propto x$,即信号越大,量化间隔越大。

考虑到实际中一般 $M$ 较大,则每个量化区间内的曲线可以近似看做直线段,斜率为

$$\frac{\Delta y}{\Delta x} = \frac{\mathrm{d}y}{\mathrm{d}x} \Rightarrow \Delta x = \frac{\mathrm{d}x}{\mathrm{d}y} \cdot \Delta y = \frac{1}{M} \cdot \frac{\mathrm{d}x}{\mathrm{d}y} \Rightarrow \frac{\mathrm{d}x}{\mathrm{d}y} = M\Delta x$$

由于 $\Delta x \propto x$,因此

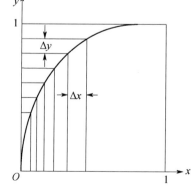

图5-13 压缩特性示意图

$$\frac{\mathrm{d}x}{\mathrm{d}y} = kx \qquad\qquad (5.4-9)$$

式中:$k$ 为比例常数。

解此线性微分方程得

$$\ln x = ky + c$$

代入边界条件可求出常数 $c$。边界条件:当 $x=1$ 时,$y=1$。代入得 $c=-k$。所以

$$y = 1 + \frac{1}{k}\ln x \qquad\qquad (5.4-10)$$

此即**理想压缩特性**,或称为**对数压缩特性**。

**2. A 律标准**

式(5.4-10)的理想压缩特性是物理不可实现的,因为当 $x=0$ 时,$y=-\infty$。因此对压缩特性修正如下:通过原点 $o$ 作理想压缩特性的切线,切点为 $b$,以 $ob$ 代替原曲线段,修正后当 $x=0$ 时,$y=0$。理想压缩特性如图 5-14(a)所示,修正的特性原点到切点段局部放大如图 5-14(b)所示。修正后特性又称为 A 律标准。

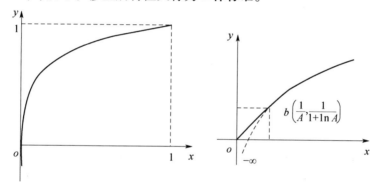

图 5-14　理想压缩特性及其修正
(a) 理想压缩特性;(b) 理想压缩特性的修正局部放大图。

设切点坐标为 $(x_1,y_1)$,因为 $x_1$、$y_1$ 的取值在 0~1,为方便表达将其表示为 $x_1=1/A$、$y_1=1/k$,计算出以参数 $k$ 表示的切点坐标为 $(\mathrm{e}^{1-k},1/k)$,计算过程从略。

由 $1/A=\mathrm{e}^{1-k}$,得出

$$k = 1 + \ln A \qquad\qquad (5.4-11)$$

修正后的压缩特性分两部分:原点 $o$ 到切点 $b$,$0 \leqslant x \leqslant 1/A$;切点 $b$ 到 $(1,1)$,$1/A < x \leqslant 1$。

$$y = \begin{cases} \dfrac{1+\ln Ax}{1+\ln A} & \dfrac{1}{A} < x \leqslant 1 \\[3mm] \dfrac{Ax}{1+\ln A} & 0 \leqslant x \leqslant \dfrac{1}{A} \end{cases} \qquad (5.4-12)$$

式(5.4-12)即 ITU 建议的 A 律标准,常数 $A$ 决定了压缩程度,$A \geqslant 1$。当 $A=1$ 时,$y=x$,未压缩,相当于均匀量化。当 $A>1$,才进行压缩。

ITU 还建议了 $\mu$ 律标准。中国、欧洲以及国际互联采用 A 律,北美、日本、韩国等采用

$\mu$ 律。本书仅讨论 $A$ 律标准。

**3. 13 折线压缩特性**

$A$ 律标准的特性很难用模拟电路的方法去实现,而当今数字集成电路发展迅速,利用数字电路很容易较精确实现 $A$ 律标准。具体做法是将 $A$ 律标准分段线性化,当总的量化等级足够多的情况下,可以得到逼近 $A$ 律标准的近似曲线。ITU 规定的对 $A$ 律标准的近似采用 13 折线法。

依然只考虑压缩特性第一象限,第三象限部分和第一象限则是原点对称的,即将第一象限特性以原点为圆心旋转 $180°$ 就是第三象限特性。在第一象限内,量化器输入 $x$、输出 $y$ 的取值范围在 $0 \sim 1$。13 折线的具体做法是,将 $x$ 轴 $0 \sim 1$ 对分为 8 段,$y$ 轴 $0 \sim 1$ 等分为 8 段,将相应的点相连,构成 8 根折线,编号为 $1 \sim 8$ 段,从原点向外的顺序编号,第三象限也同样。对分后 $x = 1/2^i$,易于用数字电路实现。"13 折线"术语的含义将在后面解释。图 5-15 画出了 13 折线特性和 $A = 87.6$ 的 $A$ 律对比图。为便于观察小信号的折线,将 $x$ 轴放大 16 倍画出第 $1 \sim 4$ 段折线,如图 5-16 所示。

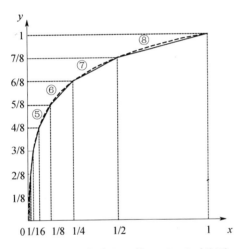

图 5-15 13 折线和 $A$ 律 $A = 87.5$ 对比画

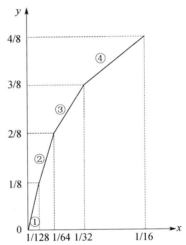

图 5-16 13 折线特性的第 $1 \sim 4$ 段

下面分析每个折线段的放大倍数,在图 5-15 和图 5-16 中用 ① $\sim$ ⑧ 表示第 1 至第 8 段。表 5-1 中列出了各段所对应的放大倍数。

表 5-1 13 折线各段放大倍数

| 折线段编号 | ① | ② | ③ | ④ | ⑤ | ⑥ | ⑦ | ⑧ |
|---|---|---|---|---|---|---|---|---|
| 放大倍数 | 16 | 16 | 8 | 4 | 2 | 1 | 1/2 | 1/4 |

可见信号越小,放大倍数越大,反之信号越大,放大倍数越小,实现了对信号的压缩。第 1、2 段斜率相同。由于对称性,第三象限靠近原点的两段斜率为 16,故在一共 $8 \times 2 = 16$ 根折线中,有 4 根同斜率。因此实际的折线数为 $8 \times 2 - 3 = 13$ 根,这就解释了 13 折线的含义。

图 5-15 中很清楚表现出了 13 折线特性对于 $A$ 律的近似,下面通过定量进一步对比 $A$ 律和 13 折线特性。

$A$ 律小信号的放大倍数(即斜率)为 $A/(1+\ln A)$，13 折线特性第 1 段的放大倍数为 16，$A/(1+\ln A)=16$，解得 $A=87.6$。表 5-2 中是对应于 $x=1/2^i$，$i=0,1,2,\cdots,7$，$A$ 律和 13 折线特性输出 $y$ 值的对比，从中可以看出二者还是非常接近的。

表 5-2　$A$ 律和 13 折线特性对比

| $i$ | 7 | 6 | 5 | 4 | 3 | 2 | 1 | 0 |
|---|---|---|---|---|---|---|---|---|
| $x$ | $1/2^7$ | $1/2^6$ | $1/2^5$ | $1/2^4$ | $1/2^3$ | $1/2^2$ | $1/2$ | 1 |
| $A=87.6$ 的 $y$ 值 | 0.1251 | 0.2401 | 0.3667 | 0.4934 | 0.6200 | 0.7467 | 0.8733 | 1 |
| 13 折线的 $y$ 值 | 1/8(0.125) | 2/8(0.25) | 3/8(0.375) | 4/8(0.5) | 5/8(0.625) | 6/8(0.75) | 7/8(0.875) | 1 |

对于 PCM 电话信号编码，量化间隔还需要细分，具体做法是将上面每段折线再平分为 16 段。对输入信号而言，大的趋势是信号越大，量化间隔越大。但在每段内部，简化为等间隔，即均匀量化。PCM 编码总位数为 8 位，其中第一位表示信号的极性；第二至第四位表示段号：1~8 段；第五至第八位表示段内间隔位置：位置 1~16。

## 5.5　量化信号的编码

### 5.5.1　自然二进制码和折叠二进制码

根据 $A$ 律 13 折线标准，PCM 对抽样值进行非均匀量化以后，再进行八位编码，编码中主要用到自然二进制码和折叠二进制码。

例：表 5-3 的例子是对 16 个双极性量化值分别进行**自然二进制码和折叠二进制码**。

表 5-3　自然二进制码和折叠二进制码

| 量化值 | 量化值极性 | 自然二进制码 | 折叠二进制码 |
|---|---|---|---|
| 7.5 | 正极性 | 1111 | 1111 |
| 6.5 | | 1110 | 1110 |
| 5.5 | | 1101 | 1101 |
| 4.5 | | 1100 | 1100 |
| 3.5 | | 1011 | 1011 |
| 2.5 | | 1010 | 1010 |
| 1.5 | | 1001 | 1001 |
| 0.5 | | 1000 | 1000 |
| -0.5 | 负极性 | 0111 | 0000 |
| -1.5 | | 0110 | 0001 |
| -2.5 | | 0101 | 0010 |
| -3.5 | | 0100 | 0011 |
| -4.5 | | 0011 | 0100 |
| -5.5 | | 0010 | 0101 |
| -6.5 | | 0001 | 0110 |
| -7.5 | | 0000 | 0111 |

自然二进制码是按照量化值的大小顺序排列,折叠二进制码分为两个部分,分别表示符号以及绝对值。最高位是符号位,1 表示正数、0 表示负数;余下的 3 位表示绝对值。例如量化值 3.5 和 −3.5,折叠码分别是 1011 和 0011,最高位指示了符号,余下 3 位均为 011,这是因为它们的绝对值都是 3.5。从表 5−3 中可以看出,折叠码的上下两部分呈镜像关系,除去符号位后,若量化值相同则编码相同。采用折叠码的优点主要有:第一可以简化编译码,将信号的符号和大小分开处理;第二,对于小信号而言,误码带来的影响较小。例如码组"1000",若在传输过程中发生最高位错码,1000→0000,对于自然二进制码,代表的信号值由 0.5→ −7.5,误差 $\Delta = 8$;而对于折叠二进制码,信号值由 0.5→ −0.5,误差 $\Delta = 1$。

## 5.5.2 电话信号的编译码

从原理上讲,原始的模拟语音信号经过抽样、量化、编码三个步骤变换成数字信号,实际中量化和编码可以同时完成。由于在 13 折线压缩特性中,对输入和输出信号进行了归一化处理,信号在 −1 ~ +1 变化,绝对值小于 1,为了表达方便,现定义一个新的单位——量化单位。1 个量化单位等于最小量化间隔。对于正极性信号,13 折线的第 1 段是 0 ~ 1/128,段内还要细分为 16 份,所以最小量化间隔为 1/2048。定义 1 个量化单位为 1/2048,$x$ 轴用量化单位时,范围变为 0 ~ 2048。与非均匀量化对应的编码称为非线性码,反之均匀量化编码称为**线性码**。

每个抽样值经量化后编成 8 位二进制码 $c_1 c_2 c_3 c_4 c_5 c_6 c_7 c_8$。

$c_1$ 是符号位,当输入抽样值为正,$c_1 = 1$;抽样值为负,$c_1 = 0$。

$c_2 c_3 c_4$ 为段码,段的编号 1 ~ 8 由原点开始计数,按照自然二进制码顺序从 000 ~ 111,第三象限特性亦是从原点开始的顺序。表 5−4 给出了段码与段落范围的对应关系。

表 5−4 段码与段落范围的对应关系

| 段落序号 | 段码 $c_2 c_3 c_4$ | 段落范围(量化单位) |
| --- | --- | --- |
| 8 | 111 | 1024 ~ 2048 |
| 7 | 110 | 515 ~ 1024 |
| 6 | 101 | 256 ~ 512 |
| 5 | 100 | 128 ~ 256 |
| 4 | 011 | 64 ~ 128 |
| 3 | 010 | 32 ~ 64 |
| 2 | 001 | 16 ~ 32 |
| 1 | 000 | 1 ~ 16 |

$c_5 c_6 c_7 c_8$ 为段内码,编号 1 ~ 16,原点方向向外编码,按照自然二进制码从 0000 ~ 1111,第三象限特性亦如此。

观察 $c_1 c_2 c_3 c_4$,其中符号位 $c_1$ 表示信号的极性,$c_2 c_3 c_4$ 表示的段落编号从原点开始。考虑符号位后,$c_1 c_2 c_3 c_4$ 是折叠二进制码。因此含符号位的段码是折叠二进制码,段内码是自然二进制码。

### 5.5.3　电话信号的编译码器

电话信号 $A$ 律 13 折线编码器的原理框图如图 5-17 所示,编码器采用的是逐次比较的原理。

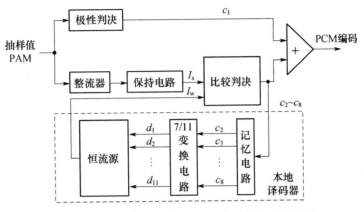

图 5-17　电话信号 $A$ 律 13 折线编码器的原理框图

输入的电话信号抽样值,由"极性判决"电路判决极性后,输出极性码 $c_1$。同时,送到"整流器"和"保持电路",输出信号幅度的绝对值 $I_s$,"保持电路"的作用是保证抽样值在编码周期内不变。"比较判决"通过比较抽样值 $I_s$ 和权值信号 $I_w$ 的大小去决定输出 $c_i(i=2,3,\cdots,8)$ 是 0 或者 1。若 $I_s>I_w$,$c_i=1$;反之 $c_i=0$。"记忆电路"、"7/11 变换电路"和"恒流源"完成数模转换,产生比较的权值信号,是本地译码。模拟的权值信号 $I_w$ 与已编码结果有关,同时决定了下一位编码。"记忆电路"存储已编码结果,通过 7/11 变换电路将 7 位非线性码(不用考虑符号位,因此是 7 位)转换为 11 位线性码,便于恒流源产生权值信号 $I_w$。之所以转换为 11 位线性码的原因解释如下:对于非均匀量化,最小量化间隔 =1/2048,定义为1 个量化单位,非线性码为 7 位;对于均匀量化,若要保证小信号具有同样的性能,即最小量化间隔也为 1/2048,总的量化区间有 2048 个,2048 $=2^{11}$,因此需要 11 位码。

恒流源实际上是一个数/模转换器,其输出由输入的 11 位数字信号决定。下面以一个倒 $T$ 形电阻网络数模转换器为例,便于对数模转换原理的理解。如图 5-18 所示,主要由 $R-2R$ 网络构成,具体分析此处略去,可参考数字电路书籍。

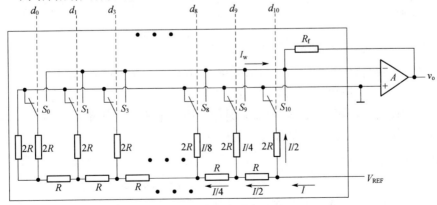

图 5-18　数/模转换器原理

143

恒流源根据输入的 11 位二进制数产生参考电流 $I_w$，其表达式为

$$I_w = \frac{V_{REF}}{2^{11}R} \sum_{i=0}^{10} (d_i \cdot 2^i), i = 0,1,\cdots,10 \qquad (5.5-1)$$

电话信号接收端译码器的原理如图 5-19 所示。其原理和编码器内的本地译码器相同，不再重复讨论。译码输出的信号幅度由 $c_2 c_3 c_4 c_5 c_6 c_7 c_8$ 决定，信号的极性则由 $c_1$ 决定。

在图 5-17 中，$A$ 律 PCM 编码器在完成编码的同时，也实现了抽样值的量化，量化值等于量化区间的左端点，显然这样的量化规则不是最佳的，量化噪声也不是最小的。实际编码器中，本地译码器是将 8 位非线性码(含符号位)转换为 13 位线性码，这样将量化间隔缩小了 1/2，等价于量化输出为量化区间的正中间。在后面的分析中，可以认为编码器的量化输出是量化区间的中间值，接收端译码输出也是码组对应的量化区间的中间值。

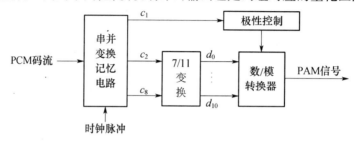

图 5-19　电话信号接收译码器原理框图

例：设输入电话信号抽样值为 -1290 个量化单位，试计算：

(1) $A$ 律 13 折线特性 8bit 非线性编码，(2) 对应的量化输出值。

解：设编码输出用 $c_1 c_2 c_3 c_4 c_5 c_6 c_7 c_8$ 表示。

(1) 计算 8 位非线性码

符号码 $c_1$：

因为抽样值为负，$c_1 = 0$

段落码 $c_2 c_3 c_4$：

因为编码排列顺序是从原点开始，所以编码只取决于抽样信号的绝对值。

第一次比较：$I_s = -1290$，权值信号为 $I_w = -128$，是第 1-4 段和第 5-8 段的分界。

$\therefore |I_s| > |I_w|, \therefore$ 抽样值位于第 5-8 段，编码 $c_2 = 1$。

第二次比较：权值信号为 $I_w = -512$，是第 5-6 段和第 7-8 段的分界。

$\therefore |I_s| > |I_w|, \therefore$ 所以位于第 7-8 段。编码 $c_3 = 1$。

第三次比较：权值信号为 $I_w = -1024$，是第 7 段和第 8 段的分界。

$\therefore |I_s| > |I_w|, \therefore$ 所以位于第 8 段。编码 $c_4 = 1$。

至此，$c_1 c_2 c_3 c_4 = 0111$

段内码 $c_5 c_6 c_7 c_8$：

在第 8 段，量化间隔 $\Delta_8 = (2048 - 1024)/16 = 64$

$1024 + 4 \times 64 < I_s < 1024 + 5 \times 64$，位于第 4 小段，编码为 $c_5 c_6 c_7 c_8 = 0100$。

完整的编码结果 $c_1 c_2 c_3 c_4 c_5 c_6 c_7 c_8 = 01110100$

（2）计算量化输出

量化输出值位于第 8 段内的第 4 小段，区间为 $-1280 \sim -1344$，量化输出该区间的中间值 $-1312$。

量化误差 $= |-1312 - (-1290)| = 22$（量化单位）

## 5.6  PCM 系统的抗噪声性能

### 5.6.1  概述

PCM 系统的噪声来源主要有两方面：误码噪声和量化噪声，二者相互独立。首先分析误码噪声。抽样值经量化编码后，如果在传输过程中出现误码，将会引起接收端译码还原的模拟信号与量化值之间产生误差，从而影响接收信号的性能。在一个码组中，由于码位的权值不同，因而误码位置不同所带来的误差也不同。对于自然二进制码和折叠二进制码，相同的误码位置所带来的误差不相同。例如表 5-3 中，最高位误码，码组"1000"→"0000"，自然二进制码误差电平为 $0.5 - (-7.5) = 8$，折叠二进制码误差电平为 $0.5 - (-0.5) = 1$。将所有码位错码的误差功率求平均，称为**误码噪声功率**。

量化是对抽样信号的近似，量化必然带来误差，量化值和抽样值的差值称为量化误差。不管是 $A$ 律或 $\mu$ 律 PCM 系统，信号的量化噪声功率与信号大小有关，所以定量分析复杂。实际中一般只定量分析线性 PCM 系统（均匀量化）的性能，定性地指导 $A$ 律或 $\mu$ 律 PCM 系统的性能分析。

线性 PCM 即均匀量化的信号功率、噪声功率已有结论，见式（5.4-5）和式（5.4-6），此处不再重复讨论。

下面讨论误码噪声功率，分析前提如下：（1）每个码元的误码率为 $P_e$；（2）每个码组误码至多 1 位。这是因为实际通信系统的误码率远远小于 1，一个 $N$ 位码组发生一位以上误码的概率可以忽略不计。

### 5.6.2  自然二进制码的误码噪声功率

量化间隔用 $\Delta v$ 表示，在一个线性 PCM 码组中，第 $i$ 位发生误码所产生的噪声电平的绝对值为 $2^{i-1}\Delta v, i = 1, 2, \cdots, N$，其中 $i = 1$ 对应码组最低位，$i = N$ 对应码组最高位，误码的位置越高，所带来的误差越大。

对一个 $N$ 位线性 PCM 码组，每位误码所产生的噪声功率的平均值为

$$
\begin{aligned}
\overline{N_e} &= \frac{1}{N} \sum_{i=1}^{N} (2^{i-1}\Delta v)^2 = \frac{1}{N} \frac{(2^2-1)\sum_{i=1}^{N}(2^{i-1}\Delta v)^2}{(2^2-1)} \\
&= \frac{1}{N} \frac{(\Delta v)^2 (4^N - 1)}{4 - 1} = \frac{2^{2N}-1}{3N}(\Delta v)^2 \\
&\approx \frac{2^{2N}}{3N}(\Delta v)^2
\end{aligned}
\tag{5.6-1}
$$

考虑到一个 $N$ 位线性 PCM 码组发生错误的概率为 $NP_e$，故误码噪声功率为

$$N_e = NP_e \overline{N_e} = NP_e \cdot \frac{2^{2N}}{3N}(\Delta v)^2 = \frac{2^{2N}}{3}P_e(\Delta v)^2 \qquad (5.6-2)$$

### 5.6.3 折叠二进制码的误码噪声功率

对于 $N$ 位折叠二进制码，总的码组数为 $M = 2^N$。最高位是极性码，极性码误码时产生的误差电平不是固定不变的。例如在折叠码的最中间两组码，误码噪声电平为 $\pm \Delta v$（参看表 $5-3$，"1000"→"0000"或"0000"→"1000"）。而在最两端的两组极性码的误码噪声电平则为 $\pm(2^N-1)\Delta v = \pm(M-1)\Delta v$。

极性码的平均噪声电平为

$$\sqrt{\frac{2}{M}\left[(\Delta v)^2 + (3\Delta v)^2 + (5\Delta v)^2 + \cdots + (M-1)^2(\Delta v)^2\right]} = \sqrt{\frac{M^2-1}{3}(\Delta v)^2} \qquad (5.6-3)$$

该值比自然二进制码的最高位误码噪声电平 $2^{N-1}\Delta v = M\Delta v/2$ 略大。折叠码除极性码之外其他位置的误码噪声电平的计算同自然二进制码。折叠码的误码噪声功率略大于自然二进制码。计算过程从略，直接给出结果如下：

$$N_e = \frac{5}{4}\left(\frac{2^{2N}}{3}\right)P_e(\Delta v)^2 \qquad (5.6-4)$$

从式(5.6-4)可以看出，对于折叠码，误码噪声平均功率是自然二进制码的 1.25 倍。

### 5.6.4 PCM 系统的输出信噪比

对于双极性模拟基带信号，值域 $-a \sim a$，假设为均匀分布。信号的平均功率 $S_0$ 在前面已经计算过，即

$$S_0 = \frac{M^2}{12} \cdot (\Delta v)^2 = \frac{2^{2N}}{12} \cdot (\Delta v)^2$$

均匀量化的噪声功率见式(5.4.2)，结果为

$$N_q = \frac{(\Delta v)^2}{12}$$

PCM 系统总的输出信噪比为

$$\frac{S_0}{N} = \frac{S_0}{N_q + N_e} \qquad (5.6-5)$$

对于自然二进制码

$$\frac{S_0}{N} = \frac{S_0}{N_q + N_e} = \frac{\frac{2^{2N}}{12}(\Delta v)^2}{\frac{2^{2N}}{3}P_e(\Delta v)^2 + \frac{(\Delta v)^2}{12}} = \frac{2^{2N}}{1 + 2^{2N+2}P_e} \qquad (5.6-6)$$

量化噪声为主要影响时

$$\frac{S_0}{N} \approx 2^{2N} \qquad (5.6-7)$$

误码噪声为主要影响

$$\frac{S_0}{N} \approx \frac{1}{4P_e} \qquad (5.6-8)$$

对于折叠二进制码

$$\frac{S_0}{N} = \frac{S_0}{N_q + N_e} = \frac{\dfrac{2^{2N}}{12}(\Delta v)^2}{\dfrac{5}{4}\left(\dfrac{2^{2N}}{3}\right)P_e(\Delta v)^2 + \dfrac{(\Delta v)^2}{12}} = \frac{2^{2N}}{1 + 5 \times 2^{2N} \times P_e} \qquad (5.6-9)$$

量化噪声为主时

$$\frac{S_0}{N} \approx 2^{2N} \qquad (5.6-10)$$

误码噪声为主时

$$\frac{S_0}{N} \approx \frac{1}{5P_e} \qquad (5.6-11)$$

下面对量化信噪比和误码信噪比进行定量比较分析。

当 $N=8$ 时,量化信噪比 $\dfrac{S_0}{N_q} = 2^{2N} \approx 6.6 \times 10^4$。对比当 $P_e = 10^{-6} \sim 10^{-5}$ 时的误码信噪比,自然二进制码:

$$\frac{S_0}{N_e} = \frac{1}{4P_e} = 2.5 \times 10^4 \sim 2.5 \times 10^5$$

折叠二进制码:

$$\frac{S_0}{N_e} = \frac{1}{5P_e} = 2 \times 10^4 \sim 2 \times 10^5$$

由此可见,$N=8$ 的量化信噪比大致和 $P_e = 10^{-6} \sim 10^{-5}$ 的误码信噪比相当。$P_e < 10^{-6}$ 时,可以忽略误码噪声;$P_e > 10^{-5}$ 时,可以忽略量化噪声。

## 5.7 差分脉冲编码调制 DPCM

语音信号频带范围 300~3400Hz,抽样速率一般取 8kHz,对于 PCM 系统,每个抽样值编码 8 位,则一路数字电话为 64kHz。注意到 PCM 编码并未考虑到前后抽样值之间的相关性,若利用这种相关性,则可以降低数字语音的信息速率。差分脉冲编码调制(Differential Pulse Code Modulation,DPCM)的基本思想是:不是直接对样值进行编码,而是对当前的样值与其预测值之间的差值进行编码。由于差值的幅度范围一般远小于原信号的幅度范围,在保证同样的量化性能的情况下,可以减少编码位数,从而降低信息传输速率,或称比特率,单位 b/s。

**线性预测**是常用的预测方法,它是用前面若干个抽样值的的线性加权和来预测当前样值。

设模拟基带信号表示为 $m(t)$，第 $k$ 个抽样值表示为 $m_k$，其预测值表示为 $\hat{m}_k$，线性预测表达式如下：

$$\hat{m}_k = \sum_{i=1}^{p} a_i m_{k-i} \qquad (5.7-1)$$

式中：$a_i$ 为预测系数；$p$ 为预测阶数，预测值与前面 $p$ 个抽样值有关。

线性预测编码器原理框图如图 5-20 所示。

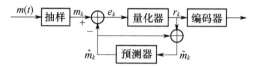

图 5-20 线性预测编码器原理框图

图 5-20 中，$e_k = m_k - \hat{m}_k$ 是预测误差；$r_k$ 是预测误差的量化值。

下面分析图中 $\tilde{m}_k$ 的物理意义。先假定量化器的量化误差为零：$e_k = r_k$，则

$$\tilde{m}_k = r_k + \hat{m}_k = e_k + \hat{m}_k = (m_k - \hat{m}_k) + \hat{m}_k = m_k \qquad (5.7-2)$$

实际中量化误差总是存在的，因此 $\tilde{m}_k$ 可以看成是带有量化误差的抽样信号 $m_k$。

编码器是对预测误差 $e_k$ 进行编码，预测误差的动态范围通常较小。线性预测编码的实质是利用了信号抽样值之间的相关性，减少了信号的冗余度，降低了比特率。

**线性预测译码器**结构如图 5-21 所示，译码器中的**预测器**和编码器的预测器相同，预测输出等于 $\hat{m}_k$。

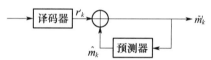

图 5-21 线性预测译码器结构框图

在传输无误码的情况下，$r_k = r'_k$，此时译码输出的信号 $\tilde{m}'_k$ 的表达式见式（5.7-3）。

$$\tilde{m}'_k = r'_k + \hat{m}_k = r_k + \hat{m}_k = \tilde{m}_k \qquad (5.7-3)$$

$\tilde{m}'_k$ 可以看成是带有量化误差的抽样值 $m_k$。

DPCM 使用一阶线性预测，即将前一个抽样值当作预测值，对当前抽样值和预测值之间的差值进行编码传输，这也是术语差分脉冲编码调制 DPCM 的由来。

DPCM 编码器和译码器的原理框图如图 5-22 所示，其中预测器简化为一延迟单元，延迟时间 $T_s$ 为抽样周期。

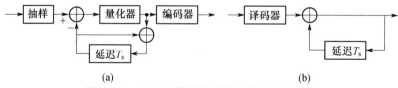

(a)            (b)

图 5-22 DPCM 编码器和译码器的原理框图

（a）编码器；（b）译码器。

DPCM 是对信号抽样值的差值即预测误差进行编码，预测误差的不同所带来的量化

噪声分以下两种情况。第一种情况,预测误差 $e_k$ 范围限制在 $(-\sigma, +\sigma)$ 范围内,即信号的相邻抽样值的增减不超过此范围。对预测误差进行量化,量化器的量化间隔为 $\Delta v$,产生的量化误差(或称量化噪声)一般在 $(-\Delta v/2, +\Delta v/2)$ 内,这种情况下的噪声称为**一般量化噪声**。第二种情况,若相邻抽样值之间的变化超过 $(-\sigma, +\sigma)$,或者说信号的斜率超过 $\sigma/T_s$,$T_s$ 为抽样间隔,则量化误差将超过 $\pm \Delta v/2$,从而带来较严重的失真,称为过载失真。这种情况下的噪声称为**过载量化噪声**。

由于语音信号是非平稳信号,其统计特性随时间而不断变化,为了获得更好的编码性能,信号预测和量化器参数最好能根据输入信号自适应变化。自适应差分脉冲编码调制或称 ADPCM(Adaptive DPCM)就是基于以上思路的 DPCM 的改进体制。一方面采用自适应预测级数,除了根据前面若干抽样值外,还利用之前的预测误差共同进行预测,同时预测系数 $a_i$ 也可以根据信号自动调整;另一方面量化器的量化等级、量化电平也随信号自适应调整。

CCITT(ITU 的前身)于 1984 年通过的 G.721 建议推出了一种 ADPCM 方案,ADPCM 系统的语音编码质量与 $A$ 律 PCM 或 $\mu$ 律 PCM 系统基本相当。相对于 PCM 单路 64kb/s 的速率,ADPCM 速率为 32kb/s,在系统的系统带宽情况下,传输的电话路数增加一倍。之后 ITU 推出的 G.726 也采用了 ADPCM。

前面讨论的均是基于波形编码的原理,它们都很难再进一步压缩速率,更多的语音压缩编码原理与技术可参考有关文献,本书不再详述。顺便说明一下,ADPCM 不仅仅用于语音编码,还可用于图像信号编码。

## 5.8 增量调制 DM

增量调制 DM(Delta Modulation)是继 PCM 之后推出的一种简单的模拟信号数字化方法,1946 年由法国工程师 De Loraine 提出,又称 $\Delta M$。DM 可以看成是特殊的 DPCM,在 DPCM 中当对预测误差进行一位二进制码时,就是 DM 系统。1bit 编码输出对应的量化电平是 $+\sigma$ 或 $-\sigma$,分别表示预测误差的极性,是正或负,当抽样频率足够高时,相邻抽样值的变化量很小,用一位码有可能表示相邻抽样值的变化规律。DM 编码器和译码器如图 5-23 所示。

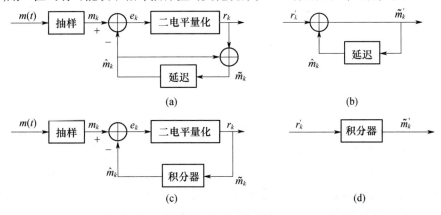

图 5-23 DM 编码器和译码器

(a) 编码器形式 1;(b) 译码器形式 1;(c) 编码器形式 2;(d) 译码器形式 2。

DM 是用增或减 $\sigma$ 电平的阶梯波去近似原连续信号,如图 5 – 24 所示。为简单起见,通常用积分器代替延迟和相加电路,积分器输出在 $T_{\mathrm{S}}$ 期间信号的变化量,量化信号是图 5 – 24 的虚线部分。同 DPCM 信号,量化误差分为两种情况:**一般量化和过载量化**。

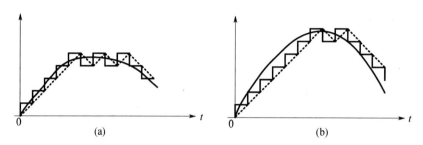

图 5 – 24   DM 的量化示意图
(a) 一般量化;(b) 过载量化。

对于一般量化,量化误差在 $+\sigma \sim -\sigma$ 之内变化。对于过载量化,信号变化速率大于阶梯波的最大斜率,产生较大量化失真,这种情况应该避免,应保证信号的斜率小于等于 $\sigma/T_{\mathrm{S}}$。

图 5 – 25 所示为 DM 编码过程,对应每一个抽样时刻,编码输出了 1bit,表示了当前抽样值与预测值之间的关系,抽样值大于或小于预测值。在 DM 编码时,第一个抽样值是需要直接编码的,后面则只需要对差值编码。本例的时间起点 $t = 0$ 可看成参考起点,不一定是抽样的真正开始,编码输出均表示差值。图中假设第一个编码输出为"1 码",后面码元的编码规则:若预测值大于实际抽样值,编为"1"码;小于则编为"0"。编码输出为 11111010100…。

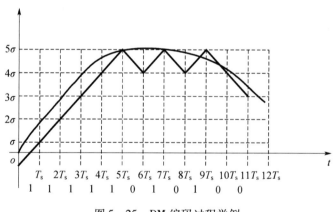

图 5 – 25   DM 编码过程举例

译码器内的积分器同编码器,译码器将二进制码还原为锯齿波形,然后通过低通滤波器的平滑,产生接近原始模拟语音的模拟信号。

针对实际信号的随机变化情况,DM 调制有改进形式:自适应 DM 和增量总和调制。前者是使量阶 $\sigma$ 的大小适应输入信号的统计特性,信号变化快则采用大的量阶,反之亦然。后者将原始信号先积分再进行 DM 调制,更有利于处理变化速率快的信号。

DM 常用于卫星通信和军事通信。

# 5.9 PCM 信号的时分复用和复接

## 5.9.1 复用和复接的概念

时分复用(TDM)是信道复用技术之一,复用是指多个用户共用同一物理信道,从而提高信息传输效率的技术,其他的复用方式还有频分复用(FDM)、波分复用(WDM)、码分复用(CDM)等,都是以不同的方式使各路信号不重叠,以便接收端能够正常分离各路信号。

国际上通行的 PCM 标准有 PCM30/32 路 $A$ 律标准和 PCM24 路 $\mu$ 律标准,我国采用前者,数字"32"表示 32 路复用,"30"表示电话用户数。32 路的复用信号称为一个 PCM 基群,其中的 30 路用来分配给电话用户,2 路用于必要的同步信号和信令。

一个 PCM 基群只能传输 30 路电话信号,要传输更多的信号,需要将基群汇集成二次群、二次群汇成三次群等。将低次群汇成高次群的过程称为复接,反之,将高次群还原成低次群称为分接。

对于 TDM 系统,同步信号是保证通信系统正常工作和数字信号能正确接收的必要条件,这里说的同步主要指码元同步(又称为位同步,已在第 4 章具体)和帧同步(又称为群同步,将在 5.10 节介绍)。对于接收信号而言,抽样脉冲频率必须与发端码元速率严格同步。同时抽样脉冲的相位也很重要,因为相位决定了复用信号中各路信号的准确位置。

## 5.9.2 PCM 基群帧结构及数字复接系列

PCM30/32 路基群的帧结构如图 5 – 26 所示。

语音信号的抽样频率为 8kHz,抽样周期为 $1/8000 = 125\mu s$,这也是一帧的时长。有以下定量关系。

PCM 基群的每帧分为 32 个时隙,表示为 $TS_0$、$TS_1$、$\cdots$、$TS_{31}$,每个话路占一个时隙 $125/32 \approx 3.906\mu s$。因为每路的抽样值还要编成为八位二进制码,所以码元周期为 $3.906/8 \approx 0.488\mu s$,则基群的码元速率为 $8000 \times 32 \times 8 = 2048b/s$。

PCM 每 16 帧构成一个复帧,复帧时长 $125\mu s \times 16 = 2ms$。

一帧中各时隙的作用如下:

$TS_1 \sim TS_{15}$、$TS_{17} \sim TS_{31}$ 为 30 个话路时隙。

$TS_0$ 为帧同步时隙,偶数帧的 $TS_0$ 时隙插入帧同步码组"×0011011",其中第一位码"×"保留作国际通信用;奇数帧插入码组"×1A₁11111",第 1 位"×"的作用和偶数帧相同,第 2 位的"1"是奇数帧标志,第 3 位的"$A_1$"用于远端告警,正常时为 0,告警时为 1,最后的 5 位保留给国内通信,用于网络维护和性能监测,不用时置 1。

$TS_{16}$ 为信令时隙,信令是电话网话音传输中必不可少的控制信号,其作用相当于计算机网络的协议控制信息,在电信网中叫做信令(Signal),它实现电话呼叫的建立、监控(Supervision)和拆除(Teardown),保证信息安全、可靠和高效地传送到目的地。

$TS_{16}$ 的 8bit 可提供两路 4bit 信令,一个复帧的 16 个 $TS_{16}$ 共 32 个 4bit 通道,其中复帧 $F_1$ 的两个通道中,4bit 用于复帧同步,另外 4bit 中 $A_2$ 用于远端告警,其他比特备用,不用时置 1。复帧 $F_1 \sim F_{15}$ 的 $TS_{16}$ 用于传送 30 路信令。

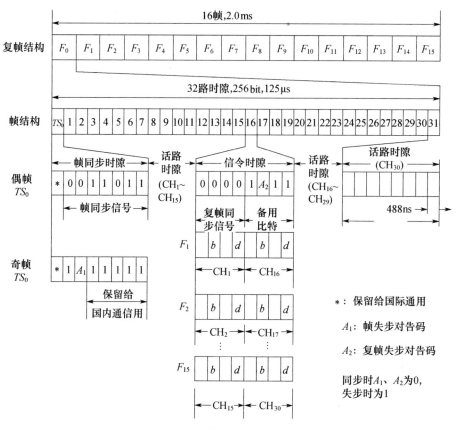

图 5-26 A 律 PCM 基群帧结构

将 PCM **低次群**信号合并成**高次群**信号的过程称为**复接**,复接可以扩大传输容量,提高传输速率。反过来的过程称为分接,分接是将低次群信号从高次群分离出来的过程。在 PCM 数字复接中,通常是 4 个低次群复接为 1 个高次群,对于高次群复接设备,由于要将来自不同地点的信号进行合成,这需要统一各路输入信号的时钟,统一时钟即同步,对于数字复接系统是非常关键的技术。ITU 制定了两类同步数字体系:准同步复接 PDH 和同步复接 SDH。

PCM 各等级的信息速率见表 5-5 所列。PDH 有基群、二次群、三次群、四次群、五次群,其中又包含两个体系,A 律对应的是 E 体系,μ 律对应的是 T 体系。SDH 的传输模块有 STM-1、STM-4、STM-16、STM-64、STM-256。

表 5-5 PDH 和 SDH 数字复接体系

| 群路等级 | | μ 律(北美、日本) | | A 律(欧洲、中国) | |
| --- | --- | --- | --- | --- | --- |
| | | 信息速率/kb/s | 电话路数 | 信息速率/kb/s | 电话路数 |
| PDH | 基群 | 1544 | 24 | 2048 | 30 |
| | 二次群 | 6312 | 96 | 8448 | 120 |
| | 三次群 | 32064 或 44736 | 480 或 672 | 34368 | 480 |
| | 四次群 | 97728 或 274176 | 1440 或 4032 | 139264 | 1920 |

152

| 群路等级 | | μ律（北美、日本） | | A律（欧洲、中国） | |
|---|---|---|---|---|---|
| | | 信息速率/kb/s | 电话路数 | 信息速率/kb/s | 电话路数 |
| SDH | | 信息速率/（kb/s） | | | |
| | STM-1 | 155520 | | | |
| | STM-4 | 622080 | | | |
| | STM-16 | 2488320 | | | |
| | STM-64 | 9953280 | | | |
| | STM-256 | 39813120 | | | |

以 A 律为例的多路复用和数字复接的过程,如图 5-27 所示。

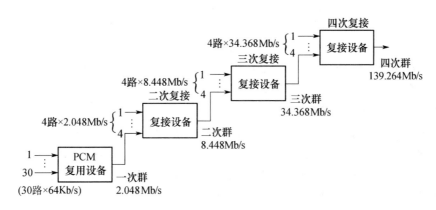

图 5-27　多路复用和数字复接示意图

需要说明的是,尽管 4 个低次群复接成 1 个高次群,传输的信号路数增加了 4 倍,例如 A 律一次群传输 30 路信号,二次群则传输 120 路信号,但是相邻层次群的比特率并不是 4 倍关系,以一次和二次群为例,一次群的比特率为 2048kb/s,二次群为 8448kb/s > 2048 * 4 = 8192kb/s。原因是高次群需要增加码速调整和同步等额外比特开销。

### 5.9.3　数字复接技术 PDH 和 SDH

数字复接将 4 个低次群信号合并为相邻高次群信号,复接有准同步 PDH 和同步 SDH 两种体系。

对于 PDH 复接系统,以 A 律二次群的形成为例,四个基群信号的标称速率均为 2048kb/s,允许变化范围为 2048kb/s ± 102.4b/s。由于各基群的时钟是独立的,因此时钟频率不可能做到严格同步。如果直接将四个基群复接,必然会在二次群码流中发生重码或漏码现象。为了保证在复接时能正确无误地传输各路信息,必须采用**码速调整技术**。码速调整有正码速调整、负码速调整和正负码速调整等几种,最常用的是正码速调整。它是先将各基群的码速调整到一个统一的较高的码速上,然后再将四个低次群按位复接（又称为比特复接,即复接时每支路依次复接一个比特）变成一个高次群。PDH 复接原理如图 5-28 所示,该框图中包括了复接和分接两部分内容。

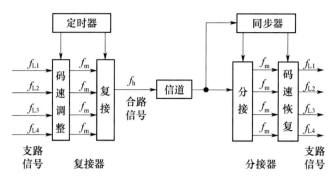

图 5 - 28    PDH 复接系统原理

图 5 - 28 中 $f_{L1}$、$f_{L2}$、$f_{L3}$、$f_{L4}$ 是四路低次群的码速,它们一般不是严格相等,经过码速调整后,码速均为 $f_m$,$f_h$ 为复接后合路信号的码速。

对于二次群的形成,复接系统先将四路基群信号调整到 2112kb/s,这个信号又称为二次群的子帧,然后将四路基群合成为速率为 8448kb/s 的二次群信号。对于单路基群信号,调整后每秒插入的码元为 2112 - 2048 = 64kb,这些插入码元包含二次群的帧同步码字、调整用插入码元和码元插入标志等。

PDH 体系也有不同标准,如中国和欧洲采用 $A$ 律 E 体系,北美和日本采用 $\mu$ 律 T 体系,而 T 体系还有不同的比特率标准,这就造成了国际间互通困难,特别是随着光纤通信系统的发展和数字通信速率的不断提高,由于非同步的特点,E 体系和 T 体系已不能满足高速通信的要求。另外,在 PDH 体系中,无法对高速信号直接上或下低速支路信号。例如三次群中的某路信号,需要依次分路成二次群、基群(一次群),才能够分离出来,而不能直接分离。为此,1985 年贝尔通信研究中心提出了一种新的 TDM 体系,称为 SONET (synchronous optical network)。ITU 在此基础上制定出同步数字体系 SDH 的建议,SDH 是针对高速数字传输系统而制定的全球统一标准。

SDH 的特点是:①整个网络采用同一个极精确的时间标准;②信息以同步传送模块的块状信息结构组织传输;③由于帧结构中包含了管理单元指针等开销,能方便地由高速信号插入或分出低速信号;④具有兼容性,既可以异步复用,将 PDH 信号复用进 STM - N,又可以同步复用,将 STM 低层次模块复用进高层次模块。

STM - N 的帧结构如图 5 - 29 所示,每一帧 9 行、270 × N 列字节,每列宽度为一个字节(8bit),信息的发送按照从左到右、从上到下的顺序。

图 5 - 29    STM - N 的帧结构

154

帧结构中包含净负荷区、段开销和管理单元指针三部分。其中净负荷区用于存放真正用于信息业务的比特和少量的用于通道维护管理的开销字节。总共约5%的比特开销用于维护管理,包括段开销(再生段和复用段)和管理单元指针。段开销主要用于网络的运行、管理、维护及指配,以保证信息能够正常灵活地传送,具体包括:①同步,包括帧定位和同步状态;②通信,包括音频和数据通信;③性能监视,包括误码特性;④国际与地区使用分区等。管理单元指针用来指示净负荷区内的信息首字节在STM – N帧内的准确位置,以便接收时能正确分离净负荷。

## 5.10  帧同步

数字通信系统接收得到的是码元序列,这个序列需要用标志码去进行帧起始的定位,这个标志码即帧同步码,也称为群同步码。帧同步码需要有特殊的性质,以区别于所传输的信息序列。帧同步是指帧同步码的插入和提取功能的实现,帧同步是保证数字通信系统正常工作的必要的环节。

### 5.10.1  帧同步码的插入方式

帧同步码有两种插入方式:**集中插入法和分散插入法**。

集中插入法是将帧同步码组周期性集中插入信息码组中,如图5 – 30所示。

图5.30  帧同步码集中插入法

当接收端检测到帧同步码,即可以确定信息码组的起始位置。A 律 PCM 系统和大多数 TDM 系统都采用集中插入法。

分散插入法是将帧同步码分散插入到信息码流中,在每个信息码组之前插入一个帧同步码元。接收端需要接收到若干信息组后,才收到完整的帧同步码组。在 μ 律基群和一些简单的 DM 系统中采用0、1 交替作为帧同步码,分散插入到信息码流中。分散插入法如图5 – 31所示。

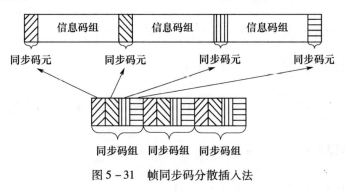

图5 – 31  帧同步码分散插入法

### 5.10.2  帧同步码

帧同步码又称群同步码,通常要求具有特殊的自相关性质。信息码组的自相关函数 $R(j)$ 定义如下:

$$R(j) = \sum_{i=1}^{n-j} x_i x_{i+j} \tag{5.10-1}$$

式中:$n$ 是码组长度,$j = 0,1,2,\cdots,n-1$。$R(j)$ 又称为**局部自相关函数**,与连续信号的自相关函数相同,$R(j)$ 也是偶函数。帧同步码的 $R(j)$ 要求具有尖锐的自相关性质,即当 $j = 0$ 时,$R(j) = n$;当 $j \neq 0$ 时,$R(j)$ 较小。

以巴克码为例进行自相关特性的分析。巴克码是一种常用的群同步码,广泛用于数据传输、雷达和测量等信号处理领域。巴克码组每一位的取值为 $+1$ 或 $-1$,一个 $n$ 位巴克码的自相关如下:

$$R(j) = \sum_{i=1}^{n-j} x_i x_{i+j} = \begin{cases} n, & j = 0 \\ 0 \text{ 或 } \pm 1, & 0 < j < n \\ 0, & j > n \end{cases} \tag{5.10-2}$$

目前已找到的巴克码组见表 5-6 所列。

表 5-6  巴克码组(注:+ 代表 +1,− 代表 −1)

| $n$ | 巴克码组 |
|---|---|
| 2 | + +(11),+ −(10) |
| 3 | + + −(110) |
| 4 | + + + −(1110),+ + − +(1101) |
| 5 | + + + − +(11101) |
| 7 | + + + − − + −(1110010) |
| 11 | + + + − − − + − − + −(11100010010) |
| 13 | + + + + + − − + + − + − +(1111100110101) |

巴克码在 $j = 0$ 出现尖锐的自相关性,其他 $j$ 则为 0 或 $\pm 1$,非常容易识别。

$A$ 律 PCM 基群中采用的帧同步码为"0011011",下面分析其局部自相关函数。

当 $j = 0$,$R(0) = \sum_{i=1}^{7} x_i^2 = 1 + 1 + 1 + 1 + 1 + 1 + 1 = 7$

当 $j = 1$,$R(1) = \sum_{i=1}^{6} x_i x_{i+1} = 1 - 1 + 1 - 1 - 1 + 1 = 0$

当 $j = 2$,$R(2) = \sum_{i=1}^{5} x_i x_{i+2} = -1 - 1 - 1 + 1 - 1 = -3$

当 $j = 3$,$R(3) = \sum_{i=1}^{4} x_i x_{i+3} = -1 + 1 + 1 + 1 = 2$

当 $j = 4$,$R(4) = \sum_{i=1}^{3} x_i x_{i+4} = 1 - 1 + 1 = 1$

当 $j = 5, R(5) = \sum_{i=1}^{2} x_i x_{i+5} = -1 - 1 = -2$

当 $j = 6, R(6) = \sum_{i=1}^{1} x_i x_{i+6} = -1$

局部自相关函数是偶函数, $R( +j) = R( -j)$。函数 $R(j)$ 的曲线如图 5-32 所示。

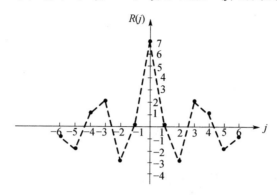

图 5-32　PCM 基群帧同步码的局部自相关曲线

PCM 二、三次群的帧同步码为十位码"1111010000",同基群帧同步码的计算方法,其局部自相关函数计算结果如下:

$$\begin{cases} R(0) = +10; & R(\pm 5) = -1 \\ R(\pm 1) = +3; & R(\pm 6) = -4 \\ R(\pm 2) = +4; & R(\pm 7) = -3 \\ R(\pm 3) = +1; & R(\pm 8) = -2 \\ R(\pm 4) = -2; & R(\pm 9) = -1 \end{cases}$$

其局部自相关曲线如图 5-33 所示。

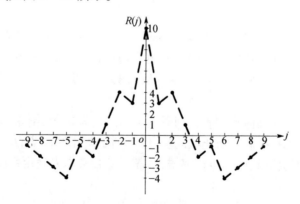

图 5-33　PCM 二、三次群帧同步码的局部自相关曲线

### 5.10.3　帧同步码的识别

帧同步码识别器由移位寄存器、相加器和判决器组成,原理图如图 5-34 所示,以基群帧同步码"0011011"为例说明其工作原理。

157

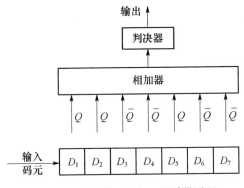

图 5-34 基群帧同步码识别器原理

基群帧同步码识别器的移位寄存器包含 7 个 $D$ 触发器，$Q$ 端还是 $\bar{Q}$ 端输出取决于相应的同步码位，"1"对应 $Q$，"0"对应 $\bar{Q}$。当帧同步码"0011011"从左至右全部移入寄存器，相加器输入 7 个"1"，只要判决器判决门限小于 7，例如设 5，则识别出帧同步码，输出一个正脉冲。输出波形如图 5-35 所示。

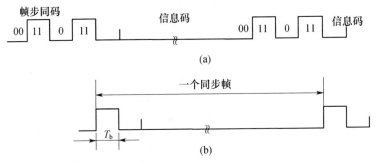

图 5-35 基群帧同步码识别器输入和输出波形
（a）输入波形；（b）输出波形。

若信息序列中正好有若干个连续信息位与帧同步码相同，如基群序列中，非同步码的位置也出现连续的"0011011"，则识别器也会输出正脉冲，这种现象称为**假同步**。可采取多种措施防止假同步的发生，例如要求连续检测多个帧周期，重复识别出帧同步码，才确定是真正的帧同步信号。

还有一种现象叫**漏同步**。若识别器判决门限设为 $n$，则当同步码中有错码时，就不能被识别。判决门限高有利于防止假同步，但不利于防止漏同步；反之，降低判决门限有利于减少漏同步，但会导致假同步概率增大，需要综合考虑去确定判决门限。

## 5.11 小 结

1. PCM 脉冲编码调制，是一种将时间连续、取值连续的模拟信号变换成时间离散、抽样值离散的数字信号的过程。PCM 系统包括编码器和译码器两部分，编码器经过抽样、量化、编码三个步骤完成对模拟信号的数字化，PCM 译码器则将二进制码再还原为模拟信号。

2. 对脉冲幅度进行调制,称为 PAM,PAM 已调信号的脉冲振幅正比于调制信号。若对脉冲宽度进行调制,称为 PDM 或 PWM,PDM 已调信号的脉冲宽度正比于调制信号。若对脉冲相位(即脉冲的位置)进行调制,称为 PPM,PPM 已调信号的脉冲相位正比于调制信号。由于这三种已调信号虽然时间离散,但是取值还是连续的,因此都属模拟调制。

3. PAM 是模拟语音信号进行数字化的必经之路,在实际应用中,常利用"抽样保持电路"产生平顶的 PAM 信号。

4. 对一路模拟信号而言,在抽样周期内完成抽样、量化和编码,但是前后两个抽样周期之间还留有大片的时间间隙,这些时间间隙是可以用来处理其他通道的模拟信号。这种以时间作为分割参量,使对各路信号的处理与传输在时间轴上互不重叠的方式称为时分复用。

5. 设模拟信号的抽样频率为 $f_s$,每个样值编码位数为 $N$,则 PCM 信号的码元速率为 $R_B = Nf_s$,再考虑到 $k$ 路复用,PCM 系统的码元速率为 $kNf_s$。根据奈奎斯特准则,在无码间串扰的情况下,奈奎斯特带宽是指理想低通传输系统所需的最小带宽,为 $kNf_s/2$,当采用升余弦系统传输时,所需带宽为 $kNf_s$。

6. 将被抽样模拟信号分为低通和带通两种。设模拟信号频率范围为 $f_L \sim f_H$,则带宽为 $B = f_H - f_L$。低通信号是指 $B > f_L$ 的信号,带通信号则是 $B \leqslant f_L$ 的信号。

7. 低通信号抽样定理:对于频带限制在 $0 \sim f_H$ 的低通信号 $m(t)$,若以频率 $f_s \geqslant 2f_H$ 抽取瞬时样值,则可无失真恢复原模拟信号。

8. 带通信号抽样定理指出,一个频谱范围为 $f_L \sim f_H$ 的带通信号 $m(t)$,若以速率 $f_s = 2f_H/n = 2B(1 + k/n)$ 进行抽样,则可以通过抽样后的信号无失真恢复原信号。式中 $B = f_H - f_L$ 为信号带宽,$n$ 是 $f_H/B$ 取整部分,$k$ 是 $f_H/B$ 的小数部分,$0 \leqslant k < 1$。

9. 理想抽样:抽样信号为周期性冲激脉冲序列,已抽样信号是模拟基带信号 $m(t)$ 乘以抽样信号。自然抽样:抽样信号为周期性矩形脉冲序列,已抽样信号是模拟基带信号 $m(t)$ 乘以抽样信号,自然抽样实际上就是 PAM 信号。平顶抽样:在抽样脉冲的起始处抽取模拟基带信号的瞬时值,然后在抽样周期内保持不变。

10. 将模拟信号的取值范围分为若干量化区间,也称为量化间隔,若各量化区间相等则称为均匀量化,否则是非均匀量化。

11. 假设输入信号取值范围 $[-a, a]$,且概率密度函数服从均匀分布,量化噪声功率为 $N_q = \dfrac{(\Delta v)^2}{12}$,其中 $\Delta v$ 为量化间隔,信号 $m_k$ 的平均功率 $S_0 = \dfrac{M^2}{12} \cdot (\Delta v)^2$,量化信噪比 $\dfrac{S_0}{N_q} = M^2 = 2^{2N}$ 或 $\dfrac{S_0}{N_q} = 2^{2N} = 2^{2\left(\frac{B}{f_H}\right)}$。

12. 与均匀量化不同,非均匀量化采用可变的量化间隔,让小信号的量化间隔小一些,大信号时量化间隔大一些,在编码位数和量化等级不变的情况下,可以提高小信号的信噪比。非均匀量化可以通过对输入信号进行非线性处理后再均匀量化实现,这里非线性处理的作用是,对小信号的放大倍数大,对大信号的放大倍数小。这种在发送端的非线性处理又称为压缩。在接收端需要增加非线性放大器加以消除,其作用和压缩器相反:对小信号的放大倍数小,对大信号的放大倍数大,又称为扩张。

13. $A$ 律标准：

$$y = \begin{cases} \dfrac{1 + \ln Ax}{1 + \ln A} & \dfrac{1}{A} < x \leq 1 \\[3mm] \dfrac{Ax}{1 + \ln A} & 0 \leq x \leq \dfrac{1}{A} \end{cases}$$

第 3 象限特性和第 1 象限奇对称。中国、欧洲以及国际互联采用 $A$ 律，北美、日本、韩国等采用 $\mu$ 律。

14. 13 折线压缩特性是 $A = 87.6$ 的 $A$ 律标准的近似，便于用数字电路较精确实现 $A$ 律标准。13 折线法采用归一化信号，横轴对应输入，对分为 8 段，纵轴对应输出，等分为 8 段。相应点连接的 8 根折线是对 $A$ 律标准的近似。每根折线内还等分为 16 个量化区间。

15. 13 折线法总的编码位数 8 位，最高位是极性码，接下来的 3 位是段码，最低的 4 位码是段内码。段内码采用自然二进制码，编码顺序从原点向外。段码采用折叠二进制码，折叠二进制码分为两个部分，分别表示符号以及绝对值。

16. 为了表示方便，将最小量化间隔 $= 1/2048$ 定义为 1 个量化单位，量化输出取对应量化区间的中间值。

17. $N$ 位线性 PCM 码组的误码噪声功率为

$$N_e = \frac{2^{2N}}{3} P_e (\Delta v)^2$$

式中：$P_e$ 为每位码元的误码率。$N$ 位折叠二进制码的误码噪声功率为

$$N_e = \frac{5}{4} \left( \frac{2^{2N}}{3} \right) P_e (\Delta v)^2$$

18. 对于自然二进制码，PCM 系统总的输出信噪比为

$$\frac{S_0}{N} = \frac{2^{2N}}{1 + 2^{2N+2} P_e}$$

对于折叠二进制码，有

$$\frac{S_0}{N} = \frac{2^{2N}}{1 + 5 \times 2^{2N} \times P_e}$$

19. 差分脉冲编码调制 DPCM 的基本思想是：不是直接对样值进行编码，而是对当前的样值与其预测值之间的差值进行编码。由于差值的幅度范围一般远小于原信号的幅度范围，在保证同样的量化性能的情况下，可以减少编码位数，从而降低信息传输速率。ADPCM 系统的语音编码质量与 $A$ 律 PCM 或 $\mu$ 律 PCM 系统基本相当。相对于 PCM 单路 64kb/s 的速率，ADPCM 速率为 32kb/s。量化误差分为两种情况：一般量化和过载量化。

20. 增量调制 DM 又称 $\Delta$M，可以看成是特殊的 DPCM，在 DPCM 中当对预测误差进行一位二进制编码时，就是 DM 系统。量化误差分为两种情况：一般量化和过载量化。

21. 一个 PCM30/32 路基群只能传输 30 路电话信号，2 路用于必要的同步信号和信令。要传输更多的信号，需要将基群汇集成二次群、二次群汇成三次群等。将低次群汇成高次群的过程称为复接；反之，将高次群还原成低次群称为分接。

22. 数字复接有准同步 PDH 和同步 SDH 两种体系。

23. 对于信息分组的情形，比如 PCM 编码，接收得到的是码元序列，这个序列需要用

标志码去进行帧起始的定位,这个标志码即帧同步码,也称为群同步码。帧同步是指帧同步码的插入和提取功能的实现,帧同步码有两种插入方式:集中插入法和分散插入法。

## 思 考 题

5-1 什么是 PCM?

5-2 什么是时分复用?

5-3 为了能无失真恢复出低通模拟信号,在对其进行抽样时,抽样频率有什么要求?

5-4 试讨论抽样时产生频谱混叠的原因,并说明如何避免。

5-5 什么是孔径失真? 如何消除孔径失真?

5-6 什么是量化? 什么是量化误差?

5-7 量化误差能否消除? 它与什么因素有关?

5-8 量化的目的是什么? 什么是均匀量化? 均匀量化有什么缺点?

5-9 讨论均匀量化是否适合处理实际电话语音信号。

5-10 我国采用的电话量化标准,是符合 13 折线 $A$ 律还是 15 折线 $\mu$ 律?

5-11 PCM 编码为什么选用折叠二进制编码?

5-12 设模拟信号的抽样频率为 $f_s$,每个样值编码位数为 $N$,共有 $k$ 路复用,试说明在无码间串扰的情况下 PCM 系统的奈奎斯特带宽。

5-13 差分脉冲编码调制 DPCM 的基本思想是什么? 有什么优点?

5-14 试讨论差分脉冲编码调制的两种噪声。

5-15 什么是自适应差分脉冲编码调制 ADPCM?

5-16 增量调制 DM 会产生哪些量化误差? 如何改善?

5-17 试讨论 TDM 系统中的同步技术有哪些?

5-18 试讨论复用和复接的异同点。

## 习 题

5-1 已知信号 $m(t)$ 的最高频率为 $f_m$,由矩形脉冲 $q(t)$ 进行瞬时抽样,矩形脉冲的宽度为 $\tau$,幅度为 1,试确定已抽样信号时域及其频谱表示式。

5-2 设输入抽样器的信号为门函数 $G_\tau(t)$,宽度 $\tau = 200\text{ms}$,若忽略其频谱的第 10 个零点以外的频率分量,试求最小抽样速率。

5-3 已知某信号的时域表达式为 $m(t) = 200Sa^2(200\pi t)$,对此信号进行抽样。求:

(1) 奈奎斯特抽样频率 $f_s$;

(2) 奈奎斯特抽样间隔 $T_s$;

(3) 画出抽样频率为 500Hz 时的已抽样信号的频谱。

(4) 当抽样频率为 500Hz 时,画出恢复原信号的低通滤波器的传递函数 $H(f)$ 示意图。

5-4 对信号 $m(t) = 10\cos(20\pi t) \cdot \cos(200\pi t)$，用每秒 250 次的取样速率对其进行取样。

(1) 画出已取样信号的频谱；

(2) 求出用于恢复原信号的理想低通滤波器的截止频率。

5-5 设信号 $m(t) = 9 + A\cos\omega t$，其中 $A \leqslant 10V$。若 $m(t)$ 被均匀量化为 40 个电平，试确定所需的二进制码组的位数 $N$ 和量化间隔 $\Delta v$。

5-6 已知被抽样模拟信号概率密度 $f(x)$ 如题图 5-1 所示。若按四电平进行均匀量化，试计算量化信噪功率比。

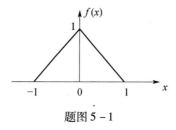

题图 5-1

5-7 用 13 折线 $A$ 律编码，设接收到的码组为"01000001"、最小量化间隔为 1 个量化单位，并已知段内码采用自然二进制码：

(1) 试问译码器输出为多少个量化单位；

(2) 写出对应于该 7 位码（不包括极性码）的均匀量化 11 位码。

5-8 已知量化范围为 $-5V \sim +5V$，输入样值 $x = -1V$。

(1) 采用 $A$ 律 13 折线量化编码，求编码输出、译码输出电平以及量化误差。

(2) 若改为均匀量化 11 位编码，再求编码输出、译码输出电平以及量化误差。

5-9 采用 13 折线 $A$ 律编码，设最小的量化间隔为 1 个量化单位，已知抽样脉冲值为 $-96$ 量化单位；

(1) 试求出此时编码器输出码组，并计算量化误差；

(2) 写出对应于该 7 位码（不包括极性码）的均匀量化 11 位码。

5-10 13 折线法编码，收到的码组为 11101000，若最小量化级为 1mV，求译码器输出电压值。

5-11 对 10 路带宽均为 300～3400Hz 的模拟信号进行 PCM 时分复用传输。抽样速率为 8000Hz，抽样后进行 8 级量化，并编为自然二进制码，码元波形是宽度为 $\tau$ 的矩形脉冲，且占空比为 1，试求传输此时分复用 PCM 信号所需的带宽。

5-12 已知正弦信号的频率 $f_m = 4kHz$，试分别设计一个线性 PCM 系统和一个简单 DM 系统，使两个系统的最大量化信噪比都满足 30dB 的要求，比较两个系统的信息速率。

5-13 24 路语音信号进行时分复用，并经 PCM 编码后在同一信道传输。每路语音信号的抽样速率为 $f_s = 8kHz$，每个样点量化为 256 个量化电平中的一个，每个量化电平用 8 位二进制编码，求时分复用后的 PCM 信号的二进制码元速率。

5-14 6 路独立信源的最高频率分别为 1kHz、1kHz、2kHz、2kHz、3kHz、3kHz，采用时分复用方式进行传输，每路信号均采用 8 位对数 PCM 编码。

(1) 设计该系统的帧结构和总时隙数，求每个时隙占有的时间宽度及码元宽度；

（2）求信道最小传输带宽。

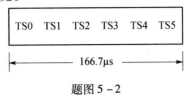

| TS0 | TS1 | TS2 | TS3 | TS4 | TS5 |

$\longleftarrow$ 166.7μs $\longrightarrow$

题图 5 – 2

5 – 15　已知话音信号的最高频率 $f_m = 3400\text{Hz}$，用 PCM 系统传输，要求信号量化噪声比 $\dfrac{S_0}{N_0} \geqslant 30\text{dB}$，试求此 PCM 系统所需的理论最小带宽。

5 – 16　单路话音信号的最高频率为 4kHz，抽样速率为 8kHz，将所得的脉冲由 PAM 方式或 PCM 方式传输。设传输信号的波形为矩形脉冲，其宽度为 $\tau$，且占空比为 1。

（1）计算 PAM 系统的最小带宽；

（2）在 PCM 系统中，抽样后信号按 8 级量化，求 PCM 系统的最小带宽并与（1）的比较；

（3）若抽样后信号按 128 级量化，PCM 系统的最小带宽又为多少？

# 第6章 基本的数字调制技术

从信号传输质量来看,数字系统优于模拟系统。在数字通信网中,除了考虑抗干扰能力外,还须综合考虑容量和频率资源利用率等重要技术指标。由于数字基带信号的频谱包含低频成分,而许多重要的通信信道是带通型的,例如无线信道和许多有线信道,这时需要运用调制技术将其转换成数字频带信号,即高频带通信号,使信号与信道特性相匹配。

数字调制与模拟调制原理基本相同,有调幅、调频、调相三种形式。数字基带信号分为二进制和多进制两大类,其共同特点是信号幅值为离散值。数字调制的方法依然是用基带信号控制正弦载波的参量,根据载波被控参量的离散变化状态数来表示基带信号的进制数。当数字基带信号为二进制时,控制载波振幅呈两种离散值变化形成幅移键控信号2ASK;控制载波频率呈两种离散变化形成频移键控信号2FSK;控制载波初始相位呈两种离散变化形成相移键控信号2PSK。当基带信号为 $M$ 进制时,形成的已调信号种类繁多,常用的有 QAM、QPSK、DQPSK、MSK、GMSK、OFDM 等。本章介绍 QPSK、DQPSK,第7章介绍 MSK、GMSK、OFDM。

本章讨论数字频带信号的调制解调原理和实现方法。着重研究二进制数字调制信号的时域表达式、频谱结构、调制解调原理、最佳接收方法和误码率的计算;简单介绍四进制信号的调制解调方法。

## 6.1 二进制数字信号的调制

### 6.1.1 二进制振幅键控(2ASK)

#### 1. 2ASK 信号的时域表达式

振幅移键控(Amplitude Shift Keying, ASK),分为二进制 2ASK 和多进制 MASK。2ASK 信号的特征是传号"1"和空号"0"的载波有振幅或为零。

设数字基带信号为 $s(t) = \sum_{n=-\infty}^{\infty} a_n g(t - nT_B)$,是单极性非归零序列,正弦载波为 $c(t) = A\cos 2\pi f_c t$,则 2ASK 信号表达式为

$$
\begin{cases}
s_m(t) = s(t)c(t) = A\sum_{n=-\infty}^{\infty} a_n g(t - nT_B)\cos 2\pi f_c t \\
s_m(t) = \begin{cases} s_1(t) = A\cos 2\pi f_c t & \text{``1''} \\ s_0(t) = 0 & \text{``0''} \end{cases} \quad 0 \leqslant t \leqslant T_B
\end{cases}
\tag{6.1-1}
$$

2ASK 信号波形如图 6 - 1 所示。从图 6 - 1 中可看出 2ASK 信号的包络呈离散状态,反映基带信号的变化规律。

164

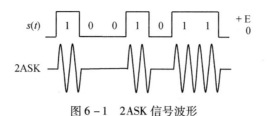

图 6-1  2ASK 信号波形

### 2. 2ASK 信号的功率谱密度

设数字基带信号 $s(t)$ 的功率谱密度为 $P_s(f)$，则根据傅里叶变换规则，式 (6.1-1) 所示的 2ASK 信号的功率谱密度表达式为

$$P_{2ASK}(f) = \frac{A^2}{4}[P_s(f + f_c) + P_s(f - f_c)] \qquad (6.1-2)$$

功率谱密度图如图 6-2 所示。

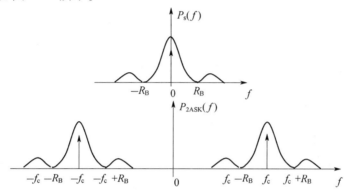

图 6-2  2ASK 信号的功率谱密度

从图 6-2 中看出，2ASK 信号的功率谱密度是将单极性基带序列的功率谱密度平移至中心频率 $f = f_c$ 处，属于线性调制。其中 $R_B$ 是基带信号的码元传输速率，2ASK 信号带宽是 $2R_B$，功率谱中含有离散谱和连续谱，离散谱可作为导频信号，有助于接收端方便地提取载波信号，实现相干解调。

### 3. 2ASK 信号的调制

图 6-3 是 2ASK 信号的调制模型。

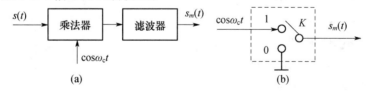

图 6-3  2ASK 信号的调制模型

（a）模拟相乘法；（b）数学键控法。

图 6-3(a) 的工作原理与模拟信号的调制相同；图 6-3(b) 称为键控法，开关 $K$ 受数字基带信号 $s(t)$ 控制，当 $s(t) = $ "1" 时，$K$ 接 1 端，有载波输出；当 $s(t) = $ "0" 时，$K$ 接 0 端，无信号输出。输出端输出的就是 2ASK 信号 $s_m(t)$。

### 6.1.2 二进制频移键控(2FSK)

**1. 2FSK 信号的时域表达式**

频移键控(Frequency Shift Keying,FSK)同样分二进制和 $M$ 进制,2FSK 信号的特征是传号"1"和空号"0"的载波频率分别为 $f_1$、$f_2$。实现过程中又分为相位不连续及相位连续两种频移键控信号。

1) 相位不连续的 2FSK 信号

图 6-4 是产生相位不连续 2FSK 信号的原理框图。数字基带信号 $s(t)$ 控制开关 $K$ 以键控方式分别接通两个载波,产生频移键控信号。

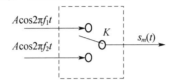

图 6-4  相位不连续 2FSK 信号的产生

相位不连续的 2FSK 信号的时域表达式为

$$s_m(t) = \begin{cases} s_1(t) = A\cos 2\pi f_1 t & \text{"1"} \\ s_0(t) = A\cos 2\pi f_2 t & \text{"0"} \end{cases} \quad 0 \leq t \leq T_B \qquad (6.1-3)$$

2) 相位连续的 2FSK 信号

图 6-5 是产生相位连续 2FSK 信号的框图。数字基带信号 $s(t)$ 控制压控振荡器 VCO 的振荡频率,产生频移键控信号。压控振荡器的中心振荡频率 $f_c = \dfrac{1}{2}(f_1 + f_2)$。

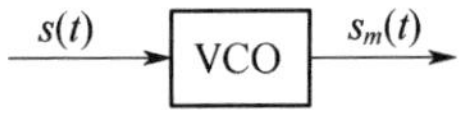

$$s(t) \rightarrow \boxed{\text{VCO}} \rightarrow s_m(t)$$

图 6-5  相位连续 2FSK 信号的产生

相位连续的 2FSK 信号的时域表达式为

$$s_m(t) = A\cos\left[2\pi f_c t + k_f \int_{-\infty}^{t} s(\tau)\mathrm{d}\tau\right] \qquad (6.1-4)$$

式中:$k_f$ 是调频器的调频灵敏度。

分析式(6.1-4),因为要求以 $f_c$ 为中心频率产生对应的 $f_1$、$f_2$,所以数字基带信号 $s(t)$ 应为双极性不归零序列。

图 6-6 所示为 2FSK 信号波形。

**2. 2FSK 信号的功率谱密度**

分析式(6.1-3)、式(6.1-4),若要计算 2FSK 信号的功率谱密度,其数学推导非常复杂。通常采用近似分析法得出结论。

根据式(6.1-3),并比较 2FSK 和 2ASK 信号波形可知,一路 2FSK 信号可以等效成两路 2ASK 信号的叠加,且这两路 2ASK 信号中各自携带的数字基带信号互为反码,因而 2FSK 信号的功率谱密度等效于两路 2ASK 信号功率谱密度之和。

2FSK 信号的功率谱密度图如图 6-7 所示。

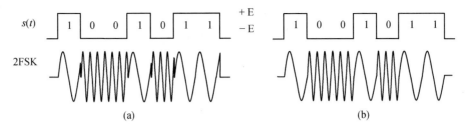

图 6 - 6　2FSK 信号波形

（a）相位不连续；（b）相位连续。

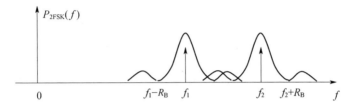

图 6 - 7　2FSK 信号的功率谱密度图

从图 6 - 7 中知,2FSK 信号的功率谱密度与数字基带信号的功率谱密度形状完全不同,属于非线性调制。其信号带宽为 $|f_2 - f_1| + 2R_B$。当 $|f_2 - f_1| \geqslant 2R_B$ 时,2FSK 信号可分离成两路独立的 2ASK 信号;当 $|f_2 - f_1| < 2R_B$ 时有频谱重叠,不能直接滤波分离,这种特性将会影响 2FSK 信号解调方法的选择。

**3. 2FSK 两个信号波形之间的互相关系数**

从 2FSK 信号的频谱结构可看出,它的带宽参数与 $|f_2 - f_1|$ 有关。分析相位不连续和相位连续的 2FSK 信号,发现两者的差异实质上就是 $|f_2 - f_1|$ 与基带信号码元速率间数值比例不同引起的。引入互相关系数 $\rho$ 描述 $2FSK$ 信号的数学特征,以便进一步理解工程应用中面临的问题和改进方法。

定义 2FSK 两个信号波形 $s_1(t)$、$s_0(t)$ 之间互相关系数为

$$\rho = \frac{1}{E_b} \int_0^{T_B} s_1(t) s_0(t) \, \mathrm{d}t \qquad (6.1-5)$$

式中

$$E_b = \int_0^{T_B} s_1^2(t) \, \mathrm{d}t = \int_0^{T_B} s_0^2(t) \, \mathrm{d}t = \frac{1}{2} A^2 T_B \quad （称为比特能量）$$

$$s_1(t) = A\cos 2\pi f_1 t = A\cos 2\pi (f_c + \Delta f) t \qquad (6.1-6)$$

$$s_0(t) = A\cos 2\pi f_2 t = A\cos 2\pi (f_c - \Delta f) t \qquad (6.1-7)$$

$$|f_2 - f_1| = 2\Delta f \qquad (6.1-8)$$

将 $s_1(t)$、$s_0(t)$ 表达式代入式(6.1 - 5)并令 $A = 1$,得

$$\rho = \frac{2}{T_B} \int_0^{T_B} \cos 2\pi (f_c + \Delta f) t \cdot \cos 2\pi (f_c - \Delta f) t \, \mathrm{d}t$$

$$= \frac{1}{T_B} \int_0^{T_B} \left[ \cos 2\pi (2\Delta f) t + \cos 2\pi (2f_c) t \right] \mathrm{d}t$$

$$= Sa[2\pi(2\Delta f)T_B] + \frac{\sin[2\pi(2f_c)T_B]}{[2\pi(2f_c)T_B]}$$

$$= Sa[2\pi(2\Delta f)T_B] + Sa[2\pi f_c T_B]\cos[2\pi f_c T_B] \qquad (6.1-9)$$

限定 $2\pi f_c T_B$ 是 $\pi$ 的整数倍,式(6.1-9)中第二项为0,得

$$\rho = Sa[2\pi(2\Delta f)T_B] \qquad (6.1-10)$$

式(6.1-10)说明互相关系数 $\rho$ 是 $2\Delta f$ 与 $T_B$ 的函数,数值范围 $[-1,+1]$。选取不同的载波频率和基带信号码元速率值,会产生不同的 $\rho$ 值,这将影响2FSK信号带宽参数的变化。

在实际应用中,应尽可能减小信号带宽且利于解调,多选择 $\rho = 0$。这时 $s_1(t)$ 与 $s_0(t)$ 正交,有 $2\pi(2\Delta f)T_B = n\pi$,所以两个载频的频率间隔为

$$2\Delta f = \frac{n}{2T_B} \qquad (6.1-11)$$

取 $n = 1$,信号带宽最小,是2FSK信号的形式之一,称为最小移频键控MSK信号。7.2中还将进一步讨论MSK。

### 6.1.3 二进制相移键控(2PSK 与 2DPSK)

移相键控(Phase Shift Keying, PSK),差分相移键控式相对相移健控(Differential Phase Shift Keying, DPSK)分为二进制和 $M$ 进制。移相键控信号的特征是传号"1"和空号"0"的载波初始相位分别为 $\varphi_1$ 和 $\varphi_2$。

**1. 移相键控信号的时域表达式**

2PSK信号的特征是传号和空号的载波初始相位 $\varphi$ 为固定值,通常定义

$$\varphi = \begin{cases} 0 & \text{"1"} \\ \pi & \text{"0"} \end{cases} \qquad (6.1-12)$$

码元和相位的对应关系也可以反过来定义。

2PSK的信号波形如图6-8所示。从波形图中可看出,当数字基带信号 $s(t)$ 为双极性不归零序列时,利用乘法器将 $s(t)$ 与正弦载波 $c(t)$ 相乘能产生2PSK信号,其原理与DSB相同,所以2PSK信号的时域表达式为

$$s_m(t) = s(t)c(t)$$
$$= \begin{cases} s_1(t) = A\cos 2\pi f_c t & \text{"1"} \\ s_0(t) = -A\cos 2\pi f_c t & \text{"0"} \end{cases} \qquad 0 \leqslant t \leqslant T_B \qquad (6.1-13)$$

2PSK信号应用中有很大的弱点。2PSK信号采用相干解调时,接收机内由锁相环产生的本地载波初相与2PSK信号携带的的发端载波初相可能相同、也可能相差 $\pi$,状态随机,这种现象称为**相位模糊**。若本地载波初相与发端载波初相相同时,经解调运算,判决输出与发送基带信号 $s(t)$ 一致;若本地载波初相与发端载波初相相差 $\pi$ 时,判决输出为 $s(t)$ 的反码,产生错判,称为解调器反向工作现象。为了解决此问题,引入差分相移键控信号2DPSK。

168

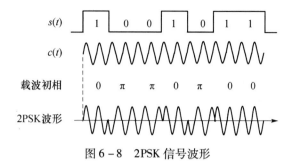

图 6 - 8  2PSK 信号波形

2DPSK 信号的特征是用相邻码元的载频初相差 $\Delta\varphi$ 来表示传号和空号。通常定义为

$$\Delta\varphi = \varphi_n - \varphi_{n-1} = \begin{cases} \pi & \text{"1"} \\ 0 & \text{"0"} \end{cases} \tag{6.1 - 14}$$

2DPSK 信号的实现方法是首先将二进制基带序列 $\{a_n\}$ 进行差分编码生成 $\{b_n\}$，即

$$b_n = a_n \oplus b_{n-1} \tag{6.1 - 15}$$

式中：$\{a_n\}$ 为绝对码，$\{b_n\}$ 为相对码。保持 $\{b_n\}$ 为双极性不归零序列，再对 $\{b_n\}$ 进行 2PSK 调制即可得 2DPSK 信号，因而 2DPSK 信号的时域表达式与 2PSK 信号相似。图6 - 9 是差分编码电路，也称为码变换电路。

图 6 - 9  差分编码电路

相移键控信号的键控调制框图如图 6 - 10 所示。

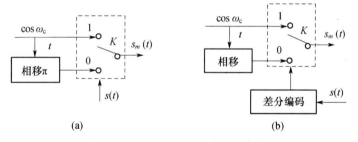

(a)                    (b)

图 6 - 10  相移键控信号的键控调制

(a) 2PSK 信号的产生；(b) 2DPSK 信号的产生。

下面举例说明 2PSK 与 2DPSK 信号的相位及波形关系：

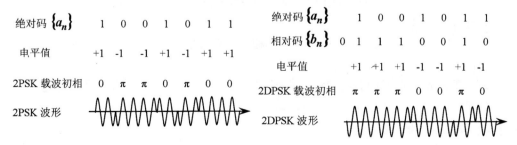

**2. 相移键控信号的功率谱密度**

根据式(6.1 – 13)及分析 2PSK 信号波形知,2PSK 信号实质上是双极性的 2ASK 信号,因而 2PSK 信号的功率谱密度是将双极性基带序列的功率谱密度平移至中心频率 $f = f_c$ 处,如图 6 – 11 所示。与 2ASK 不同的是,当"1"和"0"等概时,2PSK 信号中不含 $f_c$ 成份。2PSK 信号属于线性调制。同理,因为 2DPSK 信号也是由 0 或 π 相的信号组成,因此其功率谱密度与 2PSK 相同。

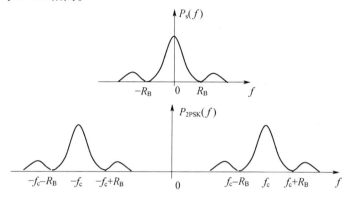

图 6 – 11　2PSK 的功率谱密度

# 6.2　二进制数字解调技术与抗噪声性能

二进制数字解调方法分为非相干解调、相干解调和匹配滤波器三大类,采用不同解调方案的系统其抗噪性能有所不同。总体来说匹配滤波器方案的抗噪性能最好,相干解调次之,非相干解调较差,但设备简单。接收系统模型如图 6 – 12 所示,性能参数为误码率或误比特率。

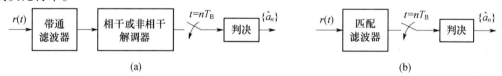

(a)　　　　　　　　　　　　　　　　(b)

图 6 – 12　接收系统模型
(a) 相干和非相干解调;(b) 匹配滤波器解调。

## 6.2.1　2ASK 信号的解调

2ASK 信号的解调方法有非相干解调、相干解调和匹配滤波器三种。

**1. 非相干解调**

利用包络检波器可实现 2ASK 信号的**非相干解调**,此方案不需要载波提取电路,如图 6 – 13 所示。

设信道中仅存在加性高斯白噪声,根据式(6.1 – 1),解调器的输入信号 $r(t)$ 为

$$r(t) = s_m(t) + n_i(t) \qquad 0 \leqslant t \leqslant T_B \qquad (6.2 – 1)$$

其中

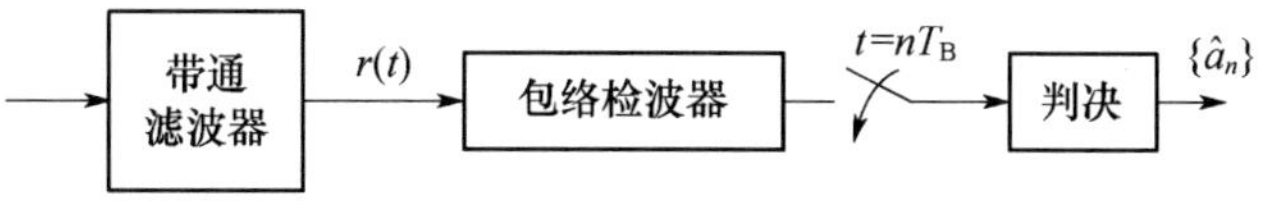

图 6 - 13   2ASK 信号的非相干解调

$$s_m(t) = \begin{cases} s_1(t) = A\cos\omega_c t & \text{"1"} \\ s_0(t) = 0 & \text{"0"} \end{cases} \quad 0 \leqslant t \leqslant T_B$$

$$n_i(t) = n_c(t)\cos2\pi f_c t - n_s(t)\sin2\pi f_c t$$

$n_i(t)$ 是带限白噪声,其均值为 0,方差为 $\sigma_n^2$。

当收传号即 $s_1(t)$ 时,解调器输入信号

$$r(t) = A\cos2\pi f_c t + n_c(t)\cos2\pi f_c t - n_s(t)\sin2\pi f_c t$$
$$= V(t)\cos[2\pi f_c t + \theta(t)] \tag{6.2 - 2}$$

式中:包络 $V(t) = \sqrt{[A + n_c(t)]^2 + n_s^2(t)}$ 是随机信号,服从莱斯分布,条件概率密度函数为

$$P_1(V) = P(V|s_1) = \frac{V}{\sigma_n^2}I_0\left(\frac{AV}{\sigma_n^2}\right)\exp\left(-\frac{V^2 + A^2}{2\sigma_n^2}\right) \tag{6.2 - 3}$$

当收空号即 $s_0(t)$ 时,解调器输入信号

$$r(t) = n_c(t)\cos2\pi f_c t - n_s(t)\sin2\pi f_c t$$
$$= V(t)\cos[2\pi f_c t + \theta(t)] \tag{6.2 - 4}$$

式中:包络 $V(t) = \sqrt{n_c^2(t) + n_s^2(t)}$ 是随机信号,服从瑞利分布,条件概率密度函数为

$$P_0(V) = P(V|s_0) = \frac{V}{\sigma_n^2}\exp\left(-\frac{V^2}{2\sigma_n^2}\right) \tag{6.2 - 5}$$

非相干解调的过程是 $r(t)$ 通过包络检波器输出 $V(t)$,再对 $V(t)$ 进行抽样、判决,还原再生基带序列。由于噪声存在,$V(t)$ 的数值随机变化,判决时将其与固定门限值比较,可能导致判决结果错误即误码。误码共有两种情况:发 $s_1(t)$ 判为"0"或发 $s_0(t)$ 判为"1"。下面讨论误码率的计算。

设判决门限为 $V_d$,判决规则为

$$V \geqslant V_d \qquad \text{判"1"}$$
$$V < V_d \qquad \text{判"0"}$$

发 $s_1(t)$ 判"0"的误码率为

$$P_{e1} = \int_0^{V_d} P_1(V)\,\mathrm{d}V \tag{6.2 - 6}$$

发 $s_0(t)$ 判"1"的误码率为

$$P_{e0} = \int_{V_d}^{\infty} P_0(V)\,\mathrm{d}V \tag{6.2 - 7}$$

系统统计平均误码率为

$$P_e = P(s_1)P_{e1} + P(s_2)P_{e0}$$

当 $P(s_1) = P(s_0) = \dfrac{1}{2}$ 时

$$P_e = \frac{1}{2}\left( \int_0^{V_d} P_1(V)\,\mathrm{d}V + \int_{V_d}^{\infty} P_0(V)\,\mathrm{d}V \right) \tag{6.2-8}$$

式(6.2-8)说明误码率与门限值有关,其关系如图6-14所示。

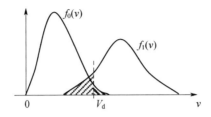

图6-14 误码率的图形描述

令 $\dfrac{\partial P_e}{\partial V_d} = 0$,可求出使系统平均误码率最小的最佳门限值。

$$V_d^* \approx \frac{A}{2}\left( 1 + \frac{4}{r} \right)^{\frac{1}{2}} \tag{6.2-9}$$

式中: $r = \dfrac{A^2}{2\sigma_n^2}$ 为解调器输入端信噪比,在大信噪比条件下即 $r \gg 1$ 时,最佳门限近似为

$$V_d^* \approx \frac{A}{2} \tag{6.2-10}$$

将式(6.2-3)、式(6.2-5)和式(6.2-10)代入式(6.2-8)计算,得

$$P_e = \frac{1}{4}\mathrm{erfc}\left( \sqrt{\frac{A^2}{8\sigma_n^2}} \right) + \frac{1}{2}\exp\left( -\frac{A^2}{8\sigma_n^2} \right) \tag{6.2-11}$$

当 $r \gg 1$ 时,式(6.2-11)近似为

$$P_e \approx \frac{1}{2}\exp\left( -\frac{A^2}{8\sigma_n^2} \right) = \frac{1}{2}\exp\left( -\frac{r}{4} \right) \tag{6.2-12}$$

**2. 相干解调**

相干解调框图如图6-15所示,此方案需要载波提取电路。

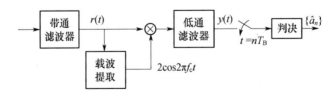

图6-15 2ASK信号的相干解调框图

解调器的输入信号 $r(t)$ 如式(6.2-1)。经过乘法器和低通滤波器后,输出信号 $y(t)$ 为

172

$$y(t) = \begin{cases} A + n_c(t) & \text{``1''} \\ n_c(t) & \text{``0''} \end{cases} \qquad 0 \leqslant t \leqslant T_B \qquad (6.2-13)$$

收 $s_1(t)$ 时,对应输出 $y_1(t)$ 是服从均值为 $A$、方差为 $\sigma_n^2$ 的高斯随机过程,条件概率密度函数为

$$p_1(y) = p(y|s_1) = \frac{1}{\sqrt{2\pi}\,\sigma_n}\exp\left[-\frac{(y-A)^2}{2\sigma_n^2}\right] \qquad (6.2-14)$$

收 $s_0(t)$ 时,对应输出 $y_2(t)$ 是服从均值为 0、方差为 $\sigma_n^2$ 的高斯随机过程,条件概率密度函数为

$$P_0(y) = P(y|s_0) = \frac{1}{\sqrt{2\pi}\,\sigma_n}\exp\left(-\frac{y^2}{2\sigma_n^2}\right) \qquad (6.2-15)$$

设判决门限为 $V_d$,判决规则与非相干解调相同,有
发 $s_1(t)$ 判"0"的误码率为

$$P_{e1} = \int_{-\infty}^{V_d} P_1(y)\,\mathrm{d}y \qquad (6.2-16)$$

发 $s_0(t)$ 判"1"的误码率为

$$P_{e0} = \int_{V_d}^{\infty} P_0(y)\,\mathrm{d}y \qquad (6.2-17)$$

与非相干解调相似,等概时系统统计平均误码率为

$$P_e = \frac{1}{2}(P_{e1} + P_{e0}) \qquad (6.2-18)$$

显然对应最佳门限值 $V_d^*$,有 $P_1(V_d^*) = P_0(V_d^*)$,计算得 $V_d^* = \dfrac{A}{2}$。

将式(6.2-16)、式(6.2-17)、最佳门限值 $V_d^*$ 代入式(6.2-18)有

$$P_e = \frac{1}{2}\mathrm{erfc}\left(\sqrt{\frac{A^2}{8\sigma_n^2}}\right) \qquad (6.2-19)$$

误码率与门限值的关系如图 6-16 所示。

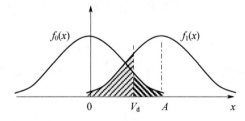

图 6-16  误码率的图形描述

当 $r = \dfrac{A^2}{2\sigma_n^2} \gg 1$ 时,式(6.2-19)近似为

$$P_e \approx \frac{1}{\sqrt{\pi r}}\exp\left(-\frac{r}{4}\right) \qquad (6.2-20)$$

比较式(6.2-12)、式(6.2-20)知,在相同输入信噪比的条件下,相干解调的性能优于非相干解调。

现在讨论两种解调方式中噪声功率$\sigma_n^2$的计算问题。

比较图6-13和图6-15,设两图中带通滤波器性能参数相同。信道中双边功率谱密度为$\frac{n_0}{2}$w/Hz的宽带白噪声$n(t)$通过带宽为$B$的带通滤波器后形成窄带白噪声$n_i(t)$,其噪声功率$\sigma_n^2 = n_0 B$。为了抑制噪声,$B$的数值应尽可能小,理想值$B$等于输入信号带宽即$B = 2R_B$。实际应用中考虑到无码间干扰传输及物理可实现的要求,带通滤波器的传递函数通常选升余弦特性,带宽$B \approx 4R_B$,使得输出噪声功率增大,系统抗噪性能将有所下降。

### 3. 匹配滤波器

**匹配滤波器**是一种保证抽样判决时刻输出信噪比最大的线性滤波器。

匹配滤波器接收机是一种最佳接收机,所谓最佳接收机,是指平均误码率最小的接收机,而误码率最小和信噪比最大是等价的。在接收判决之前加一个匹配滤波器,可以获得最佳的抗噪声性能。匹配滤波器接收法实际上是根据数字信号自身特点和环境噪声的统计变化规律,寻找与接收信号匹配的接收系统结构,保证还原信号在输出时刻抵抗噪声信号的能力最强,从而达到最佳的还原性能。

1)匹配滤波器的特性

设匹配滤波器的单位冲激响应和传输函数分别为$h(t)$、$H(\omega)$,输入信号为$r(t)$,输出信号为$y(t)$,在噪声环境中有

$$r(t) = s(t) + n(t) \tag{6.2-21}$$

$$y(t) = y_0(t) + n_0(t) \tag{6.2-22}$$

式中:$s(t)$为发送信号,频谱为$S(\omega)$;$n(t)$是宽带白噪声,双边功率谱密度$P_n(\omega) = \frac{n_0}{2}$w/Hz;$y_0(t)$是输出有用信号,频谱为$Y_0(\omega)$;$n_0(t)$是输出噪声。

匹配滤波器的设计思想是通过$H(\omega)$约束$n_0(t)$,使输出信号$y(t)$与$s(t)$尽可能一致。从性能参数来看,使输出信噪比达到最大值。

根据卷积定理,匹配滤波器的输出有用信号$Y_0(\omega) = S(\omega)H(\omega)$,所以

$$y_0(t) = \frac{1}{2\pi}\int_{-\infty}^{-\infty} Y_0(\omega) e^{j\omega t}d\omega = \frac{1}{2\pi}\int_{-\infty}^{-\infty} S(\omega)H(\omega) e^{j\omega t}d\omega \tag{6.2-23}$$

若在$t = t_0$时刻对$y(t)$抽样,输出有用信号瞬时功率$|y_0^2(t_0)|$与输出噪声瞬时功率$E[n_0^2(t_0)]$之比为

$$r_0 = \frac{|y_0^2(t)|}{E[n_0^2(t)]}\Bigg|_{t=t_0} = \frac{\left|\dfrac{1}{2\pi}\displaystyle\int_{-\infty}^{-\infty} S(\omega)H(\omega) e^{j\omega t_0}d\omega\right|^2}{\dfrac{1}{2\pi}\displaystyle\int_{-\infty}^{-\infty}\dfrac{n_0}{2}|H(\omega)|^2 d\omega} \tag{6.2-24}$$

式(6.2-24)表明$r_0$与$S(\omega)$和$H(\omega)$有关,需要寻找$H(\omega)$与$S(\omega)$的相互关系,以保证$r_0$最大。

下面利用许瓦尔兹(Schwartz)不等式推导匹配滤波器$H(\omega)$的表达式。

174

许瓦尔兹不等式表示为

$$\left| \frac{1}{2\pi} \int_{-\infty}^{-\infty} X(\omega) Y(\omega) \mathrm{d}\omega \right|^2 \leqslant \frac{1}{2\pi} \int_{-\infty}^{-\infty} |X(\omega)|^2 \mathrm{d}\omega \cdot \frac{1}{2\pi} \int_{-\infty}^{-\infty} |Y(\omega)|^2 \mathrm{d}\omega$$

$$(6.2-25)$$

当 $X(\omega) = KY^*(\omega)$ 时,等式成立。

令 $X(\omega) = H(\omega)$、$Y(\omega) = S(\omega) \mathrm{e}^{\mathrm{j}\omega t_0}$,代入式(6.2-24),并应用许瓦尔兹不等式

$$r_0 \leqslant \frac{\dfrac{1}{4\pi^2} \displaystyle\int_{-\infty}^{-\infty} |H(\omega)|^2 \mathrm{d}\omega \displaystyle\int_{-\infty}^{-\infty} |S(\omega)|^2 \mathrm{d}\omega}{\dfrac{n_0}{4\pi} \displaystyle\int_{-\infty}^{-\infty} |H(\omega)|^2 \mathrm{d}\omega} = \frac{\dfrac{1}{\pi} \displaystyle\int_{-\infty}^{-\infty} |S(\omega)|^2 \mathrm{d}\omega}{n_0} = \frac{2E}{n_0}$$

$$(6.2-26)$$

式中:$E = \dfrac{1}{2\pi} \displaystyle\int_{-\infty}^{-\infty} |S(\omega)|^2 \mathrm{d}\omega$,为信号 $s(t)$ 的能量。

当 $X(\omega) = KY^*(\omega)$,即

$$H(\omega) = KS^*(\omega) \mathrm{e}^{-\mathrm{j}\omega t_0} \qquad (6.2-27)$$

有

$$r_{0\max} = \frac{2E}{n_0} \qquad (6.2-28)$$

表明匹配滤波器的传递函数 $H(\omega)$ 取决于输入信号频谱的复共轭及判决时刻产生的相位。

再讨论匹配滤波器单位冲激响应 $h(t)$ 的表达式。

$$\begin{aligned}
h(t) &= \frac{1}{2\pi} \int_{-\infty}^{-\infty} H(\omega) \mathrm{e}^{\mathrm{j}\omega t} \mathrm{d}\omega = \frac{1}{2\pi} \int_{-\infty}^{-\infty} KS^*(\omega) \mathrm{e}^{-\mathrm{j}\omega t_0} \mathrm{e}^{\mathrm{j}\omega t} \mathrm{d}\omega \\
&= \frac{K}{2\pi} \int_{-\infty}^{-\infty} \left[ \int_{-\infty}^{-\infty} s(\tau) \mathrm{e}^{-\mathrm{j}\omega\tau} \mathrm{d}\tau \right]^* \mathrm{e}^{-\mathrm{j}\omega(t_0-t)} \mathrm{d}\omega \\
&= K \int_{-\infty}^{-\infty} \left[ \frac{1}{2\pi} \int_{-\infty}^{-\infty} \mathrm{e}^{\mathrm{j}\omega(\tau-t_0+t)} \mathrm{d}\omega \right] s(\tau) \mathrm{d}\tau \\
&= K \int_{-\infty}^{-\infty} s(\tau) \delta(\tau - t_0 + t) \mathrm{d}\tau \\
&= Ks(t_0 - t)
\end{aligned}$$

$$(6.2-29)$$

为了保证匹配滤波器的物理可实现,其 $h(t)$ 必须满足因果性,即当 $t < 0$ 时有 $h(t) = 0$。因此,必须约束 $s(t_0 - t) = 0, t < 0$,即

$$s(t) = 0 \qquad t > t_0 \qquad (6.2-30)$$

式(6.2-30)表明,在输出判决 $t = t_0$ 时刻,输入信号随之消失。作为数字传输系统,所讨论的 $s(t)$ 代表的是激励波形,其持续时间一般指码元宽度 $T_B$,通常选 $t_0 = T_B$,表示在码元结束时刻判决输出,所以有

$$h(t) = Ks(T_B - t) \qquad (6.2-31)$$

式(6.2-31)的特点是若 $s(t)$ 的持续时间为 $(0 \sim T_B)$,则 $s(t)$ 的匹配滤波器的 $h(t)$ 持续

时间也为$(0 \sim T_B)$。

2) 匹配滤波器的结构

假设信道无噪声,匹配滤波器的输入信号为$s(t)$,$0 \leq t \leq T_B$,输出信号为$y(t)$,有

$$y(t) = s(t) * h(t) = Ks(t) * s(T_b - t)$$

$$= K \int_0^t s(\tau) \cdot s[T_b - (t - \tau)] d\tau \qquad (6.2-32)$$

令抽样时刻$t = T_B$,$K = 1$,则匹配滤波器的输出信号为

$$y(T_B) = \int_0^{T_B} s(\tau) \cdot s[T_B - (T_B - \tau)] d\tau$$

$$= \int_0^{T_B} s^2(\tau) d\tau \qquad (6.2-33)$$

从式(6.2-33)知,匹配滤波器完成了$s(t)$的自相关函数计算,因而也称为相关器。其结构可以用乘法器和积分器来实现,如图6-17所示。

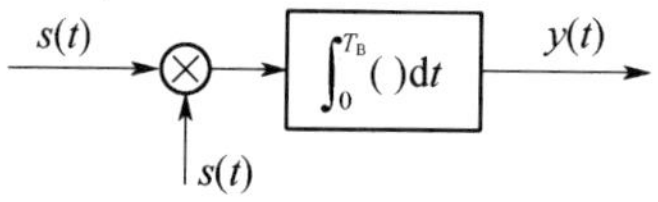

图6-17 匹配滤波器的结构

3) 匹配滤波器解调

利用匹配滤波器实现2ASK信号解调的框图如图6-18所示。

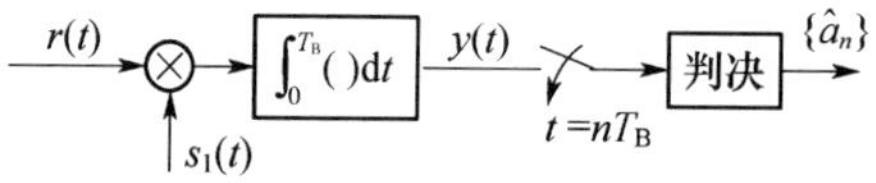

图6-18 2ASK信号的匹配滤波器解调框图

解调器的输入信号为

$$r(t) = s_m(t) + n(t) \qquad 0 \leq t \leq T_B \qquad (6.2-34)$$

其中

$$s_m(t) = \begin{cases} s_1(t) = A\cos\omega_c t & \text{``1''} \\ s_0(t) = 0 & \text{``0''} \end{cases} \qquad 0 \leq t \leq T_B$$

$n(t)$是宽带白噪声,双边功率谱密度为$\frac{n_0}{2}$w/Hz,自相关函数为$R(t_1, t_2) = \frac{n_0}{2}\delta(\tau)$。

匹配滤波器的工作过程是在$t = T_B$时刻对输出信号$y(t)$抽样,抽样后立即对输出$y(t)$清零,保证输出相邻码元之间的线性无关。

当发送$s_1(t)$时,输出抽样值为

$$y(T_B) = \int_0^{T_B} [s_1(\tau) + n(\tau)] s_1(\tau) d\tau$$

$$= \int_0^{T_B} s_1^2(\tau) d\tau + \int_0^{T_B} n(\tau) \cdot s_1(\tau) d\tau$$

176

$$= E_b + Z \tag{6.2-35}$$

式中: $E_b = \dfrac{1}{2}A^2 T_B$ 是比特能量; $Z = \displaystyle\int_0^{T_B} n(\tau) \cdot s_1(\tau) \mathrm{d}\tau$ 。

由随机信号知识, $Z$ 是高斯随机变量, 其均值和方差分别为

$$E(Z) = 0 \tag{6.2-36}$$

$$D(Z) = E\{[Z - E(Z)]^2\} = E\left[\int_0^{T_B}\int_0^{T_B} n(t_1)n(t_2)s_1(t_1)s_1(t_2)\mathrm{d}t_1\mathrm{d}t_2\right]$$

$$= \int_0^{T_B}\int_0^{T_B} E[n(t_1)n(t_2)]s_1(t_1)s_1(t_2)\mathrm{d}t_1\mathrm{d}t_2$$

$$= \int_0^{T_B}\int_0^{T_B} R(t_1,t_2)s_1(t_1)s_1(t_2)\mathrm{d}t_1\mathrm{d}t_2$$

$$= \frac{n_0}{2}\int_0^{T_B} s_1^2(\tau)\mathrm{d}\tau$$

$$= \frac{n_0}{2}E_b \tag{6.2-37}$$

同理 $y(T_B)$ 是服从均值为 $E_b$, 方差与 $Z$ 相同的高斯随机变量, 由此得 $y(T_B)$ 的条件概率密度函数为

$$P_1(y) = p(y|s_1) = \frac{1}{\sqrt{2\pi}\sigma_n}\exp\left[-\frac{(y-E_b)^2}{2\sigma_n^2}\right] \tag{6.2-38}$$

同理当发送 $s_0(t)$ 时, 输出抽样值为

$$y(T_B) = \int_0^{T_B} n(\tau) \cdot s_1(\tau)\mathrm{d}\tau = Z \tag{6.2-39}$$

$y(T_B)$ 的条件概率密度函数为

$$P_0(y) = P(y|s_0) = \frac{1}{\sqrt{2\pi}\sigma_n}\exp\left(-\frac{y^2}{2\sigma_n^2}\right) \tag{6.2-40}$$

设判决门限为 $V_d$, 判决规则与相干解调相同, 最佳门限 $V_d^* = \dfrac{E_b}{2}$ 。

发 $s_1(t)$ 时判"0"的误码率为

$$P_{e1} = \int_{-\infty}^{V_d} P_1(y)\mathrm{d}y \tag{6.2-41}$$

发 $s_0(t)$ 时判"1"的误码率为

$$P_{e0} = \int_{V_d}^{\infty} P_0(y)\mathrm{d}y \tag{6.2-42}$$

当 $P(s_1) = P(s_0) = \dfrac{1}{2}$ 时, 平均误码率为

$$P_e = \frac{1}{2}(P_{e1} + P_{e0})$$

$$= \frac{1}{2}\left[\int_{-\infty}^{V_d} P_1(y)\mathrm{d}V + \int_{V_d}^{\infty} P_0(y)\mathrm{d}V\right] = \int_{-\infty}^{V_d} P_1(y)\mathrm{d}V$$

$$= \frac{1}{2}\text{erfc}\left(\sqrt{\frac{E_b}{4n_0}}\right) \tag{6.2 - 43}$$

现在比较 2ASK 信号相干解调与匹配滤波器解调的误码性能。假设相干解调接收系统中带通滤波器的带宽为理想值 $B = 2R_B$，整理式(6.2 - 19)有

$$P_e = \frac{1}{2}\text{erfc}\left(\sqrt{\frac{A^2 T_B}{16n_0}}\right) \tag{6.2 - 44}$$

对于匹配滤波器，将 $E_b = \frac{1}{2}A^2 T_B$ 代入式(6.2 - 43)有

$$P_e = \frac{1}{2}\text{erfc}\left(\sqrt{\frac{A^2 T_B}{8n_0}}\right) \tag{6.2 - 45}$$

比较式(6.2 - 44)、式(6.2 - 45)，说明匹配滤波器解调的系统平均误码率小，接收性能最佳。

## 6.2.2  2FSK 信号的解调

2FSK 信号的解调方法有非相干解调、相干解调和匹配滤波器三种。

### 1. 非相干解调

常用的 2FSK 信号非相干解调方法有**包络检波法、过零检测法**等。下面分别对两种方案进行分析。

1）包络检波法

解调框图如图 6 - 19 所示。此方案的应用条件是 2FSK 信号中两载频之差 $|f_2 - f_1| \geqslant 2R_B$，这样一路 2FSK 信号可分离成两路独立的 2ASK 信号。由 2ASK 信号包络检波分析知，当发 $s_1(t)$ 时，图 6 - 19 中上支路输出抽样值 $y_1$ 是服从莱斯分布的随机变量，下支路输出抽样值 $y_0$ 是服从瑞利分布的随机变量，条件概率密度函数分别为

$$P(y_1 | s_1) = \frac{y_1}{\sigma_n^2}I_0\left(\frac{Ay_1}{\sigma_n^2}\right)\exp\left(-\frac{y_1^2 + A^2}{2\sigma_n^2}\right) \tag{6.2 - 46}$$

$$P(y_1 | s_1) = \frac{y_1}{\sigma_n^2}\exp\left(-\frac{y_0^2}{2\sigma_n^2}\right) \tag{6.2 - 47}$$

式中：$\sigma_n^2 = n_0 B = 2n_0 R_B$。

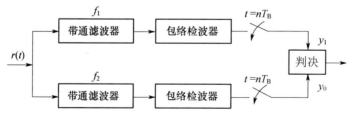

图 6 - 19  2FSK 信号的包络检波

当发 $s_0(t)$ 时，$y_1$ 与 $y_0$ 分布反之。据此判决规则定为

$$y_1 \geqslant y_0 \qquad \text{判 "1"}$$

$$y_1 < y_0 \qquad \text{判"0"}$$

发 $s_1(t)$ 时,错判误码率为

$$P_{e1} = P(y_1 < y_0) = \int_{y_1=0}^{\infty} p(y_1|s_1)\left[\int_{y_0=y_1}^{\infty} p(y_0|s_1)\,\mathrm{d}y_0\right]\mathrm{d}y_1 \qquad (6.2-48)$$

将式(6.2-45)、式(6.2-46)代入式(6.2-47),并令 $x = y_1\sqrt{2/\sigma_n^2}$、$r = \dfrac{A^2}{2\sigma_n^2}$,得

$$P_{e1} = \frac{1}{2}\mathrm{e}^{-r}\int_0^{\infty} xI_0(x\sqrt{r}) \cdot \exp\left(-\frac{x^2}{2}\right)\mathrm{d}x$$

$$= \frac{1}{2}\exp\left(-\frac{r}{2}\right) \qquad (6.2-49)$$

同理发 $s_0(t)$ 时,错判误码率为

$$P_{e0} = P(y_1 \geqslant y_0) = P_{e1} \qquad (6.2-50)$$

所以当 $P(s_1) = P(s_0) = \dfrac{1}{2}$ 时,系统平均误码率为

$$P_e = P_{e1} = \frac{1}{2}\exp\left(-\frac{r}{2}\right) \qquad (6.2-51)$$

2）过零检测法

解调框图如图 6-20 所示。其基本思想是基于 2FSK 信号中两载频过零点次数的不同,通过检测过零点数恢复基带信号。

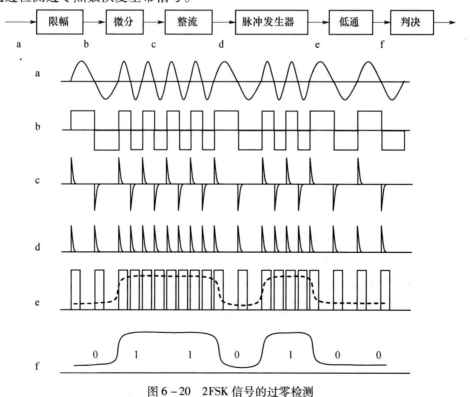

图 6-20  2FSK 信号的过零检测

该系统的工作过程是输入信号经限幅、微分、整流,输出反映 2FSK 信号载频过零点次数的尖脉冲序列,触发脉冲发生器产生固定脉宽的宽脉冲信号,宽脉冲信号经过低通滤波、判决生成再生基带信号。各点波形如图 6 – 20 所示。

过零检测法的平均误码率与包络检波法相同。

### 2. 相干解调

相干解调框图如图 6 – 21 所示。此方案的应用条件是 2FSK 信号中两载频之差 $|f_2 - f_1| \geqslant 2R_B$。

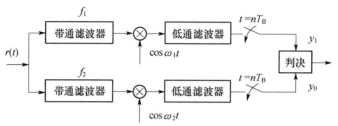

图 6 – 21　2FSK 信号的相干解调框图

由 2ASK 信号相干解调分析知,当发 $s_1(t)$ 时,图 6 – 21 中上、下支路低通滤波器的输出信号分别为

$$\begin{cases} y_1(t) = A + n_{1c}(t) \\ y_0(t) = n_{0c}(t) \end{cases} \tag{6.2 – 52}$$

上支路输出抽样值 $y_1$ 是服从均值为 $A$、方差为 $\sigma_n^2$ 的高斯随机变量,下支路输出抽样值 $\sigma_n^2$ 是服从均值为 0、方差为 $\sigma_n^2$ 的随机变量,条件概率密度函数分别为

$$P(y_1|s_1) = \frac{1}{\sqrt{2\pi}\,\sigma_n}\exp\Big[-\frac{(y_1 - A)^2}{2\sigma_n^2}\Big] \tag{6.2 – 53}$$

$$P(y_0|s_1) = \frac{1}{\sqrt{2\pi}\,\sigma_n}\exp\Big(-\frac{y_0^2}{2\sigma_n^2}\Big) \tag{6.2 – 54}$$

式中:$\sigma_n^2 = n_0 B = 2n_0 R_B$。

令 $l = y_1 - y_0$,判决规则为

$$l \geqslant 0 \qquad \text{判 “1”}$$
$$l < 0 \qquad \text{判 “0”}$$

因为 $y_1$、$y_0$ 是高斯随机变量,所以 $l$ 也是高斯随机变量。$l$ 的均值和方差分别为

$$E(l|s_1) = A \tag{6.2 – 55}$$
$$\begin{aligned} D(l|s_1) = E\{[(l - E(l)]^2\} &= E[(n_{1c} - n_{0c})^2] \\ &= E(n_{1c}^2) + E(n_{0c}^2) \\ &= 2\sigma_n^2 \end{aligned} \tag{6.2 – 56}$$

条件概率密度函数为

$$P_1(l) = P(l|s_1) = \frac{1}{\sqrt{2\pi \cdot 2\sigma_n^2}}\exp\Big[-\frac{(l - A)^2}{4\sigma_n^2}\Big] \tag{6.2 – 57}$$

发 $s_1(t)$ 判"0"的误码率为

$$P_{e1} = \int_{-\infty}^{0} P_1(l) \mathrm{d}l \qquad (6.2-58)$$

同理发 $s_0(t)$ 判"1"的误码率为 $P_{e0} = P_{e1}$。

当 $P(s_1) = P(s_0) = \dfrac{1}{2}$ 时,平均误码率为

$$P_e = P_{e1} = \int_{-\infty}^{0} \frac{1}{\sqrt{2\pi \cdot 2\sigma_n^2}} \exp\left[ -\frac{(l-A)^2}{4\sigma_n^2} \right] \mathrm{d}l = \frac{1}{2}\mathrm{erfc}\left( \frac{A}{2\sigma_n} \right)$$

$$= \frac{1}{2}\mathrm{erfc}\left( \sqrt{\frac{r}{2}} \right) \qquad (6.2-59)$$

当 $r \gg 1$ 时,式(6.2-59)可近似为

$$P_e \approx \frac{1}{\sqrt{2\pi r}} \exp\left( -\frac{r}{2} \right) \qquad (6.2-60)$$

### 3. 匹配滤波器

利用匹配滤波器实现解调的框图如图6-22所示。

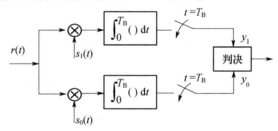

图6-22　2FSK信号的匹配滤波器解调框图

解调器的输入信号为

$$r(t) = \begin{cases} s_1(t) + n(t) & \text{"1"} \\ s_0(t) + n(t) & \text{"0"} \end{cases} \qquad 0 \le t \le T_B \qquad (6.2-61)$$

当发送 $s_1(t)$ 时,图6-22中上支路输出抽样值 $y_1$ 为

$$y_1 = \int_0^{T_B} [s_1(\tau) + n(\tau)] s_1(\tau) \mathrm{d}\tau$$

$$= \int_0^{T_B} s_1^2(\tau) \mathrm{d}\tau + \int_0^{T_B} n(\tau) \cdot s_1(\tau) \mathrm{d}\tau$$

$$= E_b + Z_1 \qquad (6.2-62)$$

下支路输出抽样值 $y_0$ 为

$$y_0 = \int_0^{T_B} [s_1(\tau) + n(\tau)] s_0(\tau) \mathrm{d}\tau$$

$$= \int_0^{T_B} n(\tau) \cdot s_0(\tau) \mathrm{d}\tau = Z_0 \qquad (6.2-63)$$

式中:$Z_1$、$Z_0$ 是不相关、统计独立的高斯随机变量。令 $l = y_1 - y_0$,判决规则为

181

$$l \geqslant 0 \qquad 判"1"$$
$$l < 0 \qquad 判"0"$$

因为 $y_1$、$y_0$ 是高斯随机变量,所以 $l$ 也是高斯随机变量,讨论 $l$ 的条件概率密度函数。

$l$ 的均值和方差分别为

$$E(l|s_1) = E_b \tag{6.2 - 64}$$

$$\sigma_n^2 = D(l|s_1) = E[(Z_1 - Z_0)^2] = E(Z_1^2) + E(Z_0^2)$$

$$= \frac{n_0}{2}E_b + \frac{n_0}{2}E_b = n_0 E_b \tag{6.2 - 65}$$

条件概率密度函数为

$$P_1(l) = P(l|s_1) = \frac{1}{\sqrt{2\pi}\sigma_n}\exp\left[-\frac{(l - E_b)^2}{2\sigma_n^2}\right]$$

$$= \frac{1}{\sqrt{2\pi n_0 E_b}}\exp\left[-\frac{(l - E_b)^2}{2n_0 E_b}\right] \tag{6.2 - 66}$$

发 $s_1(t)$ 判"0"的误码率为

$$P_{e1} = \int_{-\infty}^{0} P_1(l)\,\mathrm{d}l \tag{6.2 - 67}$$

同理当发送 $s_0(t)$ 时,上支路输出抽样值 $y_1 = Z_1$,下支路输出抽样值 $y_0 = E_b + Z_0$,$l$ 的条件概率密度函数为

$$P_0(l) = P(l|s_0) = \frac{1}{\sqrt{2\pi n_0 E_b}}\exp\left[-\frac{(l + E_b)^2}{2n_0 E_b}\right] \tag{6.2 - 68}$$

发 $s_0(t)$ 判"1"的误码率为

$$P_{e0} = \int_{0}^{\infty} P_0(l)\,\mathrm{d}l = P_{e1} \tag{6.2 - 69}$$

当 $P(s_1) = P(s_0) = \frac{1}{2}$ 时,平均误码率为

$$P_e = P_{e1} = \int_{-\infty}^{0} P_1(l)\,\mathrm{d}l$$

$$= \frac{1}{2}\mathrm{erfc}\left(\sqrt{\frac{E_b}{2n_0}}\right) \tag{6.2 - 70}$$

现在比较 2FSK 信号相干解调与匹配滤波器的误码性能。对于相干解调,将 $r = \frac{A^2}{2\sigma_n^2}$,$\sigma_n^2 = 2n_0 R_B$ 代入式(6.2 - 59)有

$$P_e = \frac{1}{2}\mathrm{erfc}\left(\sqrt{\frac{A^2}{8n_0 R_B}}\right) \tag{6.2 - 71}$$

对于匹配滤波器,将 $E_b = \frac{1}{2}A^2 T_B = \frac{A^2}{2R_B}$ 代入式(6.2 - 70)有

$$P_e = \frac{1}{2}\mathrm{erfc}\left(\sqrt{\frac{A^2}{4n_0 R_B}}\right) \tag{6.2 - 72}$$

比较式(6.2-71)、式(6.2-72)说明匹配滤波器解调的系统平均误码率小,接收性能佳。

### 6.2.3　2PSK 与 2DPSK 信号的解调

对于 2PSK 与 2DPSK 信号来说,由于信息是寄予相位之中,因而不能用包络检波器完成解调。但 2DPSK 信号是用前后码元相对载波相位表示信息,利用这个特点可完成非相干解调,而无需相干载波,所以 2PSK 信号的解调方法只有相干解调和匹配滤波器两种,2DPSK 信号的解调方法有非相干解调、相干解调和匹配滤波器三种。

**1. 非相干解调**

2DPSK 信号的非相干解调称为差分相干解调,解调框图如图 6-23 所示。

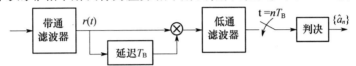

图 6-23　2DPSK 信号的差分相干解调框图

设信道无噪声,解调器的输入信号为

$$r(t) = A\cos(\omega_c t + \theta_n) \qquad 0 \leq t \leq T_B \qquad (6.2-73)$$

则乘法器的输出信号为

$$r(t)r(t - T_B) = A^2\cos(\omega_c t + \varphi_n) \cdot \cos[\omega_c(t - T_B) + \varphi_{n-1}]$$

$$= \frac{A^2}{2}[\cos(2\omega_c t - \omega_c T_B + \varphi_n + \varphi_{n-1}) + \cos(\omega_c T_B + \varphi_n - \varphi_{n-1})] \qquad (6.2-74)$$

取 $f_c$ 是 $\dfrac{1}{T_B}$ 的整数倍,经过低通滤波输出抽样信号 $y(nT_B)$ 为

$$y(nT_B) = \frac{A^2}{2}\cos(\varphi_n - \varphi_{n-1}) \qquad (6.2-75)$$

根据 2DPSK 信号的定义

$$\Delta\varphi = \varphi_n - \varphi_{n-1} = \begin{cases} \pi & \text{``1''} \\ 0 & \text{``0''} \end{cases}$$

设定最佳判决门限为 0,判决规则为

$$y(nT_B) < 0 \qquad \text{判``1''}$$
$$y(nT_B) > 0 \qquad \text{判``0''}$$

图 6-23 所示方案的误码分析过程类似与 2ASK 信号的非相干解调,因误码率公式推导复杂,故直接给出结论,公式推导见参考文献[1]。

$$P_e = \frac{1}{2}\exp\left(-\frac{A^2}{2\sigma_n^2}\right) = \frac{1}{2}\exp(-r) \qquad (6.2-76)$$

式中: $\sigma_n^2 = 2n_0 R_B$。

**2. 相干解调**

1) 2PSK 信号的相干解调

2PSK 信号相干解调的解调框图如图 6-24 所示。

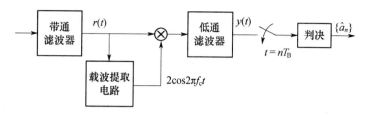

图 6 - 24  2PSK 信号的相干解调框图

因为 2PSK 信号等效于双极性 2ASK 信号,所以低通滤波器的输出抽样信号 $y(nT_B)$ 为

$$y(nT_B) = \begin{cases} A + n_c(t) & s_1(t) \\ -A + n_c(t) & s_0(t) \end{cases} \qquad 0 \leqslant t \leqslant T_B \qquad (6.2-77)$$

$y(nT_B)$ 是高斯随机变量,条件概率密度函数分别为

$$P_1(y) = P(y|s_1) = \frac{1}{\sqrt{2\pi}\sigma_n}\exp\left[-\frac{(y-A)^2}{2\sigma_n^2}\right] \qquad (6.2-78)$$

$$P_0(y) = P(y|s_0) = \frac{1}{\sqrt{2\pi}\sigma_n}\exp\left(-\frac{(y+A)^2}{2\sigma_n^2}\right) \qquad (6.2-79)$$

式中:$\sigma_n^2 = 2n_0 R_B$。

已知最佳判决门限为 0,判决规则为

$$y(nT_B) > 0 \qquad 判"1"$$
$$y(nT_B) < 0 \qquad 判"0"$$

当 $P(s_1) = P(s_0) = \dfrac{1}{2}$ 时,平均误码率为

$$P_e = \frac{1}{2}(P_{e1} + P_{e0}) = P_{e1} = \int_{-\infty}^{0} p_1(y)\mathrm{d}y$$

$$= \frac{1}{2}\mathrm{erfc}\left(\sqrt{\frac{A^2}{2\sigma_n^2}}\right) = \frac{1}{2}\mathrm{erfc}(\sqrt{r}) \qquad (6.2-80)$$

当 $r \gg 1$ 时,式(6.2-80)可近似为

$$P_e \approx \frac{1}{2\sqrt{\pi r}}\exp(-r) \qquad (6.2-81)$$

2) 2DPSK 信号的相干解调

2DPSK 信号相干解调的解调框图如图 6-25 所示。

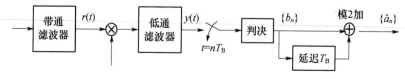

图 6 - 25  2DPSK 信号的相干解调框图

图 6-25 中判决输出是相对码序列 $\{b_n\}$，经差分译码输出绝对码序列 $\{\hat{a}_n\}$。相对码的输出分析与图 6-24 所示系统完全相同。当相对码出现误码时，差分译码会出现错上加错的情况，使系统误码率增加。

下面讨论该系统的误码率计算方法。

举例说明 2DPSK 信号的相干解调系统接收端相对码与绝对码的译码关系如下。

| 发送的绝对码 | 1 0 0 1 0 1 1 0 1 0 1 0 0 1 |
|---|---|

发送的绝对码　　　　　 1 0 0 1 0 1 1 0 1 0 1 0 0 1

接收正确的相对码(0) 1 1 1 0 0 1 0 0 1 1 0 0 0 1
　　　　　　　　　　　　　 ×　　　　　　 ×　×　×

接收错误的相对码(0) 1 0 1 0 0 1 0 0 1 0 1 1 0 1
　　　　　　　　　　　 ×　×　　　　　　 ×　　　 ×

输出的错误绝对码　 1 1 1 0 1 1 0 1 1 1 0 1 1

差分译码过程中误码积累出现的规律是当相对码前后两个相邻码元一个正确一个错误时，译码错误；当相对码前后两个相邻码元均正确或均错误时，译码正确。

设 2PSK 相干解调系统的误码率为 $P_e$，正确判决率为 $(1-P_e)$，相对码前后两个相邻码元一正一误的情况成对出现，因而 2DPSK 相干解调系统的误码率为

$$P'_e = 2P_e(1-P_e) \tag{6.2-82}$$

当 $P_e$ 较小时，式(6.2-81)近似为

$$P'_e = 2P_e \tag{6.2-83}$$

### 3. 匹配滤波器

利用匹配滤波器实现 2PSK 信号解调的框图如图 6-26 所示。

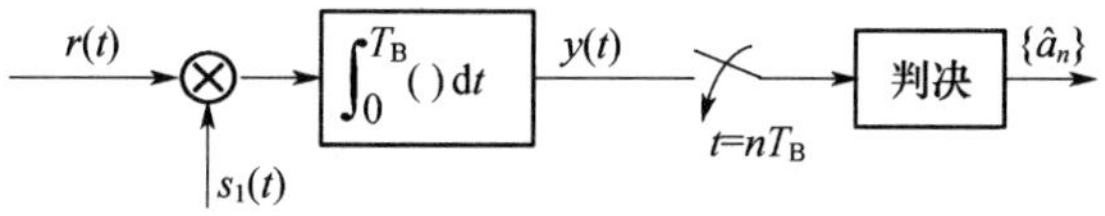

图 6-26　2PSK 信号的匹配滤波器解调框图

解调器的输入信号为

$$r(t) = \begin{cases} s_1(t) = A\cos\omega_c t & \text{“1”} \\ s_0(t) = -A\cos\omega_c t & \text{“0”} \end{cases} \quad 0 \leqslant t \leqslant T_B$$

由于 $s_1(t) = -s_0(t)$，因此匹配滤波器均以 $s_1(t)$ 来实现。

由 2ASK 信号匹配滤波器解调的分析知，发送 $s_1(t)$ 时，输出抽样值为

$$y(nT_B) = E_b + Z \tag{6.2-84}$$

发送 $s_0(t)$ 时，输出抽样值为

$$y(nT_B) = -E_b + Z \tag{6.2-85}$$

其条件概率密度函数分别为

$$P_1(y) = P(y|s_1) = \frac{1}{\sqrt{2\pi}\sigma_n}\exp\left[-\frac{(y-E_b)^2}{2\sigma_n^2}\right] \tag{6.2-86}$$

$$P_0(y) = P(y|s_0) = \frac{1}{\sqrt{2\pi}\,\sigma_n}\exp\left[-\frac{(y+E_b)^2}{2\sigma_n^2}\right] \tag{6.2-87}$$

式中：$E_b = \frac{1}{2}A^2 T_B$ 是平均比特能量，$\sigma_n^2 = \frac{n_0}{2}E_b$。

已知最佳门限 $V_d = 0$，判决规则为

$$y(nT_B) > 0 \qquad 判"1"$$
$$y(nT_B) < 0 \qquad 判"0"$$

当 $p(s_1) = p(s_0) = \frac{1}{2}$ 时，系统统计平均误码率为

$$P_e = \frac{1}{2}(P_{e1} + P_{e0}) = P_{e1} = \int_{-\infty}^{0} P_1(y)\,\mathrm{d}V$$

$$= \frac{1}{2}\mathrm{erfc}\left(\sqrt{\frac{E_b}{n_0}}\right) \tag{6.2-88}$$

将前面讨论的调制系统的三种解调方式的抗噪声性能汇总在表 6-1 中。

表 6-1　三类数字调制系统抗噪声性能

| | 非相干解调 | 相干解调 | 匹配滤波器解调 |
|---|---|---|---|
| 2ASK | $\frac{1}{2}\exp\left(-\frac{r}{4}\right)$ | $\frac{1}{\sqrt{\pi r}}\exp\left(-\frac{r}{4}\right)$ | $\frac{1}{2}\mathrm{erfc}\left(\sqrt{\frac{E_b}{4n_0}}\right)$ |
| 2FSK | $\frac{1}{2}\exp\left(-\frac{r}{2}\right)$ | $\frac{1}{\sqrt{2\pi r}}\exp\left(-\frac{r}{2}\right)$ | $\frac{1}{2}\mathrm{erfc}\left(\sqrt{\frac{E_b}{2n_0}}\right)$ |
| 2PSK | | $\frac{1}{2\sqrt{\pi r}}\exp(-r)$ | $\frac{1}{2}\mathrm{erfc}\left(\sqrt{\frac{E_b}{n_0}}\right)$ |
| 2DPSK | $\frac{1}{2}\exp(-r)$ | $\frac{1}{\sqrt{\pi r}}\exp(-r)$ | |

# 6.3　四进制数字信号的调制解调

随着电信新型业务的不断出现，需要传输的数据量也越来越大，信号的传输速率越来越快，占据的频率资源也越来越宽，而信道的频率资源有限，限制了业务开发。要在有限的信道频率资源里满足新型业务的需求，关键在于降低信号传输速率，且保证传输质量。降低信号传输速率的技术方法很多，多进制数字调制是其之一，应用非常广泛。

多进制数字调制从原理来看，与二进制数字调制相同，在信息传输速率不变的前提下，首先将高速的二进制码流转换成低速的多进制码流，然后完成调幅、调频或调相，提高了频带利用率。本节只讨论常用的四进制相移键控信号 QPSK 和 DQPSK。

## 6.3.1　四相相移键控(QPSK)

### 1. QPSK 的时域表达式

$M$ 进制移相键控信号，其特征是载波初始相位 $\varphi_k$ 有 $M$ 种取值，时域表达式为

$$S_{\text{MPSK}}(t) = A\cos[\omega_c t + \varphi_k] \tag{6.3-1}$$

$$\varphi_k = \frac{2\pi k}{M} + \theta_0 \qquad k = 0, 1, \cdots, M-1 \tag{6.3-2}$$

当取 $M=4$ 时,称为 QPSK 信号,每个载波初相携带 1 个四进制符号。$\theta_0$ 为参考相位,可理解成载波信号的固有起始相位,有两种取值方式,当 $\theta_0 = 0$,称为 A 方式,当 $\theta_0 = \pi/4$,称为 B 方式。

**2. QPSK 的矢量表示**

矢量图是信号空间的一种图解表示方法,可以直观地反映四进制符号之间幅值、相位的变化关系。

图 6 - 27 是 QPSK 信号的矢量图。A 方式下,$\varphi_k = 0$、$\dfrac{\pi}{2}$、$\pi$、$\dfrac{3\pi}{2}$,B 方式下,$\varphi_k = \dfrac{\pi}{4}$、$\dfrac{3\pi}{4}$、$\dfrac{5\pi}{4}$、$\dfrac{7\pi}{4}$。

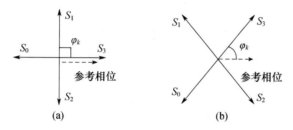

图 6 - 27 QPSK 信号的矢量图

(a) A 方式;(b) B 方式。

四进制符号 $S_0$、$S_1$、$S_2$、$S_3$ 对应于信息 00、01、10、11。

将信号矢量的端点分布作图称为星座图,QPSK 信号的星座图如图 6 - 28 所示。

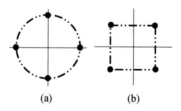

图 6 - 28 QPSK 信号的星座图

(a) A 方式;(b) B 方式。

**3. QPSK 的调制**

将式(6.3 - 1)展开有

$$\begin{aligned}
S_{\text{MPSK}}(t) &= A\cos[\omega_c t + \varphi_k] \\
&= A\cos\varphi_k \cos\omega_c t - A\sin\varphi_k \sin\omega_c t
\end{aligned} \tag{6.3-3}$$

其中第一项称为**同相分量**,第二项称为**正交分量**,表示 MPSK 信号可由两路正交信号叠加而成,因此调制电路由两个相互正交的调制器并联组成。推广开来,QPSK **正交调制器**可看成由两个 2PSK 调制器构成,其调制框图如图 6 - 29 所示。

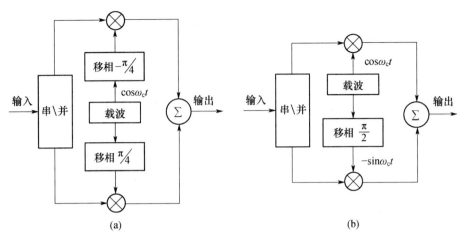

(a)　　　　　　　　　　　　　(b)

图 6 – 29　QPSK 信号的调制框图

(a) A 方式;(b) B 方式。

图 6 – 29 的工作过程是:一路快速的二进制信号通过串并变换电路形成两路慢速的二进制信号,等效为一路四进制信号;两路慢速二进制信号分别与相互正交的载波相乘,再叠加,完成 QPSK 调制。

### 4. QPSK 的功率谱密度

从图 6 – 29 可看出,所谓四进制调制实质上是针对一路快速二进制信号,将其转换成两路低速二进制信号,以并行方式同时调制再叠加,达到减小已调波信号带宽,提高频带利用率的目的。因此,QPSK 信号的功率谱密度是同相支路与正交支路两路 2PSK 信号功率谱密度的线性叠加,结果如图 6 – 30 所示,其中 $R_b$ 是输入端二进制信号的信息传输速率。

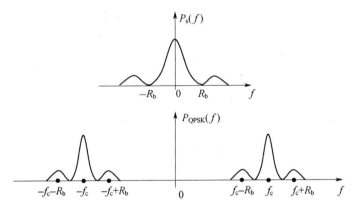

图 6 – 30　QPSK 的功率谱密度

### 5. QPSK 的解调

QPSK 的解调采用相干解调,用两路正交载波解调出两路基带信号,再经过并串转换还原成原始数据。图 6 – 31 所示是对应于 B 方式下生成的 QPSK 信号的相干解调框图,A 方式生成的 QPSK 信号解调框图几乎完全相同,区别仅在于载波恢复信号的移相电路不同。

188

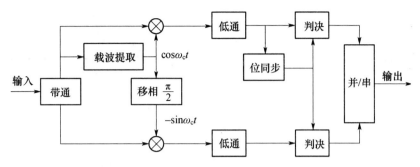

图 6 - 31　QPSK 信号的相干解调框图

QPSK 信号的误码率是同相与正交支路误码率的叠加,与 2PSK 系统相比,看似性能变差。从输入信号来看,由于同相支路上码元速率降低一倍,每比特能量增加一倍,由式(6.2 - 80)知,若噪声不变,单支路的误码率下降,经严格数学推导知,QPSK 系统误码率与 2PSK 系统相同,所以 QPSK 系统的优势得以呈现。

## 6.3.2　差分四相相移键控(DQPSK)

### 1. DQPSK 的产生机制

QPSK 与 2PSK 相似,接收时同样有相位模糊问题,且从 QPSK 信号波形容易看到,相邻符号间存在 π 相位跳变,限带传输后有可能使接收信号在该相位点出现零包络,导致还原失真,因此需要研究它的改进型方法。

DQPSK 是 QPSK 的改进型之一,它与 QPSK 定义相似,只需将四进制符号先经过差分编码再用相同的调制方法就可产生,其时域变化和功率谱密度与 QPSK 信号相同。

差分编码是利用两个相邻符号间的相位约束关系来制定编码规则,相位约束关系定义为当前符号与相邻前符号载波初相的相位差 $\Delta\varphi_k$,根据 $\Delta\varphi_k$ 的运算结果表征当前符号的状态,$\Delta\varphi_k$ 取值定义方法不唯一。表 6 - 2 是一种四进制符号差分编码 $\Delta\varphi_k$ 的约束关系。

表 6 - 2　四进制符号差分编码 $\Delta\varphi_k$ 约束关系

| 符号 | | 相邻符号相位差 $\Delta\varphi_k$ |
|---|---|---|
| $S_0$ | 0 0 | 0° |
| $S_2$ | 1 0 | 90° |
| $S_3$ | 1 1 | 180° |
| $S_1$ | 0 1 | 270° |

表 6 - 2 所列编码规则表示编码过程中,若当前符号是 $S_0$,无论与之相邻前符号的载波初相数值是何值,编码后当前符号的载波初相与相邻前符号的载波初相值相同,满足 $\Delta\varphi_k = 0$ 的约束;其余 3 种符号 $S_1$、$S_2$、$S_3$ 的编码过程相同,仅仅是所需满足的 $\Delta\varphi_k$ 约束关系不一样。当计算完毕所有当前符号的 $\varphi_k$ 值,再根据 $\varphi_k$ 值确定编码后符号的状态,进而完成差分编码。

表 6 - 3 是对应图 6 - 27(a)制定的差分编码规则,它表示若计算出当前符号的载波

189

初相 $\varphi_k$ 为 0°,则编码后的符号为 $S_3$,其余符号类推。

表 6 – 3　四进制差分编码符号生成规则

| 当前符号载波初相 $\varphi_k$/(°) | 编码生成符号 | |
| --- | --- | --- |
| 0 | $S_3$ | 1 1 |
| 90 | $S_1$ | 0 1 |
| 180 | $S_0$ | 0 0 |
| 270 | $S_2$ | 1 0 |

例:完成 DQPSK 信号中四进制符号的差分编码。

解:

| 输入比特流 | 参考点 00 | 11 | 01 | 01 | 00 | 10 | 10 | 11 | 11 | 10 | 00 |
| --- | --- | --- | --- | --- | --- | --- | --- | --- | --- | --- | --- |
| 四进制符号 | $S_0$ | $S_3$ | $S_1$ | $S_1$ | $S_0$ | $S_2$ | $S_2$ | $S_3$ | $S_3$ | $S_2$ | $S_0$ |
| 计算当前符号相位 $\varphi_k$ | 270° | 90° | 0° | 270° | 270° | 0° | 90° | 270° | 90° | 180° | 180° |
| 四进制差分编码符号 | | $S_1$ | $S_3$ | $S_2$ | $S_2$ | $S_3$ | $S_1$ | $S_2$ | $S_1$ | $S_0$ | $S_0$ |
| 输出比特流 | | 01 | 11 | 10 | 10 | 11 | 01 | 10 | 01 | 00 | 00 |

### 2. DQPSK 的调制

DQPSK 信号的生成原理与 QPSK 相似,其差别仅是每个符号的载波初相是相对相位,只需在 QPSK 信号调制电路之前增加差分编码电路即可。同样道理,DQPSK 的调制也分为 A 和 B 两种方式,图 6 – 32 所示为 A 方式下的调制框图。

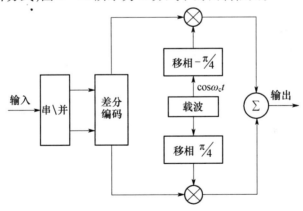

图 6 – 32　DQPSK 信号的调制框图

图 6 – 32 与图 6 – 29 的工作过程类似,串并变换后的等效四进制信号需要先进行差分编码;然后与正交载波相乘,完成 DQPSK 调制。

### 3. DQPSK 的解调

DQPSK 的解调与 2DPSK 类似,有相干解调和差分相干解调(极性比较)两种方法,如图 6 – 33 和图 6 – 34 所示。相干解调经并串变换后为差分码,再经差分译码得到原始信号;差分相干解调的输出就是原始信号,两种解调方法的性能分析可参阅其他参考书。

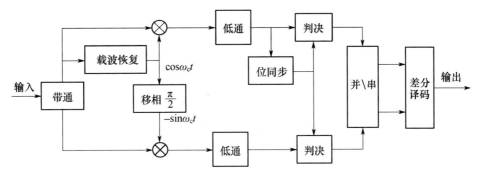

图 6-33 DQPSK 信号的相干解调框图

图 6-33 的工作过程是:收到的 DQPSK 信号同时与两路正交载波相乘完成相干解调,恢复出两路慢速二进制信号,再经并串变换和差分译码,还原出原始的快速二进制信号。

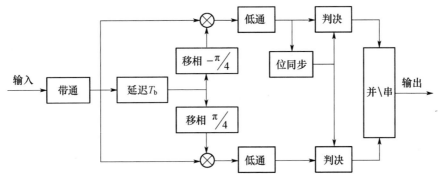

图 6-34 DQPSK 信号的差分相干解调框图

图 6-34 是非相干解调模型。它的工作过程是:收到的 DQPSK 信号先通过延迟电路延迟一个符号时间,再分别通过移相电路得到两路延迟信号;两路延迟信号分别与收到的 DQPSK 信号运算,判决后恢复出两路慢速二进制信号,再经并串变换还原出原始的快速二进制信号。这种方法与图 6-33 所示方法的区别是不需要载波同步和差分译码。

# 6.4 载 波 同 步

在相干解调接收系统中,需要一个本地载波信号,要求本地载波与接收信号的载波严格同频同相。载波同步即指在接收设备中恢复产生符合要求的本地载波的技术。实现载波同步的方法有两类:直接提取法和插入导频法。顾名思义直接提取法是从接收信号中直接恢复本地载波;插入导频法是在发送信号中插入特定频率的正弦波为导频,收端设备从接收信号中提取导频来恢复本地载波。

通常接收信号是复合频率信号,它的频谱反映了所包含的谐波分量。当接收信号频谱含离散谱和连续谱,表示接收信号由周期和非周期信号混合而成,若离散谱含载频 $f_c$ 分量,收端设备采用滤波技术很容易从接收信号中提取载波分量作为本地载波,满足同频要求,再对本地载波相位作适当调整,满足同相要求。当接收信号频谱不含离散谱,恢复本地载波的方法会变复杂,因此载波同步方法的实施与发送信号的频谱结构有关。

## 6.4.1　直接提取法

直接提取法是通过对接收信号的处理或变换来恢复本地载波。对于含离散谱的信号如 ASK,实现同步较简单;对于不含离散谱的信号如 PSK,可以将其进行某种数学变换,使所得信号的频谱中含需要的离散谱,从而实现同步。

**1. 平方环法**

平方环法提取载波的原理框图如图 6-35 所示。

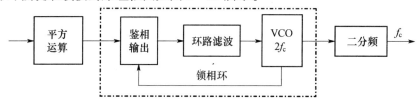

图 6-35　平方环法的载波同步原理框图

以 2PSK 信号为例,分析载波的提取过程。

由式(6.1-13)知,2PSK 信号的表达式为

$$s_m(t) = s(t)c(t)$$
$$= s(t)\cos(2\pi)f_c t \qquad (6.4-1)$$

经平方运算,得

$$s_m^2(t) = \frac{1}{2}s^2(t) + \frac{1}{2}s^2(t)\cos(2\pi)2f_c t \qquad (6.4-2)$$

因为 $s^2(t)$ 是单极性基带信号,含直流分量,所以式(6.4-2)中第二项的频谱含 $2f_c$ 离散谱,通过滤波再二分频,就可得到所需的本地载波。

图 6-35 中滤波电路选用了锁相环,也可选用其形式的电路。因锁相环自身含环路,对应的同步方法称为平方环法。锁相环的特性是可以稳定锁频,保证输出信号频率跟随输入信号频率变化且精度较高,但输出与输入信号间有可能存在固定相位差,当相位差不为 0 时,添加移相电路,最终实现本地载波与接收信号载波同频同相。

**2. 科斯塔斯环法**

科斯塔斯环(Costas)法又称同相正交环法,原理框图如图 6-36 所示。

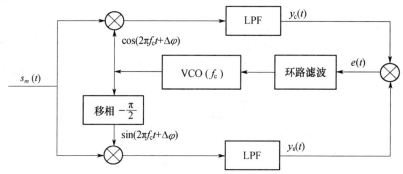

图 6-36　科斯塔斯环法的载波同步原理框图

科斯塔斯环的特点是不需对接收信号进行平方运算就可以获取本地载频,工作频率降低,容易实现。

图 6 - 36 中,当 VCO 产生的本地载波与接收信号载波存在相位差 $\Delta\phi$ 时,经计算,两个低通滤波器的输出为

$$y_c(t) = \frac{1}{2}s(t)\cos\Delta\phi \qquad (6.4-3)$$

$$y_s(t) = \frac{1}{2}s(t)\sin\Delta\phi \qquad (6.4-4)$$

$y_c(t)$ 与 $y_s(t)$ 相乘得误差信号 $e(t)$,即

$$e(t) = \frac{1}{8}s^2(t)\sin2\Delta\phi \qquad (6.4-5)$$

误差信号通过环路滤波后控制 VCO,调整 $\Delta\phi$ 趋于零。

### 6.4.2  插入导频法

插入导频法是通过对发送信号的处理变换,保证收端设备恢复本地载波,适用于发送信号不含离散谱的系统。**插入导频法分为频域插入法和时域插入法。**

#### 1. 频域插入法

在发送有用信号的同时,在适当的频率位置上,插入一个(或多个)称作导频的正弦波,导频的频率与载频有关。

导频信号要插入在信号频谱为零的位置,且必须为正交导频。

以 2PSK 信号为例,分析导频的插入方法,原理框图如图 6 - 37 所示。

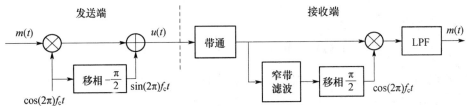

图 6 - 37  频域插入法原理框图

2PSK 信号的表达式为

$$s_m(t) = s(t)\cos(2\pi)f_c t \qquad (6.4-6)$$

插入正交导频后得

$$u(t) = s(t)\cos(2\pi)f_c t + \sin(2\pi)f_c t \qquad (6.4-7)$$

接收端将收到的 $u(t)$ 经滤波、移相获取本地载波 $\cos(2\pi)f_c t$,用于 2PSK 信号的相干解调。

#### 2. 时域插入法

时域插入法适用于数字通信系统,原理框图如图 6 - 38 所示。

在许多以应答机制建立通信链路的数字通信系统中,数据信号往往采用帧结构或数据包的形式传输。通常在传输有效数据之前,分配一个时间窗,发送端在时间窗内插入导

频信号,先发送导频信号再传数据包,接收端利用先行到达的导频信号完成同步再还原数据。

发送端

图 6-38　时域插入法原理框图

导频信号除了同步功能外还可兼具其他功能。例如在传输特性不稳定的线路中,线路衰减随环境因素变化较大,接收端可以根据收到的导频信号的电平变化,实现系统的自动电平调节控制,保证还原数据的稳定性。

## 6.5　小　结

1. 幅移键控(ASK),分为二进制 2ASK 和多进制 MASK。2ASK 信号的特征是传号"1"和空号"0"的载波有振幅或为零。时域表达式为 $s_m(t) = A \sum_{n=-\infty}^{\infty} a_n g(t - nT_B) \cos 2\pi f_c t$,信号带宽是 $2R_B$,$R_B$ 是基带信号的码元传输速率。功率谱中含有载频 $f_c$ 分量。

2. 频移键控(FSK),2FSK 信号的特征是传号"1"和空号"0"的载波频率分别为 $f_1$、$f_2$。实现过程中又分为相位不连续及相位连续两种频移键控信号。相位不连续的 2FSK 信号的时域表达式为

$$s_m(t) = \begin{cases} s_1(t) = A\cos 2\pi f_1 t & \text{"1"} \\ s_0(t) = A\cos 2\pi f_2 t & \text{"0"} \end{cases}, 0 \leqslant t \leqslant T_B$$

相位连续的 2FSK 信号的时域表达式为

$$s_m(t) = A\cos\left[2\pi f_c t + k_f \int_{-\infty}^{t} s(\tau)\mathrm{d}\tau\right]$$

一路 2FSK 信号可以等效成两路 2ASK 信号的叠加,因而 2FSK 信号的功率谱密度等效于两路 2ASK 信号功率谱密度之和。

3. 移相键控(PSK),分为二进制和 $M$ 进制。信号的特征是用载频初相差 $\varphi$ 来表示传号和空号,2PSK 信号的时域表达式为

$$s_m(t) = \begin{cases} s_1(t) = A\cos 2\pi f_c t & \text{"1"} \\ s_0(t) = -A\cos 2\pi f_c t & \text{"0"} \end{cases}, 0 \leqslant t \leqslant T_B$$

2PSK 信号实质上是双极性的 2ASK 信号,因而 2PSK 信号的功率谱密度是将双极性基带序列的功率谱密度平移至中心频率 $f = f_c$ 处,当"1"和"0"等概时,2PSK 信号中不含 $f_c$ 成份。2PSK 有可能存在反向工作现象。

4. DPSK 又称差分相移键控或相对相移键控,信号的特征是用相邻码元的载频初相差 $\Delta\varphi$ 来表示传号和空号,其功率谱密度与 2PSK 相同。2DPSK 不会出现反向工作。

5. 2ASK 非相干解调器,在大信噪比条件下即 $r \gg 1$ 时,最佳门限近似为 $V_d^* \approx \dfrac{A}{2}$,$P_e \approx \dfrac{1}{2}\exp\left(-\dfrac{r}{4}\right)$。2ASK 相干解调器,$V_d^* = \dfrac{A}{2}$,$P_e = \dfrac{1}{2}\mathrm{erfc}\left(\sqrt{\dfrac{A^2}{8\sigma_n^2}}\right)$,当 $r \gg 1$ 时,$P_e \approx \dfrac{1}{\sqrt{\pi r}}$

$\exp\left(-\dfrac{r}{4}\right)$。

6. 匹配滤波器是一种保证抽样判决时刻输出信噪比最大的线性滤波器。匹配滤波器接收机是一种最佳接收机,所谓最佳接收机,是指平均误码率最小的接收机,而误码率最小和信噪比最大是等价的。在接收判决之前加一个匹配滤波器,可以获得最佳的抗噪声性能。匹配滤波器频域特性 $H(\omega) = KS^*(\omega)\mathrm{e}^{-\mathrm{j}\omega t_0}$,时域特性 $h(t) = Ks(t_0 - t)$。表明匹配滤波器的特性取决于输入信号的特性。

7. $M$ 进制移相键控信号,其特征是载波初始相位 $\varphi_k$ 有 $M$ 种取值,时域表达式为 $S_{\mathrm{MPSK}}(t) = A\cos[\omega_c t + \varphi_k]$,$\varphi_k = \dfrac{2\pi k}{M} + \theta_0$。四进制调制实质上是针对一路快速二进制信号,将其转换成两路低速二进制信号,以并行方式同时调制再叠加,达到减小已调波信号带宽,提高频带利用率的目的。

8. DQPSK 是 QPSK 的改进型之一,它与 QPSK 定义相似,只需将四进制符号先经过差分编码再用相同的调制方法就可产生,其时域变化和功率谱密度与 QPSK 信号相同。

9. 在相干解调接收系统中,需要一个与调制载波严格同频同相的载波。载波同步即指在接收设备中恢复产生符合要求的本地载波的技术。实现载波同步的方法有两类:直接提取法和插入导频法。

## 思 考 题

6-1 什么是数字调制? 它与模拟调制相比有哪些异同点?

6-2 在 2ASK 已调信号的功率谱中,能否提取出相干解调所需的同步载波信息?

6-3 对相位连续的 2FSK 信号为什么要求数字基带信号 $s(t)$ 为双极性不归零序列。

6-4 什么是相移键控? 什么是相对相移键控? 它们有何区别?

6-5 引入差分相移键控信号 2DPSK 的目的是什么?

6-6 什么是频移键控? 2FSK 信号的解调方法有哪些?

6-7 2PSK 信号和 2DPSK 信号的功率谱及传输带宽有何特点? 它们与 2ASK 的有何异同?

6-8 2DPSK 与 2PSK 相比有哪些优势?

6-9 在电话信道中传输数据,当数据速率比较高的时候,一般采用相位调制而不采用振幅调制或频率调制,为什么?

6-10 什么是匹配滤波器?

6-11 二进制数字调制系统的误码率与哪些因素有关?

6-12 什么是多进制数字调制? 与二进制数字调制相比,多进制数字调制有哪些优缺点?

6-13 QPSK 是如何做到减小已调波信号带宽,提高频带利用率的?

# 习 题

6-1 设发送数字信息为 110010101100, 试分别画出 2ASK、2FSK、2PSK 及 2DPSK 信号的波形示意图。

(对 2FSK 信号,"0"对应 $T_B = 2T_c$,"1"对应 $T_B = T_c$;其余信号 $T_B = T_c$,其中 $T_B$ 为码元周期,$T_c$ 为载波周期;对 2DPSK 信号,$\Delta\varphi = 0$ 代表"0"、$\Delta\varphi = 180°$ 代表"1",参考相位为 0;对 2PSK 信号,$\varphi = 0$ 代表"0"、$\varphi = 180°$ 代表"1"。)

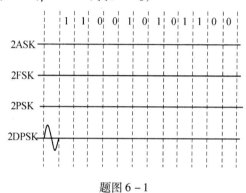

题图 6-1

6-2 已知二进制序列为 10110010, 画出以下情况的 2ASK、2FSK、2PSK 和 2DPSK 波形。

(1) 载频为码元速率的 2 倍;

(2) 载频为码元速率的 1.5 倍。

6-3 设二进制序列的 0、1 等概率出现,且相互独立,画出载频为 $f_c$ 的 2ASK 和 2PSK 信号频谱,比较两种信号的特性。

6-4 已知二进制序列为 1100100010, 采用 2DPSK 调制。

(1) 采用相对码调制方案,设计发送端方框图,列出序列变换过程及码元相位,画出已调信号波形(假设载频和码元速率相同);

(2) 采用差分相干接收方案,画出接收机各模块的输出波形(假设信道不限带)。

6-5 设 2ASK 系统的码元传输速率为 1000B, 载波信号为 $A\cos(4\pi \times 10^6 t)$。

(1) 试问每个码元中包含多少个载波周期?

(2) 求 2ASK 信号的第一零点带宽。

6-6 设某 2FSK 调制系统的码元速率为 1000Baud, 已调信号的载波为 1000Hz 或 2000Hz。

(1) 若发送数字信息为 011010, 试画出相应 2FSK 信号波形。

(2) 若发送数字信息是等概的,试画出它的功率谱密度草图。

(3) 试讨论这时的 2FSK 信号应选择怎样的解调器解调。

6-7 已知 2FSK 信号的两个频率 $f_1 = 980Hz$, $f_2 = 2180Hz$, 码元速率 $R_B = 300Baud$, 信道有效带宽为 3000Hz, 信道输出端的信噪比为 6dB。试求:

(1) 2FSK 信号的带宽;

（2）非相干解调时的误比特率；

（3）相干解调时的误比特率。

6-8  已知数字信息 $\{a_n\} = 1011010$，码元速率为 1200Baud，载波频率为 1200Hz，请分别画出 2PSK、2DPSK 和相对码 $\{b_n\}$ 的波形。

6-9  用 2ASK 传送二进制数字信息，已知传码率为 $R_B = 2 \times 10^6 \text{Baud}$，接收端输入信号的振幅 $a = 20\mu V$，输入高斯白噪声的单边功率谱密度为 $n_0 = 2 \times 10^{-18} \text{W/Hz}$，试求相干解调和非相干解调时系统的误码率。

6-10  设 2FSK 系统的传码率为 $2 \times 10^6 \text{Baud}$，已知 $f_1 = 10\text{MHz}, f_2 = 14\text{MHz}$，接收端输入信号的振幅 $a = 20\mu V$，输入高斯白噪声的单边功率谱密度 $n_0 = 2 \times 10^{-18} \text{W/Hz}$，试求：

（1）2FSK 信号的带宽。

（2）系统相干解调和非相干解调时的误码率。

6-11  二进制绝对码元序列 10011101，码元速率为 1200Baud，载频 $f_c = 1200\text{Hz}$，画出该信号 2DPSK 已调信号波形，若采用差分相干接收，试画出其原理框图。

6-12  按接收机难易程度及误比特率为 $10^{-4}$ 时所需的最低峰值信号功率，将 2ASK、2FSK 和 2PSK 进行比较、排序。

6-13  在二进制移相键控系统中，已知传码率为 $2 \times 10^6 \text{Baud}$，解调器输入信号的振幅 $a = 20\mu V$，高斯白噪声的单边功率谱密度 $n_0 = 2 \times 10^{-18} \text{W/Hz}$。试分别求出相干解调 2PSK、相干解调—码变换和差分相干解调 2DPSK 信号时的系统误码率。

6-14  已知码元传输速率 $R_B = 10^3 \text{Baud}$，接收机输入噪声的双边功率谱密度 $n_0/2 = 10^{-10} \text{W/Hz}$，今要求误码率 $P_e = 5 \times 10^{-5}$。试分别计算出相干 2ASK、非相干 2FSK、差分相干 2DPSK 以及 2PSK 系统所要求的解调器输入端的信号功率。

6-15  设电话信道可用的传输频带为 600~3000Hz，取载频为 1800Hz，试说明：

（1）采用 $\alpha = 1$ 的升余弦滚降基带信号时，QPSK 调制可以传输 2400b/s 数据；

（2）采用 $\alpha = 0.5$ 的升余弦滚降基带信号时，8PSK 调制可以传输 4800b/s 数据；

（3）画出（1）和（2）传输系统的频率特性草图。

6-16  待传送二元数字序列 $\{a_k\} = 1011010011$。

（1）试画出 QPSK 信号波形。假定 $f_c = R_B = 1/T_B$，4 种双比特码 00,10,11,01 分别用相位偏移 $0, \pi/2, \pi, 3\pi/2$ 的振荡波形表示；

（2）给出 QPSK 信号表达式和调制器原理框图。

6-17  采用 QPSK 调制传输 4800b/s 数据：

（1）最小理论带宽是多少？

（2）若传输带宽不变，而数据率加倍，则调制方式应作如何改变？

# 第7章 现代调制技术

在第 6 章中我们讨论了数字调制的三种基本方式:数字振幅调制 ASK、数字频率调制 FSK、数字相位调制 PSK(DPSK),这三种数字调制方式是数字调制的基础。然而,它们都存在不足之处,如频带利用率低、抗多径衰落能力差、功率谱衰减慢、带外辐射严重等。为了改善这些不足,近几十年来人们不断地提出一些新的数字调制解调技术,以适应各种通信系统的要求。其主要研究围绕着减小信号带宽以提高频带利用率;提高功率利用率以增强抗干扰性能;适应各种随参信道以增强抗多径衰落能力等。例如,在恒参信道中,正交振幅调制(Quadrature Amplitude Modulation,QAM)和正交频分复用(Orthogonal Frequency Division Multiplexing,OFDM)方式具有较高的频带利用率,因此,QAM 在卫星通信和有线电视网络高速数据传输等领域得到了广泛应用,而 OFDM 在非对称数字环路 ADSL 和高清晰度电视 HDTV 的地面广播系统等得到了成功应用。高斯最小移频键控(Gauss Minimum Shift Keying,GMSK)具有较强的抗多径衰落性能,带外功率辐射小等特点,因而在移动通信领域得到了应用。本章将分别对几种具有代表性的数字调制系统进行讨论。

## 7.1 正交振幅调制(QAM)

在现代通信中,提高频带利用率一直是人们关注的焦点之一。近年来,随着通信业务需求的迅速增长,寻找频谱利用率高的数字调制方式已成为数字通信系统设计、研究的主要目标之一。QAM 就是一种频谱利用率很高的调制方式,在中、大容量数字微波通信系统、有线电视网络高速数据传输、卫星通信系统等领域得到了广泛应用。在移动通信中,随着微蜂窝和微微蜂窝的出现,使得信道传输特性发生了很大变化,过去在传统蜂窝系统中不能应用的正交振幅调制越来越引起人们的重视。

QAM 是数字信号的一种调制方式,它在调制过程中,同时以载波信号的幅度和相位来代表不同的数字比特编码,把多进制与正交载波技术结合起来,可进一步提高了频带利用率。在 2ASK 系统中,其频带利用率是 1/2b/(s·Hz)。若利用正交载波技术传输,可使频带利用率提高一倍。如果再把多进制与正交载波技术结合起来,还可进一步提高频带利用率。

### 7.1.1 QAM 调制原理

**QAM** 是用两路独立的数字基带信号对两个相互正交的同频载波进行抑制载波的 DSB 调制,利用这种已调信号在同一带宽内**频谱正交**的性质来实现两路并行的数字信息传输。

*M* 进制正交振幅调制信号一般表示为

$$S_{\text{MQAM}}(t) \ = \ \sum_n A_n g(t - nT_B)\cos(\omega_c t + \varphi_n) \tag{7.1-1}$$

式中:$A_n$ 是基带信号幅度;$\varphi_n$ 是基带信号相位,它们分别可以取多个离散值;$g(t - nT_B)$ 是宽度为 $T_B$ 的单个信号波形,式(7.1-1)还可以变换为正交表示形式

$$S_{\text{MQAM}}(t) \ = \ \Big[ \sum_n A_n g(t - nT_B)\cos\varphi_n \Big]\cos\omega_c t - \Big[ \sum_n A_n g(t - nT_B)\sin\varphi_n \Big]\sin\omega_c t \tag{7.1-2}$$

令 $X_n = A_n\cos\varphi_n$,$Y_n = -A_n\sin\varphi_n$
则式(7.1-2)变为

$$\begin{aligned}
S_{\text{MQAM}}(t) \ &= \ \Big[ \sum_n X_n g(t - nT_B) \Big]\cos\omega_c t + \Big[ \sum_n Y_n g(t - nT_B) \Big]\sin\omega_c t \\
&= \ X(t)\cos\omega_c t + Y(t)\sin\omega_c t
\end{aligned} \tag{7.1-3}$$

QAM 中的振幅 $X_n$ 和 $Y_n$ 还可以表示为

$$\begin{cases} X_n \ = \ c_n A \\ Y_n \ = \ d_n A \end{cases} \tag{7.1-4}$$

式中:$A$ 是固定振幅;$c_n$ 和 $d_n$ 是由输入数据确定的离散值,它们决定了已调 QAM 信号在信号空间中的坐标点。

QAM 信号调制原理图如图 7-1 所示。图 7-1 中,输入的二进制序列经过串/并变换为输出速率减半的两路并行序列,再分别经过 2 电平到 $L$ 电平的变换,形成 $L$ 电平($L$ 进制)的基带信号。为了抑制已调信号的带外辐射,该 $L$ 电平的基带信号还要经过预调制低通滤波器,形成 $X(t)$ 和 $Y(t)$,再分别对同相载波和正交载波相乘。最后将两路信号相加即可得到 QAM 信号。进制数 $M$ 与电平数 $L$ 的关系为 $M = L^2$。

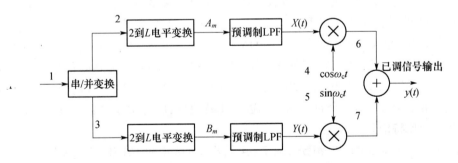

图 7-1　QAM 信号调制原理图

信号矢量端点的分布图称为星座图。通常,可以用星座图来描述 QAM 信号的信号空间分布状态。对于 $M = 16$ 的 16QAM 来说,有多种分布形式的信号星座图。两种具有代表性的信号星座图如图 7-2 所示。在图 7-2(a)中,信号点的分布成方型,故称为方型 16QAM 星座,也称为**标准型** 16QAM。在图 7-2(b)中,信号点的分布成星型,故称为星型 16QAM 星座。

最小距离体现了噪声容限,若信号点之间的最小距离为 $2A$,且所有信号点等概率出现,则平均发射信号功率为

$$P_s = \frac{A^2}{M} \sum_{n=1}^{M} (c_n^2 + d_n^2) \quad\quad (7.1-5)$$

式中：$(c_n, d_n)$ 是在信号空间的坐标点。

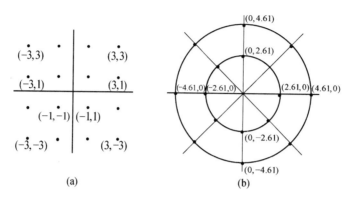

图 7-2　16QAM 的星座图

（a）方型 16QAM 星座；（b）星型 16QAM 星座。

对于方型 16QAM，信号平均功率为

$$P_s = \frac{A^2}{M} \sum_{n=1}^{M} (c_n^2 + d_n^2) = \frac{A^2}{16}(4 \times 2 + 8 \times 10 + 4 \times 18) = 10A^2 \quad (7.1-6)$$

对于星型 16QAM，信号平均功率为

$$P_s = \frac{A^2}{M} \sum_{n=1}^{M} (c_n^2 + d_n^2) = \frac{A^2}{16}(8 \times 2.61^2 + 8 \times 4.61^2) = 14.03A^2 \quad (7.1-7)$$

从信号平均功率看，两者相差 1.4dB，方型 16QAM 的平均功率更小。在星座结构方面，两者有着重要的差别。第一，星型 16QAM 只有两个振幅值，而方型 16QAM 有三种振幅值；第二，星型 16QAM 只有 8 种相位值，而方型 16QAM 有 12 种相位值。这两个特点使得在衰落信道中，星型 16QAM 比方型 16QAM 更具有吸引力，尽管在信号点最小距离相同的情况下，方型的信号平均功率更低。$M=4,16,32,\cdots,256$ 时 MQAM 信号的星座图如图 7-3 所示。其中，$M=4,16,64,256$ 时星座图为矩形，而 $M=32,128$ 时星座为十字形。前者 $M$ 为 2 的偶次方，即每个符号携带偶数个比特信息；后者 $M$ 为 2 的奇次方，即每个符号携带奇数个比特信息。

下面比较一下 MQAM 和 MPSK，图 7-4 给出 16QAM 和 16PSK 的星座图，为分析方便，假设已调信号的最大幅度为 1。

MPSK 信号星座图上信号点间的最小距离为

$$d_{\text{MPSK}} = 2\sin\left(\frac{\pi}{M}\right) \quad\quad (7.1-8)$$

而 MQAM 信号矩形星座图上信号点间的最小距离为

$$d_{\text{MQAM}} = \frac{\sqrt{2}}{L-1} = \frac{\sqrt{2}}{\sqrt{M}-1} \quad\quad (7.1-9)$$

式中：$L$ 为星座图上信号点在水平轴和垂直轴上投影的电平数，$M=L^2$。

200

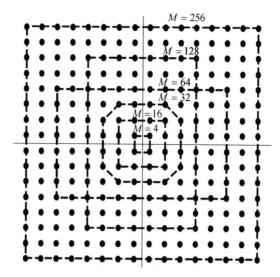

图 7 - 3　MQAM 信号的星座图

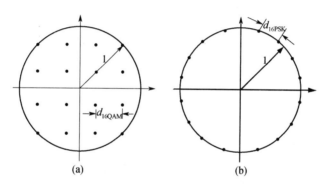

图 7 - 4　16QAM 和 16PSK 的星座图
(a) 16QAM；(b) 16PSK。

由式(7.1-8)和式(7.1-9)可以看出,当 $M=4$ 时,$d_{4PSK}=d_{4QAM}$,实际上,4PSK 和 4QAM 的星座图完全相同。当 M $=16$ 时,$d_{16QAM}=0.47$,而 $d_{16PSK}=0.39$,$d_{16PSK}<d_{16QAM}$,这表明,16QAM 系统的抗干扰能力优于 16PSK。

## 7.1.2　QAM 解调原理

QAM 信号同样可以采用正交相干解调方法,其解调器原理图如图 7-5 所示。解调器输入信号与本地提取的两个正交载波相乘后,经过低通滤波输出两路多电平基带信号 $X(t)$ 和 $Y(t)$。多电平判决器对多电平基带信号进行判决和检测,再经 L 电平到 2 电平转换和并/串变换器最终输出二进制数据。

QAM 相干解调过程中各个点的波形如图 7-6 所示。

## 7.1.3　QAM 系统性能

由于 QAM 信号采用正交相干解调,所以它的抗噪声性能分析与 ASK 系统相干解调分析类似。

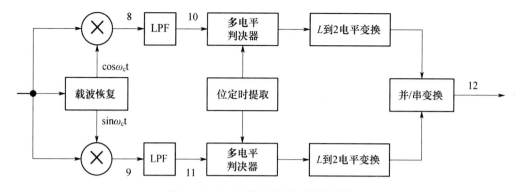

图 7-5 QAM 信号相干解调原理图

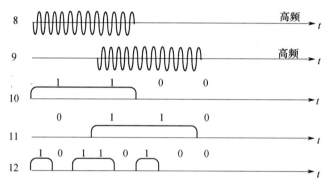

图 7-6 MQAM 信号相干解调各个点的波形图

对于方型 QAM,可以看成是由两个相互正交且独立的多电平 ASK 信号叠加而成。因此,利用多电平信号误码率的分析方法,可得到 $M$ 进制 QAM 的误码率为

$$P_{\mathrm{M}} = \left(1 - \frac{1}{L}\right)\mathrm{erfc}\left[\sqrt{\frac{3\log_2 L}{L^2 - 1}\left(\frac{E_{\mathrm{b}}}{n_0}\right)}\right] \qquad (7.1-10)$$

式中:$M = L^2$;$E_{\mathrm{b}}$ 为每比特码元能量;$n_0$ 为噪声单边功率谱密度。图 7-7 给出了 $M$ 进制方型 QAM 的误码率曲线。

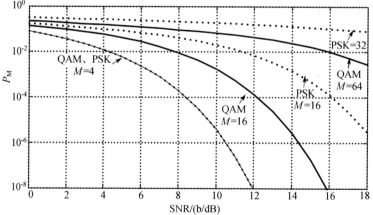

图 7-7 $M$ 进制方型 QAM 的误码率曲线

从图 7-7 可得出随着 $M$ 的增大,误码率指标下降,当 $M=4$ 时,QAM 和 PSK 的误码率相同,但是当 $M>4$ 时,QAM 调制系统的误码率要好于 PSK 调制系统。

频带利用率可有以下公式求得

$$\eta_B = \frac{R_b}{B} = \frac{1}{B} R_B \lg M \qquad (7.1-11)$$

在求 $B$ 时考虑低通滤波器并不是理想低通滤波器,它具有滚降特性。具有理想低通特性时,滚降系数 $\alpha=0$,一般的低通特性时 $\alpha=1$。考虑滚降特性的带宽 $B$ 的表达式

$$B = \frac{1}{T_B}(1+\alpha) \qquad (7.1-12)$$

在表 7-1 中列举了不同 $\alpha$ 值的频谱利用系数 $\eta_B$ 值。从表中看出,$\alpha$ 的值越小,即越接近理想低通特性,则 $\eta_B$ 越大;进制数越大,则 $\eta_B$ 值越大。其中 16QAM 的频带利用率最高。

表 7-1 各种调制方式频带利用率

| 调制方式 \ $\alpha$ | 1 | 0.33 | 0 |
|---|---|---|---|
| 8PSK | 1.5 | 2.25 | 3 |
| 16QAM | 2 | 3 | 4 |
| 4QAM | 1 | 1.5 | 2 |
| 4PSK | 2 | 1.5 | 2 |
| 2PSK | 0.5 | 0.75 | 1 |

# 7.2 最小频移键控与高斯最小频移键控

## 7.2.1 最小频移键控 MSK

最小频移键控(Minimum Shift Keying,MSK)的提出是为了解决 2FSK 的不足之处。首先,2FSK 占用的频带宽度比 2PSK 大,其频带利用率低;其次,使用开关法产生 2FSK,通常是由两个独立振荡源产生的,在频率转换处相位不连续,因此会造成功率谱产生很大的旁瓣分量,若通过带限系统后,会产生信号包络起伏变化;再者,2FSK 信号的两种码元波形不一定严格正交。为了解决这些不足之处,提出了 MSK 信号,它是一种包络稳定、相位连续、带宽最小并且严格正交的 2FSK 信号。

MSK 是恒定包络连续相位频率调制,其信号可以表示为

$$s_{MSK}(t) = \cos\left(\omega_c t + \frac{a_k \pi}{2T_B} + \varphi_k\right)(k-1)T_B < t \leqslant kT_B \qquad (7.2-1)$$

式中:$\omega_c = 2\pi f_c$,为载波角载频;$T_B$ 为码元宽度;$\varphi_k$ 为第 $k$ 个码元的初始相位,它在一个码元宽度中是不变的。当输入码元为"1"时,$a_k = +1$,当输入码元为"0"时,$a_k = -1$。由式 (7.2-1) 可以看出,输入码元为"1"时,码元频率

$$f_1 = f_c + 1/(4T_B) \qquad (7.2-2)$$

输入码元为"0"时,码元频率为

$$f_0 = f_c - 1/(4T_B) \qquad (7.2-3)$$

故中心频率 $f_c$ 应选为

$$f_c = \frac{n}{4T_B} \qquad n = 1,2,\cdots \qquad (7.2-4)$$

式中: $n$ 为正整数。而且 $f_1$ 与 $f_0$ 的差等于 $1/2T_B$,这是 2FSK 信号的**最小频率间隔**,也是称为最小频移键控调制的原因。这表示,MSK 信号每个码元持续时间 $T_B$ 内包含的波形周期数必须是 1/4 载波周期的整数倍。由式(7.2-2)~式(7.2-4)得

$$T_B = \left(\frac{n+1}{4}\right)T_1 = \left(\frac{n-1}{4}\right)T_0 \qquad (7.2-5)$$

式中: $T_1 = 1/f_1$ ; $T_0 = 1/f_0$ 。式中给出一个码元持续时间 $T_B$ 包含的正弦波周期数。由此式看出,无论两个信号频率 $f_1$ 和 $f_0$ 等于何值,这两种码元包含的正弦波数均相差 1/2 个周期。例如,当 $n=5$ 时,对于比特"1"和"0",一个码元持续时间内分别有 1.5 个和 1 个正弦波周期。

**相位连续**的一般条件是前一码元末尾总相位等于后一码元开始时总相位,即

$$\frac{a_{k-1}\pi}{2T_B}kT_B + \varphi_{k-1} = \frac{a_k\pi}{2T_B}kT_B + \varphi_k \qquad (7.2-6)$$

由式(7.2-6)可以得出递归条件如下

$$\varphi_k = \varphi_{k-1} + \frac{k\pi}{2}(a_{k-1} - a_k) = \begin{cases} \varphi_{k-1}, & a_k = a_{k-1} \\ \varphi_{k-1} \pm k\pi, & a_k \neq a_{k-1} \end{cases} \quad (\text{模}\,2\pi)\ (7.2-7)$$

从中可以看出,第 $k$ 个码元的相位 $\varphi_k$ 不仅和当前的输入 $a_k$ 有关,而且和前一码元的相位 $\varphi_{k-1}$ 和 $a_{k-1}$ 有关。即 MSK 信号的前后码元之间存在相关性。在用相干法接收时,可以假设 $\varphi_{k-1}$ 的初始参考值等于 0。即

$$\varphi_k = 0 \text{ 或 } \pi(\text{模}\,2\pi) \qquad (7.2-8)$$

式(7.2-1)可以改写为

$$s_{\text{MSK}}(t) = \cos[\omega_c t + \theta_k(t)] \qquad (k-1)T_B < t \leq kT_B \qquad (7.2-9)$$

式中: $\theta_k(t) = \frac{a_k\pi}{2T_B}t + \varphi_k$ , $\theta_k(t)$ 成为第 $k$ 个码元的附加相位,它在此码元持续时间内是 $t$ 的直线方程。并且,在一个码元持续时间 $T_B$ 之内变化 $\pm\pi/2$ 。按照相位连续性的要求,在第 $k-1$ 个码元的末尾,即当 $t = (k-1)T_B$ 时,其附加相位 $\theta_{k-1}(kT_B)$ 就应该是第 $k$ 个码元的初始附加相位 $\theta_k(kT_B)$ 。所以,每经过一个码元的持续时间,MSK 码元的附加相位就改变 $\pm\pi/2$ ;若 $a_k = +1$ ,则第 $k$ 个码元的附加相位增加 $\pi/2$ ;若 $a_k = -1$ ,则第 $k$ 个码元的附加相位减小 $\pi/2$ 。

## 7.2.2 MSK 信号的正交调制与解调

对式(7.2-1)进行三角公式展开,得

$$s_{\text{MSK}}(t) = \cos\left(\frac{a_k\pi}{2T_{\text{B}}}t + \varphi_k\right)\cos\omega_c t - \sin\left(\frac{a_k\pi}{2T_{\text{B}}}t + \varphi_k\right)\sin\omega_c t$$

$$= \left(\cos\frac{a_k\pi t}{2T_{\text{B}}}\cos\varphi_k - \sin\frac{a_k\pi t}{2T_{\text{B}}}\sin\varphi_k\right)\cos\omega_c t$$

$$- \left(\sin\frac{a_k\pi t}{2T_{\text{B}}}\cos\varphi_k + \cos\frac{a_k\pi t}{2T_{\text{B}}}\sin\varphi_k\right)\sin\omega_c t \qquad (7.2-10)$$

由上一节知 $\varphi_k = 0$ 或 $\pi$（模 $2\pi$），所以 $\sin\varphi_k = 0$，$\cos\varphi_k = \pm 1$。由 $a_k = \pm 1$，$\cos\frac{a_k\pi t}{2T_{\text{B}}} = \cos\frac{\pi t}{2T_{\text{B}}}$，$\sin\frac{a_k\pi t}{2T_{\text{B}}} = a_k\sin\frac{\pi t}{2T_{\text{B}}}$，式(7.2-10)变为

$$s_{\text{MSK}}(t) = \cos\varphi_k\cos\frac{\pi t}{2T_{\text{B}}}\cos\omega_c t - a_k\cos\varphi_k\sin\frac{\pi t}{2T_{\text{B}}}\sin\omega_c t$$

$$= p_k\cos\frac{\pi t}{2T_{\text{B}}}\cos\omega_c t - q_k\sin\frac{\pi t}{2T_{\text{B}}}\sin\omega_c t \quad (k-1)T_{\text{B}} < t \leqslant kT_{\text{B}} \quad (7.2-11)$$

式中：$p_k = \cos\varphi_k = \pm 1$；$q_k = a_k\cos\varphi_k = a_k p_k = \pm 1$。式(7.2-11)表示，MSK 信号可以分解为同相分量 $I$ 和正交分量 $Q$ 两部分。$I$ 分量也称为 $I$ 支路，载波为 $\cos\omega_c t$，$p_k$ 中包含输入码元信息，$\cos\frac{\pi t}{2T_{\text{B}}}$ 是其正弦形加权函数；$Q$ 分量也称为 $Q$ 支路，载波为 $\sin\omega_c t$，$q_k$ 中包含输入码元信息，$\sin\frac{\pi t}{2T_{\text{B}}}$ 是其正弦形加权函数。

虽然每一个码元的持续时间为 $T_{\text{B}}$，$p_k$ 和 $q_k$ 每 $T_{\text{B}}$ 秒可以改变一次，但是 $p_k$ 和 $q_k$ 不可能同时改变。因为，仅当 $a_k \neq a_{k-1}$，且 $k$ 为奇数时，$p_k$ 才可能改变。但是，当 $p_k$ 和 $a_k$ 同时改变时，$q_k$ 不会改变；仅当 $a_k = a_{k-1}$ 且 $k$ 为偶数时，$p_k$ 不改变而 $q_k$ 才改变。也即 $k$ 为奇数时，$q_k$ 不会改变，所以 $p_k$ 和 $q_k$ 不会同时改变。可以证明，将 $a_k$ 差分编码后，奇数序列就是 $p_k$，偶数序列是 $q_k$。

如图 7-8 为根据 MSK 表达式来构成的 MSK 信号产生器的原理框图。

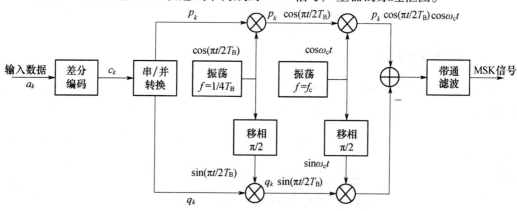

图 7-8　MSK 信号产生器框图

对于 MSK 信号的解调，由于 MSK 信号是一种特殊的 FSK 信号，因此，用于 FSK 信号解调的方法都可以用于 MSK 信号解调，通常分为相干解调和非相干解调等方法。MSK

信号的解调一般采用最佳相干解调方式,如图7-9所示。图中两路正交参考载波与接收信号相乘,再对两路积分器输出在 $0 < t \leqslant 2T_B$ 的时间间隔内进行交替判决,最后恢复原数据。

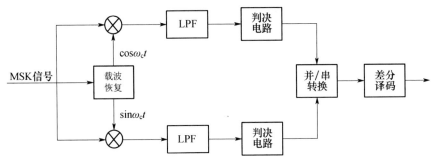

图7-9　MSK信号最佳相干解调方式之一

由于 MSK 还可以看成一种余弦基带脉冲成型的偏移 QPSK 调制,所以也可以利用 QPSK 信号的解调方法进行解调,如图7-10所示。

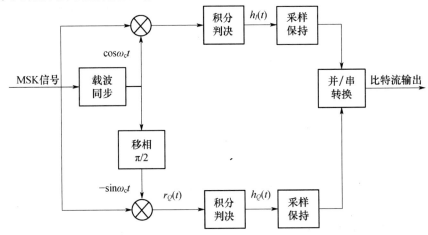

图7-10　MSK信号的最佳相干解调方式之二

## 7.2.3 MSK的性能

设信道为恒参信道,噪声为加性高斯白噪声,MSK 解调器输入信号与噪声的合成波为

$$r(t) = \cos\left(\omega_c t + \frac{a_k \pi}{2T_B} + \varphi_k\right) + n(t) \qquad (7.2-12)$$

式中

$$n(t) = n_c(t)\cos\omega_c t - n_s(t)\sin\omega_c t$$

是均值为 0,方差为 $\sigma_n^2$ 的窄带高斯噪声。

经过相乘、低通滤波和抽样后,在 $t = 2kT_B$ 时刻 $I$ 支路样值为

$$\tilde{I}(2kT_B) = a\cos\varphi_k + (-1)^k n_c \qquad (7.2-13)$$

在 $t = (2k + 1)T_B$ 时刻 $Q$ 支路的样值为

$$\widetilde{Q}[(2k + 1)T_B)] = aa_k\cos\varphi_k + (-1)^k n_s \qquad (7.2 - 14)$$

式中：$n_c$ 和 $n_s$ 分别为 $n_c(t)$ 和 $n_s(t)$ 在抽样时刻的样本值。在 $I$ 支路与 $Q$ 支路数据等概率情况下，各支路误码率为

$$P_{e1} = \int_{-\infty}^{0} f(x)\,\mathrm{d}x = \frac{1}{\sqrt{2\pi}\,\sigma}\int_{-\infty}^{0}\exp\left\{-\frac{(x-a)^2}{2\sigma^2}\right\}\mathrm{d}x$$

$$= \frac{1}{2}\mathrm{erfc}(\sqrt{r}) \qquad (7.2 - 15)$$

式中：$r = \dfrac{a^2}{2\sigma_n^2}$ 为输入信噪比。

经过交替门输出和差分译码后，系统的总误码率为

$$P_e = 2P_{e1}(1 - P_{e1}) \qquad (7.2 - 16)$$

用 FSK 相干解调法在每个码元持续时间 $T_B$ 内解调 MSK 信号，则性能比 2PSK 信号差 3dB。用匹配滤波器解调 MSK 信号，与 2PSK 误比特率性能一样。

但是，MSK 与 2PSK 的频谱对比图如图 7 – 11 所示，与 2PSK 相比，MSK 更加紧凑，旁瓣下降也更快，故对于相邻频道的干扰比较小。计算表明包含 90% 信号功率的带宽 B 近似值如下。

对于 MSK：$B \approx 1/T_B$。

对于 2PSK：$B \approx 2/T_B$

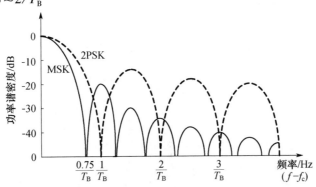

图 7 – 11　MSK 与 2PSK 信号的归一化功率谱对比图

由于 MSK 信号比 2PSK 信号有更高的频谱利用率，因此得到了广泛的应用。

### 7.2.4　高斯最小频移键控（GMSK）

尽管 MSK 调制方式的突出优点是已调信号具有恒定包络，且功率谱在主瓣以外衰减较快。但是，在移动通信中对信号带外辐射功率的限制十分严格，一般要求必须衰减 70dB 以上，MSK 信号仍不能满足这样的要求。高斯最小频移键控（GMSK）就是针对上述要求提出来的。GMSK 调制方式能满足移动通信环境下对邻道干扰的严格要求，它以其良好的性能而被泛欧数字蜂窝移动通信系统 GSM 所采用。

MSK 调制是调制指数为 0.5 的二进制调频，基带信号为矩形波形。为了压缩 MSK 信

号的功率谱,可在 MSK 调制前加入预调制滤波器,对矩形波形进行滤波,得到一种新型的基带波形,使其本身和尽可能高阶的导数都连续,从而得到较好的频谱特性。GMSK 调制原理图如图 7－12 所示。

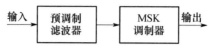

图 7－12　GMSK 调制原理图

为了有效地抑制 MSK 信号的带外功率辐射,预调制滤波器应具有以下特性:

(1) 带宽窄并且具有陡峭的截止特性;

(2) 脉冲响应的过冲较小;

(3) 滤波器输出脉冲响应曲线下的面积对应于 $\pi/2$ 的相移。

其中条件(1)是为了抑制高频分量;条件(2)是为了防止过大的瞬时频偏;条件(3)是为了使调制指数为 0.5。

一种满足上述特性的**预调制滤波器是高斯低通滤波器**,其单位冲激响应为

$$h(t) = \frac{\sqrt{\pi}}{\alpha}\exp\left[-\left(\frac{\pi}{\alpha}t\right)^2\right] \tag{7.2-17}$$

传输函数为

$$H(f) = \exp(-\alpha^2 f^2) \tag{7.2-18}$$

式中:$\alpha$ 是与高斯滤波器的3dB带宽 $B_b$ 有关的参数,它们之间的关系为 $\alpha B_b = \sqrt{\frac{1}{2}\ln2} \approx 0.5887$。

高斯滤波器的传输函数如图 7－13 所示,图中 $T_B$ 为码元持续时间。

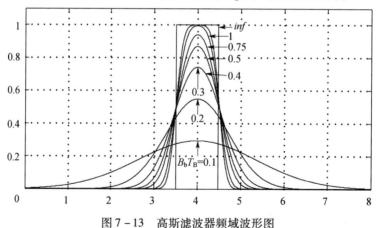

图 7－13　高斯滤波器频域波形图

高斯滤波器的输出经 MSK 调制得到 GMSK 信号,其相位路径由脉冲的形状决定,由于高斯滤波后的脉冲无陡峭沿,也无拐点,因此相位路径得到进一步平滑。通过计算机模拟得到的 GMSK 信号功率谱如图 7－14 所示。

图 7－14 中,横坐标为归一化频差 $(f-f_c)T_B$,纵坐标为功率谱密度,参变量 $B_bT_B$ 为高斯低通滤波器的归一化3dB带宽 $B_b$ 与码元长度 $T_B$ 的乘积。$B_bT_B = \infty$ 时,高斯滤波器

208

的带宽为无穷大,相当于没有滤波,此时曲线实际上是 MSK 信号的功率谱密度。GMSK 信号的功率谱密度随 $B_bT_B$ 值的减小变得紧凑起来。

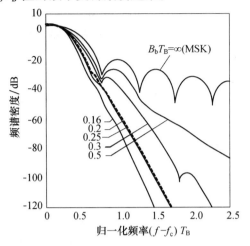

图 7 – 14　GMSK 信号的功率谱密度

需要指出的是,GMSK 信号频谱特性的改善是以降低误比特性能为代价的。前置高斯低通滤波器的带宽越窄,输出功率谱密度越紧凑,误比特性能越差。不过,当 $B_bT_B >$ 0.25 时,误比特性能下降并不明显。在 GSM 移动通信系统中,采用 $B_bT_B = 0.3$ 的 GMSK 调制。

产生 GMSK 信号的一种简单方法是锁相环(PLL)法,如图 7 – 15 所示。

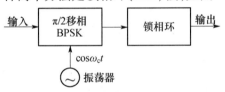

图 7 – 15　PLL 型 GMSK 调制器

图 7 – 15 中,锁相环对 BPSK 信号的相位突跳进行平滑,使得信号在码元转换时刻相位连续,而且没有尖角。该方法实现 GMSK 信号的关键是锁相环传输函数的设计,以满足输出信号功率谱特性要求。

GMSK 信号基本特征与 MSK 信号完全相同,其主要差别是 GMSK 信号的相位轨迹比 MSK 信号相位估计平滑。因此,MSK 信号相干解调器原理图完全适用 GMSK 信号的相干解调,这里不再赘述。

## 7.3　正交频分复用(OFDM)

前面几节所讨论的数字调制解调方式都是属于串行体制,和串行体制相对应的一种体制是并行体制。它是将高速率的信息数据流经串/并转换,分割为若干路低速率并行数据流,然后每路低速率数据采用一个独立的载波调制后叠加在一起构成发送信号,这种系统也称为多载波传输系统。

在并行体制中,正交频分复用(OFDM)方式是一种高效调制技术,它具有较强的抗多径传播和频率选择性衰落的能力以及较高的频谱利用率,因此得到了深入的研究。OFDM 由多载波调制(Multicarrier Modulation,MCM)发展而来,但它比传统的多载波传输系统频带利用率高,OFDM 可以有效地消除多径传播所造成的码间干扰,OFDM 技术良好的性能使得它在很多领域得到了广泛的应用。目前,OFDM 系统已成功地应用于接入网中的高速数字环路 HDSL、非对称数字环路 ADSL、高清晰度电视 HDTV 的地面广播系统、数字视频广播 DVB、无线局域网 WLAN 等领域。在移动通信领域,OFDM 是第三代、第四代移动通信系统采用的重要技术之一。

## 7.3.1 OFDM 基本原理

OFDM 是一种高效调制技术,其基本原理是将发送的数据流分散到许多个子载波上,使各子载波的信号速率大为降低,从而提高抗多径和抗衰落的能力。为了提高频谱利用率,OFDM 方式中各子载波频谱有 1/2 重叠,但保持相互正交,在接收端通过相关解调技术分离出各子载波,同时消除码间干扰的影响。而且由于每个子信道的带宽仅仅是原信道带宽的一小部分,信道均衡变得相对容易,有时甚至不需要均衡技术。

下面,首先分析 OFDM 子载频正交的条件。设在一个 OFDM 系统中有 $N$ 个子信道,每个子信道采用的子载波为

$$x_k(t) = B_k\cos(2\pi f_k t + \phi_k)k = 0,1,\cdots,N-1 \qquad (7.3-1)$$

式中:$B_k$ 为第 $k$ 路子载波的振幅,它受基带码元的调制;$f_k$ 为第 $k$ 路子载波的频率;$\phi_k$ 为第 $k$ 路子载波的初始相位。则此系统中的 $N$ 路子信号之和可以表示为

$$s(t) = \sum_{k=0}^{N-1} x_k(t) = \sum_{k=0}^{N-1} B_k\cos(2\pi f_k t + \phi_k) \qquad (7.3-2)$$

式(7.3-2)改写成复数形式如下:

$$s(t) = \sum_{k=0}^{N-1} \boldsymbol{B}_k e^{j2\pi f_k t + \phi_k} \qquad (7.3-3)$$

式中:$\boldsymbol{B}_k$ 是一个复数,为第 $k$ 路子信道中的复输入数据。

为了使这 $N$ 路子信道信号在接收时能够完全分离,要求它们满足正交条件。在码元持续时间 $T_B$ 内任意两个子载波都正交的条件是:

$$\int_0^{T_B} \cos(2\pi f_k t + \phi_k)\cos(2\pi f_i t + \phi_i)\mathrm{d}t = 0 \qquad (7.3-4)$$

式(7.3-4)可以用三角公式改写成

$$\int_0^{T_B} \cos(2\pi f_k t + \phi_k)\cos(2\pi f_i t + \phi_i)\mathrm{d}t$$

$$= \frac{1}{2}\int_0^{T_B}\cos[(2\pi(f_k - f_i)t + \phi_k - \phi_i]\mathrm{d}t + \frac{1}{2}\int_0^{T_B}\cos[(2\pi(f_k + f_i)t + \phi_k + \phi_i)]\mathrm{d}t$$

$$= 0 \qquad (7.3-5)$$

它的积分结果为

$$\frac{\sin[2\pi(f_k + f_i)T_B + \phi_k + \phi_i]}{2\pi(f_k + f_i)} + \frac{\sin[2\pi(f_k - f_i)T_B + \phi_k - \phi_i]}{2\pi(f_k - f_i)}$$

$$-\frac{\sin(\phi_k + \phi_i)}{2\pi(f_k + f_i)} - \frac{\sin(\phi_k - \phi_i)}{2\pi(f_k - f_i)} = 0 \qquad (7.3-6)$$

式(7.3-6)等于0的条件是:

$$\begin{cases} (f_k + f_i)T_B = m \\ (f_k - f_i)T_B = n \end{cases} \qquad (7.3-7)$$

在式(7.3-6)和式(7.3-7)中,$m$ 和 $n$ 是整数,$\phi_k$ 和 $\phi_i$ 可以取任意值。

由式(7.3-7)解出

$$f_k = (m+n)/2T_B; f_i = (m-n)/2T_B$$

即要求子载频满足

$$f_k = k/2T_B \qquad (7.3-8)$$

式中:$k$ 为整数;

且要求子载频间隔

$$\Delta f = f_k - f_i = n/T_B \qquad (7.3-9)$$

故要求的最小子载频间隔为

$$\Delta f_{\min} = 1/T_B \qquad (7.3-10)$$

这就是子载频正交的条件。下面来讨论 OFDM 系统在频域中的特点。

由上面分析可知,与一般的频分复用(FDM)技术不同,在 OFDM 系统中各子信道在时间上互相正交,在频率上互相重叠。采用这种方式,OFDM 系统比 FDM 节省很多的带宽,如图7-16所示。

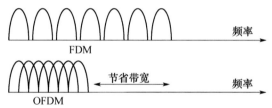

图 7-16　常规 FDM 与 OFDM 信道分配

OFDM 技术的主要思想是将指配的信道分成许多正交子信道,在每个子信道上进行窄带调制和传输,信号带宽小于信道的相关带宽。OFDM 单个用户的信息流经串/并转化为多个低速率码流(100Hz ～ 50kHz),每个码流用一个载波发送。

设在一个子信道中,子载波的频率为 $f_k$、码元持续时间为 $T_B$,则此码元的波形和其频谱密度画出如图7-17所示。

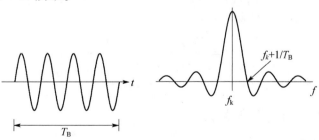

图 7-17　子载波码元波形和频谱

在 OFDM 中,各相邻子载波的频率间隔等于最小容许间隔,即

$$\Delta f = 1/T_B \qquad (7.3-11)$$

故各子载波合成后的频谱密度曲线如图 7-18 所示。虽然由图 7-18 上看,各路子载波的频谱重叠,但是实际上在一个码元持续时间内它们是相互正交的。故在接收端很容易利用此正交特性将各路子载波分离开。采用这样密集的子载频,并且在子信道间不需要保护频带间隔,因此能够充分利用频带,这是 OFDM 的一大优点。在子载波受调制后,若采用的是 BPSK、QPSK、QAM 等调幅、调相方式,则各路频谱的位置和形状没有改变,仅幅度和相位有变化,故仍保持其正交性,因 $\phi_k$ 和 $\phi_i$ 取任意值将不会影响其正交性。各路子载波的调制制度可以不同,按照各个子载波所处频段的信道特性采用不同的调制,并且可以随信道特性的变化而改变,具有很大的灵活性。这是 OFDM 体制的另一个重要优点。

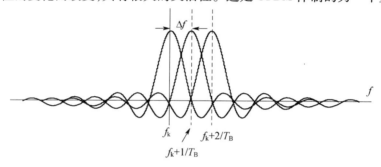

图 7-18　OFDM 信号频谱

现在对 OFDM 体制的频带利用率进行具体分析。设一 OFDM 系统中共有 $N$ 路子载波,子信道码元持续时间为 $T_B$,每路子载波均采用 $M$ 进制的调制,则它占用的频带宽度等于

$$B_{\text{OFDM}} = \frac{N+1}{T_B} \qquad (\text{Hz}) \qquad (7.3-12)$$

频带利用率为单位带宽传输的比特率:

$$\eta_{\text{B/OFDM}} = \frac{N\log_2 M}{T_B} \cdot \frac{1}{B_{\text{OFDM}}} = \frac{N}{N+1}\log_2 M \qquad (\text{b/s} \cdot \text{Hz}) \qquad (7.3-13)$$

当 $N$ 很大时,有

$$\eta_{\text{B/OFDM}} = \log_2 M \qquad (\text{b/s} \cdot \text{Hz}) \qquad (7.3-14)$$

若用单个载波的 $M$ 进制码元传输,为得到相同的传输速率,则码元持续时间应缩短为 $T_B/N$,而占用带宽等于 $2N/T_B$,故频带利用率为

$$\eta_{\text{B/M}} = \frac{N\log_2 M}{T_B} \cdot \frac{T_B}{2N} = \frac{1}{2}\log_2 M \qquad (7.3-15)$$

OFDM 和单载波体制相比,频带利用率大约增至两倍。

### 7.3.2　OFDM 信号调制与解调

由于 OFDM 信号表示式(7.3-3)如同逆离散傅里叶变换(IDFT)式,所以可以用计算 IDFT 和 DFT 的方法进行 OFDM 信号的调制与解调。

设一个时间信号 $s(t)$ 的抽样函数为 $s(k)$，其中 $k = 0, 1, 2, \cdots, K-1$，则 $s(k)$ 的离散傅里叶变换(DFT)定义为

$$S(n) = \frac{1}{\sqrt{K}} \sum_{k=0}^{K-1} s(k) \mathrm{e}^{-\mathrm{j}(2\pi/K)nk} \qquad (n = 0,1,2,\cdots,K-1) \qquad (7.3-16)$$

并且 $S(n)$ 的逆离散傅里叶变换(IDFT)为

$$s(k) = \frac{1}{\sqrt{K}} \sum_{n=0}^{K-1} S(n) \mathrm{e}^{\mathrm{j}(2\pi/K)nk} \qquad (k = 0,1,2,\cdots,K-1) \qquad (7.3-17)$$

若信号的抽样函数 $s(k)$ 是实函数，则其 $K$ 点 DFT 的值 $S(n)$ 一定满足对称性条件：

$$S(K-k-1) = S*(k) \qquad (k = 0,1,2,\cdots,K-1) \qquad (7.3-18)$$

式中：$S*(k)$ 是 $S(k)$ 的复共轭。

现在，令 OFDM 信号的 $\phi_k = 0$，则式(7.3-3)变为

$$s(t) = \sum_{k=0}^{N-1} B_k \mathrm{e}^{\mathrm{j}2\pi f_k t} \qquad (7.3-19)$$

式(7.3-19)和 IDFT 式非常相似。若暂时不考虑两式常数因子差异，则可以将 IDFT 式中的 $K$ 个离散值 $S(n)$ 当作是 $K$ 路 OFDM 并行信号的子信道中信号码元取值 $B_k$，而 IDFT 式(7.3-17)的左端就相当式(7.3-19)左端的 OFDM 信号 $s(t)$。所以说，可以用计算 IDFT 的方法来获得 OFDM 信号。

图 7-19 所示为 OFDM 信号调制原理图。图中输入信息速率为 $R_b$ 的二进制数据序列先进行串/并转换。根据 OFDM 符号间隔 $T_s$，将其分成 $c_t = R_b T_s$ 个比特一组。这 $c_t$ 个比特被分配到 $N$ 个子信道上，经过信号映射为 $N$ 个复数子符号 $B_k$。

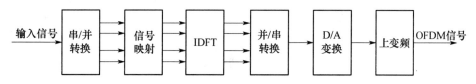

图 7-19  OFDM 信号调制原理图

为了用 IDFT 实现 OFDM，首先令 OFDM 最低子载波频率等于 0，以满足式(7.3-17)右端第一项(即 $n=0$ 时)的指数因子等于 1。为了得到所需的已调信号最终频率位置，可以用上变频的方法将所得的 OFDM 信号的频谱向上搬移到指定的高频上。

然后，我们令 $K=2N$，是 IDFT 的项数等于信道数目 $N$ 的 2 倍，并用式(7.3-18)对称性条件，由 $N$ 个并行复数码元序列 $\{B_i\}$，(其中 $i = 0, 1, 2, \cdots, N-1$)，生成 $K=2N$ 个等效的复数码元序列 $\{B'_n\}$，(其中 $n = 0, 1, 2, \cdots, 2N-1$)，这样将生成的新码元序列 $\{B'_n\}$ 作为 $S(n)$，代入 IDFT 公式，得到

$$s(k) = \frac{1}{\sqrt{K}} \sum_{n=0}^{K-1} B'_n \mathrm{e}^{\mathrm{j}(2\pi/K)nk} \qquad (k = 0,1,2,\cdots,K-1) \qquad (7.3-20)$$

式中：$s(k) = s(kT_f/K)$，它相当于 OFDM 信号 $s(t)$ 的抽样值。故 $s(t)$ 可以表示为

$$s(t) = \frac{1}{\sqrt{K}} \sum_{n=0}^{K-1} B'_n \mathrm{e}^{\mathrm{j}(2\pi/T_f)nt} \qquad (0 \leqslant t \leqslant T_f) \qquad (7.3-21)$$

子载波频率 $f_k = n/T_f, (n = 0, 1, 2, \cdots, N - 1)$。

即离散抽样信号 $s(k)$ 经过 D/A 变换后就得到上式的 OFDM 信号 $s(t)$。

如前所述，OFDM 采用多进制、多载频和并行传输，使传输码元的持续时间大大增加，从而提高了信号的抗多径传输能力。为了进一步克服码间串扰的影响，一般利用计算 IDFT 时添加一个循环前缀的方法，在 OFDM 的相邻码元之间增加一个保护间隔，使相邻码元分离。

OFDM 信号的解调原理图如图 7 - 20 所示，它是调制的逆过程，接收端输入的 OFDM 信号首先经过下变频变换到基带，然后经过 A/D 变换、串/并转换的信号去除循环前缀，接着对其进行 2N 点的离散傅里叶变换(DFT)得到一帧数据，最后经过信号映射、并/串转换恢复出发送的二进制数据序列。

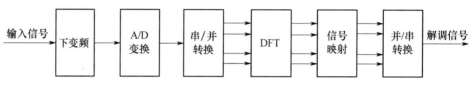

图 7 - 20　OFDM 信号解调原理图

然而在 OFDM 系统的实际运用中，可以采用更加方便快捷的 IFFT/FFT。$N$ 点的 IDFT 运算需要实施 $N^2$ 次的复数乘法，而 IFFT 可以显著地降低运算的复杂度。对于常用的基 2IFFT 算法来说，其复数乘法次数仅为 $(N/2) \log_2(N)$，但是随着子载波个数 N 的增加，这种方法的复杂度也会显著增加。对于子载波数量非常大的 OFDM 系统来说，可以进一步采用基 4 IFFT 算法来实施傅里叶变换。

## 7.4　伪随机序列

### 7.4.1　概述

伪随机噪声在通信系统中有着十分重要的作用。香农编码定理指出，在某些条件下为了实现最有效的通信，应采用具有高斯统计特性的白噪声信号。另外，为了实现可靠的保密通信，也希望利用白噪声。

伪随机噪声是相对于随机噪声而言的。白噪声是一种在通信系统中最常见的宽带随机信号，白噪声的瞬时抽样值服从正态分布，功率谱密度在很宽的频带内具有均匀分布特性，白噪声序列具有极其优良的单峰相关特性。

然而，利用白噪声最大的困难在于白噪声无法重复产生，而只能用类似于白噪声特性的伪随机序列来逼近白噪声特性。伪随机噪声具有类似于随机噪声的统计特性，同时又便于重复的产生与处理。由于它具有随机噪声的优点，同时又避免了随机噪声的缺点，因此获得日益广泛的应用，如扩频通信、测距、导航、多址、保密编码和抗干扰系统、数字通信中的同步等。伪随机噪声一般是由数字电路产生的周期性序列，称为伪随机序列。伪随机序列有时又被称为伪随机信号和伪随机码。

### 7.4.2　m 序列

常用的伪随机序列由移位反馈寄存器产生,通常分为线性反馈移位寄存器序列和非线性反馈移位寄存器序列两类。由有限长度的线性反馈移位寄存器产生的周期最长的移位寄存器序列称为最大长度的**线性反馈移位寄存器**序列,简称 m 序列。

首先介绍一个 m 序列的例子。如图 7-25 所示,一个 4 级移位反馈寄存器。假定该移位寄存器的初始状态为 $(a_3,a_2,a_1,a_0)=(1,0,0,0)$,在时钟频率下,每次移位一次。由于反馈线的存在,使得移位寄存器的输入为 $a_4=a_3\oplus a_0=1\oplus 0=1$,新的移位寄存器状态为 $(a_3,a_2,a_1,a_0)=(1,1,0,0)$。

依此类推,得到的移位寄存器的输出序列和状态变化,如图 7-21 所示。

由图 7-21 中可见,经过 15 次移位后,寄存器的状态回复到初始状态 $(1,0,0,0)$,说明移位寄存器将进入下一个循环。

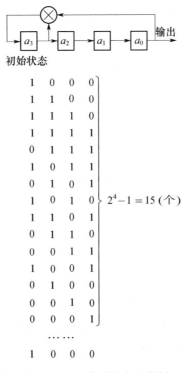

图 7-21　m 序列的产生举例

不难看出,若移位寄存器的初始状态全为零,即 $(a_3,a_2,a_1,a_0)=(0,0,0,0)$,则移位后仍然全为零,因此应该避免全零状态的出现。考虑到 4 级移位寄存器共有 $2^4=16$ 种可能状态,除去一个全零状态,则只有 15 种状态可用,因此,任何 4 级线性移存器产生的移存器序列的最长周期为 15。

一般来说,一个 n 级的线性移存器可能产生的最长周期为 $2^n-1$。给定一个 n 级的移存器,能否产生周期最长的移存器序列,与反馈线的抽头系数 $\{c_i\}$ 的位置有关。

图 7-22 所示为一般的线性反馈寄存器的组成原理图。图中第 i 级的移存器状态用 $a_i$ 表示,$a_i=0$ 或 1,i 为整数。反馈线的连接状态用 $c_i$ 表示,$c_i=1$ 表示此线连接(参与反

馈),$c_i = 0$,表示此线断开。当反馈线位置不同时,可以改变移存器序列的周期长度。

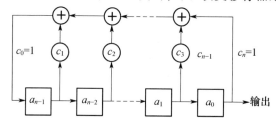

图 7 – 22　线性反馈移存器的一般组成原理图

反馈线抽头系数$\{c_i\}$确定了移位寄存器的反馈连接结构和输出序列,故$\{c_i\}$是一个十分重要的参数,将它用特征方程描述为

$$f(x) = c_0 + c_1 x + c_2 x^2 + \cdots + c_n x^n = \sum_{i=0}^{n} c_i x^i \qquad (7.4 - 1)$$

式中:$x_i$本身没有实际意义,仅仅表明抽头系数$c_i$的位置。例如,若特征方程为

$$f(x) = 1 + x + x^4 \qquad (7.4 - 2)$$

它仅仅表明,$x^0, x^1, x^4$的位置上抽头系数为 0,即$c_0 = c_1 = c_4 = 1$,其余的$c_i$为零。这一特征方程所构成的移位寄存器就是图 7 – 21 中的举例。

代数理论分析表明,线性反馈移存器能产生最大长度的移位寄存器序列的充分必要条件为反馈移位寄存器的特征多项式$f(x)$为本原多项式。

下面给出本原多项式的定义。

若一个$n$次的多项式$f(x)$满足下列条件:

(1) $f(x)$为既约多项式。

(2) $f(x)$可整除$(x^m + 1)$,$m = 2^n - 1$。

(3) $f(x)$除不尽$(x^q + 1)$,$q < m$。

则称$f(x)$为本原多项式。

例如,要求用一个 4 级反馈移位寄存器产生$m$序列. 试求其特征方程$f(x)$。因为$m = 4$,所以,反馈移存器产生的$m$序列的周期为$m = 2^4 - 1 = 15$。

根据最大长度移位寄存器序列的充分必要条件,特征方程$f(x)$应该可以整除$(x^m + 1) = (x^{15} + 1)$,或者说,特征方程$f(x)$应该是$(x^{15} + 1)$的一个 4 次本原多项式因子,故将$(x^{15} + 1)$因式分解

$$(x^{15} + 1) = (x^4 + x + 1)(x^4 + x^3 + 1)(x^4 + x^3 + x^2 + x + 1)(x^2 + x + 1)(x + 1)$$

$$(7.4 - 3)$$

式(7.4 –3)表明,$(x^{15} + 1)$可以分解为 5 个既约因子,其中 3 个是 4 次多项式。可以证明,这 3 个多项式中的前两个是本原多项式,而第 3 个则不是。因为

$$(x^4 + x^3 + x^2 + x + 1)(x + 1) = (x^5 + 1) \qquad (7.4 - 4)$$

即$(x^4 + x^3 + x^2 + x + 1)$不仅可以整除$(x^{15} + 1)$,而且还可以整除$(x^5 + 1)$,所以它不是本原多项式。

因此,得到两个 4 次的本原多项式:$(x^4 + x + 1)$和$(x^4 + x^3 + 1)$。由其中任何一个都

可以产生 $m=15$ 的 $m$ 序列。用 $(x^4+x+1)$ 构成的 4 级移存器序列就是图 7－22 中所示的 $m$ 序列发生器。

由上例可见,只要找到本原多项式。就可以构成 $m$ 序列发生器。但是,寻找本原多项式很繁琐。所幸前人已经做了大量的工作,将常用的本原多项式排列成表,供工程设计者使用,见表 7－1 所列。表中为了简化表示方法,除了用多项式表示外,还将多项式的系数用八进制数表示。

例如表 7－1 中的 $n=5$,特征多项式为 $(x^5+x^2+1)$,它表示

$$c_5 c_4 c_3 \quad c_2 c_1 c_0$$

$$\mathbf{1\,0\,0} \quad \mathbf{1\,0\,1}$$

$$4 \qquad 5$$

故用八进制数"45"表示。

为了使 $m$ 序列发生器尽可能简单,希望用项数最少的那些本原多项式。表 7－1 可见,本原多项式最少有三项。因为本原多项式的逆多项式也是本原多项式,例如,$(x^4+x+1)$ 和 $(x^4+x^3+1)$ 互为逆多项式,**10011** 与 **11001** 互为逆码。所以,表 7－1 中的每一个多项式均可以组成两个 $m$ 序列发生器。

表 7－1　常用本原多项式

| $n$ | 本原多项式 | | $n$ | 本原多项式 | |
| --- | --- | --- | --- | --- | --- |
| | 代数式 | 8 进制表示法 | | 代数式 | 8 进制表示法 |
| 2 | $x^2+x+1$ | 7 | 14 | $x^{14}+x^{10}+x^4+x+1$ | 42103 |
| 3 | $x^3+x+1$ | 13 | 15 | $x^{15}+x+1$ | 100003 |
| 4 | $x^4+x+1$ | 23 | 16 | $x^{16}+x^{12}+x^3+x+1$ | 210013 |
| 5 | $x^5+x^2+1$ | 45 | 17 | $x^{17}+x^3+1$ | 400011 |
| 6 | $x^6+x+1$ | 103 | 18 | $x^{18}+x^7+1$ | 1000201 |
| 7 | $x^7+x^3+1$ | 211 | 19 | $x^{19}+x^5+x^3+x+1$ | 2000047 |
| 8 | $x^8+x^4+x^3+x^2+1$ | 435 | 20 | $x^{20}+x^3+1$ | 4000011 |
| 9 | $x^9+x^4+1$ | 1021 | 21 | $x^{21}+x^2+1$ | 10000005 |
| 10 | $x^{10}+x^3+1$ | 2011 | 22 | $x^{22}+x^5+1$ | 20000003 |
| 11 | $x^{11}+x^2+1$ | 4005 | 23 | $x^{23}+x^5+1$ | 40000041 |
| 12 | $x^{12}+x^6+x^4+x+1$ | 10123 | 24 | $x^{24}+x^7+x^2+x+1$ | 100000207 |
| 13 | $x^{13}+x^4+x^3+x+1$ | 20022 | 25 | $x^{25}+x^3+1$ | 200000011 |

$m$ 序列具有以下性质。

1）均衡性

在 $m$ 序列的一个周期中,1 码元和 0 码元的数目基本相等。准确地说,1 码元的数目比 0 码元的数目多一个。

2）游程分布特性

一个序列中连续相同的元素称为一个游程。一个游程中元素的个数称为游程的长度。例如在图 7－21 中的 $m$ 序列一个周期可以重写为

**1 000 1111 0 1 0 11 00**

共有 **8** 个游程,仔细分析其中的游程分布特性发现:

长度为 **4** 的游程:**1111**　　　　1 个

长度为 **3** 的游程:**000**　　　　　1 个

长度为 **2** 的游程:**11,00**　　　　2 个

长度为 **1** 的游程:**1,0,1,0**　　　4 个

一般说来,在 $m$ 序列中,长度为 1 的游程占游程总数的 1/2;长度为 2 的游程占游程总数的 1/4;长度为 3 的游程占游程总数的 1/8;以此类推,长度为 $k$ 的游程占游程总数的 $1/2^k$,$1 \leq k \leq n-1$;而且在长度为 $k$ 的游程中,连 1 游程与连 0 游程个数相等。

3)移位相加特性

一个 $m$ 序列 $M_\mathrm{p}$,它经过任意次延迟移位后为 $M_\mathrm{r}$,$M_\mathrm{p}$ 与 $M_\mathrm{r}$ 对应位模 2 相加后得到另一个不同的 $m$ 序列 $M_\mathrm{s}$,即

$$M_\mathrm{p} \oplus M_\mathrm{r} = M_\mathrm{s} \tag{7.4-5}$$

则 $M_\mathrm{s}$ 仍为 $M_\mathrm{p}$ 经过某次延迟移位后产生的 $m$ 序列。

4)自相关函数

根据周期信号 $s(t)$ 的自相关函数定义

$$R(\tau) = \frac{1}{T_0} \int_{-\frac{T_0}{2}}^{\frac{T_0}{2}} s(t)s(t+\tau)\mathrm{d}t \tag{7.4-6}$$

式中:$T_0$ 为 $s(t)$ 的周期。

对于取值为 1 和 0 的二进制序列,自相关函数为

$$R(\mathrm{j}) = \sum_{i=1}^{N} a_i a_{i+j} \tag{7.4-7}$$

其相关系数为

$$\rho(j) = \sum_{i=1}^{N} a_i a_{i+j} = \frac{A-D}{N} \tag{7.4-8}$$

式中:$A$ 为序列 $\{a_n\}$ 与移位序列 $\{a_{n+j}\}$ 在一个周期中对应位元素相同的数目;$D$ 为序列 $\{a_n\}$ 与移位序列 $\{a_{n+j}\}$ 在一个周期中对应位元素不相同的数目;$N$ 为序列 $\{a_n\}$ 的周期。

因此,式(7.4-8)可以改成为

$$\rho(j) = \left[ (a_i \oplus a_{i+j} = 0 \text{ 的个数}) - (a_i \oplus a_{i+j} = 1 \text{ 的个数}) \right]/N \tag{7.4-9}$$

由 $m$ 序列的性质可知,序列 $\{a_n\}$ 与移位序列 $\{a_{n+j}\}$ 相加后,仍然为 $m$ 序列。只不过初始相位不相同。故上式的分子仍然为一个周期为 $N$ 的 $m$ 序列。因此,(7.4-9)分子就等于 $m$ 序列一个周期中 0 的个数与 1 的个数之差。由均衡性可知 1 比 0 的个数多一个,所以有

$$\rho(j) = -\frac{1}{N}, j = 1,2,3,\cdots,m-1 \tag{7.4-10}$$

当 $j=0$ 时,显然 $\rho(0)=1$,所以 $m$ 序列的自相关函数为

$$\rho(\mathrm{j}) = \begin{cases} 1, & j = 0 \\ -1/N, & j \neq 0 \end{cases} \tag{7.4-11}$$

可见,$m$ 序列的自相关函数只有两种取值(1 和 $-1/N$),称为双值自相关序列,又由于 $m$ 序列是周期函数,故其自相关函数也是周期性的,且周期与序列周期相同,且为偶函数,故有

$$\begin{cases} \rho(j - kN) = \rho(j) \\ \rho(j) = \rho(-j) \end{cases} \tag{7.4-12}$$

式(7.4-11)只在离散点上取值($j$ 只取整数),对应序列的时间波形如式(7.4-6)所示,可求出 $m$ 序列的**波形自相关函数** $R(\tau)$

$$R(\tau) = \begin{cases} 1 - \dfrac{N+1}{NT_c} |\tau|, & |\tau| \le T_c \\ -\dfrac{1}{N}, & \text{其他} \end{cases} \tag{7.4-13}$$

式中:$T_c = T_0/N$ 称为码片。

图 7-23 给出 $m$ 序列的自相关函数 $R(\tau)$ 波形图。当周期 $T_0 = NT_c$ 很长,以及码片宽度 $T_c$ 很小时,$R(\tau)$ 近似于白噪声的自相关函数 $\delta(t)$。

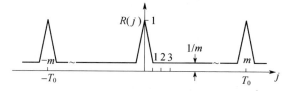

图 7-23  $m$ 序列的自相关函数

5) $m$ 序列的功率谱

信号的功率谱与自相关函数是一对傅里叶变换对。由于 $m$ 序列的自相关函数是周期性的,则对应的频谱为离散谱,自相关函数的波形是三角波形,对应的离散谱的包络为 $Sa^2(x)$。由此可得 $m$ 序列的功率谱为

$$P(\omega) = \frac{1}{N^2}\delta(\omega) + \frac{1+N}{N^2}Sa^2\left(\frac{T_c}{2N}\omega\right)\sum_{\substack{n=-\infty \\ n\neq 0}}^{\infty} \delta\left(\omega - \frac{2\pi n}{NT_c}\right) \tag{7.4-14}$$

图 7-24 给出了 $m$ 序列的功率谱示意图。

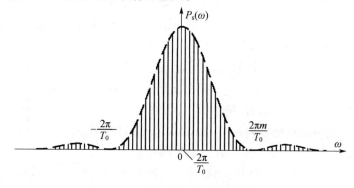

图 7-24  $m$ 序列的功率谱示意图

由功率谱图可知:

（1）$m$ 序列的功率谱为离散谱，谱线间隔 $\omega_1 = \dfrac{2\pi}{NT_c}$。

（2）功率谱密度的包络为 $Sa^2\left(\dfrac{T_c}{2N}w\right)$，每个分量的功率与周期 $N$ 成反正比。

（3）频谱带宽由码片宽度 $T_c$ 确定，码片越窄，即 $T_c$ 越小，频谱越宽。第一零点出现在 $\dfrac{2\pi}{T_c}$。

（4）增加 $m$ 序列的长度 $N$，减小码片宽度，将使谱线变密，谱密度降低，更接近理想白噪声。

6）伪噪声特性

如果对正态分布的白噪声抽样，若抽样值为正，记为"＋"，若抽样值为负，记为"－"，则将每次抽样值排成序列，可以写为

$$\cdots + - + + - - - + + - + - - \cdots$$

白噪声抽样所得的随机序列具有以下基本性质：

（1）序列中的"＋"和"－"出现的概率相等。

（2）序列中长度为 1 的游程数占总游程数的 1/2；长度为 2 的游程数占总游程数的 1/4；长度为 3 的游程数占总游程数的 1/8；$\cdots$ 一般说来，长度为 $k$ 的游程数约占总游程数的 $1/2^k$，而且在长度为 $k$ 的游程中，"＋"游程和"－"游程各占 1/2。

（3）白噪声的功率谱为常数，自相关函数为冲激函数 $\delta(\tau)$，且满足

$$\delta(\tau) = \begin{cases} 1, & \tau = 0 \\ 0, & \tau \neq 0 \end{cases} \qquad (7.4-15)$$

由于 $m$ 序列的均衡性、游程分布特性、自相关特性和功率谱与上述随机序列的基本性质很相似，所以称 $m$ 序列为伪随机序列。用 $m$ 序列作为扩频序列，具有良好的自相关性，当 $m$ 序列的周期趋于无穷时、互相关性趋于 0，故又称为准正交码。

## 7.4.3　Gold 序列

$m$ 序列由于具有很好的伪噪声性质，并且产生方法比较简单，受到了广泛的应用。不过它有一个很大的缺点，就是它的周期受到了限制，只能为 $(2^n - 1)$。当 $n$ 较大时，相邻周期相距较远，有时不能从 $m$ 序列得到所需周期的伪随机序列。另外一些伪随机序列的周期所必须满足的条件与 $m$ 序列的不同，或者即使周期相同，其结构也不一定相同。同时，在扩频通信系统中，要求扩频码具有随机性好、周期长、不易被检测等特点，而且还要可用的随机序列数多。扩频通信具有的码分多址能力与扩频码序列的码集大小有关。可用的扩频码越多，组网的用户越多，抗干扰、抗窃听的能力越强。但 $m$ 序列的码集相对不大，也难以满足扩频系统对地址码数量上的需求。**Gold** 码继承了 $m$ 序列的许多优点，而且可用码集远大于 $m$ 序列，是一种良好的地址码型。

如果两个 $m$ 序列，它们的互相关函数的绝对值有界，且满足以下条件，

$$R_{ab}(\tau) \leqslant \begin{cases} 2^{\frac{n+1}{2}} + 1, & n\ \text{为奇数} \\ 2^{\frac{n+2}{2}} + 1, & n\ \text{为偶数，但不能被 4 整除} \end{cases} \qquad (7.4-16)$$

则称这一对 $m$ 序列为优选对。

具体讲,设序列 $\{a\}$ 是对应于 $n$ 阶的本原多项式 $f(x)$ 产生的 $m$ 序列;序列 $\{b\}$ 是对应于 $n$ 阶的本原多项式 $g(x)$ 产生的 $m$ 序列;若它们的互相关函数值满足式(7.5 – 16)的不等式,则 $f(x)$ 和 $g(x)$ 产生的 $m$ 序列 $\{a\}$ 和 $\{b\}$ 构成一对优选对。

如果把两个 $m$ 序列发生器产生的优选对序列模 2 相加,则产生一个新的码序列,即 Gold 序列,如图 7 – 25 所示。Gold 码是 $m$ 序列的组合码,它由两个长度相同、速率相同,但码字不同的 $m$ 序列优选对经模 2 加之后得到。

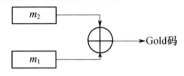

图 7 – 25 Gold 序列的产生

Gold 码具有良好的自相关及互相关特性,且码集远远大于 $m$ 序列。一对 $m$ 序列优选对可以产生 $2^n + 1$ 个 Gold 码组。Gold 码发生器结构简单,易于实现,在工程中得到广泛应用。

设序列 $\{a\}$ 与序列 $\{b\}$ 为一对 $m$ 序列优选对,以 $\{a\}$ 为基准序列,对 $\{b\}$ 序列进行移位,得到 $\{b_i\}$,然后与 $\{a\}$ 序列模 2 相加得到一组新的长度为 $N$ 的序列集 $\{c_i\}$。

$$\{c_i\} = \{a\} + \{b_i\}, \qquad i = 0, 1, 2, \cdots, N - 1 \qquad (7.4 – 17)$$

对于不同的 $i$,得到不同的 Gold 序列,共有 $2^n - 1$ 个序列,加上序列 $\{a\}$ 与序列 $\{b\}$,总共有 $2^n + 1$ 个序列,把这 $2^n + 1$ 个序列组成的码集,称为 Gold 码集。

Gold 码具有以下两点性质:

(1) Gold 序列的自相关特性和互相关特性满足优选对条件,其旁瓣的最大值不超过式(7.4 – 16)的计算值。

(2) 两个 $m$ 序列优选对不同移位相加产生的新序列都是 Gold 序列。因为总共有 $2^n - 1$ 个不同的相对位移,加上原来的两个 $m$ 序列本身,所以,两个 $m$ 级移位寄存器可以产生 $2^n + 1$ 个 Gold 序列。因此,Gold 序列的序列数比 $m$ 序列数多得多。

由于 Gold 码的这些性质,使得 Gold 码集中任一码序列均可作为扩频地址码,这样大大地超出了 $m$ 序列码的数量,因此,Gold 码在多址扩频。

# 7.5  扩 频 通 信

## 7.5.1  概述

扩频技术的最初构想是在第二次世界大战期间形成的,而真正实用的扩频通信系统是在 50 年代中期发展起来的。麻省理工学院林肯实验室开发的扩频通信系统 F9C – A/Rake 系统被公认为第一个成功的扩频通信系统。自从扩频通信的概念在 50 年代开始成熟以后,此后的二十多年扩频通信技术得到很大的发展,但都只是局部的发展。直到 80 年代初,扩频技术仍然主要应用在军事通信和保密通信中。1985 年美国联邦通讯委员会(Federal Communications Commission,FCC)在 L、S 和 C 波段总共划出 200 多 MHz 频带供工业(I)科研(S)和卫生(M)部门使用,称为 IMS 频带。发射功率限小于或等于 1W,不能影响已有的任何无线通信设备的正常运行。这一无线电频带的开放使用,带来巨大的经济和社会效益,因而得到世界上很多国家赞同并仿照执行。

由于扩频通信在提高信号接收质量、抗干扰、保密性和增加系统容量方面都有其突出的优点,因此,扩频通信在民用、商用通信领域迅速普及开来。我国 1996 年将 S 波段中的 2.4 ~ 2.4835GHz 规划出来,供扩频通信使用。目前,扩频通信技术已经广泛应用于电信、金融、税务、电力、公安、水利、交通、油田、广电、政府机关等系统和部门,提供点对点或点对多点的数据、话音和图像的无线传输服务以及广域网、局域网互连,Internet 接入服务。

扩频通信频带的展宽是通过扩频编码及调制的方法实现的,与所传信息数据并无关;在接收端则用相同的扩频码进行相关解调来解扩及恢复所传信息数据。扩频技术包括以下几种方式:直接序列扩频(Direct Sequence,DS)、跳频扩频(Frequency Hopping,FH)、跳时扩频(Time Hopping,TH)、宽带线性调频 Chirp(Chir PModulation)。此外,还有这些扩频方式的组合方式,如 FH/DS、TH/DS、FH/TH 等。在通信中应用较多的主要是 DS、FH和 FH/DS。

在扩频通信系统中,接收机作扩频解调后,只提取处理后的带宽以内的信息,这个带宽远远小于扩频信号的带宽,从而排除宽频带中的外部干扰、噪声和其他通信用户的影响。扩频通信通常使用伪随机序列对待传送的信号进行调制,实现频谱扩展后再传输。扩频数字通信系统基本框图如图 7 - 26 所示。

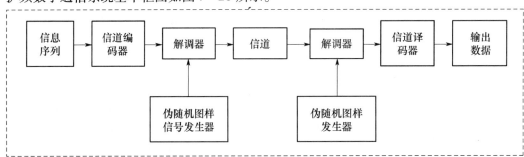

图 7 - 26　扩频数字通信系统基本框图

扩频系统使用了两个完全相同的伪随机信号发生器,又称为伪随机图样发生器,两个发生器均产生伪随机序列或者称为伪噪声二进制序列(PN 序列),在调制时用来扩展发送信号的频谱,在解调时对接收信号的频谱进行解扩。一般伪随机码的速率是 Mb/s 的数量级,有的甚至达到几百 Mb/s 以上,而待传信息流经编码后码速较低,如数字语音仅32 ~ 64kb/s,因此扩频后频谱得以大大展宽。

根据香农(C. E. Shannon)总结出的信道容量公式,即**香农公式**:

$$C = B \times \log_2(1 + S/N) \qquad (7.5 - 1)$$

式中:$C$ 是信道容量,即最大信息传输速率;$S$ 是有用信号功率;$B$ 是频带宽度;$N$ 是噪声功率。

由式(7.5 - 1)可以看出:当信号的传输速率 $C$ 一定时,信号带宽 $B$ 和信噪比 $S/N$ 是可以互换的,即增加信号带宽可以降低对信噪比的要求,有用信号功率接近噪声功率甚至

222

淹没在噪声之下也是可能的。扩频通信就是用宽带传输技术来换取对信噪比的低要求,这也是扩频通信的基本思想和理论依据。

## 7.5.2 扩频通信特点

1) 很强的抗干扰能力

由于将信号扩展到很宽的频带上,在接收端对扩频信号进行相关处理即带宽压缩,恢复成窄带信号。对干扰信号而言,由于与扩频伪随机码不相关,则被扩展到一很宽的频带上,使进入信号通频带内的干扰功率大大降低,相应的增加了相关器的输出信号/干扰比,因此具有很强的抗干扰能力。其抗干扰能力与其频带的扩展倍数成正比,频谱扩展得越宽,抗干扰的能力越强。

干扰信号的频率和噪声的核心频率是稳定不变的,而不断改变的载波工作的中心频率是由于跳频扩频技术对随机码的调制造成的。因此,只要收信机依照特定的数学算法生成与发信机一样的伪随机码就可以消除噪音对信号干扰。

2) 可进行多址通信

扩频通信本身就是一种多址通信方式,称为扩频多址,实际上是码分多址(CDMA)的一种,用不同的扩频码组成不同的网。虽然扩频系统占用了很宽的频带,但由于各网可在同一时刻共用同一频段,其频谱利用率甚至比单路单载波系统还要高。CDMA 是未来全球个人通信的一种主要的多址通信方式。

3) 安全保密

由于扩频系统将传送的信息扩展到很宽的频带上去,其功率谱密度随频谱的展宽而降低,甚至可以将信号淹没在噪声中。因此,其保密性很强,要截获、窃听或侦察这样的信号是非常困难的,除非采用与发送端所用的扩频码且与之同步后进行相关检测,否则对扩频信号是无能为力的。由于扩频信号功率谱密度很低,在许多国家,如美、日和欧洲等国家对专用频段,如 ISM 频段,只要功率谱密度满足一定的要求,就可以不经批准使用该频段。

4) 抗多径衰落

在移动通信、室内通信等通信环境下,多径干扰是非常严重的,系统必须具有很强的抗干扰能力,才能保证通信的畅通。扩频技术具有很强的抗多径能力,它是利用扩频所用的扩频码的相关特性来达到抗多径干扰的目标,甚至可利用多径能量来提高系统的性能。

5) 具有低功率密度谱的特点

由于采用了扩展频谱的技术,使原来分布在很窄频带内的信号功率扩散在很宽的频带内,频谱密度低,辐射很小,所以对其他通信设备的干扰很小,大大降低了电磁对环境的干扰,而传输数据率却可很高。另外扩频接收机的门限信噪比也较低,可在负信噪比下正常工作。例如接收机正常接收信噪比为 10dB,如采用扩频技术处理增益为 30dB,则扩频接收机在接收信噪比为 $10 - 30 = -20$dB 情况下,仍然能正常地工作。

6) 适合数字话音和数据传输

扩频通信一般都采用码分多址技术进行数字通信,适用于计算机网络,适合于数据和图象传输。

同时,扩频通信仍具有局限性。扩频通信受的限制主要来自技术方面。对直序扩频的限制在于用很高的 PN 码率进行扩频调制,目前采用 CMOS 使最大的时片率达 70Mchips/s,而采用砷化镓 FET 器件,则可高达 2Gchips/s。对调频(FH)的限制在于频率合成器的高速转换而又无杂波产生,现在数字控制振荡器可以产生这样的信号,在 20MHz 带宽内调频速率高达 1M 跳/s。此外,重叠在同一频带上的用户数对扩频通信也是一个限制,重叠越多,信噪比越低,差错率增加,这就需要通过分配频带或指定法规来提高频带的利用率。但是毋庸置疑,扩展频谱通信技术将在克服这些限制的过程中不断成熟发展向前。

### 7.5.3 直接序列扩频(DS 扩频)

DS(Direct Sequence Spread Spetrum)系统是最典型的扩展频谱通信系统,它直接在发送端使用扩频序列进行扩频,这种方式运用最为普遍。其组成如图 7-27 所示,由发射机和接收机两部分组成。发射机输入信息数据,被扩频序列扩频后形成高速数字序列。扩频的方式有很多,例如,输入信息信号与扩频序列进行相乘、模 2 加等,也可采用发送信息与伪随机序列的循环移位状态——对应的方式进行扩频。扩频后的信号通过载波调制器调制到载波信号上。最常用的是采用 BPSK(2PSK)调制方式,它的调制、解调设备相对简单,对采用长扩频码的系统较为适用。完成载波调制和扩频后,形成频谱较宽的扩频信号,经宽带放大后进行发射。接收机接收到信号后,要根据发送端采用的扩频码和载波调制方式进行解扩和解调处理。接收端可根据需要,选择先解调还是先解扩。

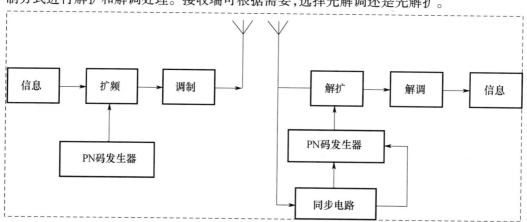

图 7-27　直序扩频系统基本结构

根据发送端采用的调制方式不同,接收端的解调方式也有所不同。例如,对于采用 MSK 调制的直序扩频系统,由于 MSK 信号的载波提取十分困难,所以,一般采用相关解调方法;而对于采用 BPSK 调制的系统,在接收端可选择相关解调方法,也可以提取本地载波进行相干解调。要实现正确的解扩,必须保证接收机的参考扩频序列与发送端扩频序列相同且同相,因此,扩频序列的同步捕捉与跟踪电路是扩频系统接收机的重要组成部分。接收端接收到扩频信号,经前置放大后再经如下电路处理,即扩频序列同步捕捉电路、扩频序列同步跟踪电路、载波同步跟踪(对相关解调的系统,不需要载波同步)及数据调整电路,分别完成扩频序列同步捕捉与跟踪、载波同步、数据解调。

扩频序列的捕捉是指接收机在开始接收发送来的扩频信号时,调整和选择接收机的本地扩频序列相位,使它与发送过来的扩频序列相位保持一致。扩频序列的捕捉过程也就是接收机捕捉发送过来的扩频序列相位的过程,又叫扩频序列的初始同步。对扩频序列的捕捉有多种方法,如扩频序列相位搜索捕捉法和序列相关捕捉法等。完成扩频序列的捕捉后,本地参考序列与发送序列的相位达到一致,但每次捕捉完成后相位会有误差。典型的扩频序列相位搜索捕捉法,在捕捉完成后最大会有 $T_c/2$ 的相位差。扩频通信系统为了准确可靠地工作,除了要实现扩频的捕捉外,还要实现扩频序列的同步跟踪。实现扩频序列同步跟踪的方法和电路也有很多,如基带相关同步跟踪环、包络相关跟踪环、但相关器同步跟踪环等。另外,声表面波抽头延时线、声表面波卷积器等,也常常用于实现扩频序列的捕捉、跟踪和信息解调。

假设直序扩频使用伪随机码(PN Code)对信息比特进行模 2 加得到扩频序列,然后用扩频序列去调制载波发射,由于 PN 码往往比较长,因此,发射信号在比较低的功率上可以占用很宽的功率谱,即宽带低信噪比传输。PN 码的长度决定了扩频系统的扩频增益,扩频增益定义为扩频后带宽和扩频前带宽之比,反映了扩频系统的性能。用 11 位码长的扩频码来说,直接序列扩频与解扩的过程简单说就是,如果采用的信源发出"1",则扩频调制为一个序列单元,如"11100010010";信源发出"0",则扩频调制为一个反相的序列单元,如与上面对应的反相序列"00011101101"。在接收端,收到序列"11100010010"则恢复为"1",收到序列"00011101101"则恢复为"0"。

直序扩频系统的内容十分广泛。根据需要不同,实际直序扩频系统的扩频、调制、解扩、解调等各部分可以采用不同的方案。

## 7.5.4 跳频扩频(FH 扩频)

FH 扩频(Frequency Hopping Spread Spetrum)是指用扩频码序列去进行频移键控调制,使载波频率不断地跳变,所以称为跳频。通过一定码序列来实行选择的多频率频移键控,可以不间断的对载波频率进行改变。将扩频和发射端信息码序列按照不同的码字组合以后,去控制频率合成器,码字的改变会导致其输出频率的随之变化,跳频就是这样形成的。

跳频扩频的基本特征是通信信号的载频在预定的频率集上改变或者跳转。在跳频扩频通信系统中,把可用的信道带宽分割成大量相邻的互不重叠的频率间隙。在任一信号传输间隔内,发送信号占据一个或多个可用的频隙,在每个信号传输间隔内,按照 PN 发生器的输出伪随机地选择一个或数个频隙。跳频可以看成是用扩频码序列去进行频移键控调制,使载波频率不断地跳变。简单的频移键控 2FSK 只有 2 个频率,而跳频系统则有几个、几十个、几百个甚至上千个频率,由所传信息与扩频码的组合去进行选择控制,不断跳变。

跳频扩频系统的发射机和接收机的框图如图 7-28 所示。调制方式可以为二进制 2FSK 或 M 进制 MFSK。例如,如果采用 2FSK,调制器选择两个频率中的一个,设为 $f_0$ 或 $f_1$,对应于待传输的信号 0 或 1。得到的 2FSK 信号是由 PN 生成器输出序列的输出决定的频率平移量,选择一个由频率合成器合成的频率 $f_c$,与 2FSK 调制器的输出进行混频,再将混频后的信号由信道发送。例如 PN 序列发生器输出 $m$ 个 bit,可用来确定 $2^m-1$ 种可能的载波频率。

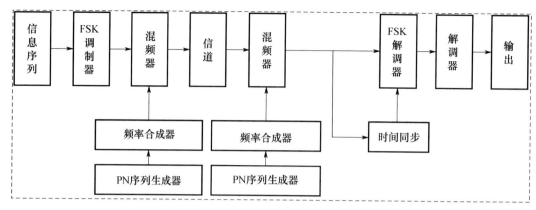

图 7-28  跳频扩频系统框图

在接收端,有一个相同的 PN 序列生成器,与接收信号同步,并用来控制频率合成器的输出。因此,发射机中引入的伪随机频率平移,在接收器端通过合成器的输出与接收的信号混频,而将其去除。随后,得到的信号再经过 FSK 解调器解调就能恢复出原始信号,PN 发生器与 FH 接收信号的同步信号通常从接收信号中提取。虽然二进制 PSK 调制的性能一般比二进制 FSK 好,然而在合成跳频图样中所使用的频率很难保持相位相干。当信号通过信道传播时,要使一个信号在较宽的频带上从一个频率跳到另一个频率,同样也很难保持相位相干。所以,在 FH 扩频系统中,经常采用 FSK 调制和非相干解调。

在伪随机序列 PN 控制下,发射频率在一组预先设计的频率内按照一定规律离散跳变,从而扩展了信号频带。跳频扩频通常与多进制移频键控(MFSK)联合使用,有 $k = \log_2 M$ 个信息比特决定发送信号的频率。$M$ 进制信号的频率在跳频宽带 $W_s$ 内,在频率合成器的控制下伪随机地跳变。在常规的 MFSK 系统中,数据所调制的是固定频率的载波;而在 FH/MFSK 系统中,数据码元调制的是一个频率伪随机变化的载波。在每一个跳变时间内,PN 序列生成器将一个频率字($L$ 个码片的序列)送入频率合成器,用以表示 $2L$ 个码元集中的一个。跳频带宽 $W_s$、连续跳变之间的最小频隙 $\Delta f$ 共同决定了频率字中需要的最小码片数。对于一个给定的跳变,传输占用的带宽与常规 MFSK 是相等的,通常远小于 $W_s$。但考虑多次跳频的总带宽,FH/MFSK 将占据整个扩频带宽。跳频扩频的带宽可以达到数兆赫兹,远远高于直接序列扩频系统所能达到的带宽,因此能获得比直接序列扩频更高的处理增益。由于跳频带宽非常宽,在频率跳变时保持相位连续是很困难的,因此一般采用非相干解调方法。接收端的处理步骤与发送端相反,接收信号首先与伪随机的跳频序列混频进行跳频解调(即解跳),再通过一组 $M$ 个非相干检测器确定最相似的发送符号。

跳频扩频信号可以在多用户共享公共带宽的 CDMA 系统中使用。在有些情况中,因为直接序列扩频信号对同步的要求很严格,这时跳频信号就优于直接序列扩频信号。特别地,直接序列扩频系统的定时和同步必须在一个码片间隔 $T_c = 1/W$ 的几分之一时间内建立。而在 FH 系统中,码片间隔 $T_c$ 是在带宽 $B \ll W$ 的特定频率间隔内发送信号所用的时间,该间隔近似为 $1/B$,远大于 $1/W$。因此,FH 系统的定时要求远不如直接序列系统严格。

当通信收发双方的跳频图案完全一致时,就可以建立跳频通信了。图 7-29 所示就

226

是建立跳频通信的示意图,当收发信双方时频域上的跳额图案完全重合,就表示收发双方能够同步跳频,实现正常通信。

一般来讲,跳频带宽和可供跳变的频率(频道)数目都是预先定好的,所以可能变化的就是跳频驻留时间和与各个时间段相对应的频率。比如说,跳频带宽为 5MHz,频道间隔是 25kHz,跳频频率数目为 64 个。这样,在 5MHz 带宽内可供选用的频道数(5MHz/25kHz = 200)远大于 64 个,那么应如何选择这 64 个频率呢? 这就是所谓的跳频频率表。跳频频率的制定应以电波传播条件、电磁环境条件以及可能的干扰条件等因素为依据。可能制定一张,也可能制定要制定数张。针对一张确定的跳频频率表,又怎样在这些频率中做到伪随机地跳频呢? 这就涉及到跳频图案的选择问题。当跳频信号发生器采用的是伪码序列发生器时,跳频图案的性质主要依赖于伪码的性质,此时,选择好的伪码序列成为获得好的跳频图案的关键。

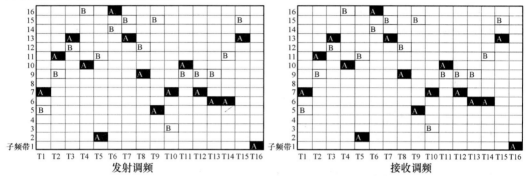

图 7-29  收发双方同步跳频示意图

## 7.6  小  结

1. QAM 是一种振幅和相位联合键控,属于不恒定包络调制,宽带占用小,比特信噪比要求低,特别适合用于频带资源有限的场合。

2. MSK 和 GMSK 都属于改进型的 FSK 体制。是恒定包络相位连续的频率调制,并能够以最小的调制系数获得正交信号。此外,GMSK 信号的功率谱密度比 MSK 信号更为集中,以其良好的性能被泛欧数字蜂窝移动通信系统(GMS)所采用。

3. MSK 信号的表达式为

$$s_{MSK}(t) = \cos\left(\omega_c t + \frac{a_k \pi}{2T_B} + \varphi_k\right), \qquad (k-1)T_B < t \le kT_B$$

中心频率 $f_c$ 应选为

$$f_c = \frac{n}{4T_B}(n = 1, 2, \cdots)$$

$f_1$ 与 $f_0$ 的差等于 $1/2T_B$。每经过一个码元的持续时间,附加相位就改变 $\pm \pi/2$。

4. 用 FSK 相干解调法在每个码元持续时间 $T_B$ 内解调 MSK 信号,则性能比 2PSK 信号差 3dB。用匹配滤波器解调 MSK 信号,与 2PSK 误比特率性能一样。但是 MSK 与 2PSK 的频谱相比更加紧凑,旁瓣下降也更快,故对于相邻频道的干扰比较小。

5. OFDM 信号是一种多频率的频分调制体制,它具有较强的抗多径传播和频率选择性衰落的能力,以及较高的频谱利用率,适应于衰落严重的无线信道。

6. 伪随机序列是一种可以预先确定并可以重复产生和复制,且具有随机统计特性的二进制码序列。伪随机序列具有良好的随机性和接近于白噪声的相关函数,使其易于从信号或干扰中分离出来。伪随机序列的可确定性和可重复性,使其易于实现相关接收或匹配接收,因此有良好的抗干扰性能。伪随机序列的这些特性使得它在伪码测距、导航、遥控遥测、扩频通信、分离多径、数据加扰、信号同步、误码测试等方面得到了广泛的应用。

7. $m$ 序列是最长线性反馈移位寄存器序列的简称。它是由带线性反馈的移存器产生的周期最长序列。递推方程、特征方程和母函数是设计和分析 $m$ 序列产生的三个基本关系式。一个线性反馈移存器能产生 $m$ 序列的充要条件为:反馈移存器的特征方程为本原多项式。

8. 扩展频谱调制是一类宽带调制技术,通信中应用较多的是 DS、FH 和 FH/DS。扩谱调制有许多优点,最主要的是抗干扰能力强和安全保密性好,因此目前应用十分广泛。

## 思 考 题

7－1 什么是 QAM? 如何进行调制和解调?

7－2 为什么 16QAM 系统的抗干扰能力优于 16PSK?

7－3 试讨论 MQAM 和 MPSK 的抗噪性能孰优孰劣。

7－4 试讨论不同滚降系数 $\alpha$ 和进制数对频带利用率的影响。

7－5 MSK 是什么? 其信号有何特点?

7－6 GMSK 是什么? 它的提出目的是什么? 如何实现 GMSK?

7－7 OFDM 是什么? 在频域有何特点? 如何实现 OFDM?

7－8 试说明 OFDM 子载频正交的条件是什么。

7－9 简述扩频通信的特点

7－10 扩频序列的捕捉过程是怎样的?

7－11 简述跳频扩频的基本特征。

7－12 一个 $n$ 级的线性移存器可能产生的最长周期为多少? 给定一个 $n$ 级的移存器,能否产生周期最长的移存器序列与什么因素有关?

7－13 什么样的多项式 $f(x)$ 称为本原多项式?

7－14 简述如何构成 Gold 序列。

## 习 题

7－1 试证明在等概率出现条件下 16QAM 信号的最大功率和平均功率之比为 1.8,即 2.55 dB。

7－2 8PSK 及 8QAM 的星座图如题图 7－1 所示。

(1) 给定 $A$,求 8PSK 和 8QAM 星座图中圆的半径 $r$、$a$、$b$;

228

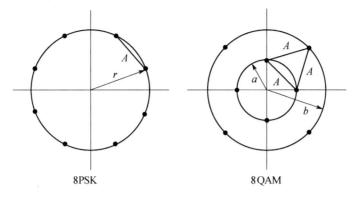

8PSK           8QAM

题图 7 – 1

（2）给定 $A$，假设星座点等概出现，分别计算 8PSK 和 8QAM 的平均发送功率。

7 – 3　采用 8PSK 调制，数据传输率 4800b/s，最小理论带宽是多少？

7 – 4　某 8QAM 调制器输入的信息速率为 $R_b = 90\text{Mb/s}$，求符号速率 $R_B$。

7 – 5　设发送数字序列为：+1，−1，−1，−1，−1，−1，+1，试画出用其调制后的 MSK 信号的相位变化图。若码元速率为 1000Baud，载频为 3000Hz，试画出此 MSK 信号的波形。

7 – 6　设有一个 MSK 信号，其码元速率为 1000 Baud，分别用频率 $f_1$ 和 $f_0$ 表示码元"1"和"0"。若 $f_1$ 等于 1250Hz，试求 $f_0$，并画出"101"的波形。

7 – 7　已知载波频率 $f_c = 1.75/T_B$，初始相位 $\varphi_0 = 0$。

（1）当数字基带信号 $a_k = \pm 1$ 时，MSK 信号的两个频率 $f_1$ 和 $f_2$ 分别是多少？

（2）对应的最小频差及调制指数是多少？

7 – 8　已知线性反馈移存器序列的特征多项式为 $f(x) = x^3 + x + 1$，求此序列的状态转移图，并说明它是否是 $m$ 序列。

7 – 9　已知 $m$ 序列的特征多项式为 $f(x) = x^4 + x + 1$，写出此序列一个周期中的所有游程。

7 – 10　已知优选对 $m_1$、$m_2$ 的特征多项式分别为 $f_1(x) = x^3 + x + 1$ 和 $f_2(x) = x^3 + x^2 + 1$，写出由此优选对产生的所有 Gold 码，并求其中两个的周期互相关函数。

# 第8章　纠错编码技术

数字信号在传输过程中,由于信道传输特性不理想及加性噪声的影响,不可避免地会发生错误。根据香农编码理论,可通过以下三方面的措施来减小误码率。

(1) 提高信道容量。合理设计基带信号,选择适当的调制、解调方式,增大发送功率,采用均衡技术等都有利于提高信道容量。

(2) 增加信道冗余度。在一定的信道容量下,增加信道容量的冗余度等效于增大信道容量。冗余度的增加通过信道编码或称纠错编码完成,编码后总的传输量上升,因为有用信息中还加入了纠错码,虽然编码效率下降,但可靠性得以提高。

(3) 增加码长。保持编码效率不变,码长增加,码字间的距离就加大,从而提高了可靠性。但是码长越长,延迟也越长,编解码算法越复杂,编解码器越昂贵。

纠错编码不仅广泛应用于各种通信系统中,而且在计算机、磁记录与存储设备中也得到大量的应用。

## 8.1　纠错编码的基本概念

### 8.1.1　错码的分类

按错码分布规律的不同,可分为三类。

(1) 随机性错码。错码的出现是随机的,且各错码的出现是统计独立的。它由高斯白噪声引起。

(2) 突发性错码。错码是成串集中出现的。也就是说,在短时间内会出现大量错码,而在这些短促的时间区间之外却又存在较长的无错码区间。产生突发错码的主要原因是脉冲干扰和信道中的衰落。

(3) 混合性错码。既有随机错码又有突发错码,且哪一种都不能忽略不计。

对于不同类型的错码,应采用不同的纠错编码技术。

### 8.1.2　差错控制方法

常用的差错控制方法有以下几种。

(1) 检错重发(Automatic Repeat Request,ARQ):接收端在收到的信码中检测出错码时,即通知发送端重发,直到正确收到为止。所谓检测出错码,是指在若干接收码元中知道有错码,但不知道错码的位置。采用这种差错控制方法需要具备双向信道。

(2) 检错删除(Deletion):接收端发现错码,就将错码删除。这种办法只适用于有大量冗余码元的场合,如遥感数据传输,删除部分码元不影响接收信息的使用。

(3) 前向纠错(Forward Error Correction,FEC):接收端不仅能在收到的信码中发现有错码,还能够纠正错码。对于二进制系统,如果能够确定错码的位置,就能够纠正它。这种方法不需要反向信道传递重发指令,也不存在由于反复重发而延误时间,实时性好。但是纠错设备要比检错设备复杂。

（4）混合纠检错（Hybrid Error Correction,HEC）:把检错和纠错结合使用,当错码较少并有能力纠正时,采用 FEC;当错码较多而没有能力纠正时,采用 ARQ。

（5）反馈校验（Feedback Check）:接收端将收到的信码原封不动地转发回发送端,并与原发送信码相比较。如果发现错误;则发送端再重发。这种方法原理和设备都较简单,但需要有双向信道。因为每个信码至少要发送两次,所以传输效率较低。

### 8.1.3 差错控制编码基本原理

在上述五种方法中,前四种方法都要在接收端检测有无错码,这就需要使用纠错编码,通常纠错编码是纠错码和检错码的统称。不同的编码方法,有不同的检错或纠错能力,纠错编码之所以能进行差错控制的基本原理可归结为两条。

**1. 利用冗余度**

纠错编码就是在信息码元序列后面增加一些监督码元,这些监督码和信码之间有一定的关系,接收端利用这种关系来发现或纠正错码。监督码不荷载信息,它的作用是用来监督信息码在传输中有无差错,对用户来说是多余的,最终也不传送给用户,所以称它是冗余的。

例如,要传送 A 和 B 两个消息,可以用"0"码代表 A,用"1"码表示 B。

$$A \text{——} > \text{"0"}$$
$$B \text{——} > \text{"1"}$$

在这种情况下,若传输中产生错码,即"0"错成"1",或"1"误为"0",接收端都无从发现,因此,这种编码没有检错和纠错能力。

如果分别在"0"和"1"后面附加一个"0"或"1",变为"00"和"11",分别表示消息 A 和 B。

$$A \text{——} > \text{"00"}$$
$$B \text{——} > \text{"11"}$$

这时,在传输"00"和"11"时,如果发生一位错码,则变成"01"或"10",译码器将可判决为有错,因为没有规定使用"01"或"10"码组. 这里"01"和"10"称为禁用码组,而"00"和"11"称为许用码组。这表明附加一位码（称为监督码）以后码组具有了检出 1 位错码的能力。但因译码器不能判决哪位是错码,比如,收到的码组是"01",它可能是由"00"的第二位出错变来的,也可能是由"11"的第一位出错变来的,这两种情况出现的概率相等。因此无法予以纠正,所以这种编码没有纠错能力。

若在信息码之后附加两位监督码,即用"000"表示消息 A,"111"表示 B。

$$A \text{——} > \text{"000"}$$
$$B \text{——} > \text{"111"}$$

这时,码组成为长度为 3 的二进制编码,而 3 位的二进码有 $2^3 = 8$ 种组合,这里选择"000"和"111"为许用码组,而剩余的 6 个码组 001、010、100、011、101、110 均为禁用码组。如果传输中产生一位错误,收端将收到上述 6 个禁用码组中的一个,收端可以判决传

231

输有错,而且还可以纠正错误,例如,收到的码组是"001",它可能是由"000"的第3位出错变来的,也可能是由"111"的第1和第2位同时出错变来的,显然,第一种情况出现的概率较大,因此可以把它纠正为"000"。所以此编码可以纠正一位错码。如果在传输中产生两位错码,也将变为上述的禁用码组,译码器仍可判为有错,但是无法纠正。这说明本例中的码具有检出两位和两位以下的错码或者纠正一位错码的能力。

由此可见,纠错编码之所以具有检错和纠错能力,是因为在信息码之外附加了监督码。一般来说,引入监督码元越多,冗余度越大,码的检错、纠错能力就越强,但信道的传输效率也越低。人们研究纠错编码的目标就是在满足纠、检错要求的前提下,使所加的监督码元尽量少,且又便于实现。

**2. 噪声均化**

噪声均化又称噪声随机化,是设法把集中出现的突发性差错分摊开来,变成随机性差错。噪声均化的方法主要有三种。

(1)增加码长。码长越长,每个码组中误码的比例越接近统计平均值。译码产生错误的概率就越小。

(2)卷积。在相邻的若干个码组之间加进了相关性,译码时,结合多个码组的信息来作出判决。加上适当的编译码方法,使错码分散到不同的码组上。

(3)交织。使交织器输出码流的顺序不同于输入的顺序,那么在信道中码流的传输顺序和解交织器输出的顺序也不一样,则信道中的突发性错码能够被均化。

### 8.1.4　码距与纠检错性能

将**信息码**分组,为每组信码附加若干**监督码**的编码,称为分组码。在分组码中,监督码元仅监督本码组中的信息码元。

分组码用符号$(n,k)$表示,其中$n$是码组的总位数,又称为码长,$k$是每组中信息码元的数目,$r = n - k$为每个码组中的监督码元数目。编码效率为$\eta = k/n$。通常,将分组码规定为具有如图$8-1$所示的结构。前面$k$位$(a_{n-1} \cdots a_r)$为信息位,后面附加$r$个监督位$(a_{r-1} \cdots a_0)$。

图$8-1$　分组码的结构

在一个码组中,非零码的数目称为码组的重量或**码重**,而把两个相同码长的码组对应位上数字不同的位数称为**码距**,又称汉明(Hanmming)距离。一种编码中各个码组间距离的最小值称为**最小码距**$d_0$。编码最小码距的大小直接关系着这种编码的**检错和纠错**能力,下面给与具体说明。

(1)若要检测出$e$个错码,要求编码的最小码距

$$d_0 \geqslant e + 1 \tag{8.1-1}$$

232

或者说,若一种编码的最小距离为$d_0$,则它最多能检出的错码为$d_0-1$个。

式(8.1-1)可以通过图8-2(a)来说明。图中$C$表示某码组,当误码不超过$e$个时,该码组的位置将不超出以$C$码组为圆心以$e$为半径的圆(实际上是多维的球)。为了使$C$码组发生$e$个误码时不与其他许用码组相混,其他许用码组必须位于以$C$为圆心,以$e+1$为半径的圆上或圆外。所以,该编码的最小码距$d_0$应不小于$e+1$。

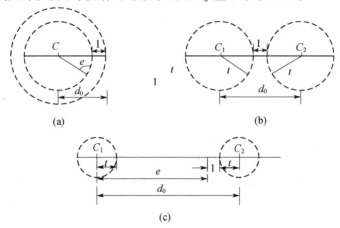

图8-2 码距与纠/检错能力的关系

(a) 检错能力;(b) 纠错能力;(c) 纠错和检错能力。

(2) 若要纠正$t$个错码,则要求编码的最小码距为

$$d_0 \geqslant 2t+1 \qquad\qquad (8.1-2)$$

或者说,若一种编码的最小码距为$d_0$,则它最多能纠正$\dfrac{d_0-1}{2}$个错码。

这可以用图8-2(b)来说明。图中$C_1$和$C_2$是两个任意的许用码组,当各自错码不超过$t$个时,发生错码后两个许用码组的变化分别不会超出以$C_1$和$C_2$为圆心,以$t$为半径的圆。只要这两个圆不相交,可以根据它们落在哪个圆内就能正确判决为$C_1$或$C_2$码组,即可以纠正错码。而以$C_1$和$C_2$码组为圆心的两个圆不相交的最近圆心距离为$2t+1$,这就是纠正$t$个错误的最小码距了。

(3) 若要纠正$t$个错码,同时能检测$e(e>t)$个错码,则要求最小码距为

$$d_0 \geqslant e+t+1 \qquad (e>t) \qquad\qquad (8.1-3)$$

在某些通信系统中,对于出现较频繁但错码数很少的码组,按 FEC 方式工作,以提高传输效率;对错码数较多的码组,在超过该码的纠错能力后,能自动按 ARQ 方式工作,以降低系统的总误码率。差错控制设备按照接收码组与许用码组的距离自动改变工作方式。这种工作方式就是前面所述的 HEC。

现用图8-2(c)来加以说明。若接收码组与某一许用码组间的距离在纠错能力$t$范围内,则将按纠错方式工作;若与任何许用码组间的距离都超过$t$,则按检错方式工作。设码的检错能力为$e$,则当码组$C_1$中存在$e$个错码时,该码组与其他任一许用码组(例如图中码组$C_2$)的距离至少应有$t+1$,否则将进入许用码组$C_2$的纠错能力范围内,而被错纠为$C_2$。这样就要求最小码距满足式(8.1-3)所示的条件。

### 8.1.5 纠错编码的效用

假设在随机信道中发送"0"的错误概率和发送"1"的错误概率相等,都等于 $P_e$,且 $P_e \ll 1$,则在码长为 $n$ 的码组中发生 $r$ 个错码的概率为

$$P_n(r) = C_n^r P_e^r (1 - P_e)^{n-r} \approx \frac{n!}{r!(n-r)!} P_e^r \qquad (8.1-4)$$

例如,当码长 $n = 7$,$P_e = 10^{-3}$ 时,则有

$$P_7(1) \approx 7P_e = 7 \times 10^{-3}$$

$$P_7(2) \approx 21P_e^2 = 2.1 \times 10^{-5}$$

$$P_7(3) \approx 35P_e^3 = 3.5 \times 10^{-8}$$

可见,采用纠错编码,即使仅能纠正(或检测)这种码组中 1~2 个错误,也可以使误码率下降几个数量级。这就表明,即使是较简单的纠错编码也具有较大实际应用价值。但在突发信道中,由于错码是成串集中出现的,故仅能纠正 1~2 位错码的编码,其效用就不像在随机信道中那样显著了。

## 8.2  几种简单的纠错编码

本节介绍几种常用的简单编码,这些编码都属于分组码,它们简单且易于实现,有一定的纠错能力,实际中应用较多。

**1. 奇偶监督码**

**奇偶监督码**可分为奇监督码和偶监督码两种,两者的原理相同,都是在每组信码后面附加一位监督码,使得码组中"1"的数目为奇数或偶数,即对于奇监督码满足下面条件

$$a_{n-1} \oplus a_{n-2} \oplus \cdots \oplus a_1 \oplus a_0 = 1 \qquad (8.2-1)$$

而对于偶监督码应满足

$$a_{n-1} \oplus a_{n-2} \oplus \cdots \oplus a_1 \oplus a_0 = 0 \qquad (8.2-2)$$

式中:$a_0$ 为监督位,其他为信息位。这两种码检错能力相同,都只能够检测奇数个错码。在接收端,按照将码组中各码元模 2 相加,若不能满足式(8.2-1)或式(8.2-2),就说明存在错码。特别是在计算机的内部数据传送中,ASC Ⅱ 码是 7 位,而计算机的一个字节是 8 位,正好利用多余的一位做奇偶监督码。实际中偶监督码较常用。

**2. 二维奇偶监督码**

**二维奇偶监督码**又称方阵码。它是把上述奇偶监督码的若干个码组排列成矩阵,每一码组作为一行,每一列也增加一个奇偶监督位,如图 8-3 所示。图中 $a_0^1 a_0^2 \cdots a_0^m$ 为行奇偶监督码中的监督位;$c_{n-1} c_{n-2} \cdots c_0$ 为列的奇偶监督位,它们构成了一个监督位行。

这种码不仅能检测出奇数个错码,还可能检出偶数个错误。虽然每行的监督位不能检测本行中的偶数个错码,但有可能通过列监督位检测出来。有一些偶数错码不可能检测出,例如,构成矩形的 4 个错码就检测不出,若图 8-3 中的 $a_{n-1}^1, a_{n-2}^1, a_{n-1}^2, a_{n-2}^2$ 同时出错就无法检出。

$$\begin{matrix}
a_{n-1}^1 & a_{n-2}^1 & \cdots & a_1^1 & a_0^1 \\
a_{n-1}^2 & a_{n-2}^2 & \cdots & a_1^2 & a_0^2 \\
& \cdots & \cdots & & \\
a_{n-1}^m & a_{n-2}^m & \cdots & a_1^m & a_0^m \\
c_{n-1} & c_{n-2} & \cdots & c_1 & c_0
\end{matrix}$$

图 8 - 3　二维奇偶监督码

二维奇偶监督码还能检测突发错码。因为这种突发错码常常在行的方向成串出现,但在列的方向只有少数错码,随后有较长一段无错区间,方阵码能检测长度不大于 $n$ 的突发错码。

方阵码具备较强的检错能力。试验表明,这种码可使误码率降至原误码率的百分之一到万分之一。

二维奇偶监督码不仅可用来检错,还可用来纠正一些错码。例如,当方阵中仅在一行中有奇数个错误时,行监督位能检测出错码所在的行,而列监督位能检测出错码所在的列,这样能够确定错码位置,从而纠正它。

3. 恒比码

在恒比码中,每个码组均含有相同数目的"1"和"0"。由于"1"的数目与"0"的数目之比保持恒定,故得此名。这种码在检测时,只要计算接收码组中"1"的数目是否对,就知道有无错误。

早期的电传机传输汉字电码时采用的五单元保护电码,就是一种"5 中取 3"恒比码。每个汉字用 4 位阿拉伯数字表示,而每个阿拉伯数字又用 5 位二进制符号构成的码组表示。每个码组的长度为 5,其中恒有 3 个"1",这时可编成的码组数目为 $C_5^3 = \dfrac{5!}{3! \cdot 2!} = 10$。这 10 个许用码组恰好用来表示 10 个阿拉伯数字,见表 8 - 1 所列。表中还列入了 5 单元国际电码中这 10 个阿拉伯数字的电码,以作比较。在国际电码中,数字"1"和"2"之间,"5"和"9"之间,"7"和"8"之间,"8"和"0"之间等等;码距都为 1,容易出错。保护电码的最小码距为 2,它能够检测码组中所有奇数个码元的错误及部分偶数个码元错误,但不能检测码组中"1"变为"0"与"0"变为"1"的错码数目相同的那些偶数错码。实际使用经验表明,它能使差错减至原来的十分之一左右。

在国际无线电传通信中,广泛采用的是"7 中取 3"恒比码,这种码组中恒有 3 个"1"。因此,共有 7! /(3! 4!) =35 种许用码组,它们可用来代表 26 个英文字母及其他符号。

恒比码的主要优点是简单和适于用来传输键盘设备产生的字母和符号。不适合用于对来自信源的二进随机数字序列编码。

表 8 - 1　5 单元保护电码和国际电码

| 阿拉伯数字 | 保护电码 | 国际电码 | 阿拉伯数字 | 保护电码 | 国际电码 |
|---|---|---|---|---|---|
| 1 | 01011 | 11101 | 6 | 10101 | 10101 |
| 2 | 11001 | 11001 | 7 | 11100 | 11100 |
| 3 | 10110 | 10000 | 8 | 01110 | 01100 |
| 4 | 11010 | 01010 | 9 | 10011 | 00011 |
| 5 | 00111 | 00001 | 0 | 01101 | 01101 |

## 8.3 线性分组码

### 8.3.1 基本概念

**线性分组码**中信息位和监督位的关系可用一组线性方程来表示,它又称为群码,是代数码中的一种。虽然线性分组码只是分组码中的一小部分,但它几乎是唯一具有使用价值的分组码。线性分组码具有如下性质。

(1)封闭性。任意两个码组的模2和仍是这种编码中的一个许用码组。

(2)两个码组间的距离必是另一码组的重量,编码的最小距离等于非零码的最小码重。这一条可由第1条推出。

(3)编码中必存在一个全"0"码组。

上节所述的奇偶监督码是最简单的线性分组码,式(8.2-2)是采用偶监督的监督关系。在接收端检测错码时,就要计算

$$S = a_{n-1} \oplus a_{n-2} \oplus \cdots \oplus a_1 \oplus a_0 \qquad (8.3-1)$$

若$S=0$,认为无错;若$S=1$,认为有错。式(8.3-1)称为**监督关系式**,$S$称为校正子。由于奇偶监督码只有一个监督位,只能产生一个校正子$S$,它的取值只有两种,分别表示有错和无错这两种信息,而不能指出错码的位置。如果增加一位监督码,即监督码变成两位,就能增加一个监督关系式,产生两个校正子。两个校正子的组合有4种:00,01,10,11,就能表示4种不同信息。若用其中一种表示无错,则其余3种就能用来指示一位错码的3种不同位置。一般来说,$r$位监督码可构成$r$个监督关系式,能得到$r$个校正子,可以指示$2^r-1$种误码图样。

若码长为$n$,信息位数为$k$,则监督位数$r=n-k$。如果要构造出能纠正一位错码的线性分组码,那么$r$个监督关系式就必须指示出一位错码的$n$种可能位置,则要求

$$2^r - 1 \geqslant n \ \text{或} \ 2^r \geqslant k + r + 1 \qquad (8.3-2)$$

下面以(7,4)码为例来说明如何构造监督关系式。

已知$n=7$,由式(8.3-2)可知,$r=3$即可满足纠正一位错码的要求。用$a_6 a_5 \cdots a_0$表示这7个码元,其中$a_6 a_5 a_4 a_3$是信息码,$a_2 a_1 a_0$是监督码。用$S_2 \, S_1 \, S_0$表示3个监督关系式中的校正子,预先规定$S_2 S_1 S_0$的值与错码位置的对应关系如表8-2(当然,也可以规定成其他对应关系,这并不影响讨论的一般性)。

由表8-2中规定可知,当一错码位置在$a_2$,$a_4$,$a_5$,$a_6$其中之一位置时,校正子$S_2$为1;否则$S_2$为0。这就意味着$a_2$和$a_4$,$a_5$,$a_6$4个码元构成偶数监督关系

$$S_2 = a_6 \oplus a_5 \oplus a_4 \oplus a_2 \qquad (8.3-3)$$

同理,$a_1$和$a_3$,$a_5$,$a_6$构成偶数监督关系

$$S_1 = a_6 \oplus a_5 \oplus a_3 \oplus a_1 \qquad (8.3-4)$$

$a_0$和$a_3$,$a_4$,$a_6$构成偶数监督关系

$$S_0 = a_6 \oplus a_4 \oplus a_3 \oplus a_0 \qquad (8.3-5)$$

编码时,监督位应使式(8.3-3)~式(8.3-5)中 $S_2$,$S_1$ 和 $S_0$ 的值为零。

表 8-2 校正子和错码位置的关系

| $S_2S_1S_0$ | 错码位置 | $S_2S_1S_0$ | 错码位置 |
|---|---|---|---|
| 001 | $a_0$ | 101 | $a_4$ |
| 010 | $a_1$ | 110 | $a_5$ |
| 100 | $a_2$ | 111 | $a_6$ |
| 011 | $a_3$ | 000 | 无错 |

$$\begin{cases} a_6 \oplus a_5 \oplus a_4 \oplus a_2 = 0 \\ a_6 \oplus a_5 \oplus a_3 \oplus a_1 = 0 \\ a_6 \oplus a_4 \oplus a_3 \oplus a_0 = 0 \end{cases} \quad (8.3-6)$$

经移项可解出监督位,注意因为是模 2 运算,不需要写负号。

$$\begin{cases} a_2 = a_6 \oplus a_5 \oplus a_4 \\ a_1 = a_6 \oplus a_5 \oplus a_3 \\ a_0 = a_6 \oplus a_4 \oplus a_3 \end{cases} \quad (8.3-7)$$

由式(8.3-7)可得(7,4)码的全部 16 个许用码组,见表 8-3 所列。

表 8-3 (7,4)汉明码全部码组

| 信息位 | 监督位 | 信息位 | 监督位 |
|---|---|---|---|
| $a_6a_5a_4a_3$ | $a_2a_1a_0$ | $a_6a_5a_4a_3$ | $a_2a_1a_0$ |
| 0000 | 000 | 1000 | 111 |
| 0001 | 011 | 1001 | 100 |
| 0010 | 101 | 1010 | 010 |
| 0011 | 110 | 1101 | 001 |
| 0100 | 110 | 1100 | 001 |
| 0101 | 101 | 1101 | 010 |
| 0110 | 011 | 1110 | 100 |
| 0111 | 000 | 1111 | 111 |

接收端收到每个码组后,先计算出 $S_2S_1S_0$,再按表 8-2 判断错码情况。

按上述方法构造的码称为**汉明码**。汉明码的码长 $n = 2^r - 1$,表 8-3 所列(7,4)汉明码的最小码距 $d_0 = 3$,能纠正一个错码或检测两个错码。汉明码的编码效率

$$\eta_c = \frac{k}{n} = \frac{n-r}{n} = 1 - \frac{r}{n} \quad (8.3-8)$$

当 $n$ 很大时,编码效率接近 1。可见,汉明码是一种高效纠错码。

### 8.3.2 监督矩阵

式(8.3-6)可等效地写成

$$\begin{cases} 1 \cdot a_6 + 1 \cdot a_5 + 1 \cdot a_4 + 0 \cdot a_3 + 1 \cdot a_2 + 0 \cdot a_1 + 0 \cdot a_0 = 0 \\ 1 \cdot a_6 + 1 \cdot a_5 + 0 \cdot a_4 + 1 \cdot a_3 + 0 \cdot a_2 + 1 \cdot a_1 + 0 \cdot a_0 = 0 \\ 1 \cdot a_6 + 0 \cdot a_5 + 1 \cdot a_4 + 1 \cdot a_3 + 0 \cdot a_2 + 0 \cdot a_1 + 1 \cdot a_0 = 0 \end{cases} \quad (8.3-9)$$

式(8.3-9)中 + 表示模 2 加,(8.3-9)还可表示成矩阵形式

$$\begin{bmatrix} 1 & 1 & 1 & 0 & 1 & 0 & 0 \\ 1 & 1 & 0 & 1 & 0 & 1 & 0 \\ 1 & 0 & 1 & 1 & 0 & 0 & 1 \end{bmatrix} \begin{bmatrix} a_6 \\ a_5 \\ a_4 \\ a_3 \\ a_2 \\ a_1 \\ a_0 \end{bmatrix} = \begin{bmatrix} 0 \\ 0 \\ 0 \end{bmatrix} \quad (8.3-10)$$

简记为

$$\boldsymbol{H} \cdot \boldsymbol{A}^{\mathrm{T}} = \boldsymbol{O}^{\mathrm{T}} \text{ 或 } \boldsymbol{A} \cdot \boldsymbol{H}^{\mathrm{T}} = \boldsymbol{O} \quad (8.3-11)$$

式(8.3-11)中上标 T 表示矩阵的转置。其中 $\boldsymbol{A} = \begin{bmatrix} a_6 & a_5 & a_4 & a_3 & a_2 & a_1 & a_0 \end{bmatrix}$,为输出码组;$\boldsymbol{O} = \begin{bmatrix} 0,0,0 \end{bmatrix}$。

$\boldsymbol{H} = \begin{bmatrix} 1 & 1 & 1 & 0 & 1 & 0 & 0 \\ 1 & 1 & 0 & 1 & 0 & 1 & 0 \\ 1 & 0 & 1 & 1 & 0 & 0 & 1 \end{bmatrix}$,称为监督矩阵,为 $r \times n$ 阶矩阵,它决定了译码的监督规则。

$\boldsymbol{H}$ 矩阵可分为两部分:

$$\boldsymbol{H} = \begin{bmatrix} 1 & 1 & 1 & 0 & \vdots & 1 & 0 & 0 \\ 1 & 1 & 0 & 1 & \vdots & 0 & 1 & 0 \\ 1 & 0 & 1 & 1 & \vdots & 0 & 0 & 1 \end{bmatrix} = \begin{bmatrix} \boldsymbol{P} \boldsymbol{I}_r \end{bmatrix} \quad (8.3-12)$$

式中:$\boldsymbol{P}$ 为 $r \times k$ 阶矩阵;$\boldsymbol{I}_r$ 为 $r$ 阶单位方阵。我们将具有 $\begin{bmatrix} \boldsymbol{P} \boldsymbol{I}_r \end{bmatrix}$ 形式的 $\boldsymbol{H}$ 矩阵称为典型监督矩阵。

由线性代数理论,典型的监督矩阵的各行一定是线性无关的,非典型的监督矩阵可化成典型阵形式。

## 8.3.3 生成矩阵

将式(8.3-7)写成矩阵形式

$$\begin{bmatrix} a_2 \\ a_1 \\ a_0 \end{bmatrix} = \begin{bmatrix} 1 & 1 & 1 & 0 \\ 1 & 1 & 0 & 1 \\ 1 & 0 & 1 & 1 \end{bmatrix} \begin{bmatrix} a_6 \\ a_5 \\ a_4 \\ a_3 \end{bmatrix} \quad (8.3-13)$$

或写成

$$\begin{bmatrix} a_2 & a_1 & a_0 \end{bmatrix} = \begin{bmatrix} a_6 & a_5 & a_4 & a_3 \end{bmatrix} \begin{bmatrix} 1 & 1 & 1 \\ 1 & 1 & 0 \\ 1 & 0 & 1 \\ 0 & 1 & 1 \end{bmatrix} = \begin{bmatrix} a_6 & a_5 & a_4 & a_3 \end{bmatrix} \boldsymbol{Q}$$

$$(8.3 - 14)$$

式中：$\boldsymbol{Q} = \boldsymbol{P}^{\mathrm{T}}$。

根据(8.3-14)可由信息码计算出监督码。在 $\boldsymbol{Q}$ 矩阵的左边，加上一个 $k$ 阶单位方阵，得到

$$\boldsymbol{G} = \begin{bmatrix} \boldsymbol{I}_k \boldsymbol{Q} \end{bmatrix} = \begin{bmatrix} 1 & 0 & 0 & 0 & \vdots & 1 & 1 & 1 \\ 0 & 1 & 0 & 0 & \vdots & 1 & 1 & 0 \\ 0 & 0 & 1 & 0 & \vdots & 1 & 0 & 1 \\ 0 & 0 & 0 & 1 & \vdots & 0 & 1 & 1 \end{bmatrix} \qquad (8.3 - 15)$$

$\boldsymbol{G}$ 称为生成矩阵，由它可产生整个码组，

$$\boldsymbol{A} = \begin{bmatrix} a_6 & a_5 & a_4 & a_3 \end{bmatrix} \boldsymbol{G} \qquad (8.3 - 16)$$

它确定了编码的生成规则。具有 $\begin{bmatrix} \boldsymbol{I}_k \boldsymbol{Q} \end{bmatrix}$ 形式的生**成矩阵称为典型生成矩阵**。由典型生成矩阵得出的码组 $\boldsymbol{A}$ 中，信息位不变，监督位附加于其后，这种码称为**系统码**。

通信中发送的码组就是式(8.3-16)的 $\boldsymbol{A}$。它在传输中可能发生错码，设接收码组为

$$\boldsymbol{B} = \begin{bmatrix} b_{n-1} b_{n-2} \cdots b_0 \end{bmatrix}$$

则发送码组和接收码组之差为

$$\boldsymbol{B} - \boldsymbol{A} - \boldsymbol{E} \,(\text{模 } 2) \qquad (8.3 - 17)$$

$\boldsymbol{E}$ 是传输中产生的错码行矩阵，也称为错误图样。

$$\boldsymbol{E} = \begin{bmatrix} e_{n-1} e_{n-2} \cdots e_0 \end{bmatrix} \qquad (8.3 - 18)$$

若 $e_i = 0$，表示该位接收码元无错；若 $e_i = 1$，则表示该位接收码元有错，这里 $i = 0$，$1, \cdots, n-1$。式(8.3-17)也可写成

$$\boldsymbol{B} = \boldsymbol{A} + \boldsymbol{E} \qquad (8.3 - 19)$$

接收端计算校正子，即

$$\boldsymbol{S} = \boldsymbol{B} \boldsymbol{H}^{\mathrm{T}} = (\boldsymbol{A} + \boldsymbol{E}) \boldsymbol{H}^{\mathrm{T}} = \boldsymbol{A} \boldsymbol{H}^{\mathrm{T}} + \boldsymbol{E} \boldsymbol{H}^{\mathrm{T}} = \boldsymbol{E} \boldsymbol{H}^{\mathrm{T}} \qquad (8.3 - 20)$$

式(8.3-20)表明了校正子 $\boldsymbol{S}$ 与错误图样的关系。

### 8.3.4 汉明码编译码电路

一个(7,4)汉明码编译码电路如图8-4所示，编码电路就是根据式(8.3-16)设计的。译码电路较为复杂，首先利用收到的信息码计算出本地监督码，再与收到的监督码模2加，得到3个校正子。利用一个3-8译码器把校正子的各种组合与错码位置相对应，从而纠正错码。

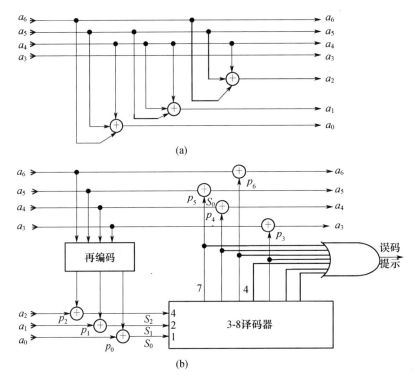

图 8 - 4 (7,4)汉明码编译码电路

(a)编码器;(b)译码器。

## 8.3.5 线性分组码的变形

线性分组码的 $n$、$k$ 及 $d_0$ 的设计要符合一定规律,并非是任意的。在通信和数据处理中,对于 $n$ 和 $k$ 往往会有不同的要求。例如,从编码角度提出的码长 $n$ 一般都是奇数,且往往是 $2^m - 1$;而计算机存储、运算、处理的字节长度通常是 $2^m$。此外,对基于各种可变长度的单元的通信方式,通常要求编码的监督位数 $r$ 不变,而 $n$ 和 $k$ 的长度可变;在时变信道中,信道质量的变化要求信道编码的纠错能力,也就是监督位数 $r$ 也能跟着变化。这些应用都要求对已设计出的编码做适当的变化。下面介绍四种码长变换的办法。

(1)扩展码:给 $(n,k)$ 分组码添加一个奇偶校验位,可得一个 $(n+1,k)$ 扩展码。扩展后信息位不变,监督位增加了一位。

若原码的最小码距为奇数,扩展码的最小码距比原来增加 1,使编码的检错能力提高了一位。若原码的最小码距为偶数,扩展码的最小码距不变。

(2)缩短码:把原码中最高位为 0 的 $2^k - 1$ 个码组拿出来,去掉第一位的 0,缩短为长度是 $n-1$ 的码组。可构成一个新的 $(n-1,k-1)$ 码。实际上是缩短了信息位的长度,而监督位不变。由于缩短时去掉的是码字第一位的 0,对码重没有影响,因此缩短码的最小码距不变,纠检错能力不低于原码。

(3)删信码:在原码中选出码重为偶数的那一半码字,共 $2^{k-1}$ 个,组成一种新的编码,这就是 $(n,k-1)$ 删信码。码长不变而信息位少 1,相当于将一个信息位转变为偶校验位使用了,所以又称为增余删信码。如果原码的最小码距是奇数,则删信码的最小码距加

1,成为偶数。如果原码的最小码距是偶数,则删信码最小码距不变。

(4) 交织码:用 $i$ 个线性分组码构成一个 $i \times n$ 矩阵,每行为一个码组。发送时,按列的顺序传输。接收端同样按列的顺序接收,排成和发送时相同的矩阵形式,然后按行译码。$i$ 称为交织度。交织能将长的突发错码分散到各个行码中,即把错码离散化,然后再由行码进行纠正。若将能纠正 $t$ 个随机错误的码作为行码,$i$ 个行码构成一个矩阵,这样交织码可纠正 $t$ 个长度为 $i$ 突发错误,或纠正一个长度为 $t \times i$ 突发错码。上节的二维奇偶监督码就是交织码的一种。图 8 – 5 中,阴影部分表示错码,图 8 – 5(a)中,传输过程产生了两次连续 5 位的错码;图 8 – 5(b)中,传输产生了连续 9 位错码。在接收端因为是按行的方向译码,行的方向错码均未超过两位,即未超过纠错能力,所以能够被纠正。

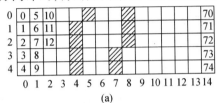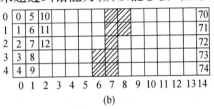

图 8 – 5　交织码($t = 2, i = 5$)

(a) 序列错码情形 1;(b) 序列错码情形 2。

这就是最基本的行列交织,或称为分组交织。

为了进一步提高纠错能力,对交织矩阵的每一列也可以进行纠错编码,这种交织码称为乘积码,二维奇偶监督码就是一种乘积码。若行、列的长度分别为 $n_1$ 和 $n_2$,行码和列码分别能纠正 $t_1$ 和 $t_2$ 个随机错码,则乘积码可纠正 $t_1$ 个长度为 $n_2$ 的突发错误,或 $t_2$ 个长度为 $n_1$ 的突发错误。若行码和列码分别能纠正 $b_1$ 和 $b_2$ 个突发错码,则乘积码可纠正的突发错码的长度

$$b \leqslant \max(b_1 \times n_2, b_2 \times n_1)$$

除此以外,乘积码还能纠正许多其他的错误图样。

交织编码不仅用于分组码也可用于其他编码,它在不增加监督码的条件下,提高了编码对突发性错误的纠错能力,是克服衰落的有效办法,广泛应用于各种无线通信系统中。但交织编码会产生较大的时延,这不但增大了设备的复杂程度,而且不适合用于实时通信。为了在不降低性能的条件下减小时延和复杂性,又提出了一些改进方案,如卷积交织和伪随机交织等。

卷积交织的原理如图 8 – 6 所示,该交织器的交织长度 $L = M \times N$,称为 $(M, N)$ 交织器。它将来自编码器的信息码序列,经同步序列模 2 加后送到一组级数逐级增加的 $N$ 个并行移存器群,每当移入一个新的码元,旋转开关旋转一步与下一个移存器相连。移入一个新的码元并使最早存在该移存器的码元移出并送入突发信道,通过突发信道输出的码元通过旋转开关同步输入去交织器,去交织器通过相反的操作,再通过旋转开关同步输出,并与同步序列模 2 加,然后送至译码器。

无论是行列式交织还是卷积交织,都属于固定的周期性排列,这类交织器可能会将周期性的随机差错变成突发性差错。伪随机交织器可以避免这类意外的突发差错,首先将 $L$ 个码元依次地写入一个随机存储器 RAM,然后以伪随机的顺序将其读出,送入信道。

解交织时，以同样的伪随机顺序存入 RAM 中，然后依次读出。

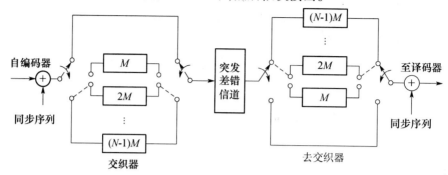

图 8 - 6　卷积交织的原理图

### 8.3.6　线性分组码的误码性能

将采用纠错编码的的系统称为**编码系统**，没有采用纠错编码的的系统称为**未编码系统**。在未编码的 2PSK 系统中，误码率为

$$P_e = \frac{1}{2}\mathrm{erfc}\left[\sqrt{\frac{E_\mathrm{b}}{n_0}}\right] = Q\left(\sqrt{\frac{2E_\mathrm{b}}{n_0}}\right) \qquad (8.3-21)$$

式中：$E_\mathrm{b}$ 是未编码时信号能量；$Q(x) = \frac{1}{2}\mathrm{erfc}\left(\dfrac{x}{\sqrt{2}}\right)$ 或 $\mathrm{erfc}(x) = 2Q(x\sqrt{2})$。

在采用 $(n, k)$ 线性分组码的编码系统中，要保持信息速率 $R_\mathrm{b}$ 与未编码系统相同，编码系统的码元速率

$$R_\mathrm{BC} = \frac{n}{k}R_\mathrm{B} \qquad (8.3-22)$$

式中：$R_\mathrm{B}$ 是未编码时码元速率。
则编码系统信号能量

$$E_\mathrm{bC} = \frac{k}{n}E_\mathrm{b} \qquad (8.3-23)$$

这时 2PSK 的编码系统中误码率为

$$P_\mathrm{ec} = Q\left(\sqrt{\frac{2E_\mathrm{b}}{n_0}\cdot\frac{k}{n}}\right) > P_e \qquad (8.3-24)$$

纠错编码后误码率增加了，这是因为前提是保持信息速率不变，即传输信息码元速率不变，增加了监督码之后，总的传输速率增大，从而增大了系统带宽，引起噪声功率增加，信噪比下降，所以误码率增加。

对于二进制对称信道中，即 $P(1/0) = P(0/1)$，未编码误码率为 $P_e$，在长为 $n$ 的码组中出现 $i$ 个错码的概率为

$$P(n, i) = C_n^i P_e^i (1 - P_e)^{n-i}$$

则误码组率为

242

$$P_n = \sum_{i=1}^{n} P(n,i) = \sum_{i=1}^{n} C_n^i P_e^i (1 - P_e)^{n-i} \tag{8.3-25}$$

在采用能纠正 $t$ 个错码的编码系统中,只有当错码个数大于 $t$ 时,才会发生差错,所以误码组率为

$$P_{nC} = \sum_{i=t+1}^{n} C_n^i P_{ec}^i (1 - P_{ec})^{n-i} \tag{8.3-26}$$

因此,编码系统最终的误码率可近似为

$$P_{bC} = \frac{1}{n} \sum_{i=t+1}^{n} i C_n^i P_{ec}^i (1 - P_{ec})^{n-i} \tag{8.3-27}$$

对于差错编码,编码效率 $\eta = \dfrac{k}{n}$ 越低,纠错能力越强;另一方面又会使 $P_{ec}$ 恶化,导致误码率的上升。所以设计差错编码时,必须使纠错带来的误码率的改善大于由于码元能量的下降所造成的误码率的恶化。在相同误码率条件下,未编码系统所需的 $\dfrac{E_b}{n_0}$ 与编码系统所需的 $\dfrac{E_{bC}}{n_0}$ 的差值称为编码增益。

## 8.4 循 环 码

### 8.4.1 循环码特性

**循环码**是线性分组码中一个重要的子类,由普兰基(Prange)于 1957 年提出。现在所使用的线性分组码几乎都是循环码。它除了具有线性码的一般性质外,还具有循环性,这个特点给循环码的编译码带来了便利。在表 8-4 中给出一种(7,3)循环码的全部码组。

表 8-4　(7,3)循环码的全部码组

| 编号 | 信息位 $a_6 a_5 a_4$ | 监督位 $a_3 a_2 a_1 a_0$ | 编号 | 信息位 $a_6 a_5 a_4$ | 监督位 $a_3 a_2 a_1 a_0$ |
|------|------|------|------|------|------|
| 1 | 000 | 0000 | 5 | 100 | 1011 |
| 2 | 001 | 0111 | 6 | 101 | 1100 |
| 3 | 010 | 1110 | 7 | 110 | 0101 |
| 4 | 011 | 1001 | 8 | 111 | 0010 |

所谓循环性,即循环码中任一码组循环移动一位以后,仍为该码中的一个许用码组,需要说明一下,对于最右端的码元右移时至最左端,或最左端的码元左移时至最右端。例如,表 8-4 中的第 2 码组向右移一位即得到第 5 码组;第 6 码组向右移一位即得到第 3 码组。一般来说,若 $(a_{n-1} a_{n-2} \cdots a_0)$ 是一个循环码组,则 $(a_{n-2} \cdots a_0 a_{n-1})$、$(a_0 a_{n-1} \cdots a_2 a_1)$ 等也是该编码中的码组。

为了便于计算,可将码组用多项式表示,把码组中各码元当作多项式的系数,码组 $(a_{n-1} a_{n-2} \cdots a_0)$ 可表示成

$$C(x) = a_{n-1}x^{n-1} + a_{n-2}x^{n-2} + \cdots + a_1 x + a_0 \qquad (8.4-1)$$

例如,表 8-4 中的第 7 码组可以表示为

$$C_7(x) = 1 \cdot x^6 + 1 \cdot x^5 + 0 \cdot x^4 + 0 \cdot x^3 + 1 \cdot x^2 + 0 \cdot x + 1 = x^6 + x^5 + x^2 + 1$$
$$(8.4-2)$$

多项式中 $x$ 仅是码元位置的标记,不需要考虑 $x$ 的取值。这种多项式称为码多项式。

## 8.4.2 码多项式的模运算

若多项式 $F(x)$ 被 $n$ 次多项式 $N(x)$ 除,得到商式 $Q(x)$ 和一个次数小于 $n$ 的余式 $R(x)$,即

$$F(x) = N(x)Q(x) + r(x) \qquad (8.4-3)$$

则写为

$$F(x) \equiv r(x) \left[ \text{模 } N(x) \right] \qquad (8.4-4)$$

这时,码多项式系数仍按模 2 运算,即只取值 0 和 1。

循环码中常使 $N(x) = x^n + 1$ 进行编译码。

例如,$x^3$ 被 $(x^3+1)$ 除得余项 1,所以有

$$x^3 \equiv 1 \left[ \text{模 } x^3 + 1 \right] \qquad (8.4-5)$$

同理

$$x^4 + x^2 + 1 = x^2 + x + 1 \; \text{模} \left[ x^3 + 1 \right] \qquad (8.4-6)$$

在模 2 运算中,用加法代替了减法。故余项不是 $x^2 - x + 1$,而是 $x^2 + x + 1$。

## 8.4.3 生成多项式

若 $C(x)$ 是循环码中一个长为 $n$ 的许用码组。则 $x^i \cdot C(x)$ 在模 $x^n+1$ 运算后,也是一个许用码组,即

$$C'(x) \equiv \frac{x^i C(x)}{x^n + 1} \qquad (8.4-7)$$

也是一个许用码组。因为 $C'(x)$ 正是 $C(x)$ 代表的码组循环移位 次的结果。由此可见,在一个码长为 $n$ 的循环码中,一个码多项式必定是另一个码多项式按模 $(x^n+1)$ 运算的一个余式。其中,阶次最低的码多项式称为该循环码的**生成多项式** $g(x)$。

在循环码中,除全"0"码组外,连"0"的个数最多不超过 $k-1$ 个,否则在经过若干次循环移位后将得到一个 $k$ 位信息位全为"0",但监督位不全为"0"的码组,这在线性码中显然是不可能的。因此 $g(x)$ 必须是一个常数项不为"0"的 $(n-k)$ 次多项式,它是该循环码中阶数最低的码多项式,而且还是唯一的。因为如果有两个,则由码的封闭性,把这两个相加也应该是一个许用码组,且此码组多项式的次数将小于 $(n-k)$,显然是不可能的。所以只要确定了 $g(x)$,则整个循环码就被确定了。

由式 $(8.4-7)$ 可知,任一个循环码的码多项式都是 $g(x)$ 的倍式,可写成

$$C(x) = h(x) \cdot g(x) \qquad (8.4-8)$$

那么,$x^k g(x)$ 就是一个 $n$ 阶的码多项式,

244

$$\frac{x^k g(x)}{x^n + 1} = Q(x) + \frac{C(x)}{x^n + 1}$$

上式中左端分子和分母都是 $n$ 次多项式,故商式 $Q(x) = 1$,因此,上式可化成

$$x^k g(x) = (x^n + 1) + C(x) \qquad (8.4-9)$$

将式(8.4-8)代入式(8.4-9),并化简后可得

$$x^n + 1 = g(x)\left[x^k - h(x)\right] \qquad (8.4-10)$$

式(8.4-10)表明,生成多项式 $g(x)$ 应该是 $(x^n+1)$ 的一个 $(n-k)$ 次因式。通过对 $x^n + 1$ 进行因式分解,就能找出生成循环码的多项式。对于大多数 $n$ 值,$x^n + 1$ 只有很少几个因式,因此码长为这些 $n$ 值的循环码也很少。

对于任意 $n$,有 $x^n + 1 = (x+1)(x^{n-1} + x^{n-2} + \cdots x^n + x + 1)$,若取 $x+1$ 为生成多项式,构成的 $(n, n-1)$ 循环码即为偶监督码。可见,偶监督码是一种最简单的循环码。

任何 $(n, k)$ 循环码的生成多项式 $g(x)$ 乘以 $(x+1)$,得到一个新的多项式 $g(x)(x+1)$,由此构成的循环码 $(n, k-1)$ 的最小码距增加1。而以本原多项式作为生成多项式,可构造出循环汉明码,本原多项式在 7.4 中已介绍,表 8-4 中的 $(7,3)$ 码就是一个**循环汉明码**。

表 8-5 示出了码长为 7 的各种循环码的生成多项式。

表 8-5　$n=7$ 的循环码的生成多项式

| $(n,k)$ | $d_0$ | $g(x)$ |
| --- | --- | --- |
| $(7,6)$ | 2 | $x+1$ |
| $(7,4)$ | 3 | $x^3 + x^2 + 1$ |
| $(7,3)$ | 4 | $x^4 + x^3 + x^2 + 1$ |
| $(7,1)$ | 7 | $x^4 + x^2 + x + 1$ |

若生成多项式 $g(x)$ 就是循环码中的一个码组,则 $xg(x), x^2 g(x), \cdots, x^{k-1} g(x)$ 都是该循环码的码组,而且这 $k$ 个码组是线性无关的,因此它们可以用来构成此循环码的生成矩阵 $C$。具体方法是首先构成码组多项式矩阵 $G(x)$,然后由 $G(x)$ 中每行多项式的系数 "1" 或 "0" 构成生成多项式,但是该生成矩阵为非典型阵,因此不能产生系统码,需通过矩阵的线性变换转换为典型阵,得到编码所需的生成矩阵。进一步还可以利用上节介绍的方法得到监督矩阵。

$$G(x) = \begin{bmatrix} x^{k-1} g(x) \\ x^{k-2} g(x) \\ M \\ xg(x) \\ g(x) \end{bmatrix} \qquad (8.4-11)$$

该生成矩阵非典型阵,因此不能产生系统码,需把它化为典型生成矩阵。然后利用上节介绍的方法可以得到监督矩阵和整个码组。

## 8.5 循环码的编译码方法

### 8.5.1 循环码的编码

#### 1. 编码原理

设 $m(x)$ 为信息码多项式,其阶次小于 $k$。用 $x^{n-k}$ 乘 $m(x)$,得到的 $x^{n-k}m(x)$ 的次数必小于 $n$。也就是在信息码后附加上 $(n-k)$ 个"0",这是监督码的位置。用 $g(x)$ 除 $x^{n-k}m(x)$,

$$x^{n-k}m(x)/g(x) = Q(x)\cdots r(x) \qquad (8.5-1)$$

得到余式 $r(x)$,$r(x)$ 的次数必小于 $g(x)$ 的次数 $(n-k)$。因此

$$x^{n-k}m(x) + r(x) = Q(x)g(x) \qquad (8.5-2)$$

因为所有码多项式 $T(x)$ 都可被 $g(x)$ 整除,所以 $x^{n-k}m(x) + r(x)$ 必为一码多项式。余式 $r(x)$ 为监督位的码多项式。

#### 2. 编码步骤

编码步骤归纳如下:

(1) 用 $x^{n-k}$ 乘 $m(x)$。例如,信息码为 110,它的多项式 $m(x) = x^2 + x$。要生成一个码长 $n=7$ 的循环码,则 $n-k = 7-3 = 4$。$x^{n-k}m(x) = x^4(x^2+x) = x^6 + x^5$,它相当于 110000。

(2) 用 $g(x)$ 除 $x^{n-k}m(x)$,得到商 $Q(x)$ 和余式 $r(x)$,即

$$\frac{x^{n-k}m(x)}{g(x)} = Q(x) + \frac{r(x)}{g(x)} \qquad (8.5-3)$$

例如,$g(x) = x^4 + x^3 + x^2 + 1$,则

$$\frac{x^{n-k}m(x)}{g(x)} = \frac{x^6 + x^5}{x^4 + x^2 + x + 1} = x^2 + x + 1 + \frac{x^2 + 1}{x^4 + x^2 + x + 1} \qquad (8.5-4)$$

$r(x) = x^2 + 1$,代入上述的信息码:

$$\frac{1100000}{10111} = 111 + \frac{101}{10111} \qquad (8.5-5)$$

监督位就是 101。

(3) 编出的码组 $G(x)$ 为

$$C(x) = x^{n-k}m(x) + r(x) = x^6 + x^5 + x^2 + 1 \qquad (8.5-6)$$

在上例中,$C(x) = 1100000 + 101 + 1100101$,它就是表 8-4 中第 7 码组。

上述三步运算可以很方便的用软件或硬件实现。图 8-7 就是一个用除法电路实现的 (7,4) 循环码编码器,它的生成多项式为 $g(x) = x^3 + x + 1$。这个电路的工作过程如下:

(1) 3 级移存器的初始状态全清为 0,门 1 开、门 2 关,然后进行移位,送入信息码 $m(x)$,高次位码先进入电路,它一方面经或门输出,一方面自动乘以 $x^3$ 后进入 $g(x)$ 除法电路。

(2) 4 次右移位后 $m(x)$ 全部送入电路,完成了除法作用,此时在移存器内保留了余式 $r(x)$ 的系数,在二进制情况下就是监督码。

（3）此时门1关、门2开，再经过3次右移位后，把移存器的监督码全部输出，与原先的4位信息码组成了一个长为7的码字 $C(x)$。

（4）门1开、门2关，送入第二组信息组重复上述过程。

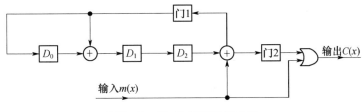

图 8-7　（7,4）循环码编码器

表 8-6 列出了图 8-7 的编码工作过程。输入的信息组为 1001，7 次移位后输出端得到已编好的码组 1001110。

表 8-6　图 8-7 的编码工作过程

| 时钟脉冲 | 信息码 | $D_0$ | $D_1$ | $D_2$ | 输出 |
|---|---|---|---|---|---|
| 0 | | 0 | 0 | 0 | |
| 1 | 1 | 1 | 1 | 0 | 1 |
| 2 | 0 | 0 | 1 | 1 | 0 |
| 3 | 0 | 1 | 1 | 1 | 0 |
| 4 | 1 | 0 | 0 | 1 | 1 |
| 5 | | 0 | 0 | 1 | 1 |
| 6 | | 0 | 0 | 0 | 1 |
| 7 | | 0 | 0 | 0 | 0 |

## 8.5.2　循环码译码

译码器可分为检错和纠错两大类。用于检错的译码原理比较简单。由于任一发送的码组多项式 $A(x)$ 都应能被生成多项式 $g(x)$ 整除，所以在接收端可以将接收码组 $B(x)$ 用原生成多项式 $g(x)$ 去除。当传输中未发生错误时，接收码组与发送码组相同，接收码组 $B(x)$ 必定能被 $g(x)$ 整除；若码组在传输中发生错误，$B(x)$ 被 $g(x)$ 除时可能除不尽而有余项。因此，就可以余项是否为零来判别码组中有无错码。

而能纠错的译码则要复杂得多。前面讲过，校正子与错误图样之间存在一种对应关系。因此循环码的纠错译码可以按下列步骤进行。

（1）用接收到的码多项式 $R(x)$ 除以生成多项式 $g(x)$ 所得的余式就是校正子 $S(x)$，即

$$\frac{B(x)}{g(x)} = Q(x)\cdots S(x)$$

（2）由校正子 $S(x)$ 通过查表或通过某种计算得到错误图样 $E(x)$；

（3）从 $B(x)$ 中减去错误图样 $E(x)$，即可纠正错误。

这种基于错误图样识别的译码由梅吉特于 1961 年首次提出，称为**梅吉特**（Meggitt）译

码,它是一种非代数译码方法,其原理如图 8 - 8 所示。就其原理而言,该译码器可用于任何循环码的译码,但考虑到电路实现的复杂度,该译码器主要是用于纠正 $t \leqslant 2$ 的随机错误。

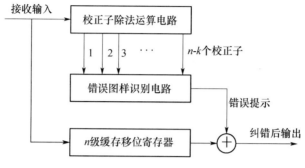

图 8 - 8　梅吉特译码器原理图

捕错译码器是梅吉特译码器的一种变形,可以用较简单的逻辑电路实现。它特别适用于纠正突发错误、单个和两个随机错误,以及某些低码率、码长较短的码,但它不适用于具有大纠错能力的高码率码。

对于 $(n,k)$ 系统循环码,码组中的错误图样也可分成两部分,一部分在码组的前 $k$ 位信息码内,记作 $E_m(x)$;另一部分在码组的后 $n-k$ 位监督码内,记作 $E_r(x)$,则有

$$E_m(x) = e_{n-1}x^{n-1} + e_{n-2}x^{n-2} + \cdots + e_{n-k-1}x^{n-k-1} \tag{8.5 - 7}$$

$$E_r(x) = e_{n-k-2}x^{n-k-2} + e_{n-k-3}x^{n-k-3} + \cdots + e_0 \tag{8.5 - 8}$$

如差错完全出现在校验位内,则有 $E_m(x) = 0$ 和 $E_r(x) \neq 0$,此时接收码组多项式为

$$B(x) = A(x) + E(x) = A(x) + E_r(x) \tag{8.5 - 9}$$

则有

$$S(x) = E_r(x) \tag{8.5 - 10}$$

式(8.5 - 10)表明,只要错误仅出现在码组的后 $n-k$ 位监督码内,码组对应的校正子正好是错误图样;当错误不是仅出现在监督位内,但由于码组校正子的循环性质,只要错误是集中在 $n-k$ 个相邻码元内,经过若干次移位,错误段总能移到码组最后的 $n-k$ 个监督码位置,这时校正子必然与错误图样完全相同,错误图样与接收码组逐位模 2 加,就可实现纠错。

可以证明,如果循环码可纠正 $t$ 个错误,则当错误段完全集中在监督码内时,对应的校正子码重等于实际的误码数目,即码重 $\leqslant t$。反之,校正子码重将大于 $t$。所以,通过检测校正子码重是否 $\leqslant t$,就能确定错误段是否正好移到码组最后的 $n-k$ 个监督码位置上。

捕错译码器与梅吉特译码器的工作原理十分相似,主要区别是用"校正子码重检测电路"代替了"错误图样识别电路",其译码器组成原理如图 8 - 9 所示。

**3. 大数逻辑译码**

大数逻辑译码又称门限译码,它只能用于有一定结构的、为数不多的大数逻辑可译码。在一般情况下,大数逻辑可译码的纠错能力和码率比有相同参数的其他循环码(如 BCH 码)稍差,但它的算法和电路比较简单,因此在实际中有较广泛的应用。它不但可以用于线性分组码,也可以用于卷积码的译码及用于软判决。具体算法在 8.7.4 节中介绍。

248

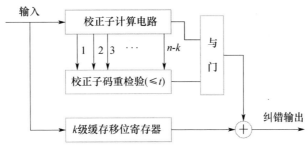

图 8 - 9  捕错译码器组成原理

# 8.6  实用循环码

## 8.6.1  循环冗余校验码(CRC)

循环冗余校验码(Cyclic Redundancy Check,CRC)是一种缩短循环码,不再具有循环性,但循环码的内在特性依然存在,它的编、译码仍可用原循环码的编、译码电路完成。它的最小码重等于生成多项式的项数。CRC 码的信息位长度可变,只要不大于原循环码的信息位长度即可,主要用于检错,被广泛应用于帧校验。

国际上常用的 CRC 码有以下几种。

(1) CRC - 12。生成多项式 $g(x) = x^{12} + x^{11} + x^3 + x^2 + x + 1$,能检出以下类型的错码:

① 所有奇数个差错;

② 所有 ≤5 个的随机差错;

③ 所有长度 ≤12 的单串突发差错;

④ 以 $1 - 2^{-13}$ 的概率检出长度为 17 的单串突发差错;

⑤ 以 $1 - 2^{-12}$ 的概率检出长度大于 17 的单串突发差错;

⑥ 所有长度 ≤2 的两串突发差错。

(2) CRC - ITU - T。生成多项式 $g(x) = x^{16} + x^{12} + x^5 + 1$,用于 HDLC、SDLC、X.25、7号信令、ISDN 等处。能检出以下类型的错码:

① 所有奇数个差错;

② 所有 ≤3 个的随机差错;

⑧ 所有长度 ≤16 的单串突发差错;

④ 以 $1 - 2^{-17}$ 的概率检出长度为 17 的单串突发差错;

⑤ 以 $1 - 2^{-16}$ 的概率检出长度大于 17 的单串突发差错;

⑥ 所有长度各 ≤2 的两个突发差错。

(3) CRC - 16。生成多项式 $g(x) = x^{16} + x^{15} + x^2 + 1$,用于美国二进制同步系统。检错能力同 CRC - ITU - T。

(4) CRC - 32。生成多项式

$g(x) = x^{32} + x^{26} + x^{23} + x^{22} + x^{16} + x^{12} + x^{11} + x^{10} + x^8 + x^7 + x^5 + x^4 + x^2 + x + 1$,用于以太网及 ATM AAL - 5 适配层。能检出以下类型的错码:

① 所有奇数个差错;

② 所有≤14 个的随机差错;

⑧ 所有长度≤32 的单个突发差错;

④ 以 $1 - 2^{-33}$ 的概率检出长度为 33 的单个突发差错;

⑤ 以 $1 - 2^{-32}$ 的概率检出长度大于 33 的单个突发差错;

⑥ 所有长度各≤2 的两个突发差错。

(5) CRC - IS - 95 CDMA。生成多项式

$g(x) = x^{30} + x^{29} + x^{21} + x^{20} + x^{15} + x^{13} + x^{12} + x^{11} + x^8 + x^7 + x^6 + x^2 + x + 1$,在一些 UART 通信控制芯片中都集成有 CRC 码编解码电路,如 INTEL8273、MC6854 及 Z80 - SIO 等。

## 8.6.2 BCH 码

在系统设计中常是在给定纠错能力的条件下来设计纠错编码,BCH 码就是为了解决这个问题而发展起来的一类纠正多个随机错误的循环码。BCH 码是以三位发明人的名字来命名的,它是循环码中的一个重要子类,有严密的代数结构,是目前研究得最为透彻的一类码。它的生成多项式 $g(x)$ 与最小码距之间有密切的关系,人们可以根据所要求的纠错能力 $t$,来构造出 BCH 码。它们的译码也比较容易实现,是线性分组码中应用最为普遍的一类码。

BCH 码分两类,即本原 BCH 和非本原 BCH 码。本原 BCH 码的码长为 $n = 2^m - 1$,($m$ 是≥3 的任意正整数),它的生成多项式 $g(x)$ 中含有最高次数为 $m$ 次的本原多项式;非本原 BCH 码的码长 $n$ 是 $2^m - 1$ 的一个因子,它的生成多项式 $g(x)$ 中含有最高次数为 $m$ 的本原多项式。对于正整数 $m(m \geq 3)$ 和 $t(t < m/2)$ 必存在有下列参数的二进制 BCH 码:码长为 $n = 2^m - 1$,监督位数 $r \leq mt$,能纠正所有不大于 $t$ 个随机错误的 BCH 码。

表 8 - 7 列出码长 $n \leq 127$ 的二进制本原 BCH 码参数,目前文献已给出 $n \leq 225$ 的 BCH 码参数。表 8 - 10 列出部分非本原 BCH 码参数。表中的生成多项式是用八进制表示的;例如 $g(13)_8$ 指 $g(x) = x^3 + x + 1$,这就是 $(7, 4)$ 循环汉明码,也属于 BCH 码。可以证明,具有循环性质的汉明码是本原 BCH 码。

表 8 - 7  二进制本原 BCH 码参数

| $n$ | $k$ | $t$ | $g(x)$ |
|---|---|---|---|
| 3 | 1 | 1 | 7 |
| 7 | 1 | 1 | 3 |
| | 1 | 3 | 77 |
| 15 | 11 | 1 | 23 |
| | 7 | 2 | 721 |
| | 5 | 3 | 2467 |
| | 1 | 7 | 77777 |

| n | k | t | g(x) |
|---|---|---|---|
| 31 | 26 | 1 | 45 |
| | 21 | 2 | 3551 |
| | 16 | 3 | 107657 |
| | 11 | 5 | 5423325 |
| | 6 | 7 | 313365047 |
| | 1 | 15 | 17777777777 |
| 63 | 57 | 1 | 103 |
| | 51 | 2 | 12471 |
| | 45 | 3 | 1701317 |
| | 39 | 4 | 166623567 |
| | 36 | 5 | 1033500423 |
| | 30 | 6 | 157464165347 |
| | 24 | 7 | 17323260404441 |
| | 18 | 10 | 1363026512351725 |
| | 16 | 11 | 6331141367235453 |
| | 10 | 13 | 472622305527250155 |
| | 7 | 15 | 523104543503271737 |
| | 1 | 31 | 全部为1 |
| 127 | 120 | 1 | 211 |
| | 113 | 2 | 41567 |
| | 106 | 3 | 11554743 |
| | 99 | 4 | 3447023271 |
| | 92 | 5 | 624730022327 |
| | 85 | 6 | 130704476322273 |
| | 78 | 7 | 26230002166130115 |
| | 71 | 9 | 6255010713253127753 |
| | 64 | 10 | 1206534025570773100045 |
| | 57 | 11 | 235265252505705053517721 |
| | 50 | 13 | 54446512523314012421501421 |
| | 43 | 15 | 17721772213651227521220574343 |
| | 36 | ≥15 | 3146074666522075044764574721735 |
| | 29 | ≥22 | 4031144613676706036675301411761 55 |
| | 22 | ≥23 | 1233760704047225224354456266376 47043 |
| | 15 | ≥27 | 2205074244560455477052301376221 7604353 |
| | 8 | ≥31 | 7047264052271030651476224427156 7733130217 |
| | 1 | 63 | 全部为1 |

表 8 – 8 中的 (23,12) 码称为戈莱(Golay)码,它是一种能纠正 3 个随机错误的码,且容易解码,实际中使用的比较多。BCH 码的码长为奇数,在实际中,为了得到偶数长度的码,常采用扩展 BCH 码,相当于在原 BCH 码上增加一个校验位,这时的码距增加了 1。扩展 BCH 码已不再具有循环性,比如实际中多采用扩展戈莱:(24,13)码。它的最小码距为 8,它纠错 3 个错误和检测 4 个,但此时它不再是循环码。

表 8 – 8  部分非本原 BCH 码参数

| $n$ | $k$ | $t$ | $g(t)$ | $n$ | $k$ | $t$ | $g(t)$ |
|---|---|---|---|---|---|---|---|
| 17 | 9 | 2 | 727 | 47 | 24 | 5 | 430773357 |
| 21 | 12 | 2 | 1663 | 65 | 53 | 2 | 10761 |
| 23 | 12 | 3 | 5343 | 65 | 40 | 4 | 354300067 |
| 33 | 22 | 2 | 5145 | 73 | 46 | 4 | 1717773537 |
| 41 | 21 | 4 | 6647133 | | | | |

BCH 码的译码方法有时域译码和频域译码两大类。频域译码是把码组看作一个时域的数字序列,对其作离散的傅里叶变换,将它变换到频域,利用 DSP 技术在频域内译码,最后进行傅里叶反变换得到译码后的码组,频域译码一般较时域译码复杂。时域译码中常用的有彼得森译码和迭代译码两种,而彼得森译码是时域译码中应用最广泛的一种方法,它的基本思路和梅吉特译码相似,也是通过计算校正子,然后利用校正子寻找错误图样。

### 8.6.3  里德 – 索洛蒙码(RS 码)

RS 码是一种多进制的 BCH 码,每个符号由 $m$ 个比特组成。一个能纠正 $t$ 个错码的 RS 码码长为 $n = 2^m - 1$,监督位码长 $2t$。特别适于纠正突发性错码,可纠正的错误图样有:

总长度 $b_1 = (t-1)m + 1$ 的单个突发错码

总长度 $b_2 = (t-3)m + 3$ 的两个突发错码

$\vdots$

总长度 $b_i = (t-2i+1)m + 2i - 1$ 的 $i$ 个突发错码

RS 码适用于衰落信道及计算机的存储系统。它的译码方法与 BCH 码类似,也有彼得森译码和迭代译码两种。

### 8.6.4  法尔码(Fire 码)

Fire 码是可纠正单个突发错码的一类循环码。

令 $p(x)$ 是一个 $m$ 阶的既约多项式,$l$ 与 $m$ 互素,则 Fire 码的生成多项式为

$$g(x) = p(x) + (x^i + 1) \tag{8.6 – 1}$$

该码码长

$$n = LCM(l, e) \tag{8.6 – 2}$$

式中:$e = 2^m - 1$,该码的监督码长

$$r = l + m \qquad (8.6-3)$$

Fire 码的纠错能力如下:

(1) 当 $l \geqslant b_t + b_e - 1$,$m \geqslant b_t$ 时,能纠正长度 $\leqslant b_t$ 的单个突发错码,并能发现长度 $\geqslant b_t$ 而 $\leqslant b_e$ 的突发错码;

(2) 若用于检错,能发现长度 $\leqslant l + m$ 的单个突发错码,或两个突发错码的组合,两个突发错码长度之和 $\leqslant l + 1$,其中一个长度 $\leqslant b_e$。

# 8.7 卷 积 码

**卷积码**是伊莱亚斯于 1955 年提出的一种非分组码。与线性分组码相比存在着许多差别,大体表现在以下几个方面。

(1) 线性分组码的编码是将信息序列明确地分组,每个码组中监督码仅仅与本码组中的信息码有关,编码后形成固定长度、互不相关的码组序列,这种编码**无记忆性**。卷积码每个码组中的监督码不但与本码组的信息码有关,还与前边 $(N-1)$ 个码组中的信息码有关。设一个码组的码长为 $n$,$n \times N$ 称为约**束长度**,$N$ 称为**约束度**。卷积码的纠错能力也随 $N$ 的增大而增强,卷积码是具有**记忆性**。一般用 $(n,k,N)$ 表示卷积码。

(2) 为了兼顾纠错能力与编码效率,线性分组码的码组长度 $n$ 一般都较大。随着 $n$ 增大,编、译码电路复杂度迅速增加,并带来较大的译码延时。卷积码则将信息码与监督码之间的相关性分布在 $N$ 个码组之间。这样卷积码的 $k$ 和 $n$ 值可以为比较小的值,编、译码延时小,特别适合以串行方式传输信息的应用场合。因此在相同的信息速率和设备复杂度的条件下,卷积码的性能一般优于线性分组码。

(3) 线性分组码多采用系统码,而卷积码则不然。当 $N$ 值确定后,非系统卷积码可获得更大的自由距离,自由距离的概念在 8.7.3 介绍,更易达到最佳编码效果。对卷积码的译码而言,系统码和非系统码的译码难度是一样的,故卷积码常采用非系统码。

(4) 线性分组码有严格的代数结构,而卷积码的纠错能力与编码结构之间缺乏明确的数学关系。在构造许用的卷积码(也称为好码)时,只能是依码距性能,采用计算机对大量的码进行搜索得到的。

(5) 线性分组码的编码器可视为一个有 $k$ 个输入变量、$n$ 个输出变量的线性网络。卷积码可视为输入信息序列与编码器的特定结构所决定的另一个序列的卷积,卷积码也就由此得名。

图 8-10 所示为 $(3,1,2)$ 卷积码编码器,这是一个系统码。它由 2 级移存器、模 2 加法器和一个转换开关组成。每输入一个信息比特,经该编码器后产生 3 个输出比特。$y_{i1}$ 为信息位,$y_{i2} x_{i3}$ 为监督位,$y_{i2}$ 和前第二个码元有关,$y_{i3}$ 和前面二个码元都有关。用多项式表示移存器状态与输出之间的关系,称为生成多项式。

$$\begin{cases} g_1(x) = 1 \\ g_2(x) = 1 + x^2 \\ g_3(x) = 1 + x + x^2 \end{cases} \qquad (8.7-1)$$

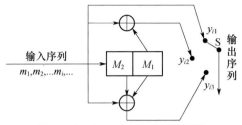

图 8-10　(3,1,2)卷积码编码器

卷积码的表示方法有两类:解析表示和图解表示。

## 8.7.1　解析表示

设图 8-10 中移位寄存器的初始状态为全 0,当第 1 个信息码元 $m_1$ 输入时,输出为

$$y_{11} = m_1 ; y_{12} = m_1 ; y_{13} = m_1$$

当第 2 个信息码元 $m_2$ 输入时,输出为

$$y_{21} = m_2 ; y_{22} = m_2 ; y_{23} = m_1 + m_2$$

当第 3 个信息码元 $m_3$ 输入时,输出为

$$y_{31} = m_3 ; y_{32} = m_1 + m_3 ; y_{33} = m_1 + m_2 + m_3$$

当第 $i$ 个信息码元 $m_i$ 输入时,输出为

$$y_{i1} = m_i ; y_{i2} = m_i + m_{i-2} ; y_{i3} = m_i + m_{i-1} + m_{i-2}$$

上面各符号的第 1 位下标是码元所在的码组编号,第 2 位下标表示码元在码组中的位置。把上面的表达式写成矩阵的形式

$$
\boldsymbol{Y} =
\begin{bmatrix}
y_{11} \\ y_{12} \\ y_{13} \\ y_{21} \\ y_{22} \\ y_{23} \\ y_{31} \\ y_{32} \\ x_{33} \\ \cdots
\end{bmatrix}
\begin{bmatrix}
m_1 \\ m_1 \\ m_1 \\ m_2 \\ m_2 \\ m_1 + m_2 \\ m_3 \\ m_1 + m_3 \\ m_1 + m_2 + m_3 \\ \cdots
\end{bmatrix}
=
\begin{bmatrix}
1 & 0 & \\ 1 & 0 & \\ 1 & 0 & \\ 0 & 1 & \\ 0 & 1 & \\ 1 & 1 & \\ 0 & 0 & 1 \\ 1 & 0 & 1 \\ 1 & 1 & 1 \\ & \cdots &
\end{bmatrix}
\begin{bmatrix}
m_1 \\ m_2 \\ m_3 \\ m_4 \\ m_5 \\ m_6 \\ m_7 \\ m_8 \\ m_9 \\ \cdots
\end{bmatrix}
$$

$$
= \begin{bmatrix} m_1 & m_2 & m_3 & \cdots \end{bmatrix}
\begin{bmatrix}
1 & 1 & 1 & 0 & 0 & 1 & 0 & 1 & 1 & \cdots \\
 & & 1 & 1 & 1 & 0 & 0 & 1 & \cdots \\
 & & & & 1 & 1 & 1 & \cdots \\
 & & & \cdots & \cdots & & &
\end{bmatrix}
= \boldsymbol{M G}_\infty
$$

$$(8.7-2)$$

式中:$\boldsymbol{G}_\infty$ 为生成矩阵,它是半无限阵。生成矩阵的任一行可以由前一行向右移动 $n$ 列得到,所以它的构造内容完全取决于第一行,因此第一行称为基本生成矩阵。它的有效元素数目为 $nN$。

## 8.7.2 图解表示

### 1. 树状图

图 8 – 11 给出了(3,1,2)卷积码的**树状图**。码树的起始节点位于左边;移位寄存器的初始状态取 $M_1M_2 = 00$,用 $a$ 表示,$b$ 表示 $M_1M_2 = 01$,$c$ 表示 $M_1M_2 = 10$,$d$ 表示 $M_1M_2 = 11$。当输入码元为 0 时,则由节点出发走上支路;当输入码元是 1 时,则由节点出发走下支路。例如,当该编码器第一输入比特为 0 时,则走上支路,此时移存器的输出码"000"就写在上支权的上方;当该编码器第一输入比特为 1 时,则走下支路,此时移存器的输出码"111"就写在图中下支权的上方。在输入第二比特时,移位寄存器右移一位,此时上支路情况下的移位寄存器的状态为 00,即 $a$,并标注于上支路节点处;此时下支路情况下的移位寄存器状态为 01,即 $b$,并标注于下支路节点处;同时上下支路都将分两权。以后每一个新输入比特都会使上下支路各分两权。经过 4 个输入比特后,得到的该编码器的树状图如图 8 – 11 所示。

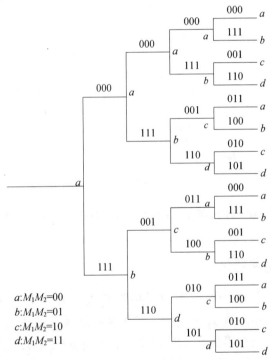

图 8 – 11 (3,1,2)卷积的树状图

### 2. 网格图

由树状图看到,对于第 $j$ 个输入信息比特,相应出现有 $2^j$ 条支路,当 $j$ 变大时,图的纵向尺寸越来越大。且有许多重复的状态。于是提出一种**网格图**,使图形变得紧凑。(3,1,2)码的网格图如图 8 – 12 所示。网格图中,把码树中具有相同状态的节点合并在一起;码树中的上支路(输入 0)用实线表示,下支路(输入 1)用虚线表示;支路上标注的码元为输出比特;自上而下的 4 行节点分别表示 $a$、$b$、$c$、$d$ 的 4 种状态。网格图中的状态,通常有 $2^{N-1}$ 种状态。从第 $N$ 个节点开始,图形开始重复,且完全相同。

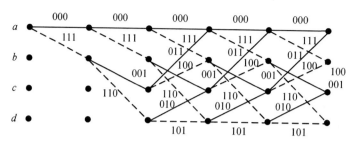

图 8-12 (3,1,2)卷积码网格图

### 3. 状态图

取出达到稳定状态后两个节点间的一段网格图,即得到图 8-13(a)的**状态转移图**。此后,再把目前状态与下一节拍状态合并起来,即可得到图 8-13(b)的最简的状态转移图,称为卷积码状态图。

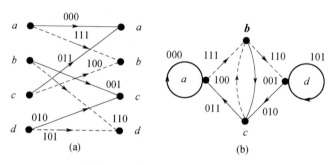

图 8-13 (3,1,2)卷积码状态图

对于约束度相同的卷积码,编码器的状态转移是一致的,它们的各种图形都是相同的。

## 8.7.3 卷积码的距离特性

卷积码码距的概念与分组码不同,有**最小距离** $d_0$ 和**自由距离** $d_{\text{free}}$ 两种,从网格图上能得到很好的表述。最小距离 $d_0$ 定义为由零状态零时刻分叉、长度为 $nN$ 的两个编码序列间的最小距离。也就是在零状态零时刻输入非零信息码、长度为 $nN$ 的编码序列的最小码重,如图 8-12 中路径 abcb 所对应的编码序列 111001100 的码重 $w=5$ 就是(3,1,2)码的最小距离。自由距离 $d_{\text{free}}$ 定义为由零状态零时刻分叉、任意长的两个编码序列间的最小距离。也就是在零状态零时刻输入非零信息码、然后又回到零状态的所有编码序列中的最小码重。仍以图 8-12 为例,路径 abca 所对应的编码序列 111001011 的码重 $w=6$ 就是(3,1,2)码的自由距离。一般来说,$d_0 \leqslant d_{\text{free}}$。采用哪种码距来度量纠错能力,与译码方法有关。采用门限译码时,就以最小距离来度量;采用维特比译码和序列译码时,就以自由距离来度量。

目前卷积码的许用码组(好码)都是由计算机根据距离特性搜索得到的,表 8-9 中列出了部分具有最大自由距离的非系统卷积码。

表 8 - 9   部分最佳非系统卷积码

| 约束长度 | | 3 | 4 | 5 | 6 | 7 | 8 | 9 |
|---|---|---|---|---|---|---|---|---|
| 码率 1/2 | 生成多项式 | 7,5 | 17,15 | 35,23 | 75,53 | 171,133 | 371,247 | 753,561 |
| | 自由距离 | 5 | 6 | 7 | 8 | 10 | 10 | 12 |
| 码率 1/3 | 生成多项式 | 7,7,5 | 17,15,13 | 37,33,25 | 75,53,47 | 171,165,133 | 367,331,225 | 557,663,711 |
| | 自由距离 | 8 | 10 | 12 | 13 | 15 | 16 | 18 |
| 码率 1/4 | 生成多项式 | 5,7,7,7 | 13,15,15,17 | 25,27,33,37 | 53,67,71,75 | | | |
| | 自由距离 | 10 | 13 | 16 | 18 | | | |
| 码率 2/3 | 生成多项式 | 17,06,15 | 27,75,72 | 26,155,337 | | | | |
| | 自由距离 | 3 | 6 | 7 | | | | |

表 8 - 9 中生成多项式用八进制数表示,如 $(3,1,2)$ 码的生成多项式为 7,7,5,用二进制数表示为 111,111,101,表示生成多项式为

$$\begin{cases} g_1(x) = 1 + x + x^2 \\ g_2(x) = 1 + x + x^2 \\ g_3(x) = 1 + x^2 \end{cases}$$

## 8.7.4   卷积码译码

卷积码的译码方法有两类:一类是建立在代数译码基础上的门限译码,又称**大数逻辑译码**;另一类是**最大似然译码**,又称**概率译码**,概率译码又分为**维特比译码**和**序列译码**两种。

**1. 维特比译码**

在离散无记忆信道中,输入一个二进制符号序列 $X$,而输出 $Y$ 则是具有 $J$ 种符号的序列。$X$ 序列每发一个符号 $x_i$,则信道输出端收到一个相应的符号 $y_i (j = 1,2,3,\cdots,J)$。由于是无记忆,故 $y_i$ 只与 $x_i$ 有关。如果 $J = 2$,则离散无记忆信道输出是二进制序列。该信道称为硬量化(硬判决)信道。如果 $J \geqslant 2$,即信道输出符号数大于 2,则称为软量化(**软判决**)信道。已经证明,对高斯白噪声来说,3bit 软量化(即 $J = 8$)与硬量化相比可获得 2dB 的编码增益。

维特比译码算法简称 VB 算法,是 1967 年由 Viterbi 提出,是最大似然译码的一种。最大似然译码的基本思路是:把已接收序列与所有可能的发送序列做比较,选择其中码距最小的一个序列作为发送序列。如果发送 $L$ 组信息比特,对于 $(n,k,N)$ 卷积码来说,可能发送的序列组合有 $2^{kL}$ 个,需要存储所有这些序列并进行比较,以找到码距最小的那个序列。当传信率和信息组数 $L$ 较大时,译码器将变得非常复杂。VB 算法则对上述的思路做了简化,成为了一种实用化的概率算法。它并不是在网格图上一次比较所有可能的 $2^{kL}$ 条路径(序列),而是接收一段,计算和比较一段,选择一段有最大似然可能的码段,从而达到整个码序列是一个有最大似然值的序列。

下面将用图 8 - 14 所示的 $(2,1,2)$ 卷积码编码器所编出的码为例,来说明维特比译码硬判决的运算过程。该码网格图同图 8 - 11,只是路径上的输出码组不同。设编码器

初始状态为 $a$ 状态。网格图的每一条路径都对应着不同的输入信息序列,而所有的可能输入信息序列共有 $2^{kL}$ 个,因此网格图中所有可能路径也有 $2^{kL}$ 条。

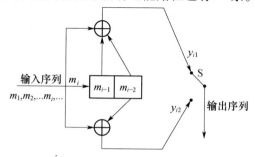

图 8 – 14　(2,1,2)卷积码编码器

设输入编码器的信息序列为(11011000),则由编码器输出的序列 $Y =$ (1101010001011100),编码器的状态转移路线为 $abdcbdca$。若收到的序列 $R =$ (0101011001011100),对照网格图来说明维特比译码的方法。

由于该卷积码的约束长度为6位,因此先选择接收序列的前6位 $R_1 = (010101)$ 同到达第3时刻的可能的8个码序列(即8条路径)进行比较,并计算出码距。该例中第3时刻到达 $a$ 点的路径序列是(000000)和(111011),它们与 $R_1$ 的距离分别是3和4;到达 $b$ 点的路径序列是(000011)和(111000),它们与 $R_1$ 的距离分别是3和4;到达 $c$ 点的路径序列是(001110)和(110101),与 $R_1$ 的距离分别是4和1;到达 $d$ 点的路径序列是(001101)和(110110),与 $R_1$ 的距离分别是2和3。上述每个节点都保留码距较小的路径作为幸存路径,幸存路径码序列分别是(000000)、(000011)、(110101)和(001101),如图 8 – 15(a)所示。

用同样的方法可以得到第4时刻的幸存路径。选择接收序列的前8位 $R_2 =$ (01010110)同到达第4时刻的可能的8个码序列(即8条路径)进行比较。到达 $a$ 点的路径序列是(00000000)和(11010111),它们与 $R_2$ 的距离分别是4和2;到达第3时刻 $b$ 点的路径序列是(00000011)和(11010100),它们与 $R_2$ 的距离分别是4和2;到达 $c$ 点的路径序列是(00001110)和(00110101),与 $R_2$ 的距离分别是3和4;到达 $d$ 点的路径序列是(00001101)和(00110110),与 $R_2$ 的距离分别是5和2。上述每个节点都保留码距较小的路径作为幸存路径,幸存路径码序列分别是(11010111)、(11010100)、(00001110)和(00110110),如图 8 – 15(b)所示。

如果到达某一个节点的两条路径与接收序列的码距相等,则可任选一路径作为幸存路径,此时不会影响最终的译码结果。当信息码传输结束时,编码器一定会回到 $a$ 状态,所以最后在 $a$ 状态得到一条幸存路径即可,如图 8 – 15(f)所示。由此看到译码器输出是 $R' = (1101010001011100) = Y$,说明在译码过程中已纠正了在码序列第1和第7位上的差错。当然,差错出现太频繁,超出卷积码的纠错能力时,则会发生误纠。

通过上面的分析可以看出,随着信息码的增加,译码时要比较的码序列的长度(称为译码深度)也不断增长,这将使译码器变得非常复杂。当然译码深度也不可能随着信息码的增加而不断增大。实践证明,当硬判决时,译码深度(又称译码约束长度)取编码约束长度的 3～5 倍;软判决时,量化比特取3;编码增益已接近极限。

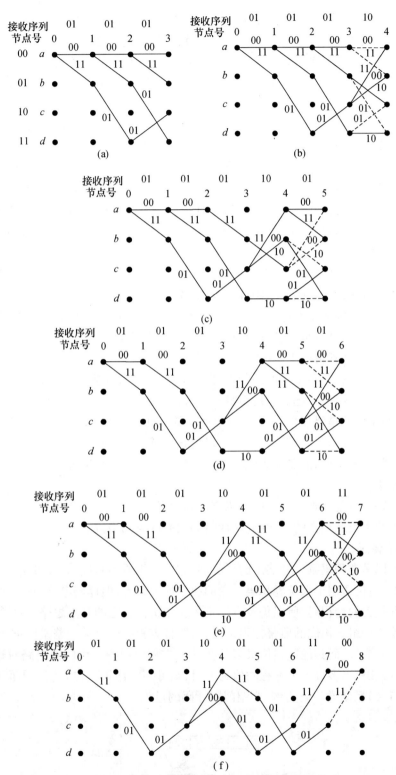

图 8-15　维特比译码图解(图中实线表示幸存路径)

(a) 第 3 时刻幸存路径;(b) 第 4 时刻幸存路径;(c) 第 5 时刻幸存路径;

(d) 第 6 时刻幸存路径;(e) 第 7 时刻幸存路径;(f) 第 8 时刻幸存路径。

在前例中,如果译码深度取编码约束长度的2倍,为12。当比较到第7时刻时,只比较后12位,即取 $R_5 = (010110010111)$ 进行比较。如这时到达 $a$ 状态的两条路径的后12位码序列分别为(110110011100)和(010100010111),和 $R_5$ 的码距分别为4和1,因此应选下支路为幸存路径,结果和图8-15(e)相同。当然译码深度不能取得太小,否则会影响纠错性能。

VB算法比较简单,计算速度快。由于对每级的每个状态都要做一次计算,因此其运算次数与状态数成正比,而状态数等于 $2^N$($N$ 为约束长度),所以运算次数随 $N$ 的增长而指数增大;另外,译码深度是与约束长度成正比的,所以移存器的长度也和约束长度成正比。可见,VB算法的复杂性与约束长度密切相关,目前主要用于约束长度大小等于10的卷积码。这种译码方法在数字通信的前向纠错系统中用的较多,尤其在深空卫星通信中应用更多,已成为卫星通信中的标准技术。目前市场有某些卷积码的VB译码芯片。

**2. 序列译码**

序列译码早在维特比译码之前就已提出,有两种主要算法:费诺算法和堆栈算法。

序列译码也是以路径的汉明距离为准则,选择与接收序列最相接近的路径。但只是延伸一条具有最小汉明距离的路径,然后比较、选择。由于序列译码中一次只搜索一条路径,因而大大减少了计算量和存储容量(特别是当译码深度很深时)。但也正因为只延伸一条路径,在有限搜索情况下,这条路径并不一定是最好的,这只是一种寻找正确路径的试探方法。它总是在一条单一的路径上,以序列的方式进行搜索。译码器每向前延伸一条支路,就进行一次判断,选择呈现出具有最大似然概率的路径。如果所作的判决是错误的,则以后的路径就是错误的。根据路径量度的变化,译码器最终可以识别路径是否正确。当译码器识别出路径是错误时,就后退搜索并试探其他路径,一直到选择一条正确的路径为止。频繁的返回,需要更大量计算,因此译码延时大大超过VB译码,并且需要建立一定的算法。

序列译码虽然是一种次最佳的译码方法,但它的译码复杂性基本上与约束长度无关,因此可用于约束长度很大的卷积码,从而得到很高的编码增益。

**3. 门限译码**

门限译码是卷积码第一种实用的译码器,它以分组码为基础的,即可用于分组码也可用于卷积码,但仅适用于系统卷积码。它的纠错能力较差,但译码电路简单,速度快,可用于约束长度较大的卷积码,所以仍具有一定的实用价值。它的基本思路是:计算出一组由校正子或校正子组合构成的监督方程组,这组监督方程必须对某一差错位正交,即每个方程都包含该差错位,而其他差错位最多只在一个方程中出现。用门限电路对这些监督方程的值进行判决,当多数监督方程的值为1时,则可判定该正交位有错。下面以图8-16所示的(2,1,6)系统卷积码为例,介绍门限译码的过程。

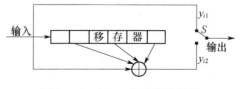

图8-16 (2,1,6)系统卷积码

该码的生成多项式

$$\begin{cases} g_1(x) = 1 \\ g_2(x) = 1 + x^3 + x^4 + x^5 \end{cases}$$

前 6 个校正子分别为

$$s_1 = e_{11} + e_{12};\ s_2 = e_{21} + e_{22};\ s_3 = e_{31} + e_{32}$$

$$s_4 = e_{11} + e_{41}e_{42};\ s_5 = e_{11} + e_{21} + e_{51} + e_{52};\ s_6 = e_{11} + e_{21} + e_{31} + e_{61} + e_{62};$$

用这 6 个校正子构造一个正交于 $e_{11}$ 的监督方程组。

$$\begin{cases} s_1 = e_{11} + e_{12} \\ s_4 = e_{11} + e_{41} + e_{42} \\ s_5 = e_{11} + e_{21} + e_{51} + e_{52} \\ s_2 + s_6 = e_{11} + e_{22} + e_{31} + e_{61} + e_{62} \end{cases} \tag{8.7-3}$$

据此得到的门限译码器如图 8-17 所示。

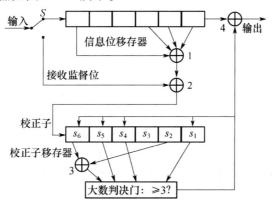

图 8-17 (2,1,6)卷积码门限译码器

图 8-17 中,信息位移存器中的信息码元在加法器 1 中产生 1 位监督位,该监督位同收到的监督位在加法器 2 中相加得到校正子,送给校正子移存器。校正子移存器把连续的 6 个校正子按照式(8.7-3)算出监督方程的值,用"大数判决门"实现门限判决。若 $\sum S_i \geqslant 3$,则输出 1;反之,则输出 0。判决门输出 1,就可通过模 2 加法器 4 纠正 $e_n$ 位置上的错误。判决门输出 1,则还用来改变有关的已发生差错的校正子,为后续码元的纠错做好准备。该译码器能纠正在约束长度内的两位随机错误。

## 8.8　网格编码调制

在传统的数字传输系统中,编解码与调制解调是各自独立设计和实现的。在 20 世纪 70 年代中期,梅西(Messey)根据信息论,证明了将编码与调制作为一整体考虑的最佳设计,可以明显地改善系统性能。1982 年,昂格尔博克(Ungerbook)提出了卷积码与调制相结合的网格编码调制(Trellis Coded Modulation,TCM)。

TCM 码的典型结构如图 8-18 所示。第一部分是差分编码,它与第三部分的合理结合可以避免解调时信号的倒 $\tau$ 现象,和 DPSK 的原理相同。第二部分是卷积编码器,将 $m$ 位信码中的 $k$ 位编成 $(k+1)$ 位卷积码。第三部分叫做分集映射( Mapping by Set Partitioning),其任务是将一个 $(m+1)$ bit 的码组对应为一个调制符号输出。$(m+1)$ bit 组有 $2^{m+1}$ 种可能的组合,调制后也必须有 $2^{m+1}$ 个信号。

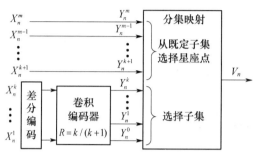

图 8 - 18　TCM 编码器的一般结构

### 8.8.1　4 状态 8PSK 网格编码调制

下面以一个 4 状态 8PSK 网格编码调制为例,介绍 TCM 的编码过程。如图 8 - 19( a) 所示 4 状态 8PSK 网格编码调制器是昂格尔博克研制出的第一种网格编码调制器。

图中差分编码后的两比特信息分别记做 $X_n^1, X_n^2$,其中 $X_n^2$ 不参与卷积编码而直接送到映射器,即 $X_n^2 = Y_n^2$,另一位 $X_n^1$ 经码率为 1/2 系统卷积编码器编码后输出 $Y_n^1 Y_n^0$。3 位二进制码($Y_n^2 Y_n^1 Y_n^0$)仅含 2bit 信息,却有 8 种可能的组合,所以输入的 2 比特的信息不能简单地与 8PSK 星座各点一一对应,而必须加上卷积码状态转移规律作为参考信息。根据编码器的构造,可以推导出编码器的状态转移和输出码字的规律分别见表 8 - 10 和表 8 - 11 所列,网格图如 8 - 19( b) 所示。

表 8 - 10　状态转移图

| $S_n^1 S_n^0$ \ $X_n^1$ | 1 | 0 |
|---|---|---|
| 00 | 01 | 00 |
| 01 | 11 | 10 |
| 10 | 00 | 01 |
| 11 | 10 | 11 |

（表头：$S_{n+1}^1 S_{n+1}^0$ / $X_n^1$；左下 $S_n^1 S_n^0$）

$$\begin{cases} S_{n+1}^1 = S_n^0 \\ S_{n+1}^0 = S_n^1 \oplus X_n^1 \end{cases}$$

$$\begin{cases} Y_n^2 = X_n^2 \\ Y_n^1 = X_n^1 \\ Y_n^0 = S_n^0 \end{cases}$$

表 8 - 11　输出码组

| $S_n^1 S_n^0$ \ $X_n^2 X_n^1$ | $X_n^2 1$ | $X_n^2 0$ |
|---|---|---|
| 00 | $X_n^2 10$ | $X_n^2 00$ |
| 01 | $X_n^2 11$ | $X_n^2 01$ |
| 10 | $X_n^2 10$ | $X_n^2 00$ |
| 11 | $X_n^2 11$ | $X_n^2 01$ |

（表头：$Y_n^2 Y_n^1 Y_n^0$ / $X_n^2 X_n^1$；左下 $S_n^1 S_n^0$）

从网格图上看,从一个状态转移到另一个状态的路径有两条,称为并行转移。产生并行转移的原因是输入信息 $X_n^2$ 没有参与卷积编码。从图 8 - 19( a) 可看出,卷积编码器状态 $S_n^1 S_n^0$ 仅与 $X_n^1$ 有关,卷积编码输出只占整个码组 $Y_n^2 Y_n^1 Y_n^0$ 中的两位 $Y_n^1 Y_n^0$,加上 $X_n^2$(即 $Y_n^2$)的两种取值(0 和 1)就构成了 1 $Y_n^1 Y_n^0$ 和 0 $Y_n^1 Y_n^0$ 两条并行转移路线。

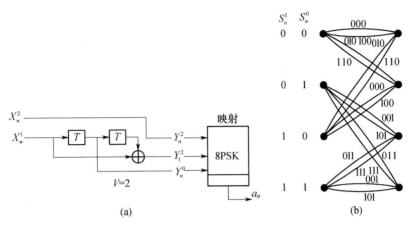

图 8-19  4 状态 8PSK TCM 编码

(a) 编码器;(b) 网格图。

## 8.8.2  TCM 码设计原则

8.7.3 中定义的自由距离是指从零状态分叉又回到零状态、与全零路径距离最小的那条路径的距离。要注意的是,对于二进制调制,这里的距离指的是汉明距离;对于多进制的 PSK 或 QAM 就是指星座图上码字对应信号点间的欧氏距离(几何距离)。当存在并行转移时,从图 8-19(b)看到,码字(100)是与全零码(000)并行的转移,严格意义上它并没有"从零状态分叉又回到零状态",但它的确是"与全零路径分叉又回到全零路径"的一条路径,因此在计算自由距离时必须考虑到并行距离,即自由距离不可能大于并行转移的距离,因此并行转移所对应的码字距离应越大越好。为此,将 8PSK 星座对半又对半地划分成子集(Selpartitioning),使每级子集内码组之间的距离逐级增大,这叫做集分割。然后把并行转移的一组码字映射到点数相符的同一子集上,以保证并行转移具有最大的距离,这个过程叫做分集映射(Mapping by Setpartitioning)。8PSK 集分割如图 8-20 所示。

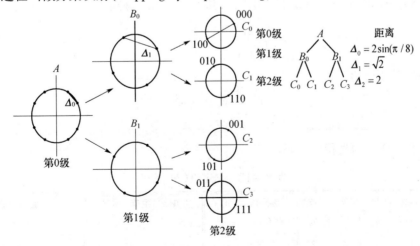

图 8-20  8PSK 集分割示意图

为了得到 TCM 好码,分集映射必须遵守如下规律。

263

（1）从某一状态发出的子集源于同一个上级子集，如从 $a$ 状态发出的码字有 000，100，010，110 分属两个子集 $C_0$ 和 $C_1$，它们源于同一个上级子集 $B_0$。

（2）到达某一状态的子集源于同一个上级子集。

（3）各子集在编码矩阵中出现的次数相等，并呈现一定的对称性。

用子集代替并行转移，图 8-19(b) 可简化为图 8-21 左侧所示的网格图。与全零路径分叉又回到全零路径的路径有两条：真正离开零状态、距离最近的一条路径如图 8-21 右侧所示，路径对应的子集序列是 $(C_1,C_2,C_1)$。与全零路径不同的另一条路径就是并行路径，对应的星座点是与 000 位于同一子集 $C_0$ 的另一点 100。为了区分，把前一条路径与全零路径间的欧氏距离称为序列距离，记做 $d_q$；把并行路径与全零路径间的欧氏距离称为并行距离，记做 $d_p$。自由距离应该是两者中的最小者。在图 8-21 中，$d_q$ 为 $100C_0C_0$ 与 $C_0C_0C_0$ 两条路径之间的距离，实际就是这两个序列的距离；$d_p$ 为 $C_1C_2C_1$ 与 $C_0C_0C_0$ 两条路径之间的距离，实际也是这两个序列的距离。

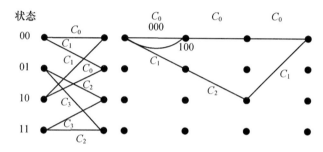

图 8-21　8PSK TCM 码的自由距离

真正好的实用 TCM 编码都是由计算机搜索得到的。表 8-12 和表 8-13 列出了部分由计算机搜索得到的 TCM 好码。表中的生成多项式的系数用 8 进制数表示，以 4 状态 8PSK TCM 编码为例，它的生成多项式的系数 $h_2$ 不存在，说明 $X_n^2$ 不参与卷积编码，$Y_n^2 = X_n^2$；$h_1 = (5)_8 = (101)_2$，$h_0 = (2)_8 = (010)_2$，其生成多项式分别为

$$\begin{cases} g_1(x) = 1 + x^2 \\ g_0(x) = x \end{cases} \qquad (8.8-1)$$

则卷积码编码输出为

$$\begin{cases} Y_n^1 = X_n^1(1 + x^2) \\ Y_n^0 = X_n^1 \cdot x = X_{n-1}^1 \end{cases} \qquad (8.8-2)$$

这正是图 8-19 中的卷积码编码器。

表 8-12　PSK TCM 好码

| 状态数 | 编码位数 $k$ | 生成多项式系数 | | | 编码增益/dB $G_{8PSK/4PSK}$ | 编码位数 $k$ | 生成多项式系数 | | | 编码增益/dB $G_{16PSK/8PSK}$ |
|---|---|---|---|---|---|---|---|---|---|---|
| | | $h_2$ | $h_1$ | $h_0$ | | | $h_2$ | $h_1$ | $h_0$ | |
| 4 | 1 | / | 5 | 2 | 3.01 | 1 | / | 2 | 5 | 3.54 |
| 8 | 2 | 04 | 02 | 11 | 3.60 | 1 | / | 04 | 13 | 4.01 |
| 16 | 2 | 16 | 04 | 23 | 4.13 | 1 | / | 04 | 23 | 4.13 |

| 状态数 | 编码位数 $k$ | 生成多项式系数 | | | 编码增益/dB $G_{8PSK/4PSK}$ | 编码位数 $k$ | 生成多项式系数 | | | 编码增益/dB $G_{16PSK/8PSK}$ |
|---|---|---|---|---|---|---|---|---|---|---|
| | | $h_2$ | $h_1$ | $h_0$ | | | $h_2$ | $h_1$ | $h_0$ | |
| 32 | 2 | 34 | 16 | 45 | 4.59 | 1 | / | 10 | 45 | 5.13 |
| 64 | 2 | 066 | 030 | 103 | 5.01 | 1 | / | 024 | 103 | 5.33 |
| 128 | 2 | 122 | 054 | 277 | 5.17 | 1 | / | 024 | 203 | 5.33 |
| 256 | 2 | 130 | 072 | 435 | 5.75 | 2 | 374 | 176 | 427 | 5.51 |

表 8 – 13　QAM TCM 好码

| 状态数 | 编码位数 $k$ | 生成多项式系数 | | | 编码增益/dB $G_{16QAM/8PSK}$ |
|---|---|---|---|---|---|
| | | $h_2$ | $h_1$ | $h_0$ | |
| 4 | 1 | / | 2 | 5 | 3.01 |
| 8 | 2 | 04 | 02 | 11 | 3.60 |
| 16 | 2 | 16 | 04 | 23 | 4.13 |
| 32 | 2 | 10 | 06 | 41 | 4.59 |
| 64 | 2 | 064 | 016 | 101 | 5.01 |
| 128 | 2 | 042 | 014 | 203 | 5.17 |
| 256 | 2 | 304 | 056 | 401 | 5.75 |

### 8.8.3　TCM 编码增益

网格编码调制将编码和调制相结合,优点是能提高编码序列的自由距离。下面以 4 状态 8PSK 为例进行定量分析。在图 8 – 21 中,有

$$d_q^2 = dis^2\left[(C_0C_0C_0),(C_1C_2C_1)\right] = dis^2(C_0C_1)dis^2(C_0C_2)dis^2(C_0C_1)$$
$$= \Delta_1^2 + \Delta_0^2 + \Delta_1^2 = 6 - \sqrt{2} = 4.586 \tag{8.8 – 3}$$
$$d_p^2 = \Delta_2^2 = 4 \tag{8.8 – 4}$$

所以

$$d_f^2 = \min(d_q^2, d_p^2) = 4 \tag{8.8 – 5}$$

式中:$dis$ 表示两组码之间的欧式距离。

欧氏距离越大,区分度越好,差错概率越小。这里所谓的距离,不编码情况下是指信号点集之间的最小距离,编码情况下是指自由距离。为了定量分析编码前后的变化,定义编码增益为

$$\gamma = 10\lg\left(\frac{d_f^2/E_c}{d_u^2/E_u}\right) \tag{8.8 – 6}$$

式中:$d_u$ 为未编码时信号点集的最小距离;$E_c$ 和 $E_u$ 分别为编码、未编码条件下信号集的平均能量。

不编码时,用一个码元传送 2bit 信息只要 4PSK 即可,4PSK 信号最小距离的平方是 $d_u^2 = \Delta_1^2 = 2$。当 4PSK 和 8PSK 信号的平均能量相同时,编码增益为

$$\gamma = 10\lg(d_f^2/d_u^2) = 3.01\text{dB} \tag{8.8 – 7}$$

265

可以看到,通过简单的 4 状态 TCM 编码即已获得了 3dB 编码增益。当然并不是任何 4 状态编码都能得到 3dB 增益,结构不好的码达不到 3dB。事实上,图 8 - 19 所示的网格编码调制器是能找到的 4 状态的最优码,任何其他码不可能给出更大的自由距离。如果进一步增大卷积码编码器的约束度,就可以得到更大的编码增益,由表 8 - 12 和表 8 - 13 可以看出这一点。

## 8.9 级联码与 Turbo 码

### 8.9.1 级联码

有许多实际的通信信道中,属于混合信道,既存在随机性错码也有突发性错码。对于这类混合型差错,需要有既能纠随机错误又能纠正突发差错的码。交织码、乘积码和级联码均属于这类纠错码。其中性能最好,最为有效,也最常采用的是级联码。目前级联码已广泛用于空间通信以及移动通信的 GSM 和第三代移动通信中。

**级联码**是一种由短码构造长码的一类特殊的、有效的编码。用这种方法构造出的长码不需要复杂的译码设备。通常用一个二进制的 $(n_1, k_1)$ 码 $C_1$ 作内编码,另一个非二进制的 $(n_2, k_2)$ 码 $C_2$ 作外编码。组成一个级联码。一般的外编码 $C_2$ 采用 RS 码,而内编码 $C_1$ 既可采用分组码也可采用卷积码,其原理性框图如图 8 - 22 所示。

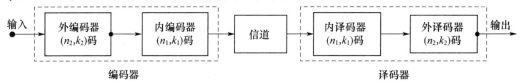

图 8 - 22　级联码原理框图

在编码时,首先将 $k_1 \times k_2$ 个二进制信元作为一组,并划分为 $k_2$ 个字节,每一个字节有 $k_1$ 个信元。每一个字节内的 $k_1$ 个信元按照二进制分组码或卷积码编成 $(n_1, k_1)$ 的内码 $C_1$,每组内的 $k_2$ 个字节则一般按照非二进制 RS 码编成 $(n_2, k_2)$ 的外码 $C_2$。最后将两者串接构成总共有 $n_1 \times n_2$ 码元的编码 $(n_1, n_2, k_1, k_2) = [(n_1, k_1) \cdot (n_2, k_2)]$。若内码与外码的最小距离分别为 $d_1$ 和 $d_2$,则它们级联后的级联码最小距离至少为 $d_1 \cdot d_2$。级联码编译码设备仅是 $C_1$ 与 $C_2$ 的直接组合,显然,它比直接构成一个长码所需的设备要简单得多。

图 8 - 23 是 1984 年由美国提出的用于空间飞行数据网的级联码方案,被称为标准级联码。它以 $(2, 1, 7)$ 卷积码为内码,$(255, 223)$ RS 码做外码,并采用了交织技术。后来以该级联码为基础又设计出了一些性能优良的级联码。

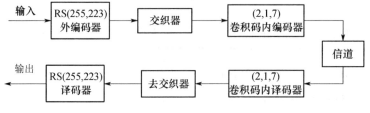

图 8 - 23　标准级联码

266

## 8.9.2　Turbo 码

Turbo 码是 1993 年由法国人 Berrou 提出的,它是一种特殊的并行级联码,其性能已逼近香农的信道编码理论的极限,但它的译码设备复杂,时延太大,无法用于实时通信。典型的 Turbo 码编码器结构如图 8 – 24 所示。

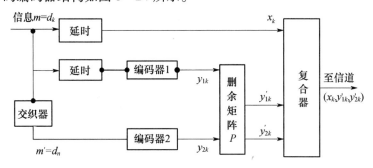

图 8 – 24　典型的 Turbo 码编码器结构

输入信息并行分为 3 支。第 1 支是信息码的直通通道,由于未做任何处理,时间上必然比其他分支快。所以要加上一个延时,以便与下面两支的信息在时间上匹配。第 2 支经延时、编码、删余处理后送入复合器,编码方式大多是卷积码,也可以是分组码。第 3 支经交织、编码、删余处理后送入复合器。

编码器 1、2 叫做子编码器,也叫分量码(Component Codes),两者可以相同,也可以不同,工程实践中大多取两者相同。Berrou 在 1993 年提出 Turbo 码的同时提出了一类新的递归型系统卷积码(Recursive Systematic Convolutional,RSC),该码在高码率时比最好的非系统码要好。一些文献已证明:在删余码形式下,递归型系统卷积码 RSC 比非递归的NSC 具有更好的重量谱分布和更佳的误码率特性,并且在码率越高、信噪比越低时其优势越明显。所以 Turbo 码中的编码器 1 和 2 一般都选用递归型系统卷积码 RSC。

交织器使输入码元随机化,交织范围越大,码元的随机化程度就越高,误码率就越低。

删余(Puncture)是通过删除冗余的校验位来调整码率,Turbo 码由于采用两个编码器,产生的冗余比特比一般情况多一倍,这在很多场合下并不需要。但又不能排斥两个编码器中的任何一个,于是折衷的办法就是按一定规律轮流选用两个编码器的校验比特。借助删余码可用较简单的编、译码器(如 1/2 卷积码)实现较高码率的编、译码。这就是Turbo 码中广泛应用删余技术的原因。

Turbo 码译码器采用反馈结构,以迭代方式译码。与 Turbo 编码器的两个分量码相对应,译码端也有两个分量译码器,两者的连接方式可以是并行级联(Parallel Concatenation),也可以是串行级联(Series Concatenation),它们的结构分别如图 8 – 25 和 8 – 26所示。

Turbo 译码器在译码前都首先要进行数据的分离,与发送端复合器的作用相逆,将数据流还原成 $x_k$,$y'_{1k}$ 和 $y'_{2k}$ 3 路信息。发送端子编码器的校验码由于删余,并未全部传送过来,$y'_{1k}$ 和 $y'_{2k}$ 只是 $y_{1k}$ 和 $y_{2k}$ 的部分信息,分接后的校验序列的部分比特位将没有数据,这样就必须根据删余的规律对接收的校验序列进行内插,在被删除的数据位上补以中间量(如 0),以保证序列的完整性。

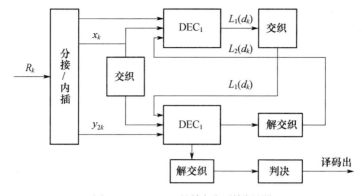

图 8 – 25　Turbo 码并行级联译码器

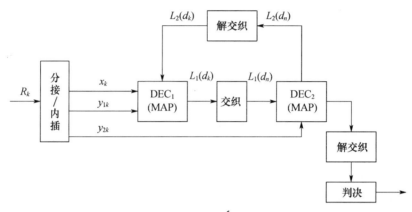

图 8 – 26　Turbo 码串行级联译码器

Turbo 译码器包含两个独立的子译码器,记做 $DEC_1$ 和 $DEC_2$,与 Turbo 编码器的子编码器 1、子编码器 2 相对应。$DEC_1$ 和 $DEC_2$ 均采用软输入、软输出的迭代译码算法,如 MAP、SOVA 算法等,每次迭代有三路输入信息,一是信息码 $x_k$,二是校验码 $y_{1k}$ 和 $y_{2k}$,三是外信息,也称为附加信息。Turbo 码的译码特点正是体现在外信息上,如何产生这类信息及如何运用这类信息就构成了不同的算法。

## 8.10　低密度奇偶校验(LDPC)码

低密度奇偶校验码(Low Density Parity Check Code,LDPC),是 1962 年由 Gallager 在其博士论文中提出来的,由于此码只有在码长很长的情况下才能体现出优良的性能,而当时的计算机能力不足,所以一直没有引起人们的注意。直到 1996 年,在 Turbo 码的启发下,Mackay 和 Neal 两人又重新发现了它。LDPC 码和 Turbo 码同属级联码。两者性能接近,码长和译码延迟时间都很长。但 LDPC 码是一种线性分组码,和 Turbo 码相比译码简单。被广泛应用于有线数字电视,第四代移动通信,卫星通信等领域。

LDPC 码的校验矩阵 $H$ 是一个稀疏矩阵,相对于行与列的长度($N,M$),校验矩阵每行、列中非零元素的数目(称作行重、列重)非常小,这也是 LDPC 码名称的由来。并且任意两行(列)最多只有 1 个相同位置上是 1。式(8.10 – 1)示出了一个(8,2,4)LDPC 码的校验矩阵和相应的校验方程。

$$H = \begin{bmatrix} 1 & 1 & 1 & 0 & 0 & 0 & 1 & 0 \\ 1 & 0 & 0 & 0 & 1 & 1 & 0 & 1 \\ 0 & 1 & 0 & 1 & 1 & 0 & 1 & 0 \\ 0 & 0 & 1 & 1 & 0 & 1 & 0 & 1 \end{bmatrix}; \quad \begin{cases} v_1 \oplus v_2 \oplus v_3 \oplus v_7 = 0 \\ v_1 \oplus v_5 \oplus v_6 \oplus v_8 = 0 \\ v_2 \oplus v_4 \oplus v_5 \oplus v_7 = 0 \\ v_3 \oplus v_4 \oplus v_6 \oplus v_8 = 0 \end{cases} \quad (8.10-1)$$

如果校验矩阵 $H$ 的列重和行重是个常数,就称其为规则 LDPC 码,否则就称为不规则 LD-PC 码。一般而言,不规则码的性能要优于规则码,但是实现的复杂度和分析的复杂度也要大得多。

对于线性分组码,Tanner 提出了一种简单的表示形式:编码二分图(Tanner 图)。LD-PC 码的二分图由两类节点组成:变量节点(Variable node)和校验节点(Check node),分别对应于校验矩阵 $H$ 中的 $N$ 列和 $M$ 行。同一个集合内部的节点没有连线,只有属于不同集合的两点之间可能有连线,每一条连线对应于校验矩阵中的'1'。为了方便,将码长设为 $N$,行重、列重分别设为 $\rho$ 和 $\gamma$ 的 LDPC 码表示为($N, \gamma, \rho$)。

图 8-27 示出了($8, 2, 4$)LDPC 码的二分图,图中最少可以用 4 条线构成了一个有向的闭合环路,如由 $v_1$ 起始,经过 $c_1 \rightarrow v_3 \rightarrow c_2$,最后返回 $v_1$。在一个 LDPC 码的二分图中,每个节点都会存在许多这样的闭合环路,将其中长度最小的一个称为该节点的最小环长(Shortest Cycle)。二分图中所有节点的最小环长中,长度最小的称为二分图的最小圈长(Girth),上例的二分图中,Girth 与变量节点 1 的最小环长相等,都是 4。

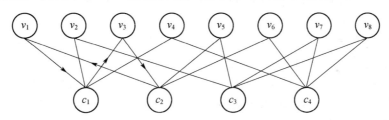

图 8-27　(8,2,4)LDPC 码的二分图

LDPC 码二分图结构中 Girth 的大小对 LDPC 码的译码性能有很大影响。Girth 的长度将直接关系到 LDPC 码码字的最小码距,Girth 的长度越大,LDPC 码的最小码距越大,译码性能也就更好。可以通过计算机搜索来寻找最大 Girth 的码。

LDPC 码的编码和一般的线性分组码相同,可以通过生成矩阵来产生。在这种算法中,存储生成矩阵 $G$ 需要消耗相当大的资源。当码长较长时,由于需要巨大的运算量和存储量,使得这样的算法在实现上是十分困难的。因此这种算法目前没有太大的现实意义,一般用于性能仿真中。T. Richardson and R. Urbank 于 2001 年提出了 Efficient 编码算法,可以有效的解决巨大的运算量和存储空间消耗的问题。

LDPC 码的译码算法种类很多,其中大部分可以被归结到信息传递(Message Propagation, MP)算法中。这一类译码算法由于具有良好的性能和严格的数学结构,使得译码性能的定量分析成为可能。MP 算法集中的置信传播(BP)算法是 Gallager 提出的一种软输入迭代译码算法,具有最好的性能。

LDPC 码和 Turbo 码都已经被证实是可以实际应用的,性能接近香农限的纠错编码。

相对于 Turbo 码,LDPC 码具备如下优势。

(1) 可以达到很高的码率。LDPC 码可以达到 0.7、0.8 甚至 0.9 的码率,而目前使用的 Turbo 码的码率大都是 $1/3$,$1/2$。

(2) 译码速率快。LDPC 码的 BP 译码算法本质上是并行算法,有利于硬件的并行实现,可以达到很高的译码速度。例如,Flarion 技术公司已开发的 LDPC 编、译码器产品,称为 Vector LDPC。采用 FPGA 实现,时钟频率 100MHz,码长 $L = 10000$,码率 $R = 0.9$,编码器利用 64k 逻辑门和 13kB 存储器时,编码速率可达 1.9Gb/s;译码器使用 320k 逻辑门和 38kB 存储器时,译码速率为 384Mb/s。采用 ASIC 实现,时钟频率 325MHz,码长 $L = 50000$,码率 $R = 0.9$,译码器使用 2.6M 逻辑门和 190kB 存储器时,可工作在 10Gb/s。

(3) 不可检测错误少。由于 LDPC 码码字之间的码距较大,使得它译码过程中出现不可检测错误的概率很小。

(4) 发生"平板效应"(Error – Floor)的概率低。随着信噪比的增加,Turbo 码误码率的下降趋势将趋于平缓,即出现所谓的"平板效应"。但是 LDPC 码发生这种现象的概率很低,这使得 LDPC 码在深空通信或光纤通信中更具优势。

(5) LDPC 码有简单的数学模型,理论分析相对简单。目前,对 LDPC 码的译码性能分析已经有了一些较为完善的理论,而 Turbo 码的性能还缺乏有效的理论解释。

(6) LDPC 码可以采用基于硬判决的迭代算法,虽然性能比软判决差,但实现复杂度很低。Turbo 码译码在迭代时必须传递软信息,因此无法使用硬判决算法。

(7) 由于校验式的存在,使得 LDPC 码的译码过程中能够确定码字是否正确,这样不仅可以省掉 CRC 编码,而且可以采用动态终止算法来减少迭代次数。

当然没有一种技术是十全十美的, LDPC 码也存在一定的问题。

(1) 编码复杂度高。虽然最新的研究表明 LDPC 码可以在线性时间内编码,但其复杂度相对于 Turbo 码来说仍然过大,更加无法和卷积码等即时编码的纠错码相比。

(2) 中短码长的 LDPC 码性能不理想。LDPC 码性能的优越性通常在码长较长时才能体现,当采用中、短长度的 LDPC 码时,由于编码时短长度闭合环路的存在,会在某种程度上降低译码性能。

(3) 低码率情况下性能不理想。由于低码率的纠错码抗衰落的性能较好,因此大多数移动通信系统采用码率较低的纠错码,但是低码率 LDPC 码的性能与 Turbo 码相比处于下风。

(4) 当 LDPC 码译码器采用全并行结构时,虽然译码速率很高,但硬件资源消耗也很大。

如何有效的解决它们,成为纠错编码领域研究的热点。

# 8.11 小　结

1. 按错码分布规律的不同,可分为 3 类:随机性错码、突发性错码、混合性错码。应采用不同的纠错编码技术。

2. 常用的差错控制方法有检错重发、检错删除、前向纠错、混合纠检错和反馈校验。

3. 在一个码组中, 非零码的数目称为码组的重量或码重,而把两个相同码长的码组对应位上数字不同的位数称为码距,又称汉明距离。一种编码中各个码组间距离的最小值称为最小码距 $d_0$。$d_0$ 和检错和纠错能力的关系:若要检测出 $e$ 个错码,$d_0 \geqslant e+1$;若要纠正 $t$ 个错码,$d_0 \geqslant 2t+1$;若要纠正 $t$ 个错码,同时能检测 $e(e>t)$ 个错码,$d_0 \geqslant e+t+1$,$(e>t)$。

4. 简单编码方法有奇偶监督码、二维奇偶监督码和恒比码。

5. 线性分组码 $(n,k)$,其中整个码组 $n$ 位,其中信息码 $k$ 位,监督位数 $r=n-k$。线性分组码的信息位和监督位之间的关系可用一组线性方程来表示,是代数码中的一种。线性分组码具有如下性质:封闭性、两个码组间的距离必是另一码组的重量、编码中必存在一个全"0"码组。

6. 监督矩阵 $H = [PI_r]$,监督关系 $H \cdot A^{\mathrm{T}} = O^{\mathrm{T}}$,生成矩阵 $G = [I_k Q]$,其中 $Q = P^{\mathrm{T}}$。由生成矩阵生成整个码组 $G$ 称为生成矩阵,由它可产生整个码组,$A = [a_{n-1} a_{n-2} \cdots a_r] G$。

7. 循环码是线性分组码中一个重要的子类,现在所使用的线性分组码几乎都是循环码。它除了具有线性码的一般性质外,还具有循环性。所谓循环性,即循环码中任一码组循环移动一位以后,仍为该码中的一个许用码组。为了便于计算,可将码组用多项式表示,码组 $(a_{n-1} a_{n-2} \cdots a_0)$ 可表示成

$$C(x) = a_{n-1} x^{n-1} + a_{n-2} x^{n-2} + \cdots + a_1 x + a_0$$

这种多项式称为码多项式。阶次最低的码多项式称为该循环码的生成多项式 $g(x)$。

8. 实用循环码有循环冗余校验码 CRC、BCH 码、RS 码、Fire。

9. 卷积码是一种非分组码。卷积码每个码组中的监督码不但与本码组的信息码有关,还与前边 $(N-1)$ 个码组中的信息码有关。设一个码组的码长为 $n$,$n \times N$ 称为约束长度,$N$ 称为约束度。卷积码的纠错能力也随 $N$ 的增大而增强,卷积码是具有记忆性。一般用 $(n,k,N)$ 表示卷积码。

10. 网格编码调制 TCM 码是卷积码与调制有机结合的技术,它能同时节省发送功率和带宽。

11. 对于既存在随机性错码也有突发性错码的混合型信道,需要有既能纠随机错误又能纠正突发差错的码。交织码、乘积码和级联码均属于这类纠错码。其中性能最好,最为有效,也最常采用的是级联码。目前级联码已广泛用于空间通信以及移动通信的 GSM 和第三代移动通信中。

12. Turbo 码是一种特殊的并行级联码,其性能已逼近香农的信道编码理论的极限,但它的译码设备复杂,时延太大,无法用于实时通信。

13. LDPC 码是一种线性分组码的级联码。它们的性能已逼近香农的信道编码理论的极限。但是编译码的复杂度很高,时延很长。


## 思 考 题

8-1 按错码分布规律的不同,错码可分哪几类?

8-2 通信系统中采用信道编码的目的是什么?其基本原理是怎样的?

8-3 常用的差错控制方法有哪些?试比较其优缺点。

8-4 简述最小码距与纠错检错能力之间的关系。

8-5 什么是分组码？什么是线性分组码？线性分组码具有哪些性质？

8-6 设一个线性分组码码长为 $n$，信息位数为 $k$，监督位数 $r$，如果要构造出能纠正一位错码的线性分组码，试讨论 $n,k,r$ 三者应满足的关系。

8-7 典型的监督矩阵的各行是否线性无关？非典型的监督矩阵满足什么条件可以化成典型阵形式？

8-8 什么是系统码？

8-9 简述卷积交织的原理。

8-10 什么是循环码？它具有什么特性？

8-11 循环码的生成多项式 $g(x)$ 如何确定？

8-12 简述循环码的编码步骤。

8-13 简述循环码的纠错译码过程。

8-14 简述本原 BCH 和非本原 BCH 码的区别。

8-15 什么是 RS 码？可纠正的错误图样有哪些？

8-16 简述 Fire 码的纠错能力。

8-17 简述卷积码与线性分组码相的差别。

8-18 什么是卷积码的最小距离 $d_0$ 和自由距离 $d_{\text{free}}$？

8-19 什么是 TCM 编码？

8-20 LDPC 全称是什么？LDPC 码的校验矩阵有什么特点？

# 习 题

8-1 已知一汉明码的监督位数 $r=4$，求码长 $n$ 和编码效率 $\eta$ 各为多少？

8-2 若两个重复码字 1000,0111，分别只纠错、检错能力如何？若同时用于检错和纠错，其纠检错的性能又怎样？

8-3 已知某线性分组码的 8 个码字为：000000、001110、010101、011011、100011、101101、110110、111000，求该码的最小码距，并判断其纠检错能力。

8-4 写出 $n=7$ 时一维偶校验码的监督矩阵 $[H]$ 和生成矩阵 $[G]$，并讨论其纠、检错能力。

8-5 已知一个 (6,3) 线性分组码的全部码字为：110100、110011、011010、011101、101001、000111、101110、000000，求该码的生成矩阵和监督矩阵，并讨论其纠检错能力。

8-6 已知 (7,3) 码的生成矩阵为

$$G = \begin{bmatrix} 1001110 \\ 0100111 \\ 0011101 \end{bmatrix}$$

列出所有许用码组，并求监督矩阵。

8-7 已知 (6,3) 分组码的监督码方程组为

$$\begin{cases} c_5 + c_4 + c_1 + c_0 = 0 \\ c_5 + c_3 + c_1 = 0 \\ c_4 + c_3 + c_2 + c_1 = 0 \end{cases}$$

（1）写出相应的监督矩阵 $\boldsymbol{H}$；

（2）变换该矩阵为典型阵。

8－8　已知(7,3)线性分组码的生成矩阵为

$$\boldsymbol{G} = \begin{bmatrix} 1 & 0 & 1 & 0 & 0 & 1 & 1 \\ 1 & 1 & 0 & 1 & 0 & 0 & 1 \\ 0 & 0 & 1 & 1 & 1 & 0 & 1 \end{bmatrix}$$

求其监督矩阵,写出该(7,3)码的系统码,并判断其纠检错能力。

8－9　已知一个(7,4)系统汉明码监督矩阵如下:

$$\boldsymbol{H} = \begin{bmatrix} 1110100 \\ 0111010 \\ 1101001 \end{bmatrix}$$

试求:

（1）生成矩阵 $\boldsymbol{G}$；

（2）当输入信息序列 $\boldsymbol{m} = (110101101010)$ 时,求输出码序列 $\boldsymbol{A} = ?$

8－10　设(7,3)线性分组码的监督矩阵为

$$\boldsymbol{H} = \begin{bmatrix} 1 & 0 & 0 & 0 & 1 & 1 & 0 \\ 0 & 1 & 0 & 0 & 0 & 1 & 1 \\ 0 & 0 & 1 & 0 & 1 & 1 & 1 \\ 0 & 0 & 0 & 1 & 0 & 0 & 1 \end{bmatrix}$$

试解答以下问题:

（1）监督码元与信息码元之间的关系表达式;

（2）列出所有的许用码字;

（3）汉明距离?

（4）画出编码器电路;

（5）校正子的数学表达式;

（6）列出错误码位、错误图样和校正子输出之间关系的表格。

8－11　已知(7,4)循环码的生成多项式为 $x^3 + x + 1$,输入信息码元为1001,求编码后的系统码组。

8－12　令 $g(x) = 1 + x + x^2 + x^4 + x^5 + x^8 + x^{10}$ 为(15,5)循环码的码生成多项式。

（1）求该码的生成矩阵 $[\boldsymbol{G}]$

（2）当信息多项式 $m(x) = x^4 + x + 1$ 时,求码多项式及码字。

8－13　已知(15,7)循环码由 $g(x) = x^8 + x^7 + x^6 + x^4 + 1$ 生成,问接收码字为 $T(x) = x^{14} + x^5 + x + 1$ 是否需要重发?

8－14　设有一(7,4)系统循环码,其生成多项式为 $g(x) = x^3 + x + 1$。假设码字自左至右对应码多项式的次数自高至低,假设系统位在左。

（1）求信息 0111 的编码结果；

（2）若译码器输入是 0101001，求其码多项式模 $g(x)$ 所得的伴随式，并给出译码结果；

（3）写出该码的系统码形式的生成矩阵及相应的监督矩阵。

8 – 15　已知一个 $(2,1,5)$ 卷积码 $g^1 = (11101) g^2 = (10011)$，

（1）画出编码器框图；

（2）写出该码生成多项式 $g(x)$；

（3）写出该码生成矩阵 $\boldsymbol{G}$；

（4）若输入信息序列为 11010001，求输出码序列 $\boldsymbol{c}$。

8 – 16　已知一卷积码编码器结构如题图 8 – 1 所示，试求：

（1）$(n,k,K)$

（2）$g^1;g^2$；生成矩阵 $\boldsymbol{G}$；

（3）若 $x = (10111)$，求输出 $c$。

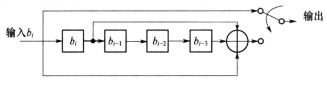

题图 8 – 1

8 – 17　已知一个 $(3,1,3)$ 卷积码

$$g_1(x) = 1 + x + x^2, g_2(x) = 1 + x + x^2, g_3(x) = 1 + x^2$$

（1）画出该码的编码器框图；

（2）画出状态图、树图；

（3）求该码的自由距离。

# 附录 1 常用傅里叶变换对

| 序号 | 名称或性质 | 时域 | 对应的频域 |
|---|---|---|---|
| 1 | 载频函数 | $f_T(t)$ | $F_T(\omega)$ |
| 2 | 线性叠加 | $\displaystyle\sum_{n=1}^{N} a_n f_n(t)$ | $\displaystyle\sum_{n=1}^{N} a_n F_n(\omega)$ |
| 3 | 时延 | $f(t-t_0)$ | $F(\omega)e^{-j\omega t_0}$ |
| 4 | 频移 | $f(t)e^{j\omega_0 t}$ | $F(\omega-\omega_0)$ |
| 5 | 比例 | $f(at)$ | $F(\omega/a)/|a|$ |
| 6 | 对偶(互易性) | $F(t)$ | $2\pi f(-\omega)$ |
| 7 | 时域微分 | $\dfrac{d^n f(t)}{dt^n}$ | $(j\omega)^n F(\omega)$ |
| 8 | 频域微分 | $(-jt)^n f(t)$ | $\dfrac{d^n F(\omega)}{d\omega^n}$ |
| 9 | 时域冲激函数 | $\delta(t)$ | $1$ |
| 10 | 时域周期冲激函数 | $\dfrac{1}{T_0}\displaystyle\sum_{n=-\infty}^{\infty} e^{jn\omega_0 t}$ | $\dfrac{2\pi}{T_0}\displaystyle\sum_{n=-\infty}^{\infty}\delta(\omega-n\omega_0)$ |
| 11 | 频域冲激函数 | $1$ | $2\pi\delta(\omega)$ |
| 12 | 频移冲激函数 | $e^{j\omega_0 t}$ | $2\pi\delta(\omega-\omega_0)$ |
| 13 | 频域符号函数 | $j/\pi t$ | $\text{sgn}(\omega)$ |
| 14 | 周期函数 | $\displaystyle\sum_{n=-\infty}^{\infty} C_n e^{jn\omega_0 t}$ | $2\pi\displaystyle\sum_{n=-\infty}^{\infty} C_n\delta(\omega-n\omega_0)$ |

| 序号 | 名称或性质 | 时域 | 对应的频域 |
|---|---|---|---|
| 15 | 时域门函数 | $D_\tau(t) = \begin{cases} 1, & |t| \le \tau/2 \\ 0, & |t| > \tau/2 \end{cases}$ | $\tau Sa(\omega\tau/2) = \tau\dfrac{\sin(\omega\tau/2)}{\omega\tau/2} = \tau Sa(\omega\tau/2)$ |
| 16 | 时域周期门函数 | $\dfrac{\pi}{T_0}\sum_{n=-\infty}^{\infty} Sa\left(\dfrac{n\pi\tau}{T_0}\right)e^{j\frac{2n\pi}{T_0}t}$ | $\dfrac{2\pi\tau}{T_0}\sum_{n=-\infty}^{\infty} Sa\left(\dfrac{n\omega_0\tau}{2}\right)\delta(\omega - n\omega_0)$ |
| 17 | 频域门函数 | $\dfrac{W}{2\pi}Sa(Wt/2)$ | $\text{rect}(\omega/W)$ |
| 18 | 余弦函数 | $\cos\omega_0 t$ | $\pi[\delta(\omega-\omega_0)+\delta(\omega+\omega_0)]$ |
| 19 | 正弦函数 | $\sin\omega_0 t$ | $\dfrac{\pi}{j}[\delta(\omega-\omega_0)-\delta(\omega+\omega_0)]$ |
| 20 | 时域余弦滚降（$\alpha=1$ 为时域升余弦函数） | $f(t) = \begin{cases} 1, & 0<|t|<(1-\alpha)\dfrac{\tau}{4} \\ \dfrac{1}{2}\left(1+\sin\dfrac{\pi}{\tau\alpha}\left(\dfrac{\tau}{4}-|t|\right)\right), & (1-\alpha)\dfrac{\tau}{4}\le|t|\le(1+\alpha)\dfrac{\tau}{4} \\ 0, & 其他 \end{cases}$ | $\dfrac{2\sin\left(\dfrac{\omega\tau}{4}\right)\cos\left(\dfrac{\alpha\omega\tau}{4}\right)}{\omega\left(1-\dfrac{\alpha^2\omega^2\tau^2}{4\pi^2}\right)}$ |
| 21 | 时域升余弦函数 | $f(t) = \begin{cases} \dfrac{1}{2}\left(1+\cos\dfrac{2\pi}{\tau}t\right), & |t|\le\tau/2 \\ 0, & |t|>\tau/2 \end{cases}$ | $\dfrac{\tau}{2}Sa\left(\dfrac{\omega\tau}{2}\right)\dfrac{1}{1-\dfrac{\omega^2\tau^2}{4\pi^2}}$ |
| 22 | 频域余弦滚降（$\alpha=1$ 为频域升余弦特性） | $\dfrac{1}{\pi t}\dfrac{\sin(Wt/2)\cos(\alpha Wt/2)}{1-\dfrac{\alpha^2 W^2 t^2}{\pi^2}}$ | $F(\omega) = \begin{cases} 1, & 0<|\omega|<(1-\alpha)\dfrac{W}{2} \\ \dfrac{1+\sin\dfrac{\pi}{\alpha W}\left(\dfrac{W}{2}-|\omega|\right)}{2}, & (1-\alpha)\dfrac{W}{2}\le|\omega|\le(1+\alpha)\dfrac{W}{2} \\ 0, & 其他 \end{cases}$ |
| 23 | 频域升余弦 | $\dfrac{W}{2\pi}Sa(Wt)\dfrac{1}{1-\dfrac{W^2 t^2}{\pi^2}}$ | $F(\omega) = \begin{cases} \dfrac{1}{2}\left(1+\cos\dfrac{\pi}{W}\omega\right), & |\omega|\le W \\ 0, & |\omega|>W \end{cases}$ |
| 24 | 时域三角函数 | $f(t) = \begin{cases} 1-\dfrac{2}{\tau}t, & |t|\le\tau/2 \\ 0, & |t|>\tau/2 \end{cases}$ | $\dfrac{\tau}{2}Sa^2\left(\dfrac{\omega\tau}{4}\right)$ |

# 附录 2  贝塞尔函数值表

$$J_n(\beta)$$

| n \ β | 0.5 | 1 | 2 | 3 | 4 | 6 | 8 | 10 | 12 |
|---|---|---|---|---|---|---|---|---|---|
| 0 | 0.9385 | 0.7652 | 0.2239 | −0.2601 | −0.3971 | 0.1506 | 0.1717 | −0.2459 | 0.0477 |
| 1 | 0.2423 | 0.4401 | 0.5767 | 0.3391 | −0.0660 | −0.2767 | 0.2346 | 0.0435 | −0.2234 |
| 2 | 0.0306 | 0.1149 | 0.3528 | 0.4861 | 0.3641 | −0.2429 | −0.1130 | 0.2546 | −0.0849 |
| 3 | 0.0026 | 0.0196 | 0.1289 | 0.3091 | 0.4302 | 0.1148 | −0.2911 | 0.0584 | 0.1951 |
| 4 | 0.0002 | 0.0025 | 0.0340 | 0.1320 | 0.2811 | 0.3576 | −0.1054 | −0.2196 | 0.1825 |
| 5 | − − | 0.0002 | 0.0070 | 0.0430 | 0.1321 | 0.3621 | 0.1858 | −0.2341 | −0.0735 |
| 6 | | − − | 0.0012 | 0.0114 | 0.0491 | 0.2458 | 0.3376 | −0.0145 | −0.2437 |
| 7 | | | 0.0002 | 0.0025 | 0.0152 | 0.1296 | 0.3206 | 0.2167 | −0.7103 |
| 8 | | | − − | 0.0005 | 0.0040 | 0.0565 | 0.2235 | 0.3179 | 0.0451 |
| 9 | | | | 0.0001 | 0.0009 | 0.0212 | 0.1263 | 0.2919 | 0.2304 |
| 10 | | | | − − | 0.0002 | 0.0070 | 0.0608 | 0.2075 | 0.3005 |
| 11 | | | | | − − | 0.0020 | 0.0256 | 0.1231 | 0.2704 |
| 12 | | | | | | 0.0005 | 0.0096 | 0.0634 | 0.1953 |
| 13 | | | | | | 0.0001 | 0.0033 | 0.0290 | 0.1201 |
| 14 | | | | | | − − | 0.0010 | 0.0120 | 0.0650 |

# 附录 3  数字基带信号功率谱公式推导

（1）数字基带信号是一个随机脉冲序列，波形如下：

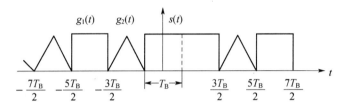

波形中：

$$\text{"0"} <—> g_1(t) \quad 概率 P$$
$$\text{"1"} <—> g_2(t) \quad 概率 1 - P$$

（2）数字基带信号表达式为

$$s(t) = \sum_{n=-\infty}^{\infty} s_n(t)$$

其中

$$s_n(t) = \begin{cases} g_1(t - nT_s) & 以概率 P \\ g_2(t - nT_s) & 以概率(1 - P) \end{cases}$$

将 $s(t)$ 分解为稳态项 $v(t)$ 和交变项 $u(t)$，稳态项即统计平均函数，它是确知函数。

$$s(t) = v(t) + u(t)$$

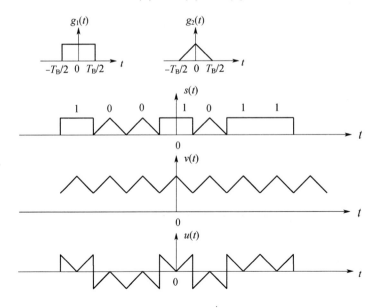

278

（3）稳态项 $v(t)$ 的表达式为

$$v(t) = \sum_{n=-\infty}^{\infty} \left[ Pg_1(t-nT_B) + (1-P)g_2(t-nT_B) \right] = \sum_{n=-\infty}^{\infty} v_n(t)$$

$v(t)$ 是以 $T_B$ 为周期的周期函数，是确知信号，具有离散谱。对它的分析可用于确定 $s(t)$ 中有无直流成分和位同步信号 $f_B$ 分量。

（4）交变项 $u(t)$ 的表达式为

$$u(t) = s(t) - v(t) = \sum_{n=-\infty}^{\infty} u_n(t) = \sum_{n=-\infty}^{\infty} \left[ s_n(t) - v_n(t) \right]$$

在 $[-T_B/2, T_B/2]$，如果 $s(t) = g_1(t)$，则以概率 $P$，即

$$u(t) = g_1(t) - v(t) = g_1(t) - \left[ Pg_1(t) + (1-P)g_2(t) \right]$$
$$= (1-P)\left[ g_1(t) - g_2(t) \right]$$

如果 $s(t) = g_2(t)$，则以概率 $1-P$，即

$$u(t) = g_2(t) - v(t) = g_2(t) - \left[ Pg_1(t) + (1-P)g_2(t) \right]$$
$$= -P\left[ g_1(t) - g_2(t) \right]$$

（5）交变项的一般式为

$$u(t) = \sum_{n=-\infty}^{\infty} u_n(t)$$

$$u_n(t) = \begin{cases} (1-P)\left[ g_1(t-nT_B) - g_2(t-nT_B) \right] & \text{概率 } P \\ -P\left[ g_1(t-nT_B) - g_2(t-nT_B) \right] & \text{概率 } 1-P \end{cases}$$

或

$$u_n(t) = a_n\left[ g_1(t-nT_B) - g_2(t-nT_B) \right]$$

其中

$$a_n = \begin{cases} (1-P) & \text{概率 } P \\ -P & \text{概率 } 1-P \end{cases}$$

$u(t)$ 是随机脉冲序列序列，只有连续谱，对它的分析可确定 $s(t)$ 的带宽。

（6）稳态项 $v(t)$ 的功率谱密度

由于稳态项 $v(t)$ 是周期信号，周期为 $T_B$。其傅里叶级数展开式为

$$v(t) = \sum_{m=-\infty}^{\infty} C_m e^{j2\pi mf_s t}$$

其中

$$C_m = \frac{1}{T_B} \int_{\frac{T_B}{2}}^{\frac{T_B}{2}} v(t) e^{-j2\pi mf_B t} dt$$

在 $[-T_B/2, T_B/2]$ 内，$v(t) = Pg_1(t) + (1-P)g_2(t)$

所以，积分得

$$C_m = f_B\left[ PG_1(mf_B) + (1-P)G_2(mf_B) \right]$$

双边谱为

$$P_v(\omega) = \sum_{m=-\infty}^{\infty} |C_m|^2 \cdot \delta(f - mf_B)$$

$$= \sum_{m=-\infty}^{\infty} |f_B[PG_1(mf_B) + (1-P)G_2(mf_B)]|^2 \cdot \delta(f - mf_B)$$

（7）交变项 $u(t)$ 的功率谱密度

$u(t)$ 是功率型随机脉冲序列。

分析方法：截短时间 $T = (2N+1)T_B$，计算 $u(t)$ 的截断函数 $u_T(t)$ 的功率谱密度，然后令 $N \to \infty$，即求出 $P_u(\omega)$。

$$u_T(t) \to U_T(f) \to |U_T(f)|^2 \to P_u(f) = \lim_{N\to\infty} P_{u_T}(f) = \lim_{N\to\infty} \frac{E[|U_T(f)|^2]}{T}$$

$$u_T(t) = \sum_{n=-N}^{N} u_n(t) = \sum_{n=-N}^{N} a_n[g_1(t-nT_B) - g_2(t-nT_B)]$$

$$U_T(f) = \int_{-\infty}^{\infty} u_T(t)e^{-j2\pi ft}dt = \sum_{n=-N}^{N} a_n \int_{-\infty}^{\infty} [g_1(t-nT_B) - g_2(t-nT_B)e^{-j2\pi ft}dt$$

$$= \sum_{n=-N}^{N} a_n e^{-j2\pi fnT_B}[G_1(f) - G_2(f)]$$

$$|U_T(f)|^2 = U_T(f)U_T^*(f)$$

$$= \sum_{m=-N}^{N}\sum_{n=-N}^{N} a_m a_n e^{j2\pi f(n-m)T_B}[G_1(f) - G_2(f)][G_1(f) - G_2(f)]^*$$

$$E|U_T(f)|^2 = \sum_{m=-N}^{N}\sum_{n=-N}^{N} E(a_m a_n)e^{j2\pi f(n-m)T_s}[G_1(f) - G_2(f)][G_1^*(f) - G_2^*(f)]$$

当 $m = n$ 时（$a_m$ 和 $a_n$ 是同一码元）

$$a_m a_n = a_n^2 = \begin{cases} (1-P)^2 & 概率 P \\ P^2 & 概率 1-P \end{cases}$$

$$E[a_n^2] = P(1-P)^2 + (1-P)P^2 = P(1-P)$$

当 $m \neq n$ 时（$a_m$ 和 $a_n$ 是不同码元）

$$a_m a_n = \begin{cases} (1-P)^2 & 概率 P^2 \\ P^2 & 概率 (1-P)^2 \\ -P(1-P) & 概率 2P(1-P) \end{cases}$$

$$E[a_m a_n] = P^2(1-P)^2 + (1-P)^2 P^2 - 2P(1-P)P(1-P) = 0$$

所以

$$E[|U_T(f)|^2] = \sum_{n=-N}^{N} E[a_n^2]|G_1(f) - G_2(f)|^2$$

$$= (2N+1)P(1-P)|G_1(f) - G_2(f)|^2$$

$$P_u(f) = \lim_{N\to\infty} P_{u_T}(f) = \lim_{N\to\infty} \frac{E[|U_T(f)|^2]}{T}$$

280

$$= \lim_{N \to \infty} \frac{(2N+1)P(1-P)\,|\,G_1(f) - G_2(f)\,|^2}{(2N+1)T_B} \quad (\text{双边谱})$$

$$= f_B P(1-P)\,|\,G_1(f) - G_2(f)\,|^2$$

（8）$s(t)$的双边功率谱密度

$$P(\omega) = P_v(\omega) + P_u(f)$$

$$= \sum_{m=-\infty}^{\infty} |\,f_B[PG_1(mf_B) + (1-P)G_2(mf_B)]\,|^2 \cdot \delta(f - mf_B) + f_B P(1-P)\,|\,G_1(f) - G_2(f)\,|^2$$

（9）$s(t)$的单边功率谱密度

$$P_s(f) = P_u(f) + P_v(f)$$

$$= [2f_B P(1-P)\,|\,G_1(f) - G_2(f)\,|^2] + [f_B^2\,|\,PG_1(0) + (1-P)G_2(0)\,|^2 \delta(f)]$$

$$+ 2f_B^2 \sum_{m=1}^{\infty} |\,PG_1(mf_B) + (1-P)G_2(mf_B)\,|^2 \delta(f - mf_B)] \qquad f \geqslant 0$$

# 附录4 误差函数表

$$\text{erf}(x) = \frac{2}{\sqrt{\pi}} \int_0^x e^{-z^2} dz$$

| x | 0 | 1 | 2 | 3 | 4 | 5 | 6 | 7 | 8 | 9 |
|---|---|---|---|---|---|---|---|---|---|---|
| 1.00 | 0.84270 | 84312 | 84353 | 84394 | 84435 | 84477 | 84518 | 84559 | 84600 | 84640 |
| 1.01 | 0.84681 | 84722 | 84762 | 84803 | 84843 | 84883 | 84924 | 84964 | 85004 | 85044 |
| 1.02 | 0.85084 | 85124 | 85163 | 85203 | 85243 | 85282 | 85322 | 85361 | 85400 | 85439 |
| 1.03 | 0.85478 | 85517 | 85556 | 85595 | 85634 | 85673 | 85711 | 85750 | 85788 | 85827 |
| 1.04 | 0.85865 | 85903 | 85941 | 85979 | 86017 | 86055 | 86093 | 86131 | 86169 | 86206 |
| 1.05 | 0.86244 | 86281 | 86318 | 86356 | 86393 | 86430 | 86467 | 86504 | 86541 | 86578 |
| 1.06 | 0.86614 | 86651 | 86688 | 86724 | 86760 | 86797 | 86833 | 86869 | 86905 | 86941 |
| 1.07 | 0.86977 | 87013 | 87049 | 87085 | 87120 | 87156 | 87191 | 87227 | 87262 | 87297 |
| 1.08 | 0.87333 | 87368 | 87403 | 87438 | 87473 | 87507 | 87542 | 87577 | 87611 | 87646 |
| 1.09 | 0.87680 | 87715 | 87749 | 87783 | 87817 | 87851 | 87885 | 87919 | 87953 | 87987 |
| 1.10 | 0.88021 | 88054 | 88088 | 88121 | 88155 | 88188 | 88221 | 88254 | 88287 | 88320 |
| 1.11 | 0.88353 | 88386 | 88419 | 88452 | 88484 | 88517 | 88549 | 88582 | 88614 | 88647 |
| 1.12 | 0.88679 | 88711 | 88743 | 88775 | 88807 | 88839 | 88871 | 88902 | 88934 | 88966 |
| 1.13 | 0.88997 | 89029 | 89060 | 89091 | 89122 | 89154 | 89185 | 89216 | 89247 | 89277 |
| 1.14 | 0.89308 | 89339 | 89370 | 89400 | 89431 | 89461 | 89492 | 89552 | 89552 | 89582 |
| 1.15 | 0.89612 | 89642 | 89672 | 89702 | 89732 | 89762 | 89792 | 89821 | 89851 | 89880 |
| 1.16 | 0.89910 | 89939 | 89968 | 89997 | 90027 | 90056 | 90085 | 90114 | 90142 | 90171 |
| 1.17 | 0.90200 | 90229 | 90257 | 90286 | 90314 | 90343 | 90371 | 90399 | 90428 | 90456 |
| 1.18 | 0.90484 | 90512 | 90540 | 90568 | 90595 | 90623 | 90651 | 90678 | 90706 | 90733 |
| 1.19 | 0.90761 | 90788 | 90815 | 90843 | 90870 | 90897 | 90924 | 90951 | 90978 | 91005 |
| 1.20 | 0.91031 | 91058 | 91085 | 91111 | 91138 | 91164 | 91191 | 91217 | 91243 | 91269 |
| 1.21 | 0.91296 | 91322 | 91348 | 91374 | 91399 | 91425 | 91451 | 91477 | 91502 | 91528 |
| 1.22 | 0.91553 | 91579 | 91604 | 91630 | 91655 | 91680 | 91705 | 91730 | 91755 | 91780 |
| 1.23 | 0.91805 | 91830 | 91855 | 91879 | 91904 | 91929 | 91953 | 91978 | 92002 | 92026 |
| 1.24 | 0.92051 | 92075 | 92099 | 92123 | 92147 | 92171 | 92195 | 92219 | 92243 | 92266 |
| 1.25 | 0.92290 | 92314 | 92337 | 92361 | 92384 | 92408 | 92431 | 92454 | 92477 | 92500 |
| 1.26 | 0.92524 | 92547 | 92570 | 92593 | 92615 | 92638 | 92661 | 92684 | 92706 | 92729 |
| 1.27 | 0.92751 | 92774 | 92796 | 92819 | 92841 | 92863 | 92885 | 92907 | 92929 | 92951 |

| $x$ | 0 | 1 | 2 | 3 | 4 | 5 | 6 | 7 | 8 | 9 |
|---|---|---|---|---|---|---|---|---|---|---|
| 1.28 | 0.92973 | 92995 | 93017 | 93039 | 93061 | 93082 | 93104 | 93126 | 93147 | 93168 |
| 1.29 | 0.93190 | 93211 | 93232 | 93254 | 93275 | 93296 | 93317 | 93338 | 93359 | 93380 |
| 1.30 | 0.93401 | 93422 | 93442 | 93463 | 93484 | 93504 | 93525 | 93545 | 93566 | 93586 |
| 1.31 | 0.93606 | 93627 | 93647 | 93667 | 93687 | 93707 | 93727 | 93747 | 93767 | 93787 |
| 1.32 | 0.93807 | 93826 | 93846 | 93866 | 93885 | 93905 | 93924 | 93944 | 93963 | 93982 |
| 1.33 | 0.94002 | 94021 | 94040 | 94059 | 94078 | 94097 | 94116 | 94135 | 94154 | 94173 |
| 1.34 | 0.94191 | 94210 | 94229 | 94247 | 94266 | 94284 | 94303 | 94321 | 94340 | 94358 |
| 1.35 | 0.94376 | 94394 | 94413 | 94431 | 94449 | 94467 | 94485 | 94503 | 94521 | 94538 |
| 1.36 | 0.94556 | 94574 | 94592 | 94609 | 94627 | 94644 | 94662 | 94679 | 94697 | 94714 |
| 1.37 | 0.94731 | 94748 | 94766 | 94783 | 94800 | 94817 | 94834 | 94851 | 94868 | 94885 |
| 1.38 | 0.94902 | 94918 | 94935 | 94952 | 94968 | 94985 | 95002 | 95018 | 95035 | 95051 |
| 1.39 | 0.95067 | 95084 | 95100 | 95116 | 95132 | 95148 | 95165 | 95181 | 95197 | 95213 |
| 1.40 | 0.95229 | 95244 | 95260 | 95276 | 95292 | 95307 | 95323 | 95339 | 95354 | 95370 |
| 1.41 | 0.95385 | 95401 | 95416 | 95431 | 95447 | 95462 | 95477 | 95492 | 95507 | 95523 |
| 1.42 | 0.95538 | 95553 | 95568 | 95582 | 95597 | 95612 | 95627 | 95642 | 95656 | 95671 |
| 1.43 | 0.95686 | 95700 | 95715 | 95729 | 95744 | 95758 | 95773 | 95787 | 95801 | 95815 |
| 1.44 | 0.95830 | 95844 | 95858 | 95872 | 95886 | 95900 | 95914 | 95928 | 95942 | 95956 |
| 1.45 | 0.95970 | 95983 | 95997 | 96011 | 96024 | 96038 | 96051 | 96063 | 96078 | 96092 |
| 1.46 | 0.96105 | 96119 | 96132 | 96145 | 96159 | 96172 | 96185 | 96198 | 96211 | 96224 |
| 1.47 | 0.96237 | 96250 | 96263 | 96276 | 96289 | 96302 | 96315 | 96327 | 96340 | 96353 |
| 1.48 | 0.96365 | 96378 | 96391 | 96403 | 96416 | 96428 | 96440 | 96453 | 96465 | 96478 |
| 1.49 | 0.96490 | 96502 | 96514 | 96526 | 96539 | 96551 | 96563 | 96575 | 96587 | 96599 |

| $x$ | 0 | 2 | 4 | 6 | 8 | $x$ | 0 | 2 | 4 | 6 | 8 |
|---|---|---|---|---|---|---|---|---|---|---|---|
| 1.50 | 0.96611 | 96634 | 96658 | 96681 | 96705 | 2.00 | 0.99532 | 99536 | 99540 | 99544 | 99548 |
| 1.51 | 0.96728 | 96751 | 96774 | 96796 | 96819 | 2.01 | 0.99552 | 99556 | 99560 | 99564 | 99568 |
| 1.52 | 0.96841 | 96864 | 96886 | 96908 | 96930 | 2.02 | 0.99572 | 99576 | 99580 | 99583 | 99587 |
| 1.53 | 0.96952 | 96973 | 96995 | 97016 | 97037 | 2.03 | 0.99591 | 99594 | 99598 | 99601 | 99605 |
| 1.54 | 0.97059 | 97080 | 97100 | 97121 | 97142 | 2.04 | 0.99609 | 99612 | 99616 | 99619 | 99622 |
| 1.55 | 0.97162 | 97183 | 97203 | 97223 | 97243 | 2.05 | 0.99626 | 99629 | 99633 | 99636 | 99639 |
| 1.56 | 0.97263 | 97283 | 97302 | 97322 | 97341 | 2.06 | 0.99642 | 99646 | 99649 | 99652 | 99655 |
| 1.57 | 0.97360 | 97379 | 97398 | 97417 | 97436 | 2.07 | 0.99658 | 99661 | 99664 | 99667 | 99670 |
| 1.58 | 0.97455 | 97473 | 97492 | 97510 | 97528 | 2.08 | 0.99673 | 99676 | 99679 | 99682 | 99685 |
| 1.59 | 0.97546 | 97564 | 97582 | 97600 | 97617 | 2.09 | 0.99688 | 99691 | 99694 | 99697 | 99699 |
| 1.60 | 0.97635 | 97652 | 97670 | 97687 | 97704 | 2.10 | 0.99702 | 99705 | 99707 | 99710 | 99713 |
| 1.61 | 0.97721 | 97738 | 97754 | 97771 | 97787 | 2.11 | 0.99715 | 99718 | 99721 | 99723 | 99726 |
| 1.62 | 0.97804 | 97820 | 97836 | 97852 | 97868 | 2.12 | 0.99728 | 99731 | 99733 | 99736 | 99738 |

| x | 0 | 2 | 4 | 6 | 8 | x | 0 | 2 | 4 | 6 | 8 |
|---|---|---|---|---|---|---|---|---|---|---|---|
| 1.63 | 0.97884 | 97900 | 97916 | 97931 | 97947 | 2.13 | 0.99741 | 99743 | 99745 | 99748 | 99750 |
| 1.64 | 0.97962 | 97977 | 97993 | 98008 | 98023 | 2.14 | 0.99753 | 99755 | 99757 | 99759 | 99762 |
| 1.65 | 0.98038 | 98052 | 98067 | 98082 | 98096 | 2.15 | 0.99764 | 99766 | 99768 | 99770 | 99773 |
| 1.66 | 0.98110 | 98125 | 98139 | 98153 | 98167 | 2.16 | 0.99775 | 99777 | 99779 | 99781 | 99783 |
| 1.67 | 0.98181 | 98195 | 98209 | 98222 | 98236 | 2.17 | 0.99785 | 99787 | 99789 | 99791 | 99793 |
| 1.68 | 0.98249 | 98263 | 98276 | 98289 | 98302 | 2.18 | 0.99795 | 99797 | 99799 | 99801 | 99803 |
| 1.69 | 0.98315 | 98328 | 98341 | 98354 | 98366 | 2.19 | 0.99805 | 99806 | 99808 | 99810 | 99812 |
| 1.70 | 0.98379 | 98392 | 98404 | 98416 | 98429 | 2.20 | 0.99814 | 99815 | 99817 | 99819 | 99821 |
| 1.71 | 0.98441 | 98453 | 98465 | 98477 | 98489 | 2.21 | 0.99822 | 99824 | 99826 | 99827 | 99829 |
| 1.72 | 0.98500 | 98512 | 98524 | 98535 | 98546 | 2.22 | 0.99831 | 99832 | 99834 | 99836 | 99837 |
| 1.73 | 0.98558 | 98569 | 98580 | 98591 | 98602 | 2.23 | 0.99839 | 99840 | 99842 | 99843 | 99845 |
| 1.74 | 0.98613 | 98624 | 98635 | 98646 | 98657 | 2.24 | 0.99846 | 99848 | 99849 | 99851 | 99852 |
| 1.75 | 0.98667 | 98678 | 98688 | 98699 | 98709 | 2.25 | 0.99854 | 99855 | 99857 | 99858 | 99859 |
| 1.76 | 0.98719 | 98629 | 98739 | 98749 | 98759 | 2.26 | 0.99861 | 99862 | 99863 | 99865 | 99866 |
| 1.77 | 0.98769 | 98779 | 98789 | 98798 | 98808 | 2.27 | 0.99867 | 99869 | 99870 | 99871 | 99873 |
| 1.78 | 0.98817 | 98827 | 98836 | 98846 | 98855 | 2.28 | 0.99874 | 99875 | 99876 | 99877 | 99879 |
| 1.79 | 0.98864 | 98873 | 98882 | 98891 | 98900 | 2.29 | 0.99880 | 99881 | 99882 | 99883 | 99885 |
| 1.80 | 0.98909 | 98918 | 98927 | 98935 | 98944 | 2.30 | 0.99886 | 99887 | 99888 | 99889 | 99890 |
| 1.81 | 0.98952 | 98961 | 98969 | 98978 | 98986 | 2.31 | 0.99891 | 99892 | 99893 | 99894 | 99896 |
| 1.82 | 0.98994 | 99033 | 99011 | 99019 | 99027 | 2.32 | 0.99897 | 99898 | 99899 | 99900 | 99901 |
| 1.83 | 0.99035 | 99043 | 99050 | 99058 | 99066 | 2.33 | 0.99902 | 99903 | 99904 | 99905 | 99906 |
| 1.84 | 0.99074 | 99081 | 99089 | 99096 | 99104 | 2.34 | 0.99906 | 99907 | 99908 | 99909 | 99910 |
| 1.85 | 0.99111 | 99118 | 99126 | 99133 | 99140 | 2.35 | 0.99911 | 99912 | 99913 | 99914 | 99915 |
| 1.86 | 0.99147 | 99154 | 99161 | 99168 | 99175 | 2.36 | 0.99915 | 99916 | 99917 | 99918 | 99919 |
| 1.87 | 0.99182 | 99189 | 99196 | 99202 | 99209 | 2.37 | 0.99920 | 99920 | 99921 | 99922 | 99923 |
| 1.88 | 0.99216 | 99222 | 99229 | 99235 | 99242 | 2.38 | 0.99924 | 99924 | 99925 | 99926 | 99927 |
| 1.89 | 0.99248 | 99254 | 99261 | 99267 | 99273 | 2.39 | 0.99928 | 99928 | 99929 | 99930 | 99930 |
| 1.90 | 0.99279 | 99285 | 99291 | 99297 | 99303 | 2.40 | 0.99931 | 99932 | 99933 | 99933 | 99934 |
| 1.91 | 0.99309 | 99315 | 99321 | 99326 | 99332 | 2.41 | 0.99935 | 99935 | 99936 | 99937 | 99937 |
| 1.92 | 0.99338 | 99343 | 99349 | 99355 | 99360 | 2.42 | 0.99938 | 99939 | 99939 | 99940 | 99940 |
| 1.93 | 0.99366 | 99371 | 99376 | 99382 | 99387 | 2.43 | 0.99941 | 99942 | 99942 | 99943 | 99943 |
| 1.94 | 0.99392 | 99397 | 99403 | 99408 | 99413 | 2.44 | 0.99944 | 99945 | 99945 | 99946 | 99946 |
| 1.95 | 0.99418 | 99423 | 99428 | 99433 | 99438 | 2.45 | 0.99947 | 99947 | 99948 | 99949 | 99949 |
| 1.96 | 0.99443 | 99447 | 99452 | 99457 | 99462 | 2.46 | 0.99950 | 99950 | 99951 | 99951 | 99952 |
| 1.97 | 0.99466 | 99471 | 99476 | 99480 | 99485 | 2.47 | 0.99952 | 99953 | 99953 | 99954 | 99954 |
| 1.98 | 0.99489 | 99494 | 99498 | 99502 | 99507 | 2.48 | 0.99955 | 99955 | 99956 | 99956 | 99957 |
| 1.99 | 0.99511 | 99515 | 99520 | 99524 | 99528 | 2.49 | 0.99957 | 99958 | 99958 | 99958 | 99959 |
| 2.00 | 0.99532 | 99536 | 99540 | 99544 | 99548 | 2.50 | 0.99959 | 99960 | 99960 | 99961 | 99961 |

| $x$ | 0 | 1 | 2 | 3 | 4 | 5 | 6 | 7 | 8 | 9 |
|---|---|---|---|---|---|---|---|---|---|---|
| 2.5 | 0.99959 | 99961 | 99963 | 99965 | 99967 | 99969 | 99971 | 99972 | 99974 | 99975 |
| 2.6 | 0.99976 | 99978 | 99979 | 99980 | 99981 | 99982 | 99983 | 99984 | 99985 | 99986 |
| 2.7 | 0.99987 | 99987 | 99988 | 99989 | 99989 | 99990 | 99991 | 99991 | 99992 | 99992 |
| 2.8 | 0.99992 | 99993 | 99993 | 99994 | 99994 | 99995 | 99995 | 99995 | 99995 | 99996 |
| 2.9 | 0.99996 | 99996 | 99996 | 99997 | 99997 | 99997 | 99997 | 99997 | 99997 | 99998 |
| 3.0 | 0.99998 | 99998 | 99998 | 99998 | 99998 | 99998 | 99998 | 99998 | 99998 | 99999 |

# 附录5 常用术语中英文对照

## 第1章

| | |
|---|---|
| 集成电路 | IC：Integrated Circuit |
| 大规模集成电路 | LSI：Large Scale Integration |
| 超大规模集成电路 | VLSI：Very Large Scale Integration |
| 美国国家科学基金会 | NSF：National Science Foundation |
| 全球移动通迅系统 | GSM：Global System of Mobile Communication |
| 码分多址 | CDMA：Code Division Multiple Access |
| 单工 | Simplex |
| 准双工 | Half – duplex |
| 全双工 | Duplex |
| 信道 | Channel |
| 有线信道 | Wired Channel |
| 无线信道 | Radio Channel |
| 恒参信道 | Parametric Stabilization Channel |
| 随参信道 | Variable – Parameter Channel |
| 移动电话 | Mobile Phone |
| 卫星通信 | Satellite Communications |
| 无线电广播 | Radio Broadcast |
| 对称电缆 | Symmetrical Cable |
| 同轴电缆 | Coaxial Cable |
| 光纤 | Optical Fiber |
| 多模光纤 | Multimode Optical Fiber |
| 单模光纤 | Single – Mode Optical Fiber |
| 微波中继信道 | Microwave Relay Channel |
| 多径传播 | Multipath Propagation |
| 衰落 | Fading |
| 噪声 | Noise |
| 加性噪声 | Additive Noise |
| 乘性噪声 | Multiplicative Noise |
| 高斯白噪声 | White Gaussian Noise |
| 白噪声 | White Noise |

| | |
|---|---|
| 国际移动通信系统 | IMT:International Mobile Satellite System |
| 认知无线电 | Cognitive Radio |
| 可靠性 | Reliability |
| 有效性 | Efficiency |
| 信噪比 | Signal – To – Noise Ratio |
| 带宽 | Bandwidth |
| 码元速率 | Symbol Rate |
| 信息速率 | Bit Rate |
| 频带利用率 | Bandwidth Efficiency |
| 误码率 | Symbol Error Rate |
| 误信率 | Bit Error Rate |
| 国际电信联盟 | ITU:International Telecommunication Union |

## 第2章

| | |
|---|---|
| 确知信号 | Deterministic Signal |
| 随机信号 | Random Signal |
| 能量信号 | Energy Signal |
| 功率信号 | Power Signal |
| 频谱 | Spectrum |
| 单边谱 | Single – Side Spectrum |
| 双边谱 | Double – Side Spectrum |
| 帕斯瓦尔定理 | Parseval Theorem |
| 功率谱密度 | Power Spectral Density |
| 能量谱密度 | Energy Density Spectrum |
| 希尔伯特变换 | Hilbert Transform |
| 随机过程 | Stochastic/Random Process |
| 统计特性 | Statistical Properties |
| 概率密度函数 | PDF:Probability Density Function |
| 概率分布函数 | Distribution Function Of Probability |
| 均值 | Mean |
| 方差 | Variance |
| 自协方差函数 | Autocovariance Function |
| 自相关函数 | Autocorrelation Function |
| 平稳随机过程 | Stationary Stochastic Processes |
| 严格平稳 | Strictly Stationary |
| 广义平稳 | Wide Stationary |
| 各态历经性 | Ergodicity |
| 维纳 – 辛钦定理 | Wiener – Khintchine Theorem |

| 高斯分布 | Gauss Distributon |
| 误差函数 | Error Function |
| 互补误差函数 | Complementarity Error Function |
| 高斯过程 | Gauss Process |
| 窄带高斯噪声 | Narrow – Band Gaussian Noise |
| 窄带随机过程 | Narrow – Band Random Process |
| 带通滤波器 | Bandpass Filter |
| 低通滤波器 | Lowpass Filter |
| 带限白噪声 | Band – Limited White Noise |
| 瑞利分布 | Rayleigh Distribution |
| 均匀分布 | Uniform Distribution |
| 广义瑞利(莱斯)分布 | Wide Rayleigh（Rice）Distribution |
| 幅频特性 | Amplitude – Frequency Characteristic Curves |
| 相频特性 | Phase – Frequency Characteristic |

## 第 3 章

| 调制信号 | Modulating Signal |
| 基带信号 | Baseband Signal |
| 载波 | Carrier |
| 调制 | Modulation |
| 频带信号 | Band Signal |
| 解调 | Demodulation |
| 幅度调制 | Amplitude Modulation |
| 调幅 | AM：Amplitude Modulation |
| 双边带 | DSB：Double Side – Band |
| 单边带 | SSB：Sin Gle Side – Band |
| 残余边带 | VSB：Vestigital Side – Band |
| 线性调制 | Linear Modulation |
| 包络 | Envelope |
| 包络检波 | Envelope Detection |
| 过调制 | Overmodulation |
| 同步检波(相干解调) | Synchronous Detection |
| 调制效率 | ME：Modulation Efficiency |
| 上边带 | USB：Upper Side – Band |
| 下边带 | LSB：Lower Side – Band |
| 边带滤波器 | Side – Band Filter |
| 希尔伯特滤波器 | Hilbert Filter |
| 调制制度增益 | Modulation System Gain |

288

| | |
|---|---|
| 门限效应 | Threshold Effect |
| 频率调制或调频 | FM：Frequency Modulation |
| 相位调制或调相 | PM：Phase Modulation |
| 瞬时相位 | Ins Tan Taneous Phase |
| 调相灵敏度 | PM Sensitivity |
| 调频灵敏度 | FM Sensitivity |
| 调相指数 | PM Index |
| 调频指数 | FM Index |
| 最大频偏 | Maximum Frequency Deviation |
| 窄带调频 | NBFM：Narrow Band FM |
| 宽带调频 | WBFM：Wide Band FM |
| 直接调频 | Direct Frequency Modulation |
| 间接调频 | Indirect Frequency Modulation |
| 压控振荡器 | VCO：Voltage Controlled Oscillator |
| 锁相环 | PLL：Phase Locked Loop |
| 鉴频器 | Frequency Discriminator |
| 预加重 | Peemphasis |
| 去加重 | Peemphasis |
| 信道复用 | Channel Multiplexing |
| 频分复用 | FDM：Frequency Division Multiplexing |
| 时分复用 | TDM：Time Division Multiplexing |
| 码分复用 | CDM：Code Division Multiplexing |
| 同步 | Synchronization |
| 载波同步 | Carrier Synchronization |

## 第4章

| | |
|---|---|
| 数字基带传输系统 | Digital Baseband Transmission System |
| 数字基带信号 | Digital Baseband Signal |
| 单极性信号 | Unipolar Signal |
| 双极性信号 | Polar Signal |
| 差分信号 | Differential Signal |
| 多电平信号 | Multi – Level Signal |
| 归零 | RZ：Return To Zero |
| 不归零 | NRZ：Non – Return Zero |
| 升余弦脉冲 | Raised Co Sine Pulse |
| 码元宽度 | Code Width |
| 连续频谱 | Continuous Spectrum |
| 离散频谱 | Discrete Spectrum |

| | |
|---|---|
| 第一零点带宽 | The First Zero Bandwidth |
| 主瓣带宽 | The Main Lobe Bandwidth |
| 双相(曼彻斯特)码 | Biphase(Manchester) Code |
| 传号反转码 | CMI:Mark Inversion Code |
| 密勒码 | Miller Code |
| 传号交替反转码 | AMI:Alternate Mark Inversion Code |
| 三阶高密度双极性码 | $HDB_3$:High Density Bipolar Coding |
| 码间干扰 | Intersymbol Interference |
| 发送滤波器 | Send Filter |
| 接收滤波器 | Receive Filter |
| 抽样判决器 | Sampling Decider |
| 奈奎斯特第一准则 | Nyquist Criteria |
| 奈奎斯特速率 | Nyquist Rate |
| 奈奎斯特带宽 | Nyquist Bandwidth |
| 最佳门限电平 | Optimum Threshold |
| 眼图 | Eye Pattern |
| 部分响应系统 | Partial Response System |
| 奈奎斯特第二准则 | The Second Nyquist Criterion |
| 误码扩散 | Error Propagation |
| 相关编码 | Correlative Coding |
| 绝对码 | Absolute Code |
| 相对码 | Relative Code |
| 位同步信号 | Bit – Synchronous Signal |
| 均衡器 | Equalizer |
| 时域均衡器 | TDE:Time – Domain Equalizer |
| 频域均衡器 | FDE:Frequency – Domain Equalizer |
| 线性均衡器 | Linear Equalizer |
| 横向滤波器 | Transversal Filter |
| 非线性均衡 | Nonlinear Equalization |
| 最大似然序列判决 | MLSD:Maximum Likelihood Sequence Detection |
| 判决反馈均衡器 | Decision Feedback Equalizer |

## 第5章

| | |
|---|---|
| 脉冲编码调制 | PCM:Pulse Code Modulation |
| 抽样 | Sampling |
| 量化 | Quantization |
| 编码 | Coding |
| 脉冲幅度调制 | PAM:Pulse Amplitude Modulation |

| 脉冲宽度调制 | PDM:Pulse Duration Modulation/PWM:Pulse Width Modulation |
|---|---|
| 脉冲位置调制 | PPM:Pulse Position Modulation |
| 时分复用 | TDM:Time – Division Multiplexing |
| 均匀量化 | Uniform Quantizing |
| 非均匀量化 | Nonuniform Quantizing |
| 压缩特性 | Compression Properties |
| 自然二进制编码 | Natural Binary Coding |
| 折叠二进制编码 | Folded Binary Coding |
| 差分脉冲编码调制 | DPCM:Differential Pulse Code Modulation |
| 线性预测 | Linear Prediction |
| 一般量化噪声 | General Quantization Noise |
| 过载量化噪声 | Overload Quantization Noise |
| 自适应差分脉冲编码调制 | ADPCM:Adaptive DPCM |
| 国际电报电话咨询委员会 | CCITT:International Consultive Committee For Telegraph And Telephone |
| 增量调制 | DM:Delta Modulation |
| 帧同步 | Frame Synchronization |
| 复接 | Multiple Connection |
| 准同步复接 | PDH:Plesiochronous Digital Hierarchy |
| 同步复接 | SDH:Synchronous Digital Hierarchy |
| 分接 | Tapping |
| 巴克码 | Barker Codes |

## 第 6 章

| 幅移键控 | ASK:Amplitude Shift Keying |
|---|---|
| 频移键控 | FSK:Frequency Shift Keying |
| 移相键控 | PSK:Phase Shift Keying |
| 差分相移键控(相对相移键控) | DPSK:Differential Phase Shift Keying |
| 匹配滤波器 | Matched Filter |
| 许瓦尔兹不等式 | Schwartz Inequality |
| 四相相移键控 | QPSK:Quadrature Phase Shift Keying |
| 星座图 | Constellation Graph |
| 正交调制器 | Quadrature Modulator |
| 差分四相相移键控 | DQPSK:Differential Quadrature Phase Shift Keying |
| 载波同步 | Carrier Synchronization |

## 第7章

| | |
|---|---|
| 正交振幅调制 | QAM：Quadrature Amplitude Modulation |
| 正交频分复用 | OFDM：Orthogonal Frequency Division Multiplexing |
| 最小频移键控 | MSK：Minimum Shift Keying |
| 高斯最小移频键控 | GMSK：Gauss Minimum Shift Keying |
| 多电平判决器 | Multi – Level Determinator |
| 并/串变换器 | Paralled To Serial Converter |
| 高斯低通滤波器 | Gaussian Low – Pass Filter |
| 多载波调制 | MCM：Multicarrier Modulation |
| 高速数字环路 | HDSL：High Bit – Rate Digital Subscriber Line |
| 非对称数字环路 | ADSL：Asymmetrical Digital Subscriber Loop |
| 高清晰度电视 | HDTV High Definition TV |
| 无线局域网 | WLAN：Wireless Local Area Network |
| 第三代移动通信系统 | The Third Generation Mobile Communication System |
| 第四代移动通信系统 | The Forth Generation Mobile Communication System |
| 子信道 | Subchannel |
| 子载波 | Subcarrier |
| 离散傅里叶变换/反变换 | IDFT/DFT：Discrete Fourier Transform/ Inverse Discrete Fourier Transform |
| 快速傅里叶变换/反变换 | IFFT/FFT：Fast Fourier Transform/ Inverse Fast Fourier Transform |
| 伪随机噪声 | PN：Pseudo – Random Noise |
| $m$ 序列 | $m$ Sequence |
| 线性反馈移位寄存器 | Linear Feedback Shift Register |
| 本原多项式 | Primitive Polynomial |
| Gold 序列 | Gold Sequence |
| 扩频通信 | Spread Spectrum Communications |
| 直接序列扩频 | DS：Direct Sequence |
| 跳频扩频 | FH：Frequency Hopping |
| 跳时扩频 | TH：Time Hopping |
| 宽带线性调频 | Chirp Pmodulation |
| 码片 | Chip |

## 第8章

| | |
|---|---|
| 随机性错码 | Random Error |

| 突发性错码 | Burst Error |
| 混合性错码 | Mixed Error |
| 检错重发 | ARQ：Automatic Repeat Request |
| 检错删除 | Error Deletion |
| 前向纠错 | FEC：Forward Error Correction |
| 混合纠检错 | HEC：Hybrid Error Correction |
| 反馈校验 | Feedback Check |
| 信息码 | Character Code |
| 监督码 | Supervisory Code |
| 分组码 | Block Code |
| 码长 | Code Length |
| 码重 | Code Weight |
| 汉明距离 | Hamming Distance |
| 最小码距 | Minimum Distance |
| 奇偶监督码 | Odd – Even Check Code |
| 恒比码 | Cons Tan T Ratio Code |
| 线性分组码 | Linear Block Codes |
| 许用码组 | Permissible Code Block |
| 禁用码组 | Non – Permissible Code Block |
| 监督关系式 | Supervision Relation |
| 校正子 | Syndrome |
| 误码图样 | Error Code Pattern |
| 汉明码 | Hamming Code |
| 编码效率 | Coding Efficiency |
| 监督矩阵 | Supervision Matrix |
| 典型监督矩阵 | Typical Supervision Matrix |
| 生成矩阵 | Generator Matrix |
| 典型生成矩阵 | Typical Generator Matrix |
| 系统码 | Systematic Code |
| 缩短码 | Shortened Codes |
| 删信码 | Expurgated Code |
| 交织码 | Interleave Code |
| 交织度 | Interleaving Degree |
| 编码增益 | Coding Gain |
| 循环码 | Cyclic Code |
| 码多项式 | Code Polynomial |
| 模运算 | Modular Arithmetic |
| 生成多项式 | Generator Polynomial |
| 梅吉特译码 | Meggitt Decoding |

| | |
|---|---|
| 捕错译码器 | Error Correction Decoder |
| 大数逻辑译码 | Majority LogIc Decoding |
| 循环冗余校验码 | Cyclic Redundancy Check Code |
| 卷积码( | Convolutional Code |
| 约束长度 | Constraint Length |
| 树状图 | Tree Diagram |
| 网格图 | Grid Chart |
| 状态图 | State Figure |
| 软判决 | Soft Decision |
| 硬判决 | Hard Decision |
| 序列译码 | Sequential Decoding |
| 门限译码 | Threshold Decoding |
| 网格编码调制 | TCM:Trellis Coded Modulation |
| 并行级联 | Parallel Concatenation |
| 串行级联 | Series Concatenation |
| 低密度奇偶校验码 | LDPC:Low Density Parity Check Code |